多媒体教学光盘使用说明

本书光盘内容

本书光盘包括125小节多媒体视频教程，全程语音讲解+视频动画演示，总教学时间长达466分钟。

多媒体光盘主界面

1. 多媒体教程主菜单（单击显示二级菜单）
2. 二级菜单（单击可打开相应播放文件）
3. 单击可查看光盘说明
4. 单击可查看源文件
5. 单击可查看附赠视频
6. 单击可浏览光盘内容
7. 单击可退出播放程序

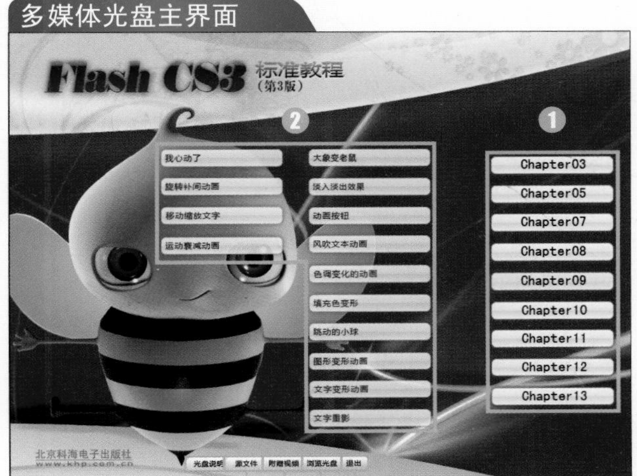

多媒体教程讲解演示

1. 单击可播放视频
2. 单击可暂停播放视频
3. 单击可停止播放视频
4. 单击可控制播放进度
5. 单击可调节音量

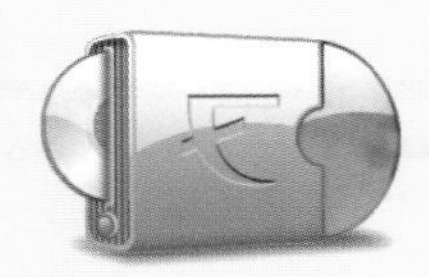

操作提示：

通常情况下，将配套光盘放入光驱后，多媒体教程会自动运行，并打开播放主界面。如果没有自动运行，可以通过双击光盘根目录下的AutoRun.exe来运行。

DVD多媒体课程索引

Chapter03

光盘效果.avi

扇子的制作.avi

Chapter05

点线边框文本.avi

放射状渐变球体.avi

铬金属字.avi

立体字.avi

Chapter07

双马奔腾.avi

图像按钮.avi

图形变换.avi

Chapter08

MSN广告动画.avi

奔腾的马.avi

打字效果.avi

倒计数.avi

移动的方块.avi

Chapter09

大象变老鼠.avi

淡入淡出效果.avi

动画按钮.avi

风吹文本动画.avi

色调变化的动画.avi

填充色变形.avi

跳动的小球.avi

图形变形动画.avi

文字变形动画.avi

文字重影.avi

我心动了.avi

旋转补间动画.avi

移动缩放文字.avi

运动衰减动画.avi

Chapter10

CCTV图标.avi

百叶窗效果.avi

水泡.avi

探照灯效果.avi

文字遮罩动画.avi

旋转的地球.avi

沿路径写字.avi

原子模型.avi

月亮运动轨迹.avi

纸飞机.avi

Chapter11

为按钮添加声音.avi

为动画添加声音.avi

为关键帧添加声音.avi

Chapter12

按钮控制切换图片.avi

跳动的音符.avi

拖动鼠标显示文字.avi

下雨效果.avi

Chapter13

loading的制作.avi

万年历.avi

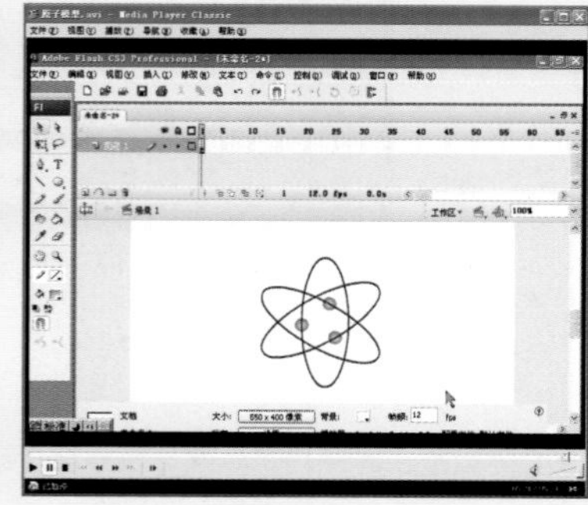

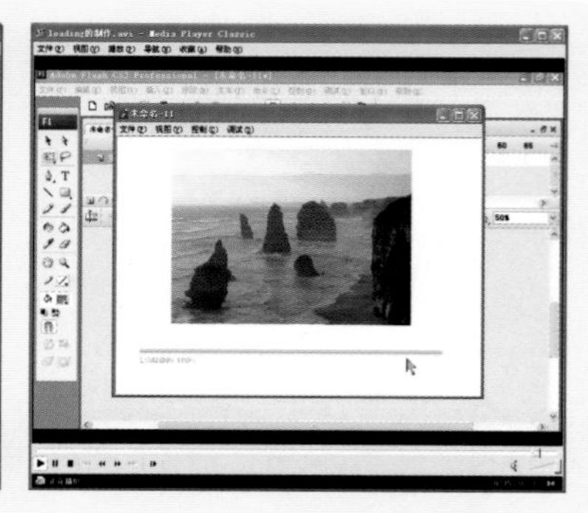

附赠视频

Alpha效果动画.avi

按钮控制动画.avi

按钮控制声音.avi

变化的图片.avi

变形蝴蝶翅膀.avi

波浪线.avi

常用面板的操作.avi

创建渐变填充效果.avi

创建空心文字.avi

创建普通引导层动画.avi

创建图形元件.avi

创建文字按钮.avi

创建阴影文字.avi

创建运动引导动画.avi

导入图片生成逐帧动画.avi

叠影字.avi

动感小球.avi

对象的合并.avi

飞舞的蒲公英.avi

风吹文字.avi

光斑效果.avi

光芒四射.avi

滚动的图片.avi

滚动的字幕.avi

红旗飘飘.avi

蝴蝶运动轨迹.avi

花和心转换.avi

绘制树叶.avi

绘制太阳图形.avi

绘制图形生成逐帧动画.avi

绘制小房子.avi

绘制一条小鱼.avi

基本椭圆和基本矩形的绘制与变形.avi

简单按钮.avi

简单的逐帧动画.avi

简单遮罩动画.avi

渐隐渐显效果.avi

看图.avi

利用GIF图片创建影片剪辑元件.avi

利用play和stop语句创建动画.avi

利用stopAllSounds语句创建动画.avi

利用滴管工具为图形填充位图.avi

利用套索工具删除图片背景.avi

利用跳转语句创建动画.avi

利用位图填充文本.avi

利用橡皮擦工具擦除图片背景.avi

利用选择工具调整图形.avi

利用颜料桶工具填充图形.avi

滤光字.avi

模糊遮罩.avi

拍照效果.avi

跑步的运动员.avi

泡泡拼图.avi

拼图.avi

瀑布.avi

散花.avi

闪烁文字.avi

圣诞星.avi

时间轴特效动画.avi

熟悉时间轴和帧的操作.avi

水滴.avi

图片旋转与变形.avi

图形变换2.avi

图形与文字转换.avi

图形遮罩.avi

为视频文件添加声音.avi

为文字添加边框.avi

文件的基本操作.avi

线条变形并填充颜色.avi

旋转残影字.avi

旋转的风车.avi

旋转效果.avi

雪景.avi

延长的直线.avi

洋葱皮效果.avi

一朵小花.avi

运动的光盘.avi

种子发芽.avi

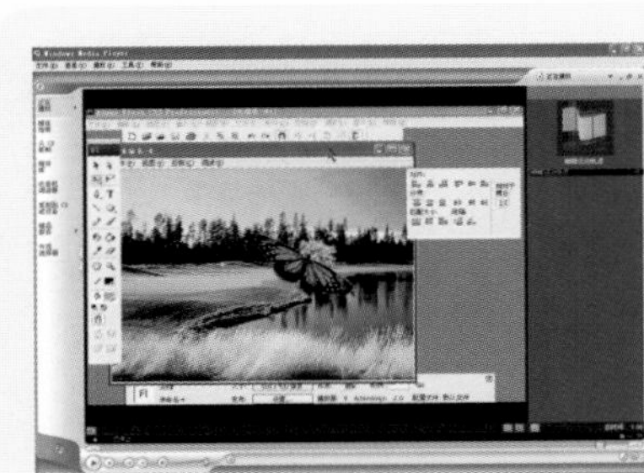

本书实例效果欣赏

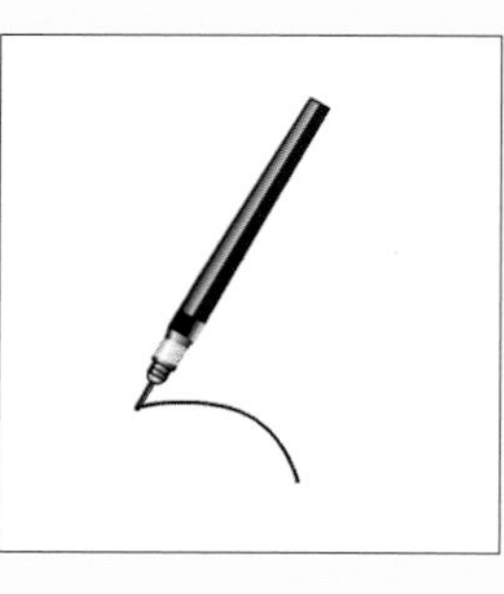

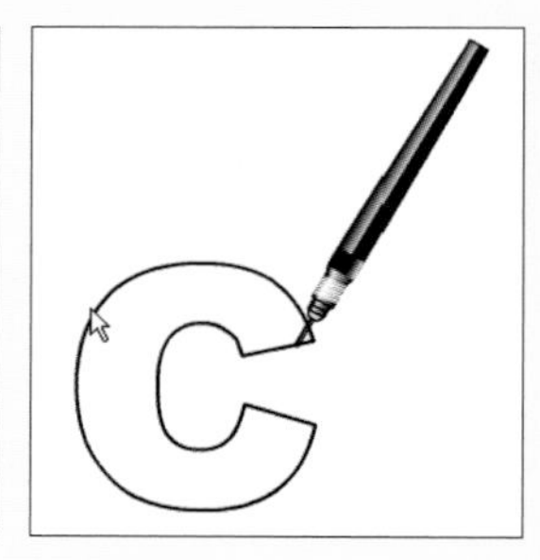

FLASH FLASH

FLASH FLASH

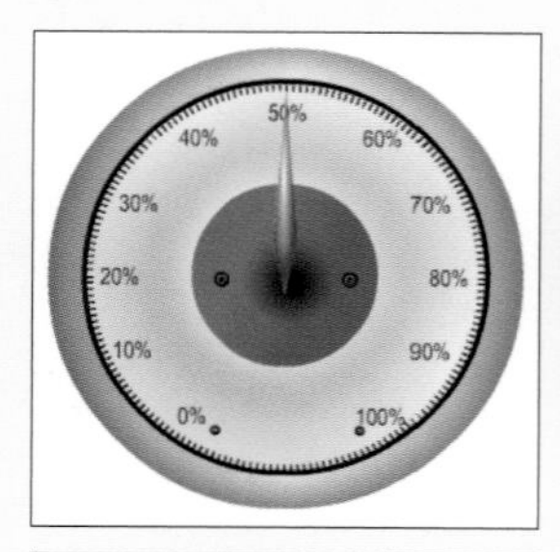

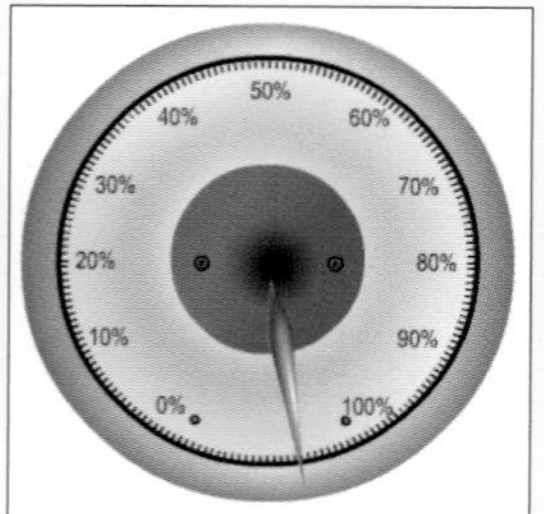

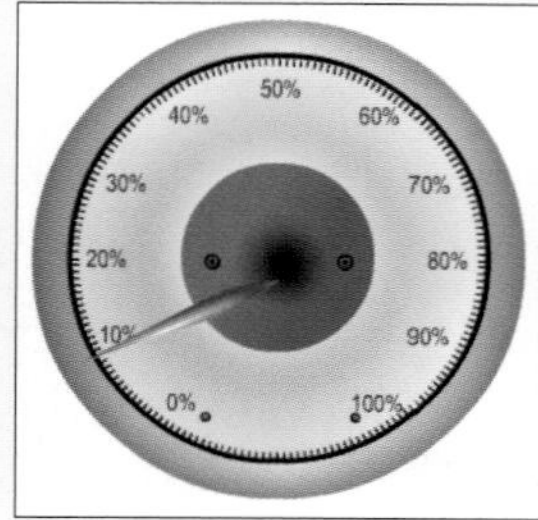

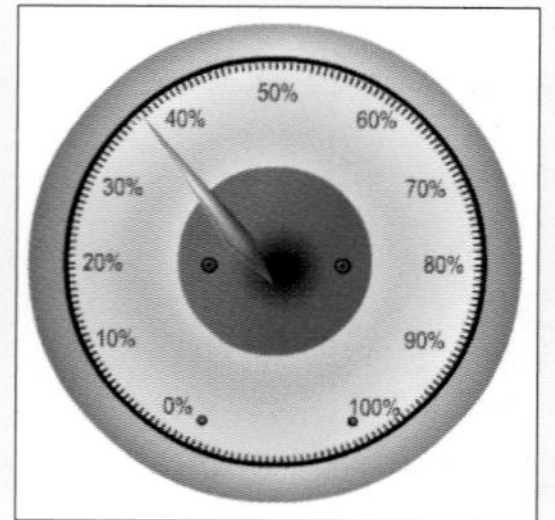

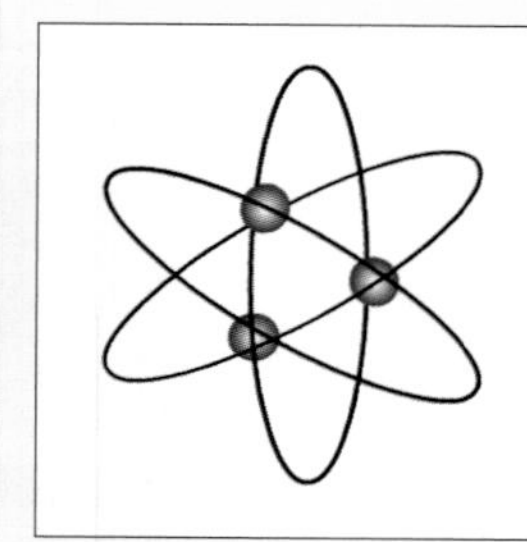
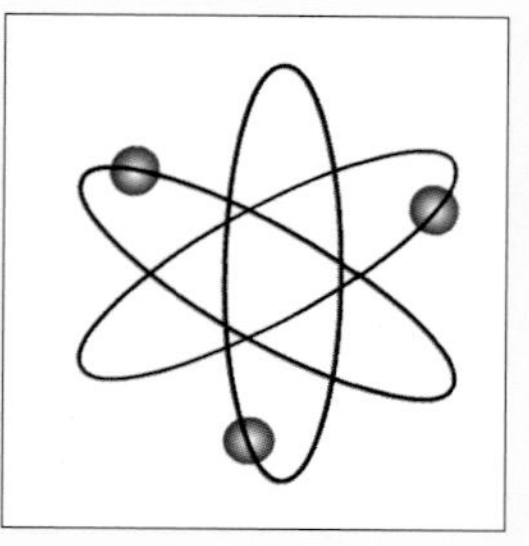

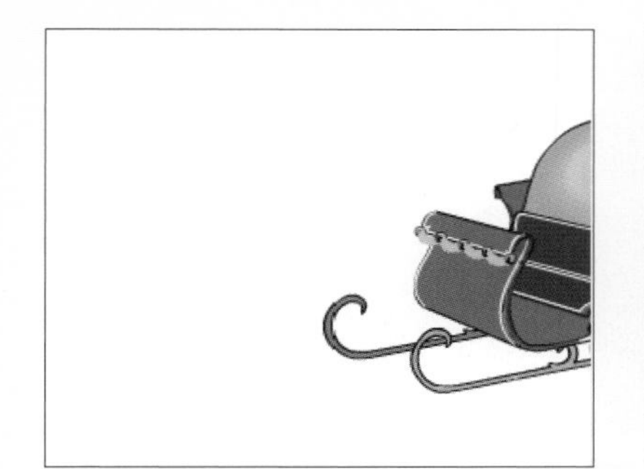

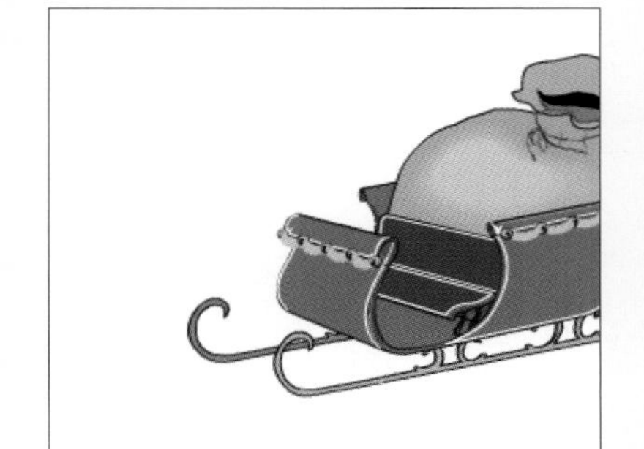

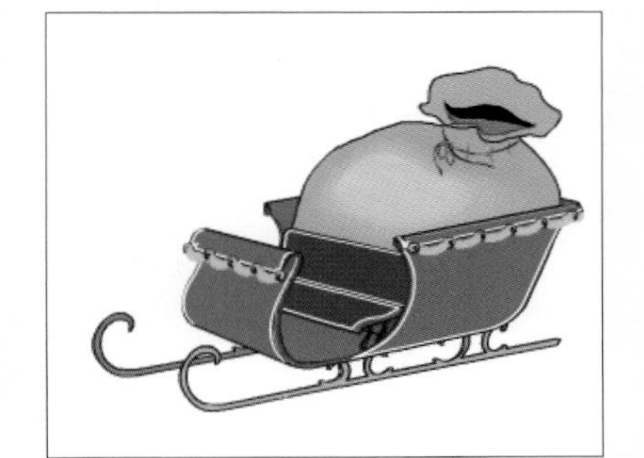

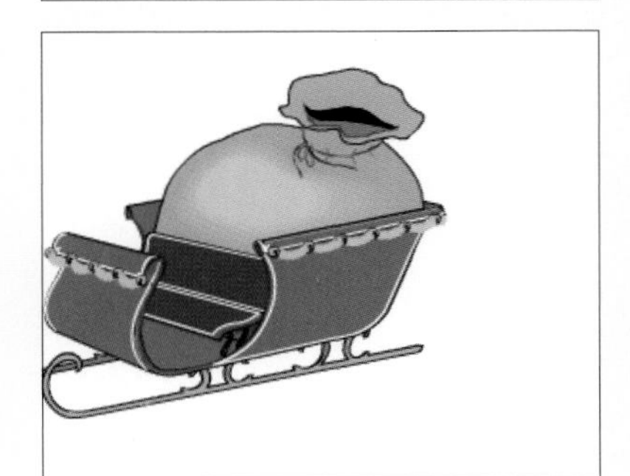

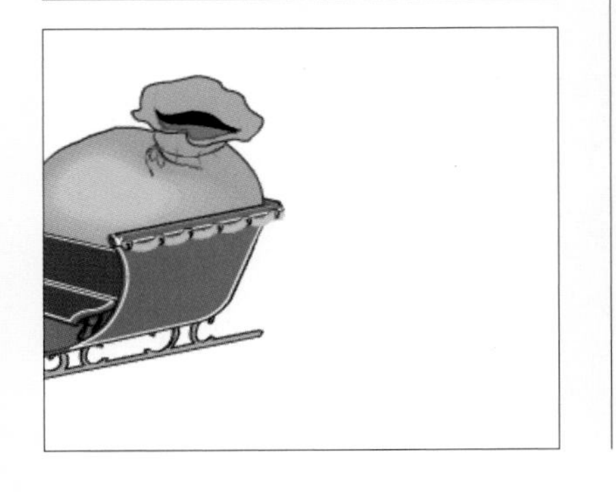

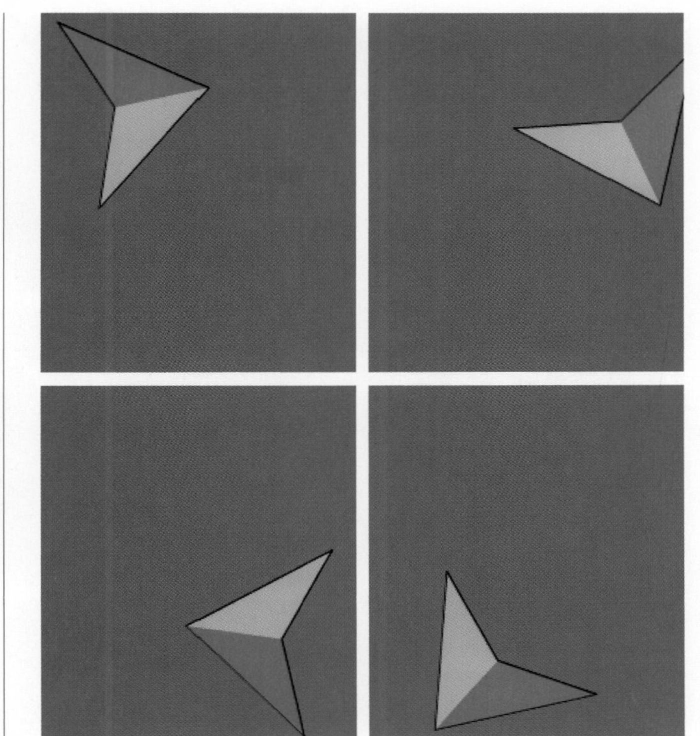

华山风光
华山风光
华山风光
华山风光
华山风光
华山风光

一曲千年

一曲千年

一曲千年

一曲千年

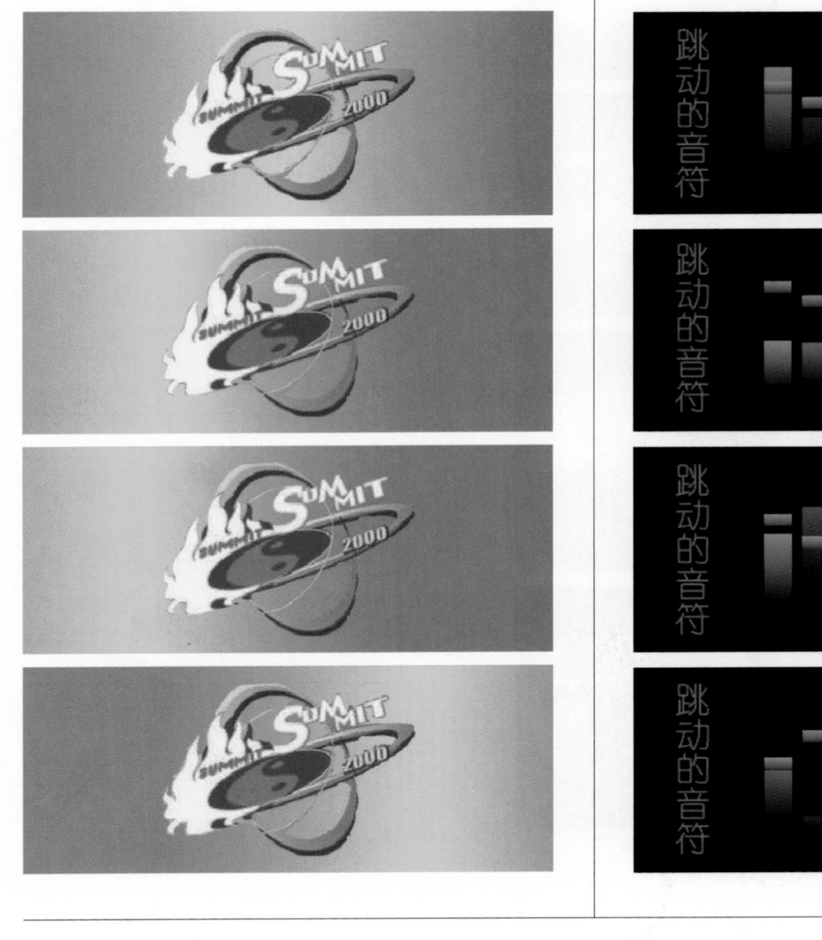

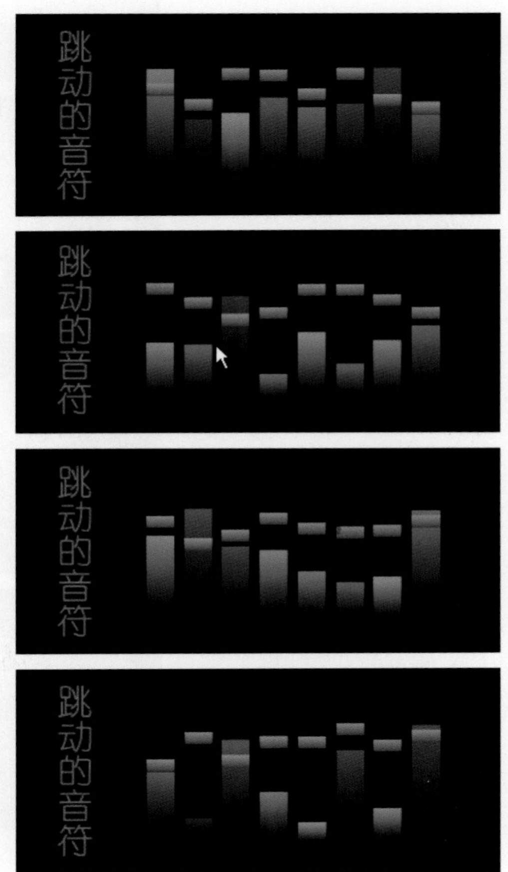

B

D

E

F

msn The everyday web.

msn Welcome to msn web

msn encyclopaedia on the web Microsoft corporation

你_

你的打_

你的打字速度_

你的打字速度是..._

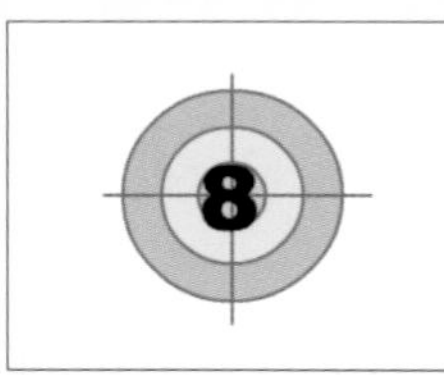

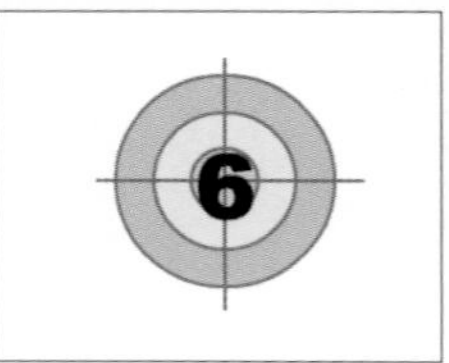

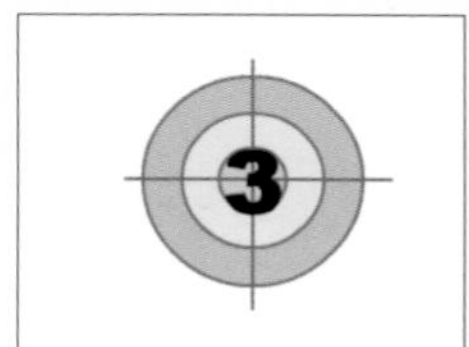

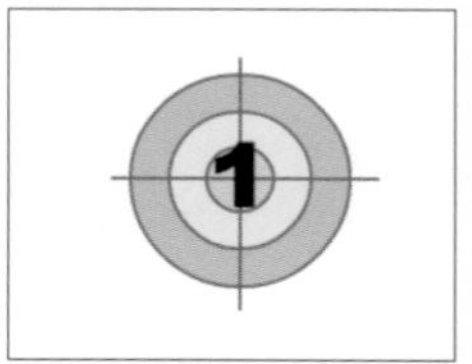

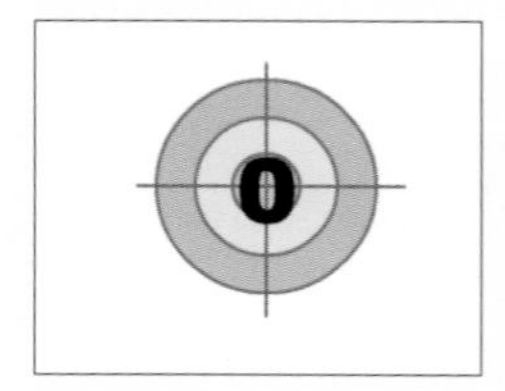

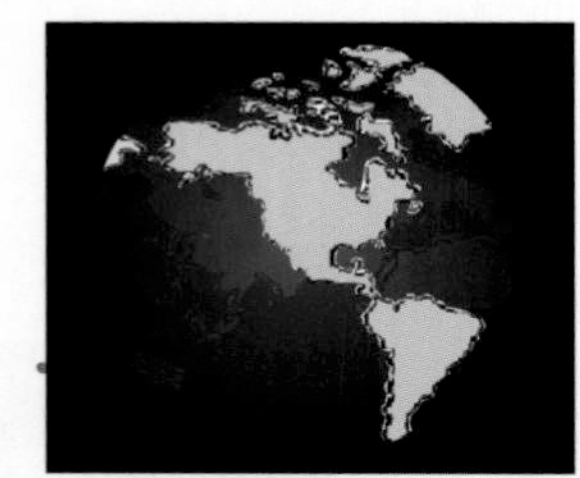

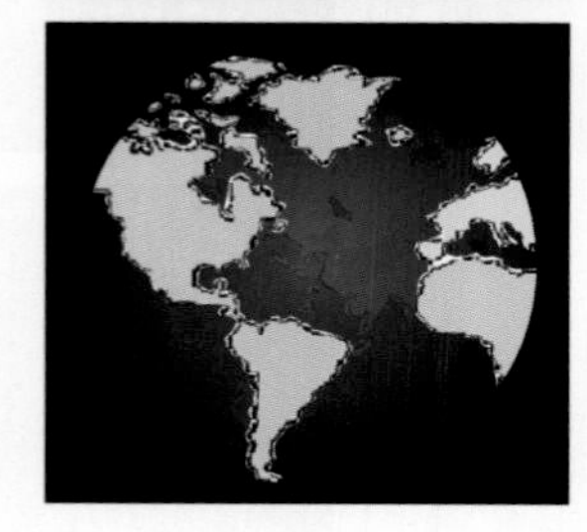

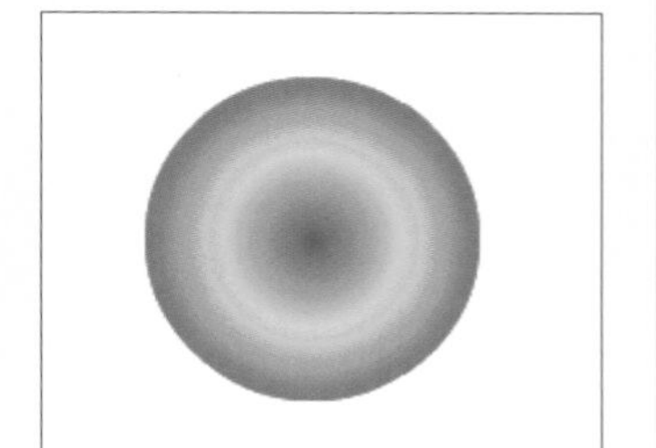

Flash CS3 标准教程

（第 3 版）

陈　默　编著

科学出版社
北京科海电子出版社

内 容 提 要

本书由作者结合以往的设计经验以及教学过程中的心得体会精心编著，力求全面细致地展现Flash的各种功能和使用方法。全书分为13章，内容包括：Flash CS3软件简介，图形绘制工具的使用，编辑图形及调整绘图环境，“文本工具”的使用，为图形填充颜色，Flash动画基础，元件、实例和库，逐帧动画，补间动画，特殊动画的制作，多媒体的应用，脚本动画基础，组件的应用与动画输出等。本书的最大特色是结合大量案例详细讲解知识要点，让读者在学习案例的过程中掌握Flash这个功能强大的软件。

本书采用的案例非常具有代表性，并且经过多次课堂检验，案例由浅入深，每一个案例所包含的重点难点非常明确，使读者学习起来非常轻松。另外，由于案例多且有代表性，也使本书成为网站动画设计方面不可多得的参考资料。本书不仅适合作为各类大中专院校和职业院校相关专业的教材，以及Adobe认证考试的教材和培训用书，还可供Flash初学者、动画设计爱好者以及动画设计从业人员学习参考。

本书配套的DVD多媒体教学光盘中包含书中案例的教学视频演示和科海精心开发的《新概念Flash CS3教程》多媒体教程，视频教学课程共125小节长达466分钟，此外，还包括全部案例的源文件和结果文件，帮助读者提高学习效率。

图书在版编目（CIP）数据

Flash CS3标准教程/陈默编著. —3版. —北京：科学出版社，2009

ISBN 978-7-03-024297-6

I. F… II. 陈… III.动画—设计—图形软件，Flash CS3—教材 IV. TP391.41

中国版本图书馆CIP数据核字（2009）第041561号

责任编辑：赵苡萱 / 责任校对：叶翠芹
责任印刷：科 海 / 封面设计：洪文婕

科学出版社 出版
北京东黄城根北街16号
邮政编码：100717
http://www.sciencep.com

北京市鑫山源印刷有限责任公司印刷

科学出版社发行 各地新华书店经销

*

2009年5月 第 一 版	开本：16开
2009年5月第一次印刷	印张：19.75
印数：0 001~3 000	字数：481 000

定价：32.00元（含1DVD价格）

前　言

全书按照Adobe中国的认证考试体系架构安排内容，目的是让读者熟练掌握Flash动画制作过程中的各种技术细节，让读者能独立制作各种常见的动画效果。翻开书之前，首先得做点准备工作——有一台电脑，然后最好是准备一壶好茶，因为兴奋的时候您可以随时来上一口。准备妥当之后，您的学习生活就可以开始了。不管以前是否接触过Flash动画，都让我们从零开始吧。当然，如果您曾经学过一点美术或者Flash方面的知识，那么学起来会更加轻松。

本书内容

全书分为13章，每一章都结合实例详细讲解知识要点，并在重点章中配有大量的案例，让读者在学习案例的过程中掌握Flash软件。全书内容包括：Flash CS3软件简介，图形绘制工具的使用，编辑图形及调整绘图环境，“文本工具”的使用，为图形填充颜色，Flash动画基础，元件、实例和库，逐帧动画，补间动画，特殊动画的制作，多媒体的应用，脚本动画基础，组件的应用与动画输出等。

本书特点

我们的学习过程和以往书籍中的学习过程有很大的不同——书中不再依次去讲解软件中包含的命令，而是从具体的案例出发，需要什么命令就讲解什么命令。案例的讲解尽量简洁明了，往往一两句话就将一个复杂的知识点或者操作步骤表述出来，让读者学习时倍感轻松。

书中的很多案例本身就是商业网站实例，还有一些是作者根据实例改编而来的。这样不仅保证了读者能够学好知识点，更重要的是帮助读者掌握实际的操作技能。掌握了这些案例，就掌握了绝大多数商业广告的制作方法和思路，让读者真正能够做到以不变应万变。

作者结合以往的设计经验以及教学过程中的心得体会，让每个案例的新知识点保持在3～5个之间，前后两个案例之间有一定的知识重叠。这样既能防止学习过程中的畏难情绪，又能保证教学内容的容量。

阅读本书，最好是从头到尾地阅读，这样您就会发现——虽然这本书涉及的内容非常多，但理解上不会有任何障碍。本书的案例环环相扣，每一步都很重要，往往上一章是下一章内容的重要铺垫，逻辑性非常强。

动画设计是一门技术，更是一门艺术。为了提高读者的鉴赏能力，本书还将动画设计中涉及到的美术和广告方面的专业知识融于其中，让您深刻体会到什么是好的Flash动画，怎样才能设计出好的Flash动画。

本书作者

本书作者系北京师范大学艺术与传媒学院研究生，担任北京师范大学艺术与传媒学院数字媒体专业部分课程的教学工作，有多年Flash动画设计经验，曾担任北京电视台《天天影视圈》、《非常接触》等知名电视栏目编导、记者、京视传媒公司节目策划、DPS剪辑，栏目包装及后期特效制作等职，熟悉电视栏目制作的流程，熟练掌握平面、二维、三维及后期软件，有丰富的实战经验。

读者对象

本书采用的案例非常具有代表性，并且经过多次课堂检验，案例由浅入深，每一个案例所包含的重点难点非常明确，使读者学习起来非常轻松。另外，由于案例多且有代表性，也使本书成为网站动画设计方面不可多得的参考资料。本书不仅适合作为各类大中专院校和职业院校相关专业的教材，以及Adobe认证考试的教材和培训用书，还可供Flash初学者、动画设计爱好者以及动画设计从业人员学习参考。

光盘介绍

本书配套的DVD多媒体教学光盘中包含书中案例的视频教学演示和科海精心开发的《新概念Flash CS3教程》多媒体教程，视频教学课程共125小节长达466分钟，此外，还包括全部案例的源文件和结果文件，帮助读者提高学习效率。

总之，本书将从全面提升您的制作技术、设计思想的角度出发，结合大量的案例来讲解如何设计、思考与掌握Flash动画设计中的方方面面，真正让您理解设计并能够独立地制作出优秀的Flash作品。

由于时间仓促，加上编者水平有限，书中不足之处在所难免，敬请广大读者批评指正。

编　者

2009年4月

目 录

Fl

Chapter 03

Chapter 04

Chapter 05

Chapter 13

组件的应用与动画输出

Chapter 01

Flash CS3 软件简介

本章导读

Flash 是一款多媒体动画制作软件，是一种交互式动画制作工具，利用它可以将图片、音乐、影片剪辑融会在一起，制作出高精美的动画。本章将介绍 Flash CS3 软件的特点及功能，认识 Flash CS3 的工作环境及工作面板，熟悉文件的基本操作方法。

内容要点

- Flash CS3 概述
- Flash CS3 的应用范围
- Flash CS3 的工作环境
- 常用面板的布局与操作
- Flash CS3 文件的基本操作

1.1 Flash CS3概述

Flash 原是 Macromedia 公司推出的一款经典动画制作软件，其操作简单，制作的效果流畅并兼有画面多样化的风格，因此，Flash 软件被广泛地应用在动画制作领域。2005 年 12 月，Adobe 公司收购了 Macromedia 公司，并在 2007 年推出 Adobe Flash CS3。

Flash CS3 作为多媒体创作工具，和其他同类软件相比，它几乎可以帮助用户完成任何作品，而且它具有独创性和直观可见的优点。

1.1.1 Flash CS3的特点

1. 支持矢量图格式

计算机图形主要分为两大类——位图图像和矢量图形。

- 位图图像使用颜色网格（像素）来表现图像，这种图像与分辨率有关。如果对位图图像进行缩放操作，就会丢失位图图像中的细节，呈现出锯齿状。
- 矢量图形是根据图像的几何特性描绘图像，它与分辨率无关。矢量图形的一个重要特点是Flash创建的图像及动画无论放大多少倍，都不会产生失真现象。
- 用矢量描述复杂对象的优点是所占有的空间极少，通常是位图格式的几千分之一，非常有利于在网络中传播。

另外，Flash CS3 软件同样支持位图图像，并能对导入的位图图像进行优化以减小动画文件的容量。或者直接将位图图像转换为矢量图形，这样既保持了位图图像的细腻和精美，又使矢量图形更加精确和灵活。

2. 支持多种软件格式的导入

Flash CS3 支持导入其他软件制作的图形和图像，如 Photoshop、Illustrator、Freehand 等软件，当在这些软件中做好图像后，可以使用 Flash CS3 中的导入命令将它们载入到 Flash 中，然后进行动画的制作。

3. 支持音频和视频文件的导入

Flash CS3 支持声音文件的导入，在 Flash 中可以使用 MP3。MP3 是一种压缩性能比很高的音频格式，能够很好地还原声音，这样可以保证在 Flash 中添加的声音文件既有很好的音质，文件体积也很小。

作为新版本，Flash CS3 还提供了功能强大的视频导入功能，可让用户的 Flash 应用程序界面更加丰富多彩。除此之外，Flash CS3 还支持从外部调用视频文件，这样就可以大大缩短输出时间。

4. 支持流式下载

GIF、AVI 等传统动画文件，由于必须在文件全部下载后才能播放，因此需要等待很长时间；而

Flash 支持流式下载，也就是说可以一边下载一边播放，这就大大节省了浏览时间。

5．交互性强

Flash 动画最大的特点就是具备强大的交互控制功能。这种交互控制功能是通过 Flash 内置的 ActionScript（简称 AS，即动作脚本）来实现的，它可以让用户添加任何复杂的程序，使用户的动作成为动画的一部分。

另外，脚本程序语言在动态数据交互方面有了重大改进，ASP 功能的全面嵌入使得制作一个完整意义上的 Flash 动态商务网站成为可能，用户甚至还可以用它来开发一个功能完备的虚拟社区。

6．图形动画文件格式转换工具

Flash 是一个优秀的图形动画文件的格式转换工具，它不仅可以输出 SWF 动画格式，还可以将动画以 GIF、JPG、HTML、QuickTime、AVI、MOV、MAV 等文件格式进行输出。

7．平台的广泛支持

任何安装有 Flash Player 插件的网页浏览器都可以观看 Flash 动画。根据统计资料显示，目前已有 95%以上的浏览器都安装了 Flash Player，能够观看 Flash 制作的动画影片，这几乎跨越了所有的浏览器和操作系统。因此 Flash 动画已经逐渐成为应用最为广泛的多媒体形式。

1.1.2 Flash CS3的新增功能

Flash CS3 在旧版本的基础上增加了许多新的功能，下面就来简单介绍这些功能。

1．Adobe Photoshop 和 Illustrator 导入

在 Flash CS3 中，用户可以导入 Photoshop 的 PSD 文件，并能够保留图层等内部信息，Photoshop 中的文本在 Flash CS3 中仍然可以进行编辑。例如，在 Flash 中打开一个 PSD 文件，弹出如图 1.1（a）所示的对话框，在该对话框中可以对文件图层进行有选择地打开，选择完成后，单击“确定”按钮，要运用的文件即可显示在 Flash 中，如图 1.1（b）所示。

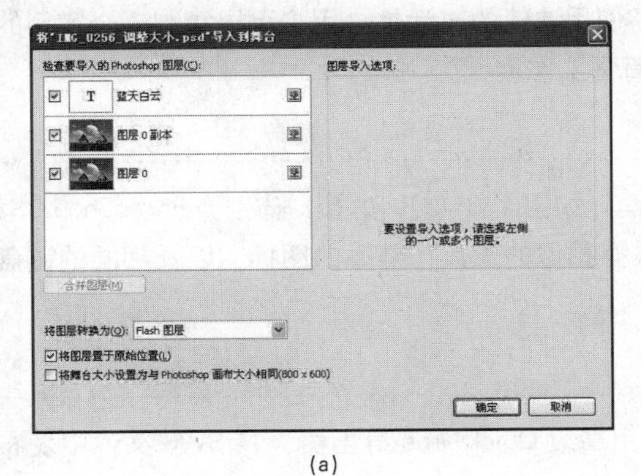

(a)

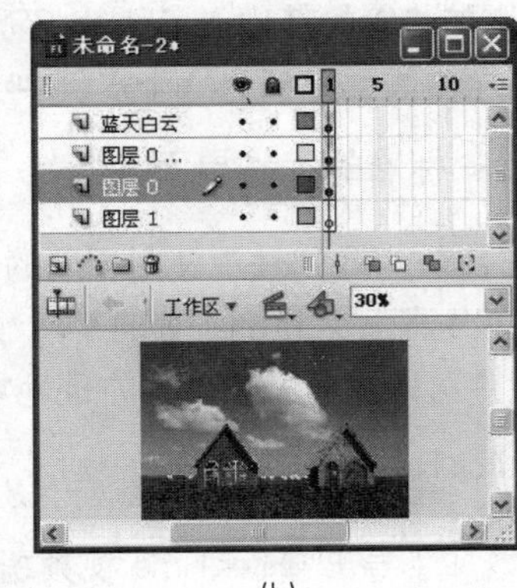

(b)

图 1.1 打开一个 PSD 文件

Flash CS3 可以与 Illustrator 协同工作，通过一定的调整和设置，在 Flash CS3 中能够决定导入

Illustrator 文件中的哪些层、组或对象，以及如何导入。

2．ActionScript 3.0 语言

Flash CS3 的 ActionScript 3.0 语言将程序开发的效率提高到更加快捷的程度，并可灵活地满足用户的各种要求，即使是新手也能轻松入门。

使用内置的基于 ActionScript 3.0 的用户界面和视频组件，可以提升程序内容的开发速度，节省了大量的时间。

3．优化的绘图工具

Flash CS3 重新设计的钢笔工具和在 Illustrator 软件中的相同，如图 1.2（a）所示，Flash CS3 中还增加了新的图形绘图工具，如图 1.2（b）所示，使用这些工具，可以使用户在可视化舞台上调整图形的属性。

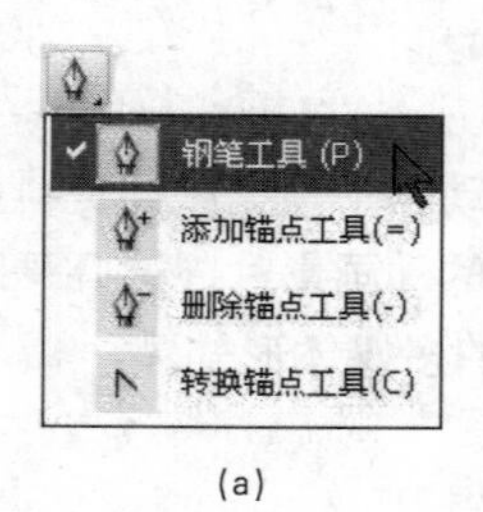

(a)

(b)

图 1.2 “钢笔工具”和图形绘制工具

4．动画与代码的转换

在 Flash CS3 中可将动画转换为可以重用、便于编辑的 ActionScript 代码，即将时间轴补间动画即时转换为 ActionScript 3.0 代码，并可以应用于其他元件。该新功能可以支持很多属性，如滤镜、缩放、旋转、倾斜和颜色等。

5．复制和粘贴滤镜

在 Flash 8 增加滤镜的基础上，Flash CS3 增强了使用滤镜的灵活性，用户可以复制一个实例的滤镜设置，然后再将其粘贴到另一个实例中，以便简化工作流程。

6．Flash CS3 标准的工作界面

用户可以在各种 CS3 软件中使用相同的工作界面，如图 1.3（a）和（b）分别为 PhotoShop CS3 和 Flash CS3 的工作界面，几乎所有的 CS3 软件都具有相似的工具、熟悉的图标，以及相同的键盘快捷键，使得用户可以在各种软件中方便地切换。

7．导出 QuickTime

Flash CS3 增加了导出 QuickTime 视频功能，利用高级 QuickTime 导出器，将 SWF 文件中发布的内容渲染为 QuickTime 视频，其中包括嵌套的影片剪辑、ActionScript 产生的内容和其他运行时的效果。

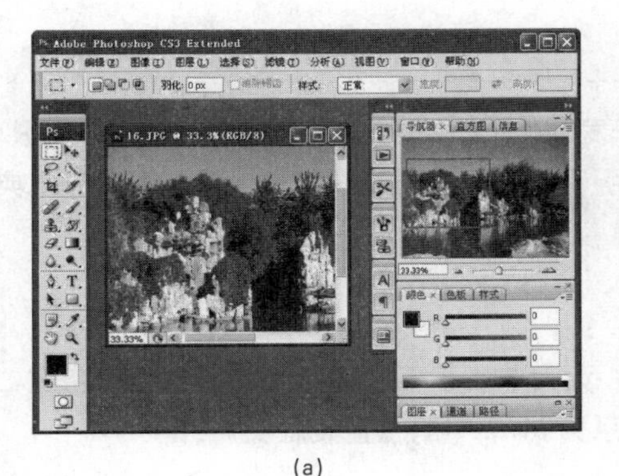

(a)

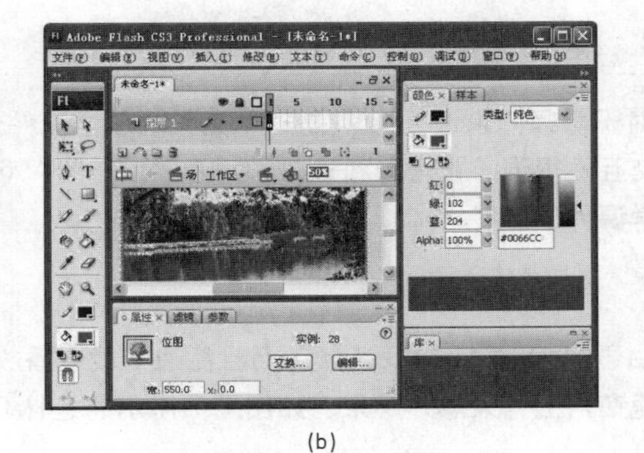

(b)

图 1.3 PhotoShop CS3 和 Flash CS3 的工作界面

8. 增强的视频工具

使用 Adobe Flash Video 编码器可以传送广播级质量的在线视频，在编码选项中，包括了许多高级选项，因此，使用 Flash CS3 附带的独立视频编码器、Alpha 通道支持、高质量视频编解码器、嵌入的提示点、视频导入支持、QuickTime 导入和字幕显示等，可以确保获得最佳的视频体验。

1.2 Flash的应用范围

根据 Flash 动画的特点，目前主要应用在以下几个方面。

1. 广告宣传动画

动画无疑是 Flash 应用最广泛的一个领域。由于在新版 Windows 操作系统中已经预装了 Flash 插件，使得 Flash 在这个领域发展的非常迅速，它已经成为大型门户网站广告动画的主要形式。目前，新浪、搜狐等大型门户网站都很大程度地使用了 Flash 动画，如图 1.4 所示的就是网站中的 Flash 广告动画。

2. 产品功能演示

很多产品被开发出来后，为了让人们了解它的功能，其设计者往往也用 Flash 来制作一个演示片，以便全面地展示产品的特点。如图 1.5 所示的是 LIVE PICTURE（一个制作全景动画的软件）的演示动画。

图 1.4 Flash 广告动画

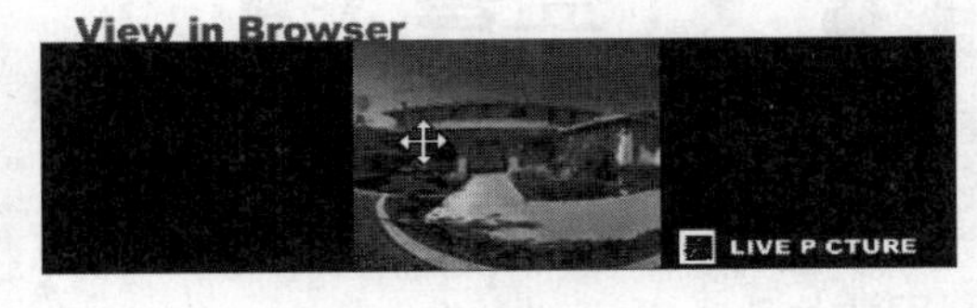

图 1.5 LIVE PICTURE 的演示动画

3．教学课件

对于教师们来说，Flash 是一个完美的教学课件开发软件——它操作简单、输出文件体积很小，而且交互性很强，非常有利于教学的互动。如图 1.6 所示的是厂房的建设过程，这是一个非常典型的教学课件。

4．音乐 MTV

由于 Flash 支持 MP3 音频，而且能边下载边播放，大大节省了下载的时间和所占用的带宽，因此迅速在网上"火爆"起来。如图 1.7 所示的是林˚C 系列 MTV 中的《重爱轻友》。

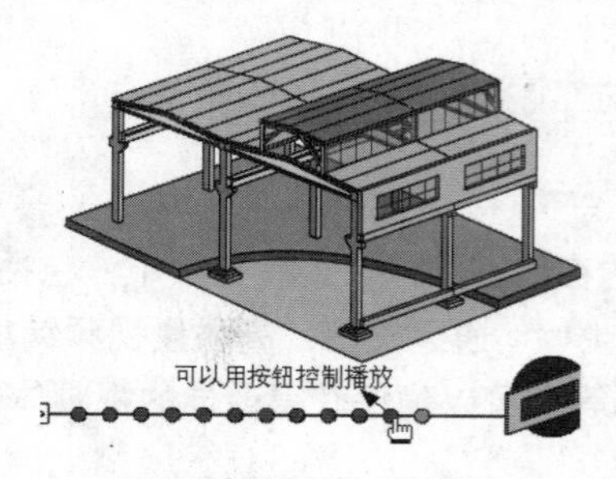

图 1.6　厂房建设教学课件

图 1.7　《重爱轻友》MTV

提示：能够一边下载一边播放的动画，称为流式动画。

5．故事片

提到故事片，相信大家可以举出很多经典的 Flash 故事片，如三国系列、春水系列、流氓兔系列等。搞笑是它们的一贯作风，要达到这种水平手绘是不可或缺的。如图 1.8 所示的是三国系列中的经典剧目《蒋干盗书》。

6．网站导航

由于 Flash 能够响应鼠标单击、双击等事件，因此很多网站利用这一点制作出具有独特风格的导航条。如图 1.9 所示的是 Disney.com 使用的 Flash 导航页面。

图 1.8　三国系列《蒋干盗书》

图 1.9　Disney.com 的导航界面

7．网站片头

追求完美的设计者往往希望自己的网站能让浏览者过目不忘，于是就出现了炫目的网站片头。现在几乎所有的个人网站或设计类网站都有网站片头动画。如图 1.10 所示的是一家设计公司制作的网站片头，主界面用一棵小树苗的枝干作导航。

8．游戏

提起 Flash 游戏，就忘不了小小工作室，他们制作了很多非常优秀的作品，如图 1.11 所示，是小小工作室制作的经典 Flash 游戏《小小特警》。

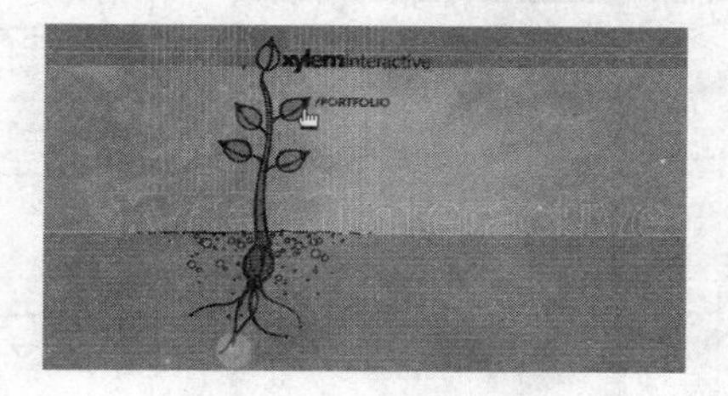

图 1.10　网站片头

图 1.11　Flash 游戏《小小特警》

其实，Flash 的功能远远不只这些，但是这些足以给予我们更多的机会从事具有挑战性的工作，同时获得创作的乐趣。

1.3　Flash CS3的工作环境

1.3.1　Flash CS3的启动

安装好 Flash CS3 后，双击桌面中 Flash CS3 的快捷方式图标或通过“开始”菜单中的“程序”组启动它，程序在启动后将弹出一个对话框，称其为“开始”页，如图 1.12 所示，“开始”页是将常用的任务集中放置在这个页面中，主要包括“打开最近的项目”、“新建”、“从模板创建”等部分，用户可以根据自己的需要进行选择。

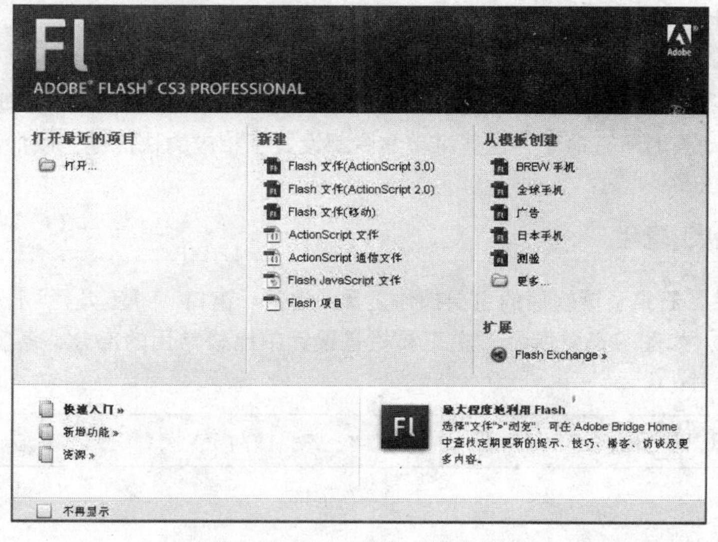

图 1.12　Flash CS3 的“开始”页

1.3.2 Flash CS3的工作界面

在“开始”页面中选择“Flash 文件（ActionScript 3.0）”或选择“Flash 文件（ActionScript 2.0）”选项，即可进入Flash CS3 的工作界面，如图 1.13 所示。

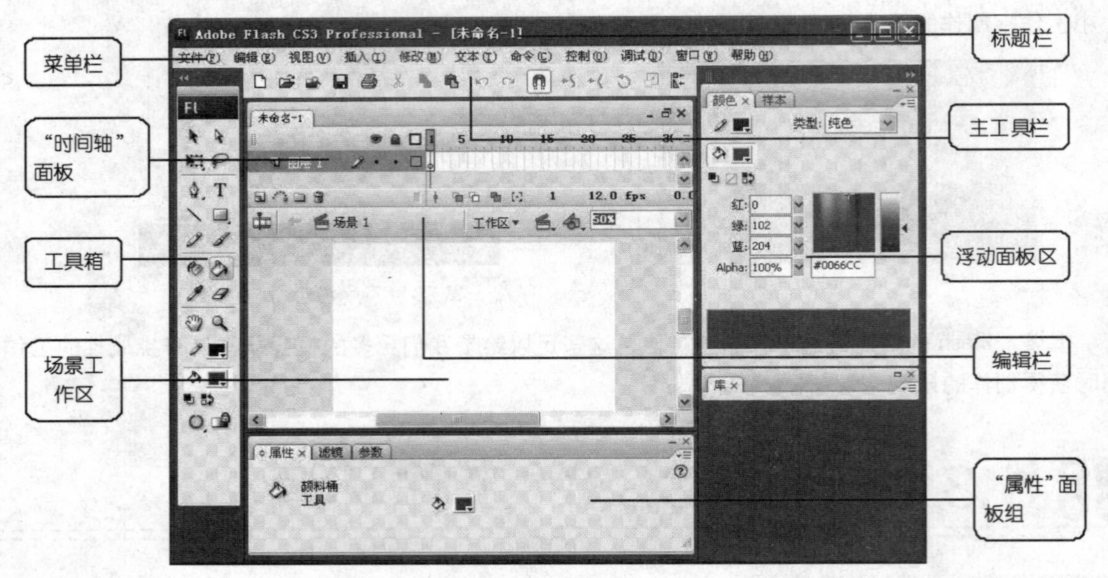

图 1.13 Flash CS3 的工作界面

Flash CS3 的工作界面主要由以下 9 个部分组成：标题栏、菜单栏、工具箱、场景工作区、主工具栏、编辑栏、“时间轴”面板、“属性”面板组和浮动面板区。

1．标题栏和菜单栏

（1）标题栏：在整个工作界面的最上方，它主要有 Flash 标记、应用程序名称、工作对象的名称、最小（大）化按钮和正常之间的切换按钮以及关闭按钮。

（2）菜单栏：是由“文件”、“编辑”、“视图”、“插入”、“修改”、“文本”、“命令”、“控制”、“调试”、“窗口”以及“帮助”菜单组成，单击某个菜单项即可弹出其子菜单，菜单中汇集了创作动画的所有命令，这些菜单命令都设置了相应的快捷键，以加快 Flash 动画的创建速度。

2．主工具栏和编辑栏

（1）主工具栏：汇集了该软件的主要操作工具。选择“窗口”|“工具栏”|“主工具栏”命令，即可打开主工具栏，如图 1.14 所示。主工具栏是设计中比较常用的部分，各工具的功能说明见表 1.1。

图 1.14 主工具栏

表 1.1 主工具栏中工具的功能说明

图标	图标名称	功能说明
	新建	单击该按钮，将打开一个新舞台
	打开	单击该按钮，可打开需要的文件
	打开Bridge	单击该按钮，可转向浏览Adobe公司的产品信息
	保存	单击该按钮，可以保存正在操作的Flash文件
	打印	单击该按钮，打印Flash中的矢量图
	剪切	单击该按钮，可对选中的对象进行剪切操作
	复制	单击该按钮，可对选中的对象进行复制操作
	粘贴	单击该按钮，可对具体对象进行粘贴操作
	撤销	单击该按钮，撤销上一步的操作
	重做	单击该按钮，重复前一步的操作
	贴紧至对象	单击该按钮，使选中的对象自动进行对齐操作
	平滑	单击该按钮，对选中的线条进行平滑操作
	伸直	单击该按钮，对选中的线条进行伸直操作
	旋转与倾斜	单击该按钮，可对选中的对象进行任意角度的旋转
	缩放	单击该按钮，可对选中的对象进行任意大小的变换
	对齐	单击该按钮，将打开“对齐”面板

(2) 编辑栏：用来控制场景编辑和元件编辑之间进行切换。选择“窗口”|“工具栏”|“编辑栏”命令，即可打开编辑栏，如图 1.15 所示。

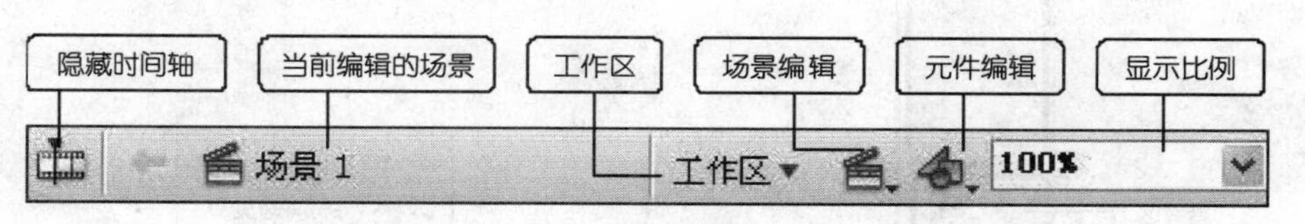

图 1.15 编辑栏

编辑栏中包含“编辑场景”按钮和“编辑元件”按钮，通过对它们的选择，可在动画创建过程中自由地切换所要编辑的对象。编辑栏左边的“场景 1”表示当前编辑的窗口为场景 1。

(3) 场景工作区显示比例列表：工作时根据需要可以改变场景工作区的显示比例，“显示比例”下拉菜单如图 1.16 所示。

- 可以在“显示比例”下拉菜单中选择固定的比例数值，也可以在“显示比例”文本框中设置比例数值，最小比例值为8%，最大比例值为2000%。
- 符合窗口大小：用于自动调节到最合适的场景工作区比例大小。
- 显示帧：可以显示当前帧的内容。
- 显示全部：可以显示整个工作区中包括场景之外的元素。

100%
符合窗口大小
显示帧
显示全部
25%
50%
100%
200%
400%
800%

图 1.16 “显示比例”下拉菜单

3. 工具箱

工具箱位于整个工作界面的左侧，其中包含绘制、填充颜色、选择和修改对象等工具，它是 Flash 中最常用到的一个面板，如图 1.17 (a) 所示。如果工具箱没有打开，可选择“窗口”|“工具”命令将其打开。

工具箱由以下 5 个部分组成。

- 工具区：囊括了绘制图形、调整图形和编辑图形的所有工具。
- 查看区：包含用来调整显示比例的“缩放工具”和移动工作区的“手形工具”。
- 颜色区：在工具使用的状态下，调整工具的“笔触颜色”和“填充颜色”。
- 选项区：当前使用工具的附加选项。并非所有工具都有附加选项，如图1.17（b）所示为当前所选工具为橡皮擦工具时，相应的附加选项。
- 折叠按钮：单击该按钮，即可将工具箱双排（或单排）显示。

提示：在创建动画时，如果发现需要应用的按钮是灰色的，则表明使用该按钮的条件还没有成立。

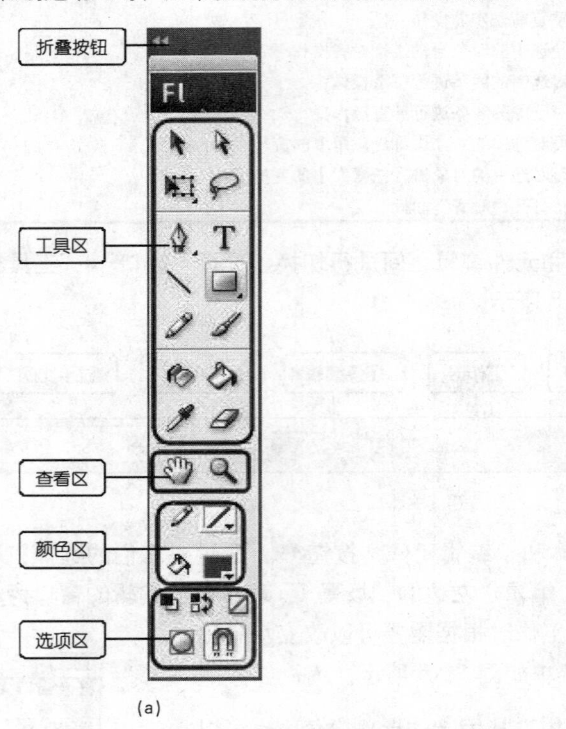

(a)

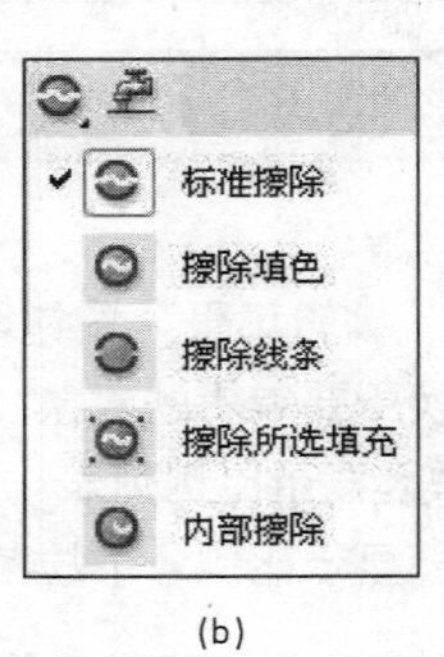

(b)

图 1.17　工具箱和橡皮擦工具的附加选项

工具箱中各工具的名称和功能参见表 1.2。

表 1.2　工具箱中各工具的名称和功能

图标	工具名称	功能
	选择工具	选择图形及拖动、改变图形形状
	部分选取工具	选择图形、拖动和分段选取
	任意变形工具	变换图形形状
	渐变变形工具	用于变化一些特殊图形的外观，如渐变图形的变化
	线条工具	绘制直线条
	套索工具	选择部分图像
	钢笔工具	绘制直线和曲线
T	文本工具	绘制和修改字体

（续表）

图标	工具名称	功能
	椭圆工具	绘制椭圆形
	矩形工具	绘制矩形和圆角矩形
	基本矩形工具	绘制可以调整角度的矩形
	基本椭圆工具	绘制可以调整角度的椭圆
	多角星形工具	绘制多边形和多角星形
	铅笔工具	绘制线条和曲线
	刷子工具	绘制闭合区域图形或线条
	墨水瓶工具	改变线条颜色、大小和类型
	颜料桶工具	填充和改变封闭图形的颜色
	滴管工具	选取颜色
	橡皮擦工具	去除选定区域图形

4. 场景工作区

场景工作区是用来放置动画内容的区域，通常又称为“舞台”，如图 1.18 所示。舞台是制作动画的区域，而舞台外的部分在播放动画时是不可见的。

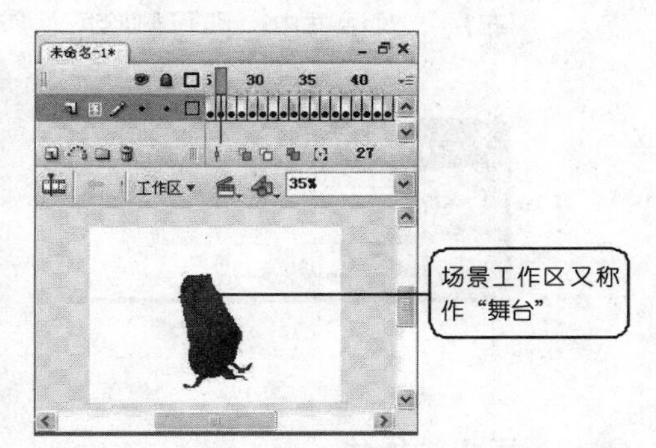

图 1.18 场景工作区

（1）放置在舞台中的内容包括：矢量图、导入的位图图形、文本框、按钮和视频剪辑等。

（2）文档“属性”面板：可在其中设置工作区域的尺寸、背景颜色、帧频等相关项。默认状态下，工作区域的大小为 550px × 400px（像素）、背景颜色为白色、帧频为 12fps，如图 1.19 所示。

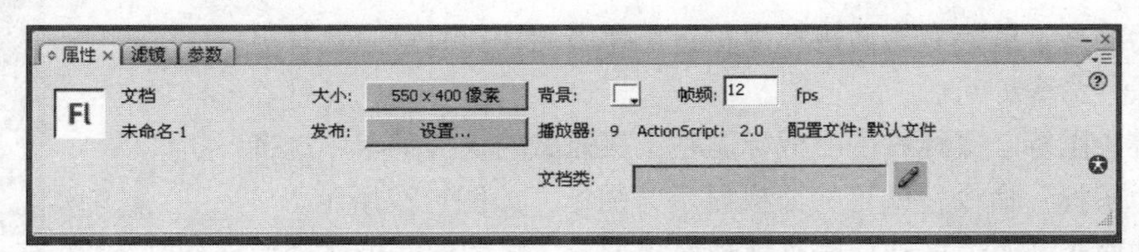

图 1.19 文档“属性”面板

提示：工作区域的最大尺寸为 2880px × 2880px。

1.4 常用面板的布局与操作

1.4.1 面板的布局与操作

Flash CS3 中包含了多个面板，面板是 Flash 工作窗口中最重要的操作对象，它们大多集中在“窗口”菜单中，熟悉面板的布局和操作方法是非常必要的。

1. 面板的布局

在利用软件制作动画的过程中，用户往往会将软件的界面弄乱，此时，可以通过选择恢复默认面板设置，恢复到软件默认的状态，同时，用户还可以通过保存面板布局的操作来保存自己设置好的面板布局。

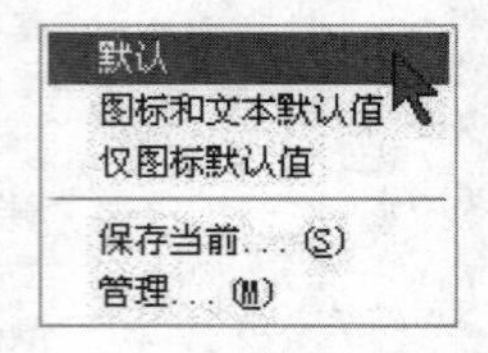

图 1.20 子菜单

- 恢复默认布局：选择“窗口”|“工作区”|“默认”命令即可，如图1.20所示。
- 保存“当前”面板布局：选择“窗口” | “工作区”|“保存当前”命令，在弹出的“保存工作区布局”对话框中输入布局的名称，然后单击“确定”按钮即可，如图1.21（a）所示。
- 删除保存的面板布局：选择“窗口”|“工作区”|“管理”命令，在弹出的“管理工作区布局”对话框中，即可删除所保存的面板布局方案，如图1.21（b）所示。

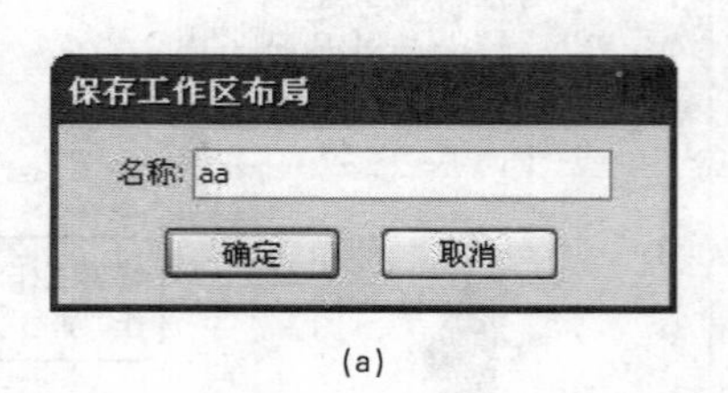

(a)

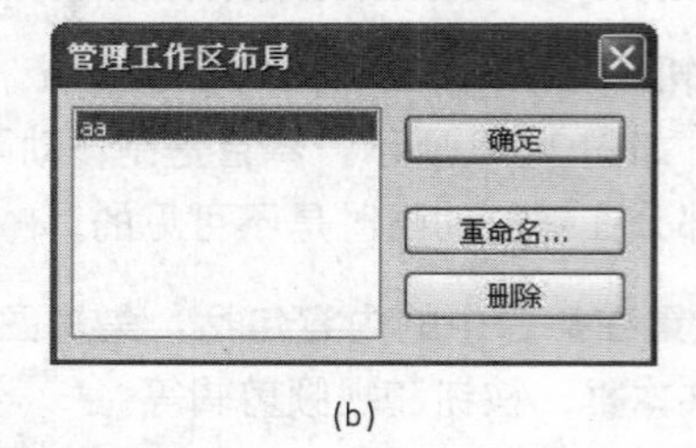

(b)

图 1.21 “保存工作区布局”对话框和“管理工作区布局”对话框

2. 面板的操作

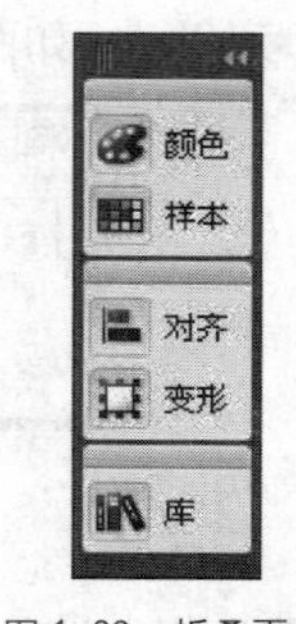

图 1.22 折叠面板

- 打开面板：可以通过选择“窗口”菜单中的相应命令打开指定面板。
- 关闭面板：鼠标右击面板标题栏，在弹出的快捷菜单中选择“关闭面板”命令即可。
- 折叠为图标：鼠标右击面板标题栏，在弹出的快捷菜单中选择“折叠为图标”命令，即可将面板显示为图标，如图1.22所示。
- 移动面板：通过拖动标题栏移动面板位置，将固定面板移动为浮动面板。
- 重组面板：鼠标左键按住面板的标题栏，将其拖动到其他面板的标题栏，当出现蓝色边框时，释放鼠标即可。

提示： 折叠或展开面板，也可以通过双击面板顶部的黑色边框实现。

1.4.2 常用面板

常用面板是设计软件中的亮点，利用它们可以方便地完成大多数的属性设定。Flash CS3 常用的面板有“动作”面板、“属性/滤镜/参数”面板组、“时间轴”面板、“颜色/样本”面板组和“对齐/信息/变形”面板组等。这些面板可以随意摆放到任何位置，也可以在不需要的时候关闭它们，还可以根据习惯随意组合常用的面板，使操作更加得心应手。

1. “动作”面板

“动作”面板是 Flash 动画制作中不可缺少的部分，它是动作脚本编辑器，利用该面板可以创建和编辑对象或帧的 ActionScript 代码，来实现复杂的交互功能。“动作”面板主要由“命令列表”窗口、“当前位置”窗口、工具栏、“命令编辑”窗口和状态栏组成，如图 1.23 所示。

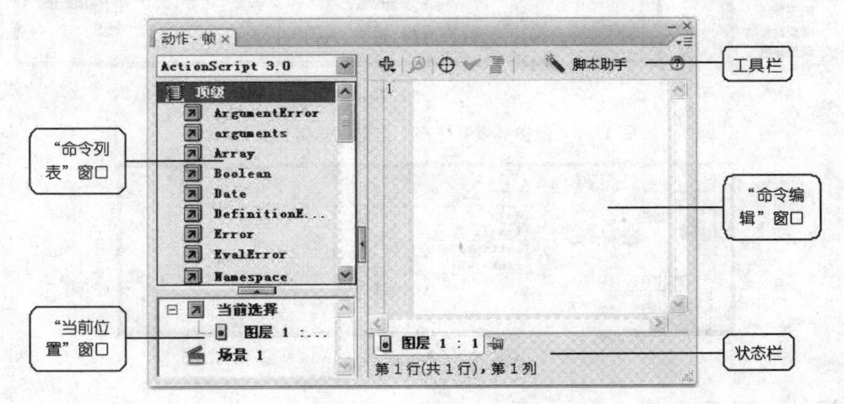

图 1.23 “动作”面板

2. “属性/滤镜/参数”面板组

“属性/滤镜/参数”面板组中包含了 3 个面板，单击相应的选项卡，即可切换到相应的面板。

(1) “属性”面板：其主要作用是，根据选择对象的不同，提供相关的属性内容。当选择工具箱中的“矩形工具”时，其“属性”面板如图 1.24 所示。面板右上角的“—”按钮可以折叠“属性”面板。

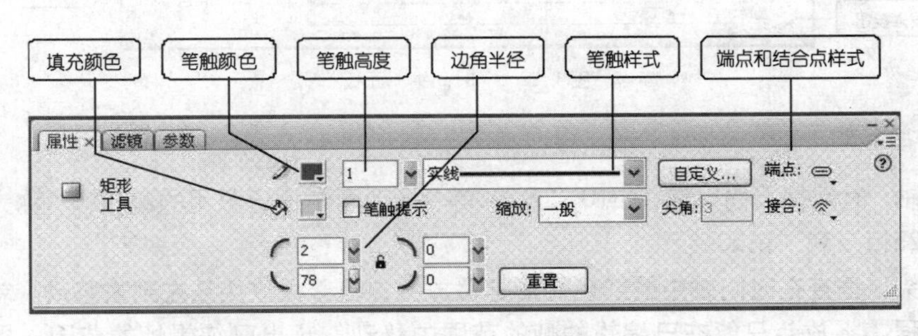

图 1.24 “矩形工具”的“属性”面板

(2) “滤镜”面板：主要作用是为舞台中的文本、按钮和影片剪辑添加视觉效果。单击“滤镜”面板中的“添加”按钮，将弹出滤镜列表，其中包括“投影”、“模糊”、“发光”、“斜角”、“渐变发光”、“渐变斜角”和“调整颜色”等。在该列表中，还可以选择相应的命令来“启用”、“禁用”或“删除”滤镜，如图 1.25 (a) 所示。当选择其中的“投影”滤镜后，“滤镜”面板如图 1.25 (b) 所示。

(3) “参数”面板：为“组件”设置参数的面板，当在场景中添加了“组件”后，“参数”面板如图 1.26 所示。

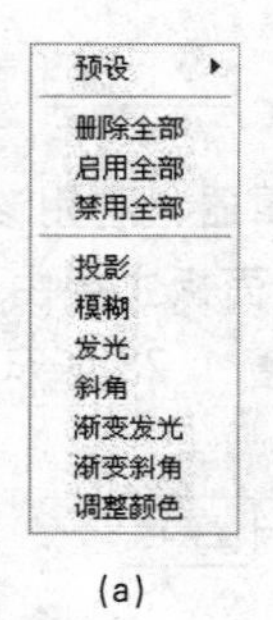

(a)

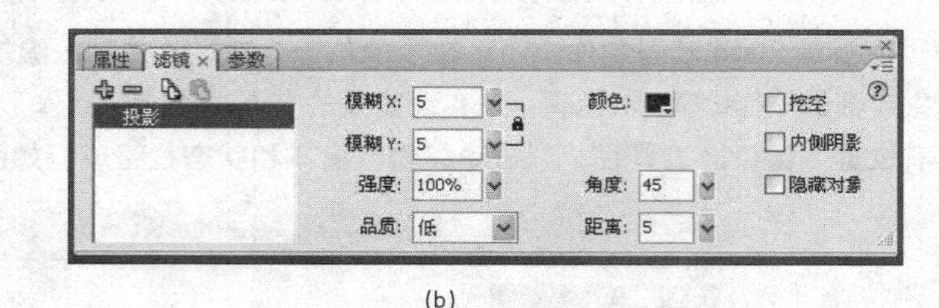

(b)

图 1.25　滤镜列表和选择“投影”滤镜后的面板

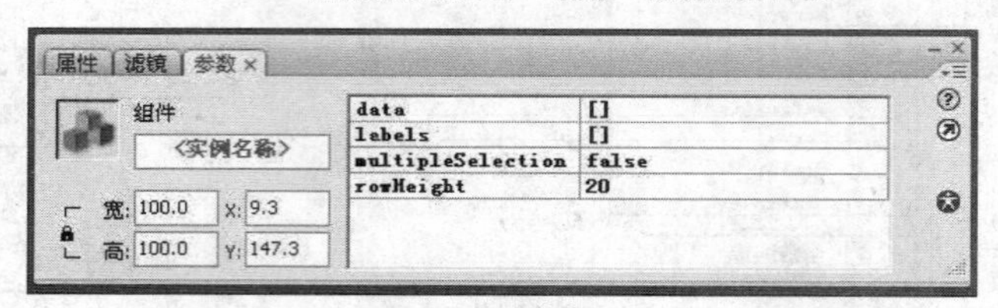

图 1.26　“参数”面板

3. “时间轴”面板

“时间轴”面板用于组织和控制文档内容在一定时间内播放的图层数和帧数，左侧为图层区，右侧为帧控制区，如图 1.27 所示。

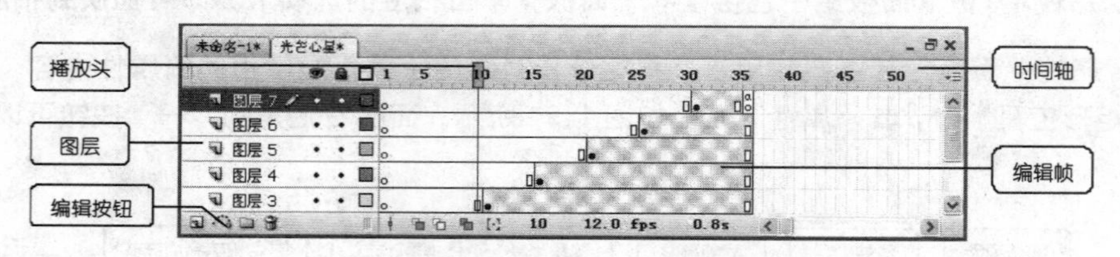

图 1.27　“时间轴”面板

其中各项含义如下。

- 时间轴：时间轴上的数值，如10、25、30等，是动画制作记数用的编辑帧，称为“第10帧”、“第25帧”和“第30帧”。
- 播放头：垂直在时间轴中的红色矩形是播放头。随着播放头从左到右移动，就是动画播放的过程。播放头只能在已编辑的帧的范围内移动，超出已编辑帧的范围，播放头将骤然而止。
- 图层：图层就像堆叠在一起的多张幻灯胶片一样，在舞台上一层层地向上叠加，如果上面一个图层中没有内容，那么就可以透过它看到下面的图层。Flash中有普通层、引导层、遮罩层和被遮罩层4种图层类型。同时，为了便于图层的管理，用户还可以使用图层文件夹。
- 编辑按钮：在“时间轴”面板中，包含多个编辑按钮，其中有“插入图层”、“添加运动引导层”、“绘图纸外观”和“编辑多个帧”等按钮。

注意：时间轴在动画创作中具有相当重要的地位，它是由时间与深度构成的二维空间，其作用就是要合理地安排动画中各个对象的登台时间、表演内容等。

4．“颜色/样本”面板组

“颜色/样本”面板组包括“颜色”和“样本”两个面板，选择“窗口”|“颜色”命令，即可打开“颜色”面板，如图1.28（a）所示。

（1）“颜色”面板：该面板是为所绘制的图形设置填充样式和颜色的，单击“类型”下拉列表按钮，列表中包括“无”、“纯色”、“线性”、“放射状”和“位图”5种类型。

- 线性渐变：颜色从起始点到终点沿直线逐渐变化，称为线性渐变。
- 放射状渐变：颜色从起始点到终点按照环形模式由内向外逐渐变化，称为放射状渐变。
  - 当选择填充色为渐变类型时，渐变色编辑栏的左、右各有一个“小色标”（也称为“色块”），该色标用来改变关键点颜色，双击小色标，可在弹出的“拾色器”中选取颜色，从而改变对象的颜色，如图1.28（b）所示。

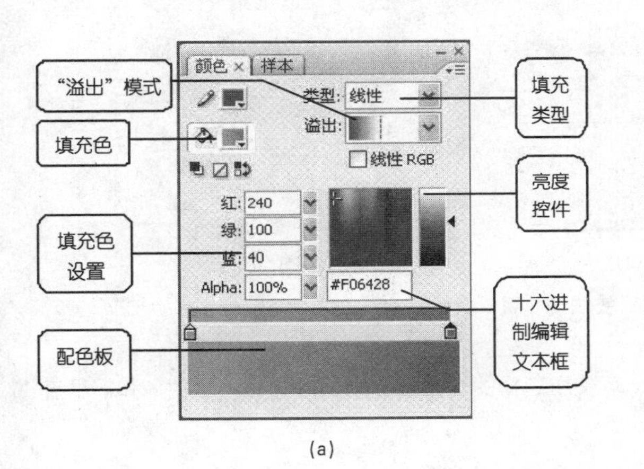

(a)

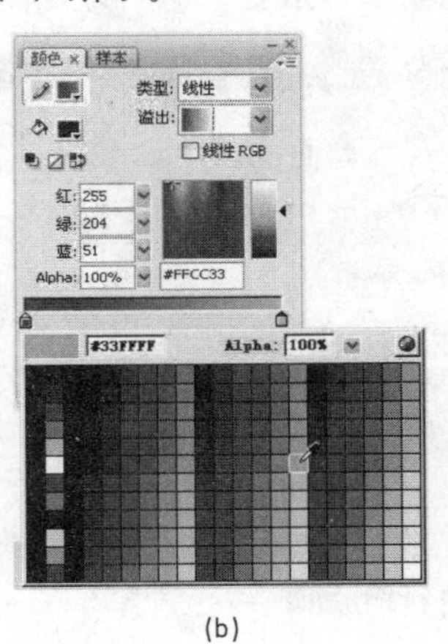

(b)

图1.28 “颜色”面板及为关键色标修改填充颜色

  - 编辑时，将鼠标放在两个色标中间，当鼠标右下方出现“+”时，单击鼠标，即可添加一个色标，如图1.29所示。如要删除色标，只需拖动色标向下移动即可。

（2）“样本”面板：选择“窗口”|“样本”命令，即可打开“样本”面板，如图1.30所示，“样本”面板用来保存调制好的颜色。

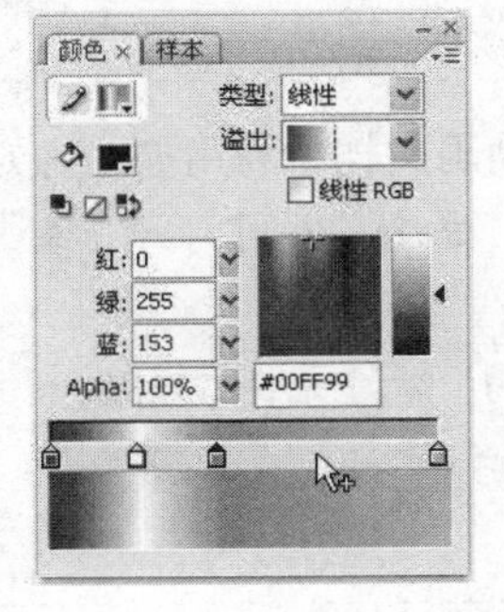

图1.29 在编辑栏中添加色块

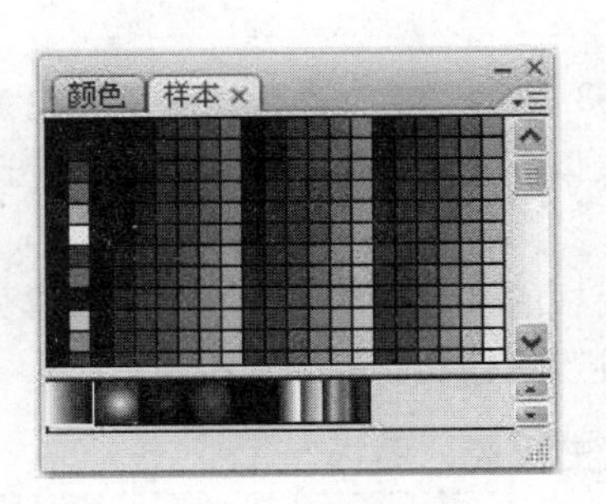

图1.30 “样本”面板

5. “对齐/信息/变形”面板组

“对齐/信息/变形”面板组中包含了3个面板，单击相应的选项卡，即可切换到相应的面板。

（1）“对齐”面板：该面板主要对选中的对象按一定规律进行对齐、分布、相似度和留空的操作，选择“窗口”|“对齐”命令，即可打开“对齐”面板，如图1.31（a）所示。单击面板中的“相对于舞台”按钮，所选定的对象将相对于舞台对齐分布；如果没有单击此按钮，则表示两个以上对象之间的相互对齐和分布。

（2）“信息”面板：该面板主要用于显示被选中对象的位置和尺寸的信息，选择“窗口”|“信息”命令，便可打开“信息”面板，如图1.31（b）所示。

（3）“变形”面板：该面板主要用于对选定对象执行缩放、旋转、倾斜操作，选择“窗口”|“变形”命令，即可打开“变形”面板，单击面板中的“复制并应用变形”按钮，可执行变形操作并复制对象的副本，如图1.31（c）所示。

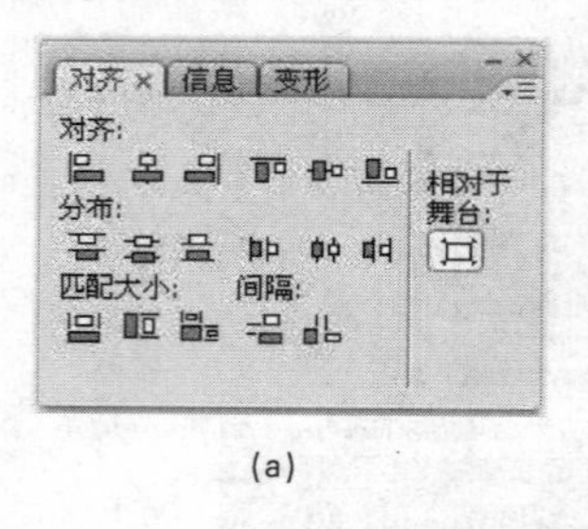

（a）

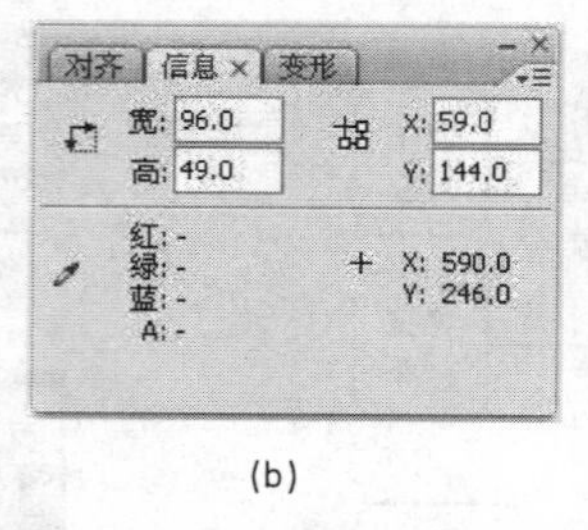

（b）

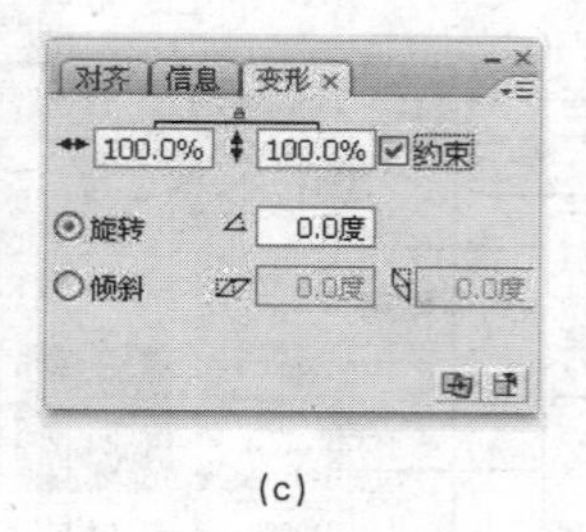

（c）

图1.31 “对齐/信息/变形”面板组

提示： 选中“变形”面板中的“约束”复选框后，可使所选择的对象按原来的尺寸在“水平”和“垂直”方向上成比例地进行缩放。

6. “场景”面板

“场景”面板的主要作用是发布Flash作品时，确定Flash项目的各个场景的播放顺序。选择“窗口”|“其他面板”|“场景”命令，即可打开“场景”面板，如图1.32所示。

“场景”面板的操作是通过其功能按钮来实现的，面板中有3个按钮，从左到右依次为“直接复制场景”按钮、“添加场景”按钮和“删除场景”按钮。

7. “库”面板

Flash CS3中的“库”面板功能更加完善，它允许在多个动画文档中利用拖动的方法，移动库项目或文件夹以创建新文档的“库”面板。选择“窗口”|“库”命令，即可打开“库”面板，如图1.33所示。

“库”面板的下方按从左到右的顺序排列的4个按钮分别为“新建元件”按钮、“新建文件夹”按钮、“属性”按钮和“删除”按钮。

8. “历史记录”面板

“历史记录”面板的作用是跟踪和记录操作的步骤，并且可以将它们转换为可反复使用的命令，对“历史记录”面板的操作步骤如下。

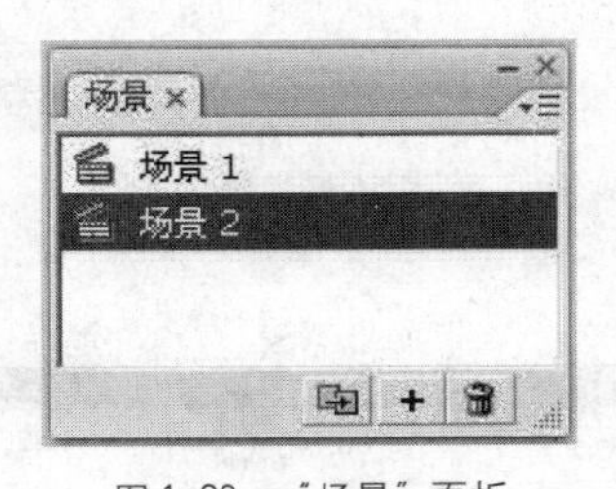

图 1.32 “场景”面板

图 1.33 “库”面板

Step 01 选择“窗口”|“其它面板”|“历史记录”命令，打开“历史记录”面板。

Step 02 面板中显示的是自新建或打开文档以来的操作记录，面板中的滑块则指向最近执行的操作，如图 1.34（a）所示。

Step 03 拖动面板中的滑块到“更改选择”步骤的名称前，如图 1.34（b）所示，即可恢复到该步骤的操作。

Step 04 此时滑块滚过的所有操作步骤被撤销，呈现为灰色不可选状态，舞台上显示的将是“更改选择”后的画面。如果要回到撤销前的状态，则拖动滑块到最后一步即可。

提示：“历史记录”面板是按步骤的执行顺序记录的，用户不能改变操作步骤的排列顺序，而且如果执行撤销操作后又执行了新的操作，已经被撤销的操作就会自动从面板中消失。

Step 05 在“历史记录”面板中选中一段操作步骤，如图 1.34（c）所示。

Step 06 单击左下方的“重放”按钮，即可执行所选中的重复操作。

(a)

(b)

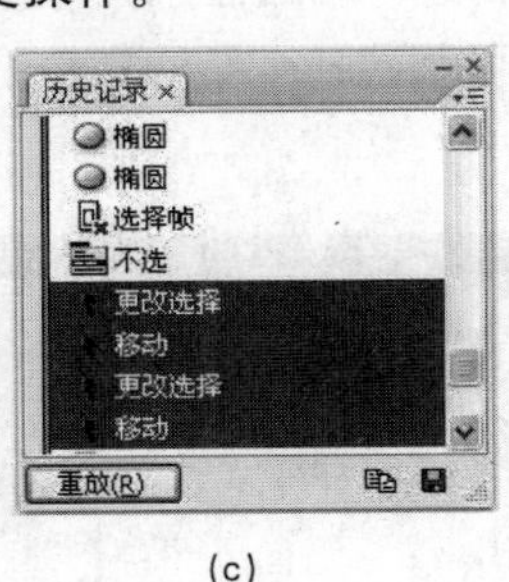

(c)

图 1.34 “历史记录”面板

Step 07 选择要保存的记录，单击“历史记录”面板右下方的“将选定步骤保存为命令”按钮，弹出“另存为命令”对话框。

Step 08 在对话框中为该命令命名，单击“确定”按钮，即可将其保存为命令。

注意：由于关闭文档时，历史记录会被清空，因此要想保留制作步骤，一定要将步骤保存起来。

1.5 Flash CS3文件的基本操作

1.5.1 新建文件

在Flash CS3中创建新文件有以下3种方法。

方法1：运行Flash CS3后，在“开始”页面中选择“Flash 文件（ActionScript 3.0）”或选择“Flash 文件（ActionScript 2.0）”选项，即可创建一个新文档，并进入Flash CS3的工作界面。

方法2：运行Flash CS3后，选择“文件”|“新建”命令，弹出“新建文档”对话框，在该对话框中的“常规”选项卡中选择“Flash 文件（ActionScript 3.0）”或选择“Flash 文件（ActionScript 2.0）”选项，如图1.35所示，然后单击“确定”按钮，即可创建一个名称为“未命名-1”的新文档，同时也打开一个新的工作窗口。

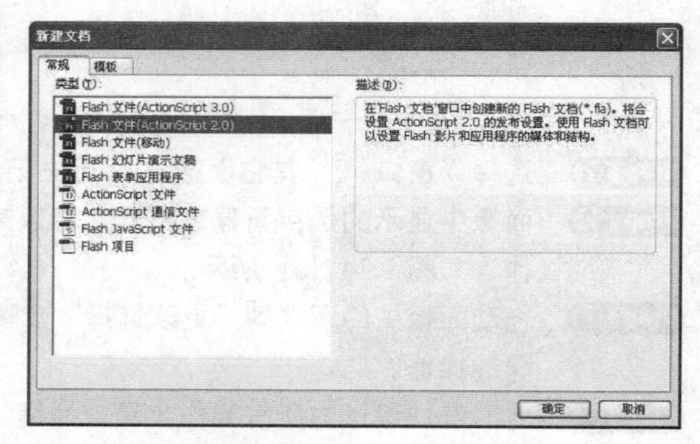

图1.35 “新建文档”对话框

提示：本书中如无特殊说明，均选择“Flash 文件（ActionScript 2.0）”选项进入工作界面。

方法3：运行Flash CS3后，选择“文件”|“新建”命令，在对话框中单击“模板”选项卡，弹出“从模板新建”对话框，从“模板”列表中选择一种模板类型，如图1.36（a）所示，单击“确定”按钮，即可创建一个新的文档，并进入工作界面，如图1.36（b）所示。

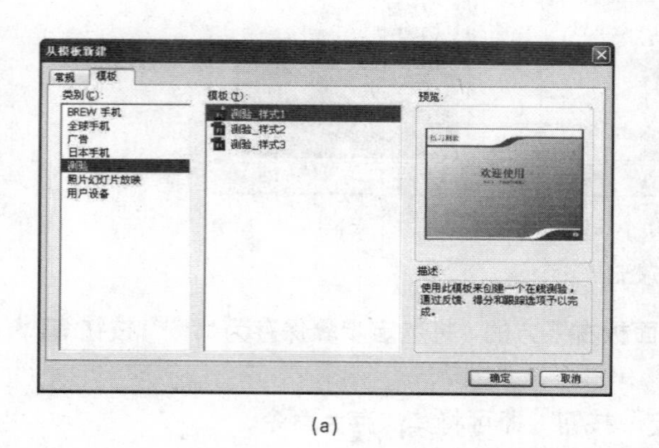

(a)

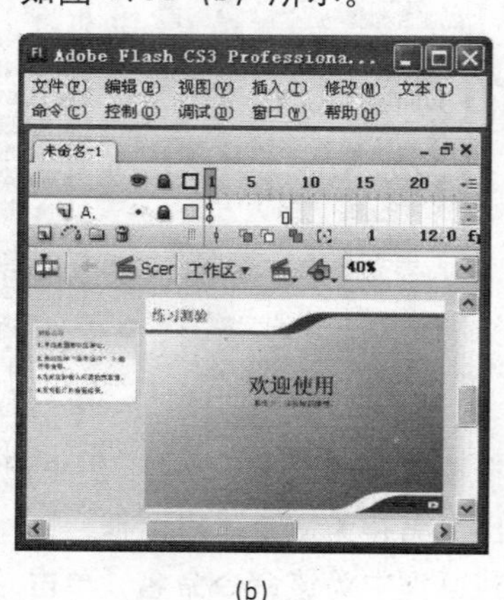

(b)

图1.36 从“模板”建立新文档

1.5.2 设置文档属性

创建新文档后，首先要设置文档属性，具体操作步骤如下。

Step 01 选择“窗口”|“属性”命令，打开“属性”面板，在舞台的空白区域单击，然后在“属性”面板中单击文档“大小”按钮 550 x 400 像素 。

注意： 单击舞台上的空白区域，是为了保证不选中任何对象，这样才能更可靠地进行下一步的操作。

Step 02 弹出“文档属性”对话框，在“尺寸”项的两个文本框中输入新的数值，此处在宽度文本框中输入 300px，在高度文本框中输入 100px，如图 1.37 所示，然后单击“确定”按钮，即可将舞台尺寸设置完毕。

Step 03 单击“背景颜色”框，弹出拾色器，将光标移到选中的色块上单击，即可将当前文件的背景颜色更换为所选颜色，如图 1.38 所示。

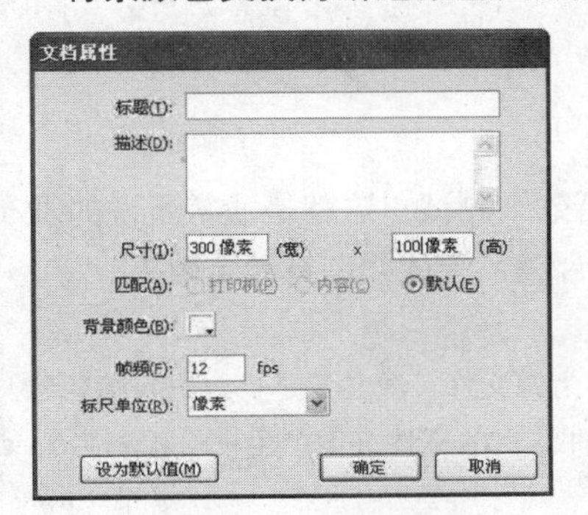

图 1.37 “文档属性”对话框

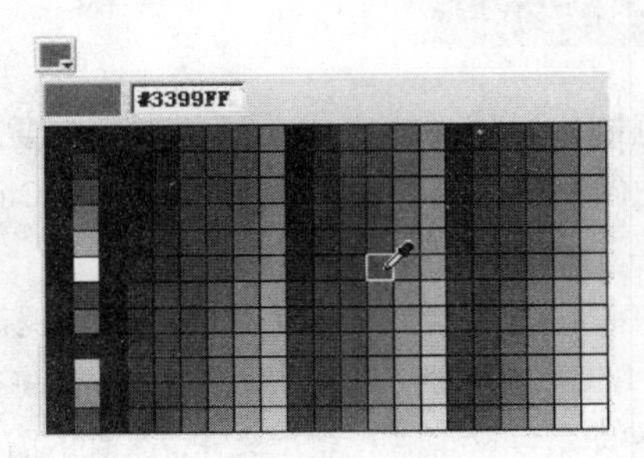

图 1.38 在拾色器中选取颜色

Step 04 在“帧频”文本框中修改帧频，一般在网页上，每秒 12 帧（fps）就能得到很好的效果。

提示： 背景颜色和帧频都可以直接在“属性”面板中设置。

注意： 修改帧频可以改变动画的播放速度，帧频太小，动画会产生一顿一顿的现象；帧频太大，动画细节就会变得模糊。由于整个 Flash 文档只有一个帧频率，因此在创建动画之前就应当设定好帧频率。

1.5.3 打开和保存文件

启动 Flash CS3 后，可以打开以前保存过的文件，动画完成后需要将动画文件保存起来，其操作步骤如下。

Step 01 选择“文件”|“打开”命令，弹出“打开”对话框，如图 1.39（a）所示。选中要打开的 Flash 文件，单击“打开”按钮即可。

Step 02 动画制作完成后，选择“文件”|“保存”命令，弹出“另存为”对话框，在对话框中选择保存文件的目的文件夹，并为文件命名，如图 1.39（b）所示，单击“确定”按钮，即可将文件保存为扩展名为.fla 的源文件。

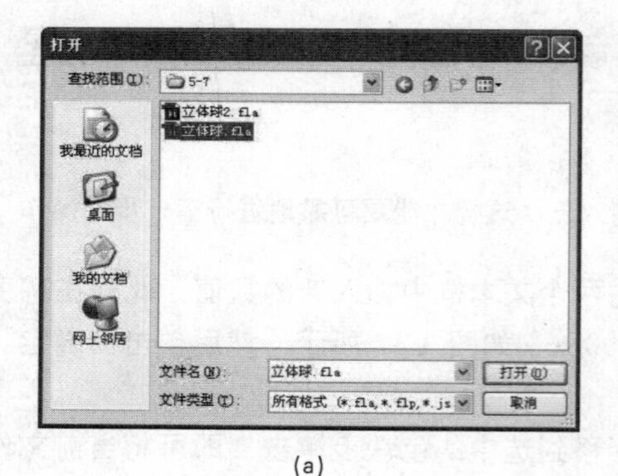

(a)

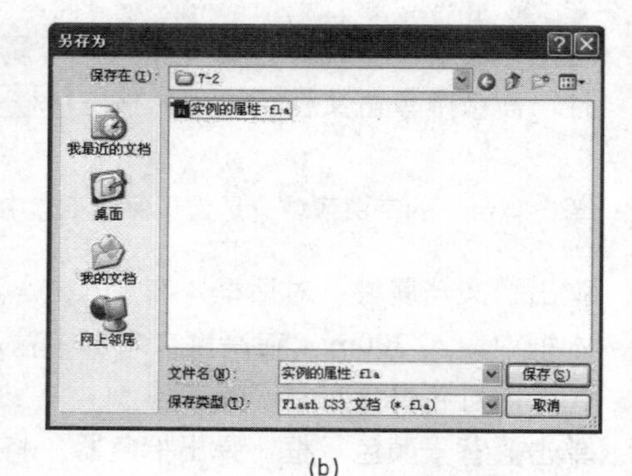

(b)

图 1.39 "打开"和"另存为"对话框

1.5.4 测试文件

在动画制作过程中或完成动画制作后，要对动画进行效果测试，这就是通常所说的发布动画。对于动画文件的测试，最简单的方法就是按Ctrl+Enter组合键，测试并浏览动画效果。

注意：保存后的文件扩展名为.fla，文件的图标为，又称为源文件，源文件是可以进行编辑的文件。按Ctrl+Enter组合键后，不但可以测试动画效果，还将在保存源文件的目的文件夹下产生一个扩展名为.swf的文件，这种文件即是Flash动画的输出文件，文件的图标为。

1.6 练习题

1．熟悉Flash CS3软件的菜单栏及主工具栏，熟悉各种工具的基本用途。

2．了解主要面板的作用。

3．使用菜单命令创建一个新的文件，修改舞台尺寸、背景颜色，然后为文件命名并保存到名为"练习"的文件夹下（由用户自己创建文件夹）。

Chapter 02

图形绘制工具的使用

本章导读

要制作一个优秀的Flash动画，首先需要绘制出各种图形。Flash可以创建复杂的矢量图形，本章就如何创建各种基本图形进行深入细致地介绍。

内容要点

- “线条工具”的使用
- “椭圆工具”和“基本椭圆工具”的使用
- “矩形工具”和“基本矩形工具”的使用
- “多角星形工具”的使用
- “钢笔工具”的使用
- “铅笔工具”的使用
- “刷子工具”的使用
- “橡皮擦工具”的使用

2.1 “线条工具”的使用

“线条工具”用于绘制各种不同方向的矢量直线段，所以也称为“直线工具”。

2.1.1 绘制直线

绘制一条直线，具体操作步骤如下。

Step 01 建立一个新文件，选择“线条工具”，将鼠标指针移动到舞台，此时鼠标指针为十字形状，单击并拖动鼠标，即可确定该直线的方向和位置，如图 2.1 所示。

Step 02 在拖动鼠标时按下键盘上的 Shift 键，此时绘制出的直线是倾斜角度为 0°、45°、90°、135°等按 45°倍数变化的直线，如图 2.2 所示。

图 2.1 绘制一条直线

图 2.2 绘制一条-45°的直线

2.1.2 “线条工具”的属性

选择“线条工具”，显示出“属性”面板，面板中包含“笔触颜色”、“笔触高度”和“笔触样式”等参数，如图 2.3 所示。

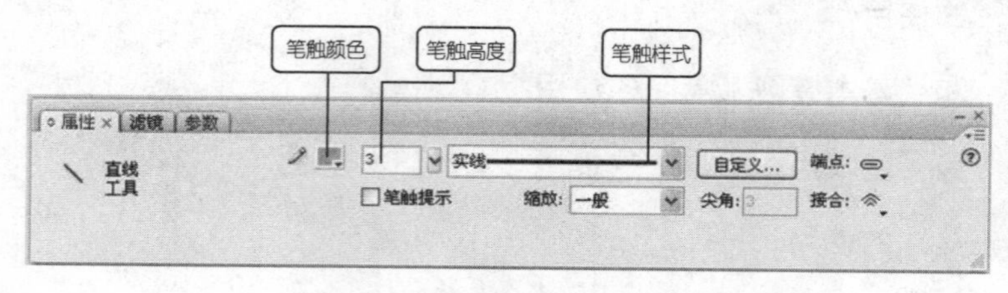

图 2.3 “线条工具”的“属性”面板

1. 笔触颜色的设置

设置笔触颜色的操作步骤如下。

Step 01 单击“笔触颜色”框，弹出“拾色器”面板，此时鼠标指针呈现为滴管状，利用滴管在“拾色器”面板中拾取颜色，则颜色预览框中立即呈现出所选取的颜色，在其后的文本框中显示出选中颜色的 RGB 值，如图 2.4 所示，或者在文本框中输入颜色的 RGB 的十六进制数值。

提示： 黑色的十六进制数值为 #000000，白色的十六进制数值为 #FFFFFF。

Step 02 若要设置“拾色器”以外的颜色，可单击“拾色器”面板右上角的按钮，弹出“颜色”对话框，如图 2.5 所示，在对话框中配置颜色即可。

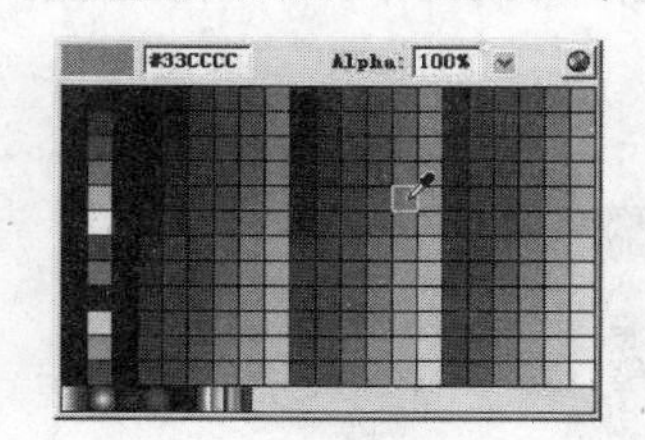

图 2.4 用滴管直接拾取颜色

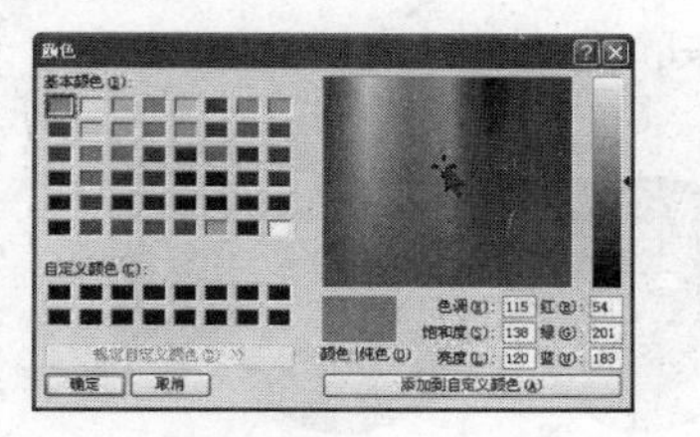

图 2.5 “颜色”对话框

2. 笔触高度的设置

笔触高度是用来设置所绘制线条的粗细度的参数，在“属性”面板中可直接在文本框中输入笔触高度值，数值范围为 0.1～200，也可以拖动“滑块”来调节笔触高度。

3. 笔触样式的设置

设置笔触样式的操作步骤如下。

Step 01 在“属性”面板中，单击“笔触样式”右侧的下三角按钮，即可打开笔触样式下拉列表，如图 2.6 所示，可以从下拉列表中选择所需笔触样式进行直线绘制。

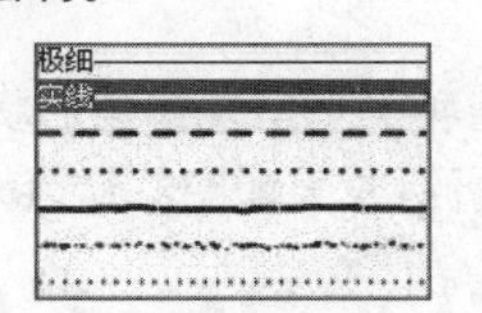

图2.6 笔触样式下拉列表

Step 02 单击“属性”面板中的“自定义”按钮，可以在打开的“笔触样式”对话框中对选择的线条类型的进行相应地属性设置，如图 2.7 所示。

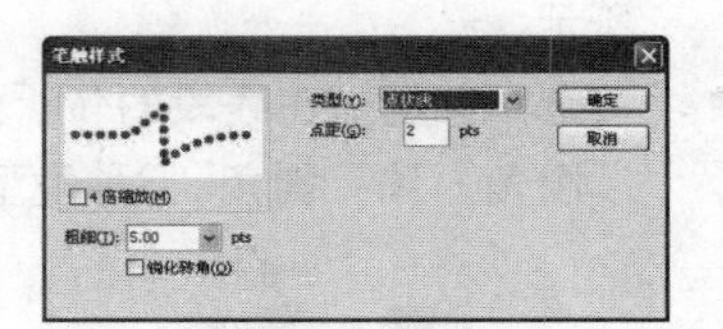

图2.7 “笔触样式”对话框

提示：笔触样式的类型主要包括实线、虚线、点状线、锯齿状线、点描线和斑马线。

2.1.3 “线条工具”的辅助选项

1. 对象绘制模式

Flash CS3 的线条工具中有一个辅助选项，即“对象绘制”按钮。在 Flash 8 之前的版本中，如果使用绘图工具绘制两个重叠但不互相结合的对象时，需要分别将两个对象转换为元件，或者单独放在两个图层中才可以实现，否则两个对象会重叠粘合在一起。Flash CS3 新增加的对象绘制模式避免了在绘制图形时所带来的麻烦。下面分别观察在使用和不使用该模式的两种情况下，舞台中图形对象的变化。

（1）释放“对象绘制”按钮：舞台同一图层的所有形状都可能影响它们所覆盖的其他形状的

轮廓，如绘制两个重叠的图形，将其中一个移开，则图形如图 2.8 所示。

（2）单击“对象绘制”按钮：可以直接在舞台中创建图形对象而不影响被覆盖图形的形状，如图 2.9 所示。

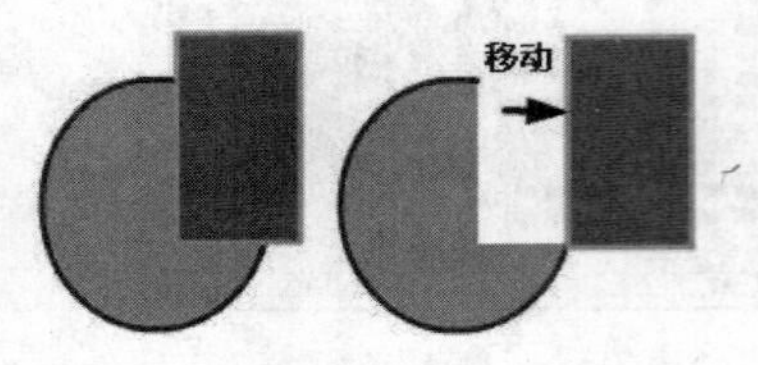

图 2.8　释放“对象绘制”按钮

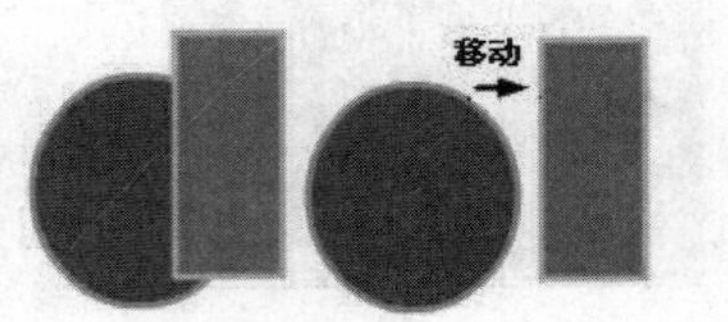

图 2.9　单击“对象绘制”按钮

提示：当选择“线条工具”、“椭圆工具”、“矩形工具”、“铅笔工具”和“钢笔工具”时，工具的“选项”中都会出现“对象绘制”按钮，单击该按钮即可进入对象绘制模式，其作用和线条工具的作用相同，不再赘述。

2. 线条的变化

在旧的 Flash 版本中，线条的端点默认为圆角，自 Flash 8 版本以后，对线条端点进行了改进，当绘制一条线段时，“属性”面板中包括“端点”、“接合”和“尖角”属性选项，如图 2.10 所示。

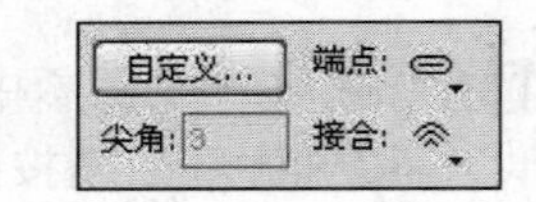

图 2.10　“线条工具”的辅助功能

- 端点：它是指线条的末端处以何种类型呈现末端的形状。包括“无”、“圆角”和“方形”3种类型，用这3种类型绘制的直线效果分别如图2.11（a）所示。
- 接合：它是指在线段的转折处（即拐角的位置）以何种类型呈现拐角形状。包括“尖角”、“圆角”和“斜角”3种类型，用这3种类型绘制的折线效果如图2.11（b）所示。

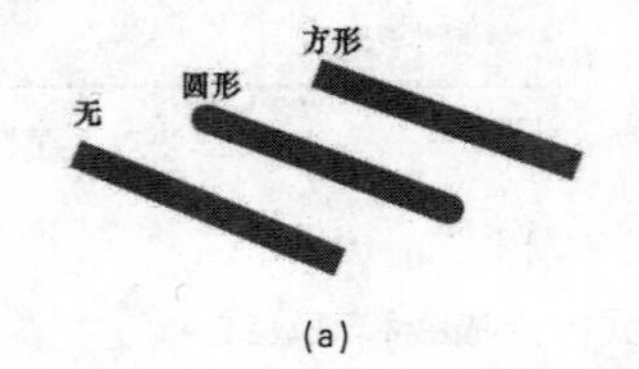

(a)

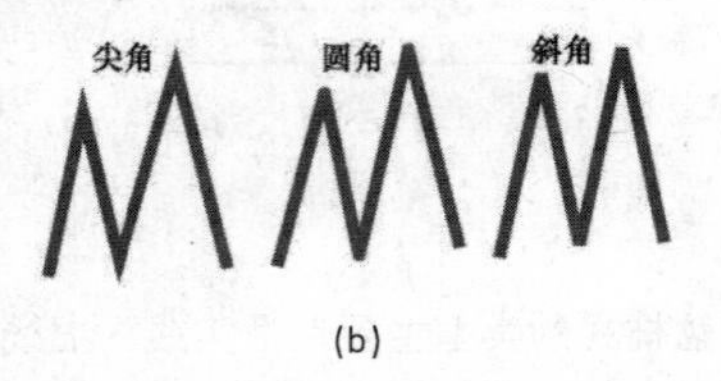

(b)

图 2.11　用 3 种“端点”类型绘制的直线及用 3 种“接合”类型绘制的折线

提示：当选择“尖角”类型时，可在文本框中输入尖角限制数值的大小。数值越大，尖角就越趋于尖锐；数值越小，尖角越趋于平缓。

2.2 “椭圆工具”和“基本椭圆工具”的使用

Flash CS3 工具箱中的“矩形工具”下拉列表中集中了多个绘制基本形状的工具，其中包括“矩形工具”、“基本矩形工具”、“椭圆工具”、“基本椭圆工具”和“多边形星形工具”，在默认状态下显示的是“矩形工具”。

2.2.1 绘制椭圆

下面利用“椭圆工具”绘制一个椭圆和正圆，具体操作步骤如下。

Step 01 选择工具箱中的“椭圆工具”，如图 2.12 所示。

Step 02 将光标移动到工作区内，按住鼠标左键拖动鼠标，这时将在舞台中出现一个椭圆，拖动鼠标到合适的位置后释放鼠标，即可确定椭圆的形状，如图 2.13（a）所示。

Step 03 在绘制椭圆图形时，按住 Shift 键，则可绘制出一个正圆，如图 2.13（b）所示。

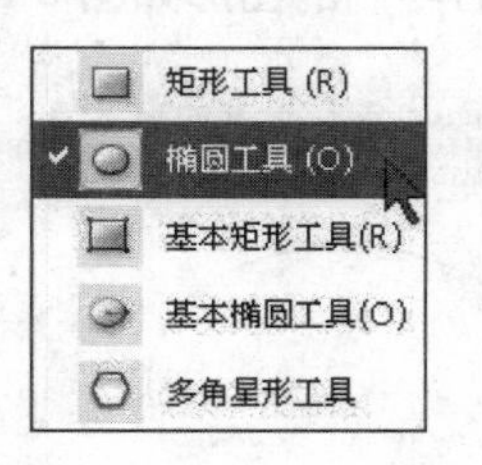

图 2.12 选择“椭圆工具

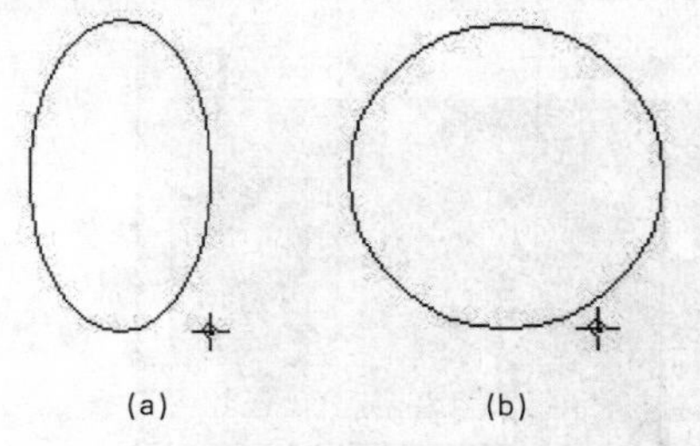

图 2.13 绘制一个椭圆和一个正圆

2.2.2 “椭圆工具”的属性

选择“椭圆工具”，其“属性”面板如图 2.14 所示。“属性”面板中包括“笔触颜色”、“填充颜色”、“笔触高度”、“起始角度”和“结束角度”等基本参数。

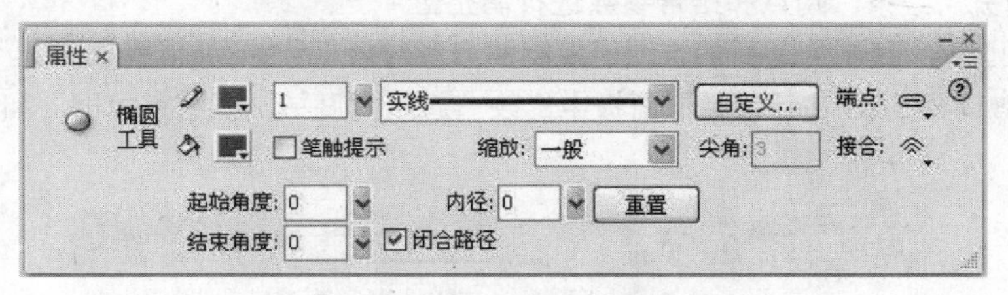

图 2.14 “椭圆工具”的“属性”面板

1. 笔触颜色和填充颜色的设置

笔触颜色是指绘制图形的边框颜色，填充颜色是指绘制图形的内部颜色。单击“填充颜色”按钮（或“笔触颜色”按钮），弹出“拾色器”面板，此时鼠标指针变成滴管状，用滴管直接拾取颜色即可，也可以在文本框中输入颜色的 RGB 十六进制数值来设置其颜色。

2. “拾色器”面板中的“关闭”按钮

在绘制图形的过程中，如果只需要绘制一个边框，而不需要其中的填充色，或者只需要绘制一个带有填充色的图形，而不需要边框时，就可以利用 “拾色器”中的“关闭”按钮来实现，如图 2.15 所示。

3.“起始角度”和“结束角度”等选项

除了以上介绍的工具的常用属性选项外，“椭圆工具”还有以下 5 个辅助选项，可以利用这些辅助选项绘制扇形图形，这些辅助选项功能如下。

- 起始角度：设置扇形的起始角度。
- 结束角度：设置扇形的结束角度。
- 内径：设置扇形内角的半径。
- 闭合路径：使绘制出的扇形为闭合图形。
- 重置：恢复角度、半径的初始值。

在“椭圆工具”的“属性”面板中，更改相关选项的数值后绘制的图形如图 2.16 所示。

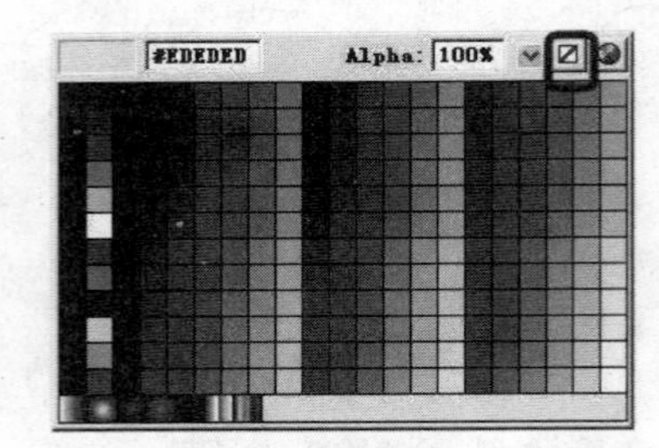

图 2.15　拾色器中的“关闭”按钮

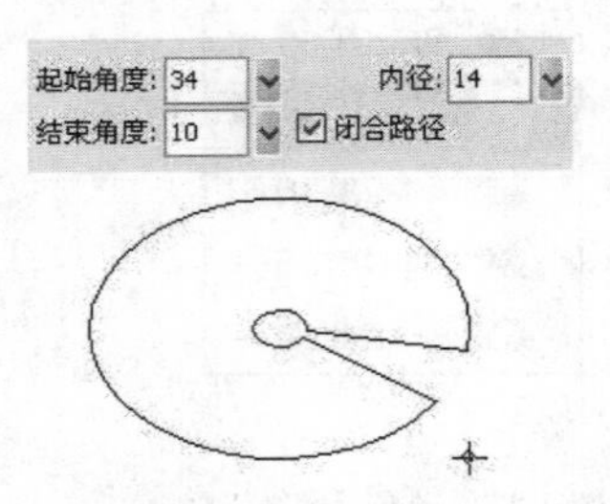

图 2.16　设置边角半径及绘制的图形

2.2.3　基本椭圆工具

使用“基本椭圆工具”绘制椭圆时，与使用“椭圆工具”不同，前者在图形绘制结束后可以对椭圆的起始角度、结束角度和内径进行再次设置，而后者只是将形状绘制为独立的对象，绘制结束后只能对填充、线条、端点和结合参数进行调整。

“基本椭圆工具”绘制的是更加方便于控制的扇形对象。选中“基本椭圆工具”，该工具的“属性”面板如图 2.17 所示，在“属性”面板中修改“起始角度”，“结束角度”和“内径”即可改变椭圆的形状。

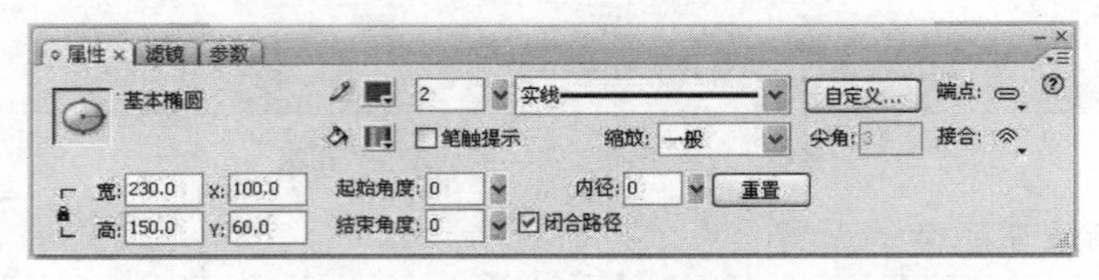

图 2.17　“基本椭圆工具”的“属性”面板

绘制一个基本椭圆图形的操作步骤如下。

Step 01　新建文件，选择“基本椭圆工具”，默认其属性，进行绘制图形，结果如图 2.18（a）所示（图形中有两个调节节点）。

Step 02　选中舞台中的图形，在“属性”面板中，设置椭圆的“起始角度”、“结束角度”和“内径”分别如图 2.18（b）所示。舞台中的基本椭圆将变形为如图 2.18（c）所示的图形，图形边缘出现了 4 个调节节点。

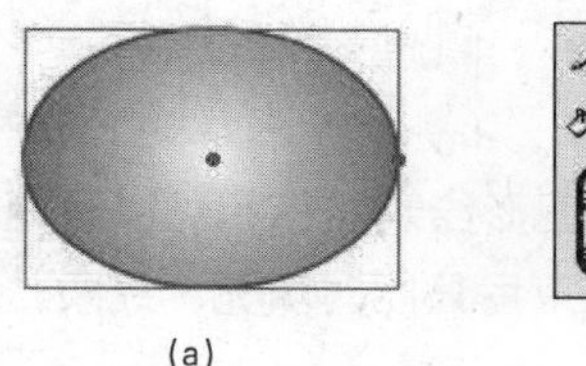
(a)

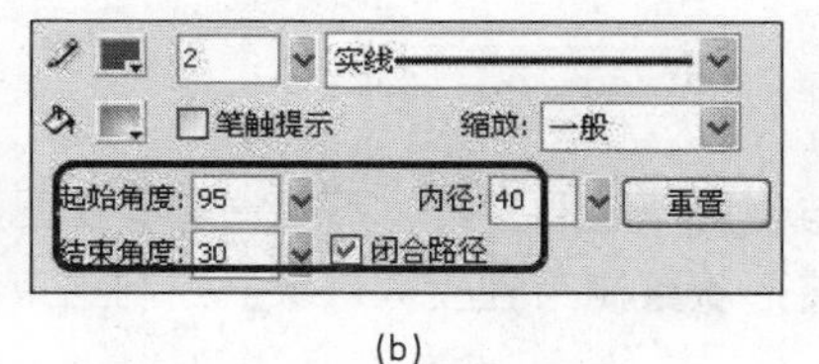

(b)

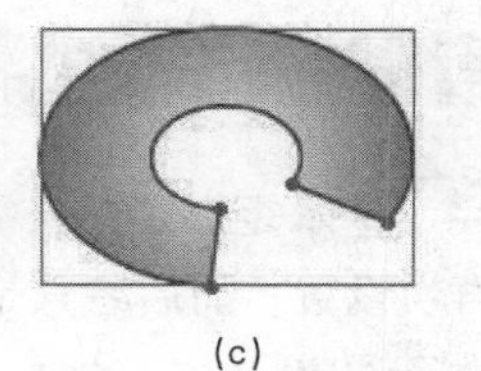
(c)

图 2.18 绘制并变形基本椭圆

Step 03 移动鼠标靠近图形中的调节节点（任意一个调节节点），当鼠标指针变为黑色三角形时，如图 2.19（a）所示，按住鼠标拖动调节节点，可将基本椭圆调节为任意形状，如图 2.19（b）所示。

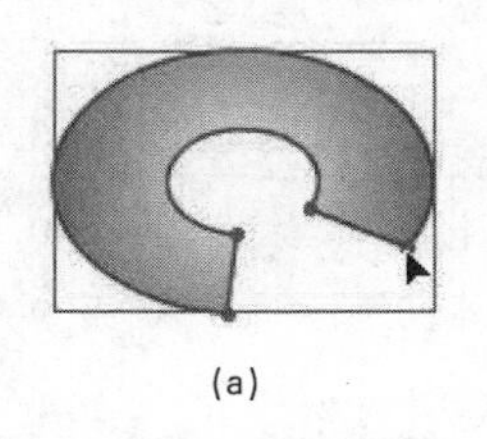
(a)

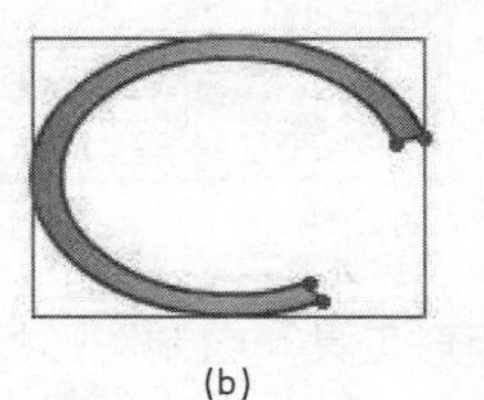
(b)

图 2.19 拖动调节节点使图形变形

2.3 “矩形工具”和“基本矩形工具”的使用

2.3.1 “矩形工具”的属性

选择“矩形工具”，其“属性”面板如图 2.20 所示。“矩形工具”的常用属性与“椭圆工具”相同，不再赘述，除了常用的属性外，“属性”面板中还包括“矩形边角半径”选项和“重置”按钮，其含义如下。

- 矩形边角半径：可以分别设置圆角矩形4个边缘的角度值，范围为0～999（磅），默认值为0。
- 重置：恢复圆角矩形角度的初始值。

在“矩形工具”的“属性”面板中，通过更改“矩形边角半径”数值，可对矩形图形的边角半径进行设置，设置边角半径值及绘制的图形如图 2.21 所示。

图 2.20 “矩形工具”的“属性”面板

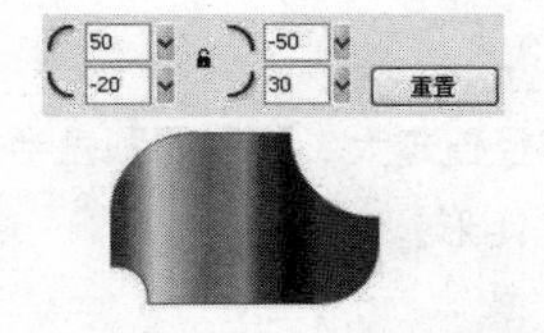

图 2.21 设置边角半径值及绘制的图形

2.3.2 基本矩形工具

使用“基本矩形工具” 与使用“矩形工具”不同，前者在图形绘制结束后可以对矩形的角半径进行再次设置，而后者只是将形状绘制为独立的对象，绘制结束后只能对填充、线条、端点和结合参数进行调整。

相对于“矩形工具”来讲，“基本矩形工具”绘制的是更加方便控制边角半径的矩形对象。选择“基本矩形工具”，其“属性”面板如图 2.22 所示。

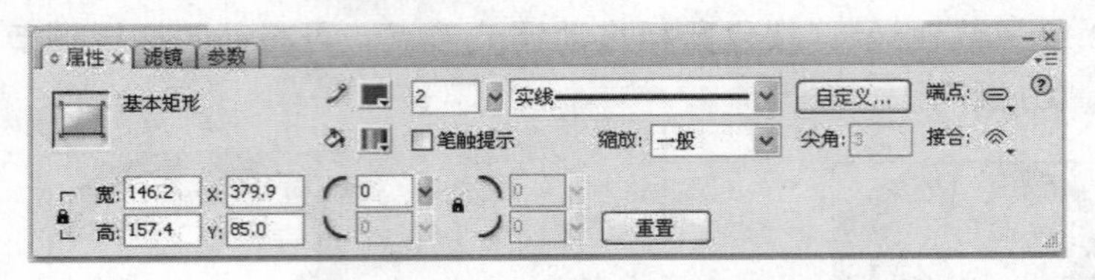

图 2.22 “基本矩形工具”的“属性”面板

利用“基本矩形工具”绘制图形的操作步骤如下。

Step 01 选择“基本矩形工具”，默认其属性，进行绘制图形，结果如图 2.23（a）所示，图形的 4 个拐角有调节节点。

Step 02 选中舞台中的矩形图形，在“属性”面板中，设置矩形四角的边角半径，如图 2.23（b）所示。舞台中的基本矩形将变形为如图 2.23（c）所示的图形，图形边缘出现 8 个调节节点。

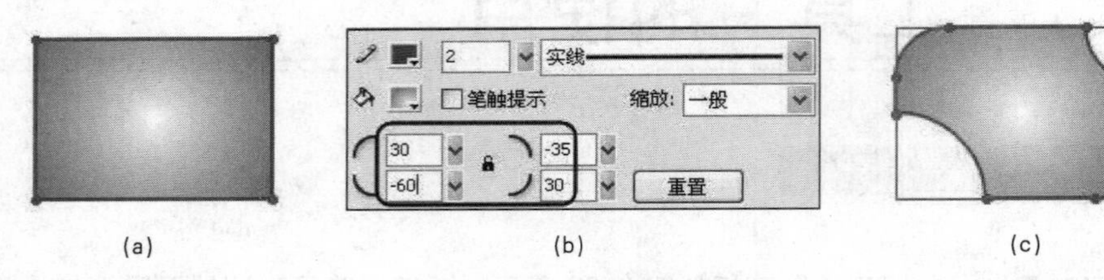

图 2.23 绘制并变形基本矩形

Step 03 移动鼠标靠近图形中的调节节点（任意一个调节节点），当鼠标指针变为黑色三角形时，如图 2.24（a）所示，按住鼠标拖动调节节点，可以将基本矩形变形，如图 2.24（b）所示。

图 2.24 调节节点使图形变形

提示：边角半径值越大，矩形的圆角半径就越长；反之，矩形的圆角半径就越短。如果边角半径的值为 0，绘制的便是直角矩形。

2.4 “多角星形工具”的使用

利用“多角星形工具”可以绘制多边形图形和多角形图形。选择“多角星形工具”后，其“属性”面板如图 2.25 所示。

图 2.25 “多角星形工具”的“属性”面板

2.4.1 绘制多边形图形

默认状态下，利用“多角星型工具”绘制出来的是一个正五边形。如果要绘制正六边形，具体操作步骤如下。

Step 01 选择“多角星形工具”，单击“属性”面板中的“选项”按钮，弹出“工具设置”对话框。

Step 02 在对话框中选择“样式”为“多边形”，在“边数”文本框中输入边数为 6，如图 2.26 所示。

Step 03 单击“确定”按钮，返回工作窗口，拖动鼠标在舞台中绘制 6 边形图形，如图 2.27 所示。

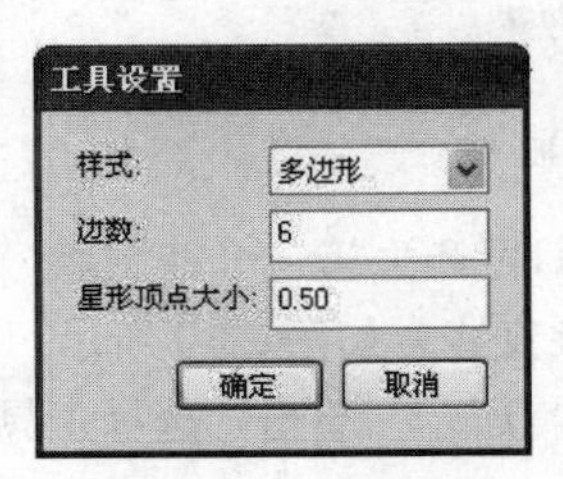

图 2.26 “工具设置”对话框

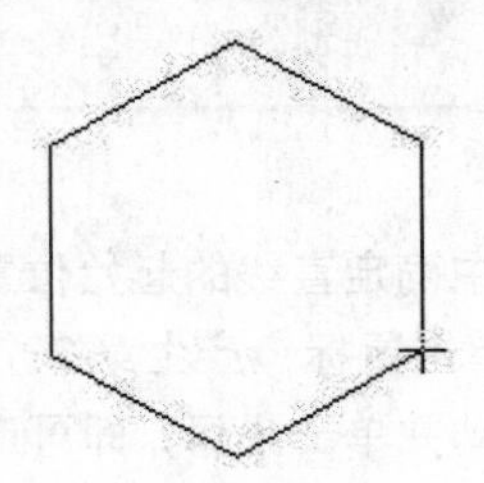

图 2.27 绘制正六边形

2.4.2 绘制多角星形图形

绘制一个多角星形的操作步骤如下。

Step 01 选择“多角星形工具”，单击“属性”面板中的“选项”按钮，弹出“工具设置”对话框。

Step 02 在对话框中选择“样式”为星形，在“边数”文本框中输入边数为 10，在“星形顶点大小”文本框中输入 1，指定星形顶点的深度。

Step 03 单击“确定”按钮，返回工作窗口，在舞台中拖动鼠标，即可绘制一个星形图形，如图 2.28 所示。

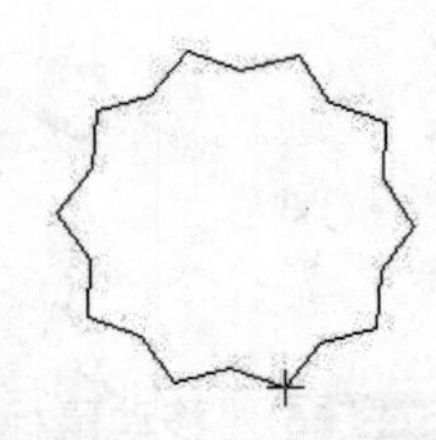

图 2.28 绘制多角星形

提示：多边形的边数取值范围为 3～32，在绘制多边形时，无需修改“星形顶点大小”选项，它对边数无影响；星形的“星形顶点大小”的取值范围为 0～1，数值越接近于 0，创建的星形顶点越深。

注意：在利用鼠标绘制过程中，可以通过拖动或移动鼠标调整图形的大小和定位。

2.5 “钢笔工具”的使用

Flash CS3 改良了钢笔工具，其功效类似于 Illustrator 的高级画笔，可以对点和线进行 Bezier 曲线控制，可以绘制直线或绘制平滑、流畅的曲线，也可以生成直线段、曲线段，还可以调节直线段的角度和长度以及曲线段的倾斜度。移动鼠标并连续单击即可利用“钢笔工具”绘制出一系列直线，每一次单击的位置便是一条直线的起点或终点。

2.5.1 绘制直线和折线

绘制直线和折线的操作步骤如下。

Step 01 创建一个新文档，选择“钢笔工具”，其“属性”面板如图 2.29 所示，设置笔触颜色和笔触高度后，移动鼠标指针到舞台，此时鼠标指针变为一支钢笔状。

图 2.29 “钢笔工具”的“属性”面板

Step 02 在舞台中确定直线的起始位置，移动并单击鼠标，即可产生第一个控制点，然后选择第 2 个点单击鼠标，产生第 2 个控制点，从而形成一条直线，如图 2.30 所示。

Step 03 继续移动并单击鼠标，即可产生折线，如图 2.31（a）所示，单击“选择工具”，即可结束绘制，如图 2.31（b）所示。

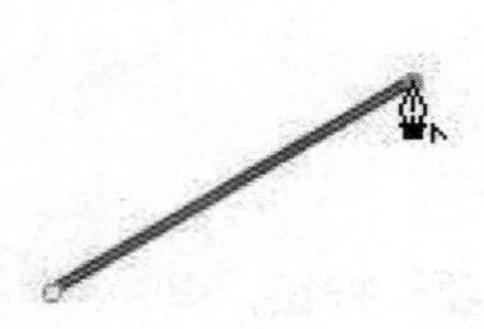

图 2.30 绘制直线段

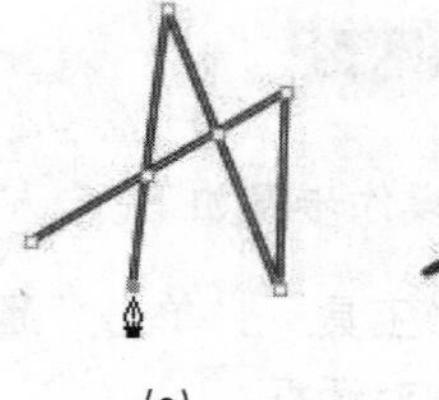

(a)　(b)

图 2.31 绘制折线

Step 04 移动鼠标在舞台中连续单击，最后将鼠标指针移到起始点单击，此时图形将变成闭合状态，最后单击“选择工具”结束绘制，如图 2.32 所示。

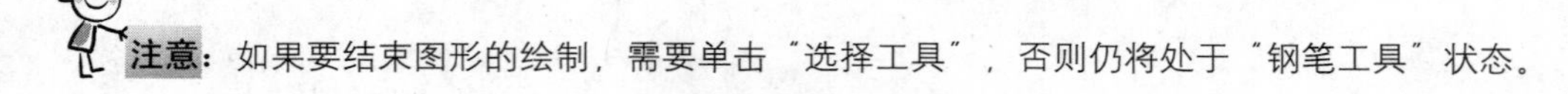
注意：如果要结束图形的绘制，需要单击“选择工具”，否则仍将处于“钢笔工具”状态。

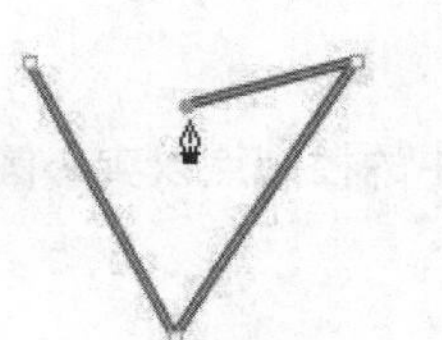
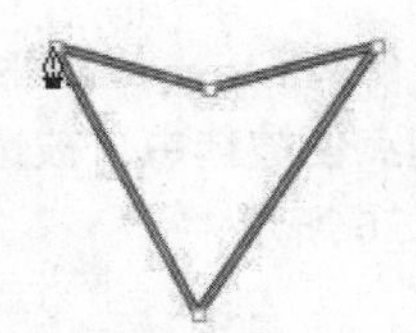
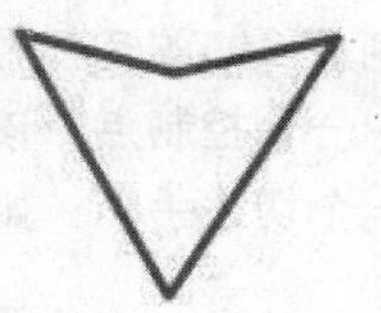

图 2.32 绘制闭合区域

2.5.2 绘制曲线

1. 绘制曲线

使用“钢笔工具”绘制曲线的操作步骤如下。

Step 01 创建新文档，选择“钢笔工具”，移动鼠标在舞台中单击，便确定了曲线的第 1 个控制点。

Step 02 移动鼠标指针到第 2 个控制点，单击鼠标并拖动切线手柄到合适的位置，释放鼠标后，将绘制出一段曲线。

Step 03 移动鼠标指针到第 3 个控制点，单击鼠标并拖动切线手柄到合适的位置，释放鼠标后，将绘制出一段曲线，如图 2.33（a）所示。

Step 04 单击“选择工具”结束绘制，创建出一条光滑的曲线，如图 2.33（b）所示。

2. 控制杆的方向

如果在拖动鼠标的同时按 Shift 键，将限制控制杆只出现在 45° 整数倍角度的方向上，如图 2.34 所示。

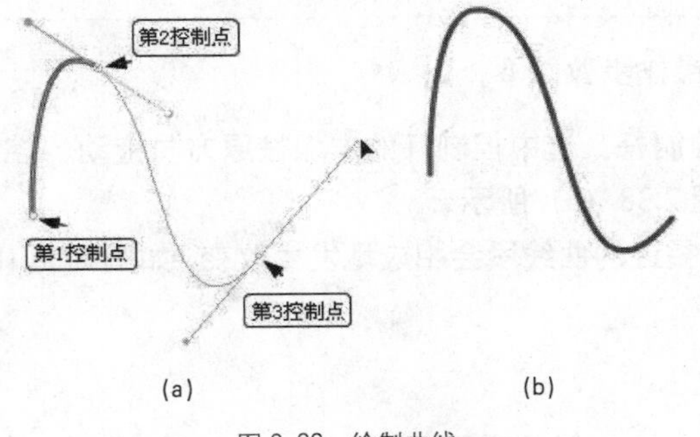

图 2.33 绘制曲线

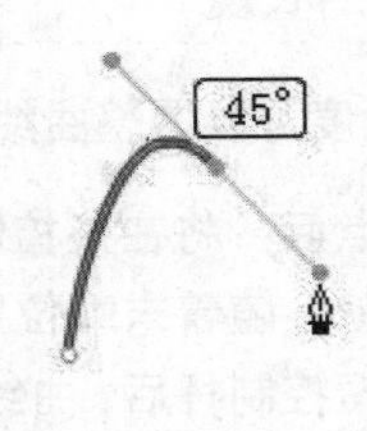

图 2.34 按下 Shift 键限制控制杆的方向

2.5.3 调整路径中的控制点

由于控制点的位置、控制杆的长度和角度决定了曲线的形状，因此可以用调整控制点的方法来调整曲线。

1. 选择和移动控制点

Step 01 创建一个新文档，选择“钢笔工具”，在舞台中绘制一条曲线。

Step 02 选择“部分选取工具”，在绘制好的曲线上单击，这时曲线上将出现很多空心方框显示的控制点，如图 2.35 所示。

Step 03 单击其中一个控制点，该控制点便被选中，被选中的控制点以实心圆点显示，且控制点上出现一个切线手柄，如图 2.36 所示。

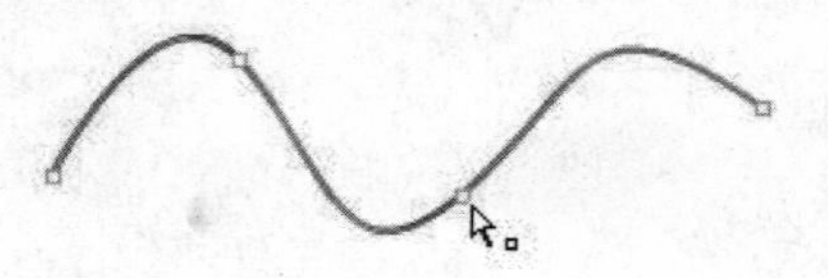

图 2.35 曲线上出现很多控制点

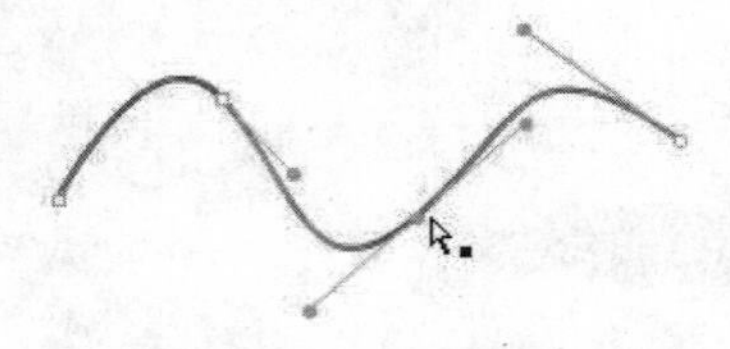

图 2.36 选中控制点

Step 04 选定控制点后，按住鼠标左键拖动鼠标，如图 2.37（a）所示，当拖动到合适的位置后释放鼠标即可，则曲线形状发生了改变，如图 2.37（b）所示。

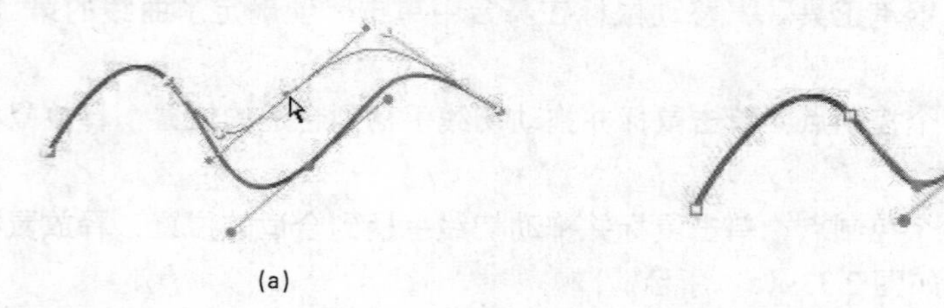

(a) (b)

图 2.37 移动控制点改变曲线形状

提示： 要想比较准确地移动控制点，可以使用键盘上的 4 个方向键，调整两端的控制点可以拉长或缩短曲线长度。

2. 调整控制杆的长度

调整控制杆的长度可以调整曲线的形状，具体操作步骤如下。

Step 01 选定控制点后，将在该控制点上显示出控制杆，选中控制杆的末端按原方向拖动，控制杆的长度就会随着末端位置而改变，如图 2.38（a）所示。

Step 02 拉长或缩短控制杆后，曲线中与该控制点相近的曲线段会相应地发生改变，如图 2.38（b）所示。

(a) (b)

图 2.38 调整控制杆及其变化的图形

3. 调整控制杆角度

如果觉得曲线中弧线的斜率不理想，还可以通过调整控制杆的角度来实现，具体操作步骤如下。

Step 01 利用“部分选取工具”选定控制点，在显示出控制点的控制杆后，侧向拖动控制杆末端即可调整控制杆的角度，如图 2.39 所示。

Step 02 调整控制杆角度后，曲线中与该控制点相近的曲线段会相应地发生改变，一侧的曲线会降低，另一侧的曲线会升高，如图 2.40 所示。

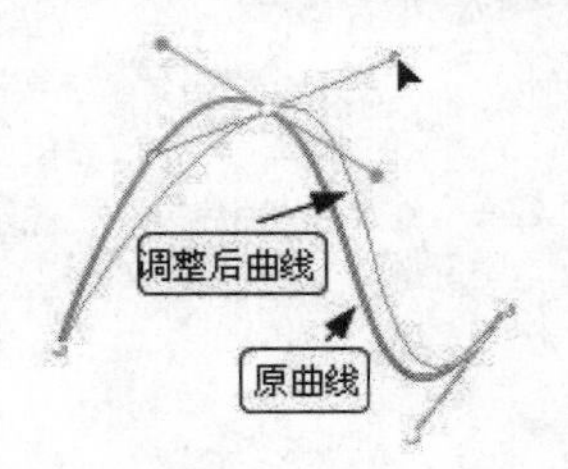

图 2.39 调整控制杆的角度

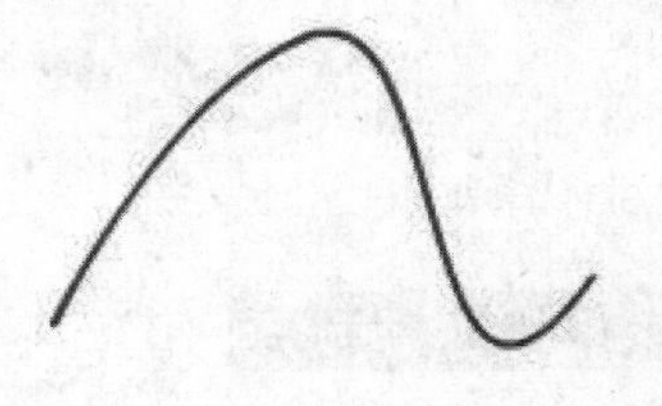

图 2.40 调整控制杆角度后的曲线

提示：如果只需要一侧的曲线发生改变，可以在拖动控制杆的时候按住键盘上的 Alt 键。

2.5.4 转换控制点

使用“钢笔工具”绘制曲线时，曲线上的控制点一般包含以下两种。

- 角控制点：角控制点两侧至少有一侧是一条直线段。
- 曲线控制点：曲线控制点两侧必须都是曲线，如图2.41所示。

由于控制点类型的不同，导致它所产生的曲线也不同，因此在绘图过程中，需要经常转换控制点的类型。

1. 角控制点转换为曲线控制点

将角控制点转换为曲线控制点的操作步骤如下。

Step 01 选中要转换的角控制点，然后按住 Alt 键，利用“部分选取工具”拖动该点，如图 2.42 所示。

Step 02 转换后的曲线如图 2.43 所示。

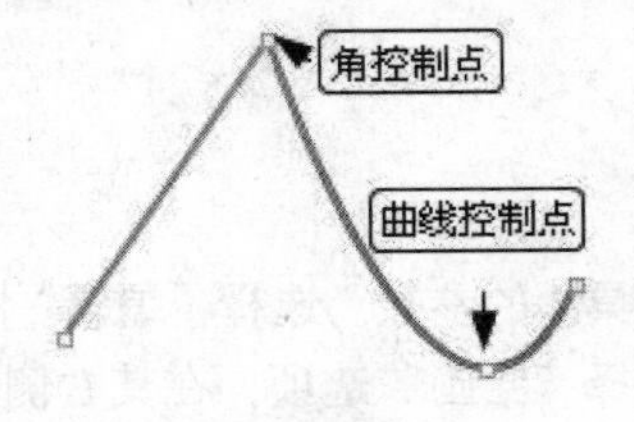

图 2.41 控制点的类型

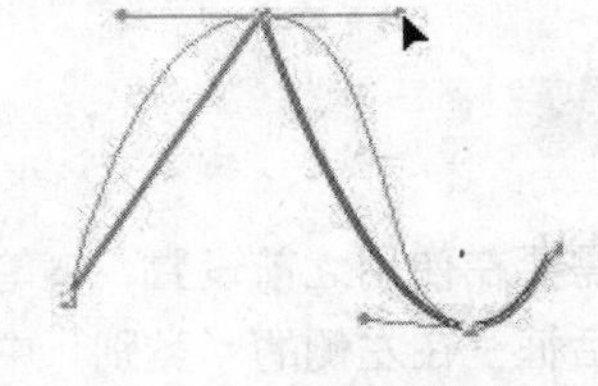

图 2.42 按住 Alt 键后拖动角控制点

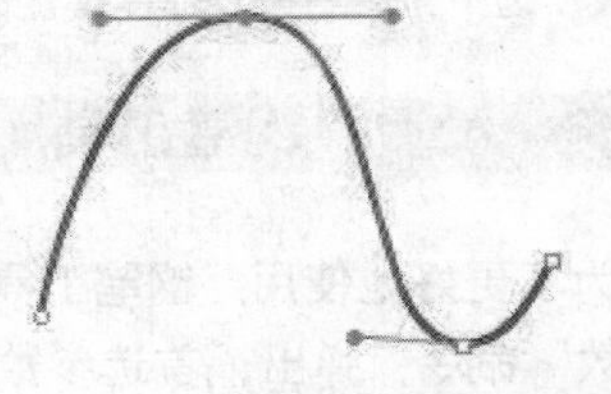

图 2.43 转换后的曲线

2. 曲线控制点转换为角控制点

将曲线控制点转换为角控制点的操作步骤如下。

Step 01 选择“钢笔工具”，将光标移动到要转换的曲线控制点上，当光标变为带小三角的钢笔时，单击该点，如图 2.44 所示。

Step 02 转换后的曲线如图 2.45 所示。

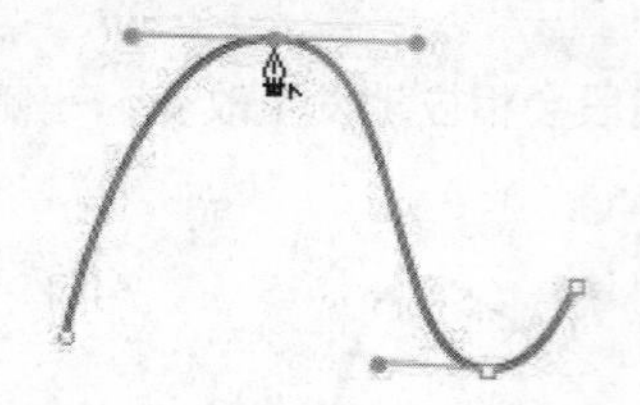
图 2.44 移动光标到控制点上

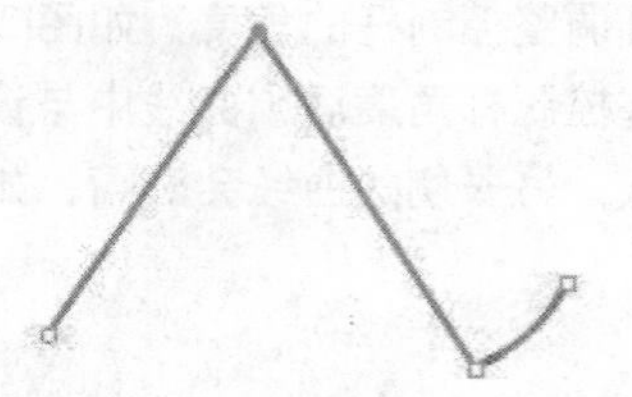
图 2.45 修改后的曲线

2.5.5 增加和删除控制点

增加和删除控制点的操作步骤如下。

Step 01 选择“钢笔工具”，将光标移动到已绘制好的曲线上，当光标变为带加号的钢笔时，如图 2.46（a）所示。

Step 02 在线段上单击，即可在该位置上增加一个新的控制点，如图 2.46（b）所示。

Step 03 当删除一个角控制点时，选择“钢笔工具”，并将光标靠近要删除的控制点，此时，光标会变为带减号的钢笔，如图 2.47 所示，在控制点上单击，即可删除该控制点。

Step 04 删除一个曲线控制点时，选择“钢笔工具”，并将光标靠近要删除的控制点，当光标变为带小三角的钢笔时，如图 2.48 所示，双击控制点即可。

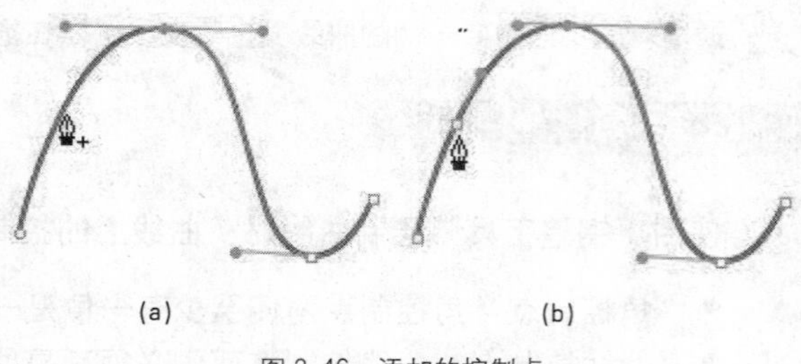

图 2.46 添加的控制点

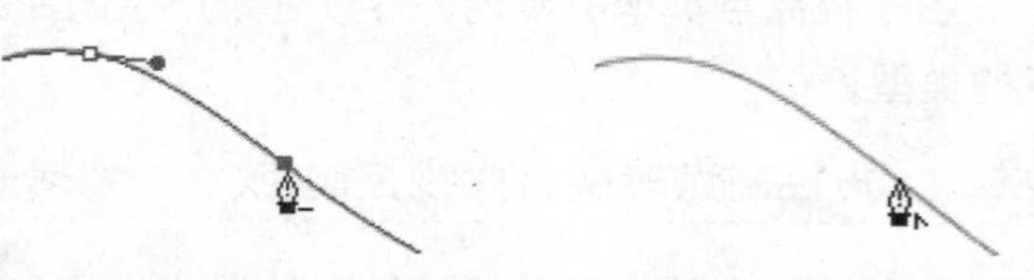
图 2.47 删除角控制点 图 2.48 删除曲线控制点

提示：为了使曲线更加光滑，可将路径中不需要的锚点删除。对任何类型的控制点，都可以用“部分选取工具”选中，然后按 Delete 键删除。

2.5.6 设置“钢笔工具”的参数

为了更好地使用“钢笔工具”，需要在使用之前设置“钢笔工具”的参数。选择“编辑”|“首选参数”命令，弹出“首选参数”对话框，在左侧的“类别”中选择“绘画”选项，在其右侧定义“钢笔工具”的参数，如图 2.49 所示。

- 显示钢笔预览（复选框被选中）：在舞台中移动指针时将出现路径的预览线段，直至单击产生线段末端为止，如图 2.50 所示。
- 显示实心点（复选框被选中）：将未被选中的控制点设为实心点，而被选中的控制点设为空心点；取消本选项的选择，则将未被选中的控制点变为空心点，而选中的点为实心点显示（“显示实心点”选项是默认状态）。

- 显示精确光标（复选框被选中）：将“钢笔工具”指针设为十字形显示，从而获得更准确的位置；取消对该复选框的选择将使“钢笔工具”显示为默认的钢笔图标。

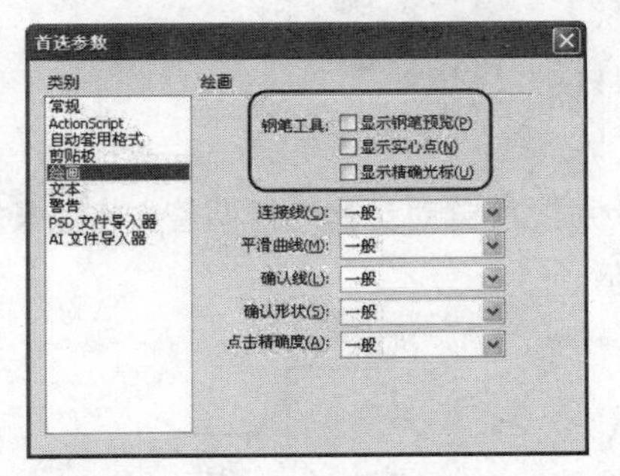

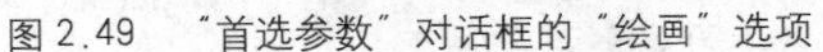

图 2.49 “首选参数”对话框的“绘画”选项

图 2.50 使用“显示钢笔预览”的效果

提示： 创建动画时，按 CapsLock 键，可以在不同的光标之间进行切换。

2.6 “铅笔工具”的使用

“铅笔工具”常用于给定的场景中绘制线条和图像，而且对绘制的线条可以进行伸直和平滑处理。

2.6.1 “铅笔工具”的使用方法

选择“铅笔工具”，其“属性”面板如图 2.51 所示。用“铅笔工具”绘制任意曲线非常简单，只要在“属性”面板中设置“笔触颜色”和“笔触高度”即可，在舞台中拖动鼠标，即可绘制出任意曲线。“铅笔工具”的基本属性与“线条工具”相同，在此不再赘述。

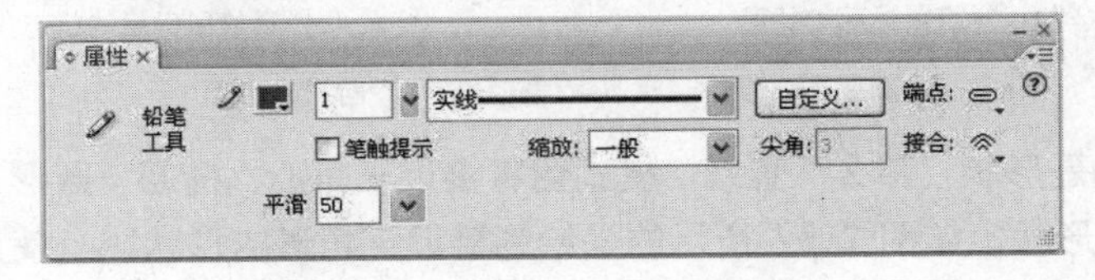

图 2.51 “铅笔工具”的“属性”面板

提示： 使用“铅笔工具”绘制曲线时，按住 Shift 键拖动，即可产生垂直或水平直线。

2.6.2 “铅笔工具”的辅助选项

利用“铅笔工具”绘制的图形转角处往往不太平滑，如图 2.52 所示，因此在绘制时选择自动修改曲线，让它看起来更加美观，这时就可以使用铅笔的“铅笔模式”。

选择“铅笔工具”，单击“铅笔模式”按钮，在下拉列表中有 3 种模式，如图 2.53 所示，这 3 种绘图模式分别如下。

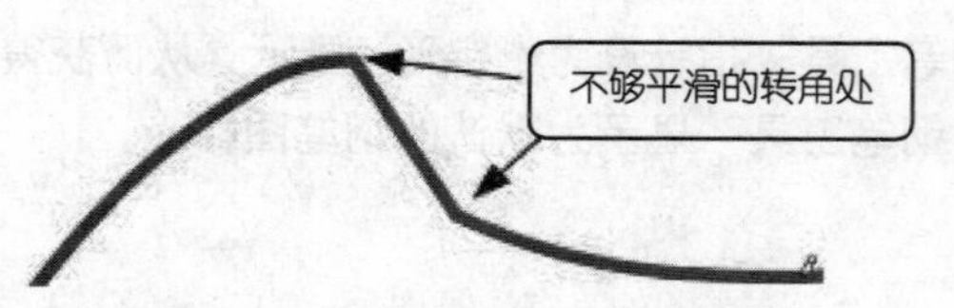

图 2.52　利用“铅笔工具”绘制的图形

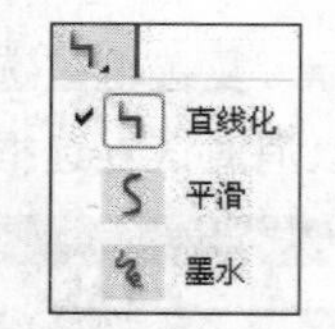

图 2.53　3 种绘图模式

- “直线化”模式：在该模式下绘制的线条，Flash系统将自动对其进行调整，将线条转换成接近形状的直线，如图2.54所示。

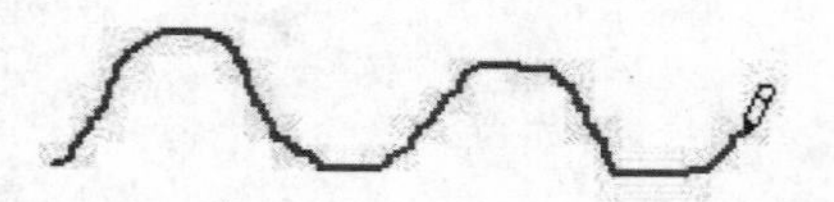

(a) 释放鼠标前的状态

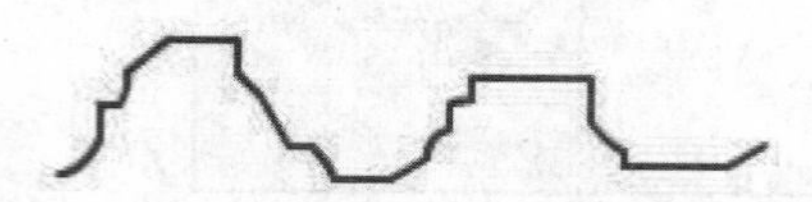

(b) 释放鼠标后的状态

图 2.54　使用“直线化”模式释放鼠标前后的状态

- “平滑”模式：在该模式下绘制的线条将被略微调整，可将线条转换成接近形状的平滑曲线，如图2.55所示。

(a) 释放鼠标前的状态

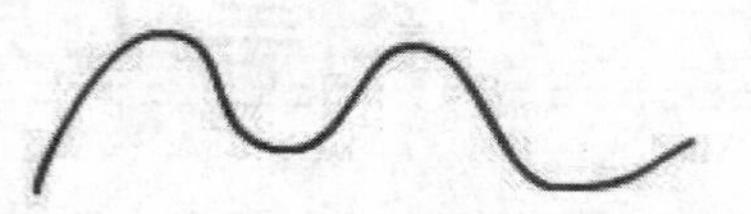

(b) 释放鼠标后的状态

图 2.55　使用“平滑”模式释放鼠标前后的状态

- “墨水”模式：在该模式下绘制的线条不做任何调整，完全保持光标轨迹的形状，如图2.56所示。在默认情况下，“铅笔工具”使用的就是这种模式。

(a) 释放鼠标前的状态

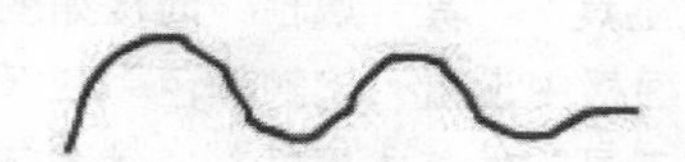

(b) 释放鼠标后的状态

图 2.56　使用“墨水”模式释放鼠标前后的状态

如果用户绘制的是形状，那么“直线”模式会将接近三角形、椭圆、圆形、矩形和正方形的图形变得更加接近这些形状。如图 2.57 所示的是绘制接近三角形的形状时，使用“直线”模式前后的对比。

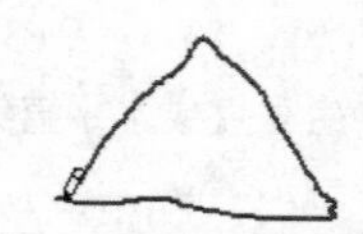

(a) 释放鼠标前的状态

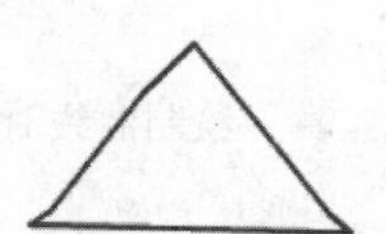

(b) 释放鼠标后的状态

图 2.57　使用“直线”模式释放鼠标前后的状态

2.6.3　使用“铅笔工具”限制方向

当用“铅笔工具”在舞台中绘制直线时，按住 Shift 键拖动，可使线条只能是垂直方向的或者水平方向的直线，如图 2.58 所示。

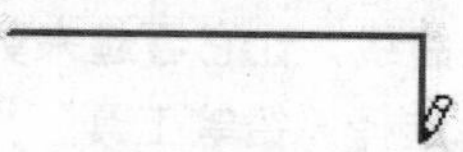

图 2.58　按住 Shift 键可以限制绘制方向

2.7 “刷子工具”的使用

“刷子工具”是模拟软笔的绘画方式，但使用起来更像是在使用刷漆用的刷子，它可以比较随意地绘制填充区域，而且会带有书写体的效果。

2.7.1 绘制图形

选择“刷子工具”，其“属性”面板如图 2.59 所示。设置“笔触颜色”和刷子的“平滑”度后，移动鼠标到舞台，当光标变成黑色的圆形或方形时，在舞台工作区拖动鼠标，即可绘制图形，如图 2.60 所示。

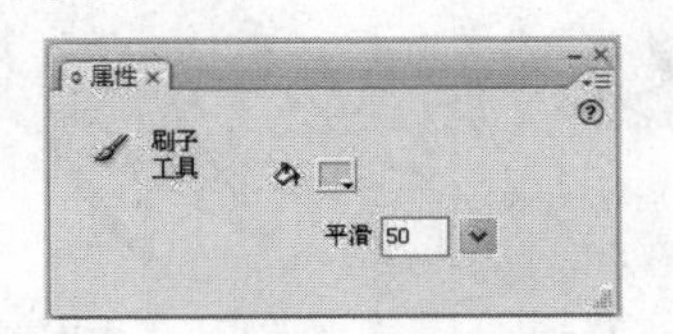

图 2.59 “刷子工具”的“属性”面板

图 2.60 绘制图形

提示：设置属性时，“平滑”值设置的越大，绘制出的图形的边缘就越光滑。在利用“刷子工具”绘制图形时，按住 Shift 键拖动，可以绘制出垂直或水平方向的图形。

2.7.2 “刷子工具”的辅助选项

1. 笔刷的大小和形状

“刷子工具”的辅助选项包括“对象绘制”模式（前面已讲述过，不再赘述）、“刷子大小”、“刷子形状”、“刷子模式”和“锁定填充”5 个选项，如图 2.61 所示。如果要修改笔触大小和笔触形状，则可选用“刷子大小”和“刷子形状”列表中的样式，如图 2.62 所示。

2. 刷子模式

Flash CS3 提供了 5 种不同的刷子模式。不同刷子模式的设置对舞台中其他对象的影响方式不同。单击“刷子模式”按钮，弹出下拉列表，如图 2.63 所示。

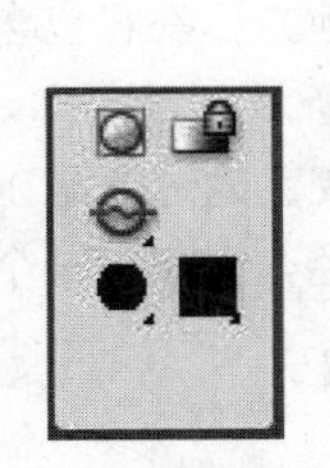

图 2.61 辅助选项

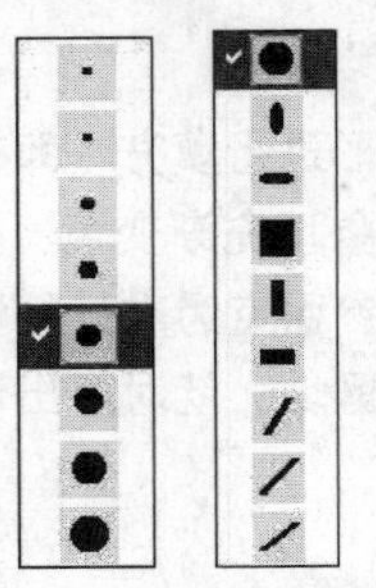

图 2.62 “刷子大小”和“刷子形状”的下拉列表

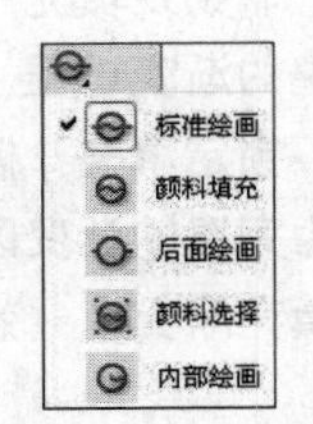

图 2.63 刷子模式

移动鼠标在舞台中绘制一个多边形图形，如图2.64所示。选择“刷子工具”，然后选择不同的模式，在多边形图形上绘制的结果如下。

图2.64　多边形图形

- “标准绘画”模式（默认）：选择该选项，新绘制的线条将覆盖在同一图层中的原有图形上，如图2.65所示。
- “颜料填充”模式：选择该选项，则只能在空白区域和原有的颜色填充区域中进行涂色，原有线条将被保留。也就是说，刷子所绘图形将被原有线条截断，如图2.66所示。
- “后面绘画”模式：选择该选项，则只能在同一层的空白区域涂色，原有颜色填充区域及线条将被保留，如图2.67所示。

图2.65　“标准绘画”模式

图2.66　“颜料填充”模式

图2.67　“后面绘画”模式

- “颜料选择”模式：选择该选项，则只能在选择的区域中涂色，如图2.68所示。
- “内部绘画”模式：选择该选项，则只能在起始笔触所在的填充区中涂色，但不影响线条，如图2.69所示。如果在空白区域中涂色，该填充不会影响任何现有的填充区域。

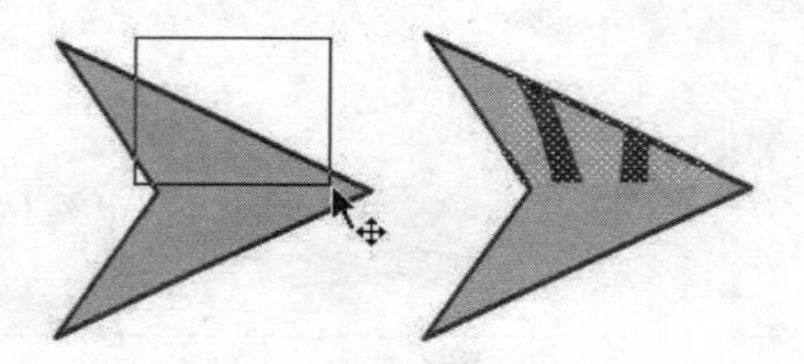

图2.68　“颜料选择”模式

图2.69　“内部绘画”模式

注意：在“内部绘画”模式下绘制图形时，一定要从图形填充区域内部向外绘制，否则绘制的图形将会出现在原图形的外部。

3．“锁定填充”模式

“锁定填充”选项是用来切换在使用渐变色进行填充时的参照点，单击“锁定填充”按钮，即可进入“锁定填充”模式。

- “非锁定填充”模式：对现有的图形进行填充，即在刷子经过的地方，都将包含着一个完整的渐变过程，例如为一个矩形对象填充渐变色，效果如图2.70所示。
- “锁定填充”模式：以系统确定的参照点为准进行填充，完成渐变色的过渡是以整个动画为完整的渐变区域，刷子经过哪个区域，就对应出现怎样的渐变色，例如为一个矩形对象填充渐变色，效果如图2.71所示。

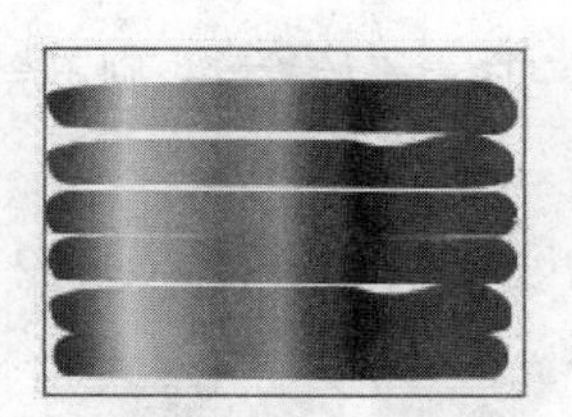

图 2.70 “非锁定填充”模式填充结果

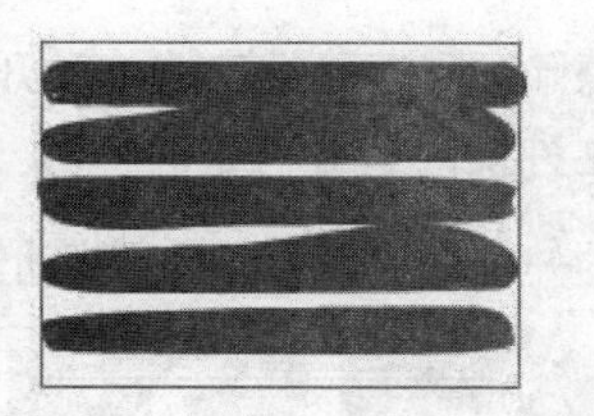

图 2.71 “锁定填充”模式所填充结果

注意：刷子大小在更改视图比例时仍然保持不变，因此当用户缩小视图时笔触就会显得特别粗。但这并不影响图形的真正大小。

2.8 “橡皮擦工具”的使用

利用“橡皮擦工具”可以对矢量图形进行擦除操作，以去除矢量图形中多余的部分。

选择工具箱中的“橡皮擦工具”，在工具选项中显示“橡皮擦工具”的辅助选项，它们分别为“橡皮擦模式”、“橡皮擦形状”和“水龙头”工具，如图 2.72 所示。

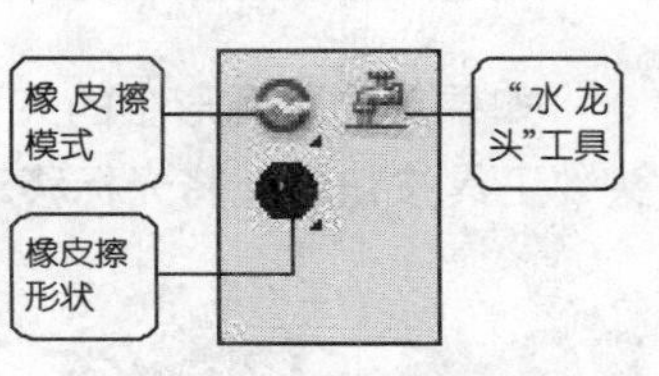

图 2.72 橡皮擦辅助选项

2.8.1 设置橡皮擦的形状和大小

在橡皮擦辅助工具选项中可以设置橡皮擦的形状和大小，如图 2.73 所示。如果橡皮擦工具太大了，就会把不想擦除的部分擦除掉；橡皮擦工具太小了，又需要花费大量的时间。

橡皮擦的形状对擦除图形也有很大的影响，因此经常需要调整橡皮擦的大小和形状。橡皮擦可以选择圆形或方形。

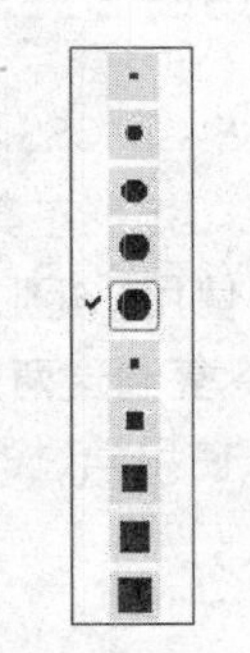

图 2.73 橡皮擦的形状和大小

2.8.2 设置橡皮擦模式

除了可以设置大小和形状外，用户还可以定义橡皮擦的擦除模式。单击“橡皮擦工具”，然后在其“选项”面板中单击“橡皮擦模式”按钮，打开其下拉列表，如图 2.74 所示，橡皮擦共包含 5 种模式。其中各项含义如下。

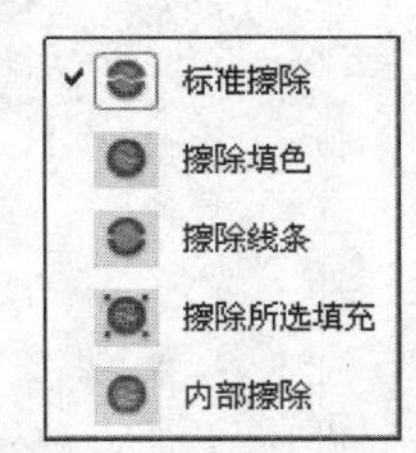

图 2.74 “橡皮擦模式”下拉列表

- 标准擦除：系统默认的模式，将图形中的笔触和填充全部擦除。
- 擦除填色：只擦除填充区域，不影响边框。
- 擦除线条：只擦除边框，不影响填充区域。
- 擦除所选填充：只擦除“选择工具”选中的填充区域，不影响笔触（不管笔触是否被选中）和未被选中的填充区域。

- 内部擦除：只擦除橡皮擦笔触开始处的填充。如果从空白点开始擦除，则不会擦除任何内容，这种模式不影响边框。

选择其中的一种擦除模式，然后拖动鼠标即可擦除图形，但效果会有所不同，如图 2.75 所示。

标准擦除　　擦除填色　　擦除线条　　擦除所选填充　　内部擦除

图 2.75　擦除模式比较

注意：在“内部擦除”模式下，擦除图形时，一定要从图形填充区域内部向外擦除，否则此操作将不起任何作用。

2.8.3　“水龙头”工具

如果要删除图形中的某些区域，可以使用橡皮擦辅助选项中的“水龙头”工具。单击“水龙头”工具按钮后，将光标移动到要删除的笔触段或填充区域处单击，即可将其删除。

2.9　练习题

1. Flash CS3 提供了几种铅笔模式？绘制一个正方形，应该按住哪个键？
2. “矩形工具”边角半径的范围是多少？缩放控制文本框可输入的数值范围是多少？
3. 使用“矩形工具”绘制一个无边框的正方形和一个有边框的矩形，然后选择“复制”和“粘贴”命令复制这两个矩形，再利用鼠标拖动的方法复制这两个矩形，并将其保存。
4. 使用学过的工具绘制一个简单的小鸡外形，并给小鸡填充颜色。

Chapter 03

编辑图形及调整绘图环境

本章导读

编辑图形既包括移动、删除、复制、组合、对齐、重叠等操作，也包括图形之间的相加、相减等操作。编辑图形还可以利用“选择工具”和菜单命令对图形进行变形等操作。本章主要讲述图形的编辑和绘图环境的调整。

内容要点

- 图形的基本操作
- 图形变形操作
- 对象的对齐和重叠
- 图形的变形
- 边框的转换
- 调整绘图环境
- 案例 1——制作扇子
- 案例 2——光盘效果

3.1 图形的基本操作

3.1.1 选择对象

当需要对图形进行修改时，首先需要选中对象，一般可以使用“选择工具”来选中对象。单击工具箱中的“选择工具”，移动鼠标双击舞台中的任何对象都能将其选中，被选中对象的状态如图 3.1 所示。

1．选择不同的对象

在 Flash CS3 中，利用“选择工具”选择不同的对象时，其表现形式也不同。

- 选择填充物和线条时，其上会布满亮点，亮点所覆盖的地方就是所选择的部分，如图3.2（a）所示。
- 选择元件或组件时，会有细蓝色边框出现在元件或组件的周围，如图3.2（b）所示。
- 选择导入的位图文件时，位图会被一个锯齿形的灰色边框包围，以体现被选中状态，如图3.2（c）所示。

图 3.1 选中单个对象

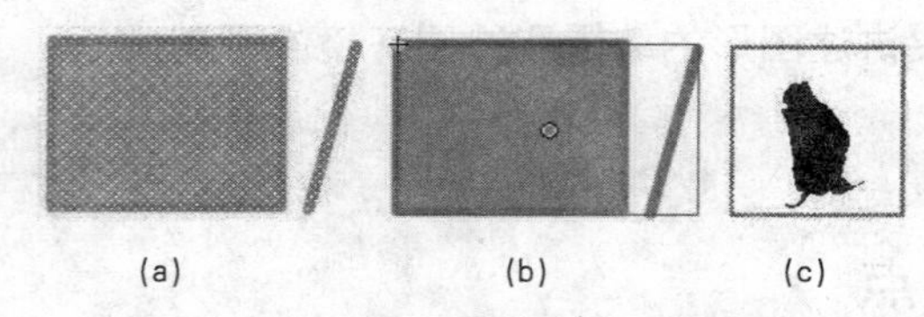

图 3.2 利用“选择工具”选中不同对象时的效果

2．选择对象的方法

使用选择工具来选择对象的方法有以下 4 种。

方法 1：单击

如果只想选中图形的一部分，例如，要选择图形左侧边框，则可以移动鼠标在要选择的边框上单击，即可选中左侧边框，如图 3.3（a）所示。

方法 2：双击

利用“选择工具”双击图形，即可选中包括边框在内的全部图形，如图 3.3（b）所示。

方法 3：框选

利用“选择工具”，将光标移动到对象的上半部，然后从图形左侧开始，拖动鼠标到右侧后，如图 3.4 所示，释放鼠标即可将对象的上半部分选中。

方法 4：配合 Shift 键

按住 Shift 键的同时，单击某个对象，然后再单击其他对象，这时将选中多个对象。

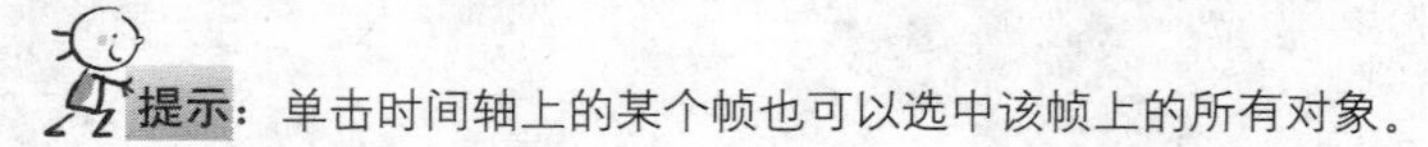

提示：单击时间轴上的某个帧也可以选中该帧上的所有对象。

(a) (b)

图 3.3 选中对象

图 3.4 框选部分对象

3.1.2 移动对象

选中对象之后，经常需要移动对象，可用多种方法实现，下面介绍常见的 3 种方法。

方法 1：直接利用“选择工具”拖动对象。

方法 2：利用键盘上的方向键移动对象。

方法 3：通过“信息”面板来移动对象。

1. 利用“选择工具”拖动对象

选择“选择工具”，然后选中要移动的对象，将鼠标放在要移动的对象上，当出现带有“十”字方向箭头时，按下鼠标即可拖动对象，如图 3.5 所示。这种移动方法，位置不精确，却是最常用的方法。

2. 利用键盘上的方向键移动对象

选中对象后按键盘上向右的方向键，对象将向右移动；按向左的方向键，对象将向左移动；上下也类似，只要按向上或向下的方向键即可。用这种方法移动对象，位置相对精确。

提示： 使用键盘上的方向键，可以精确移动节点，每按一下方向键，即可移动 1 个像素点，按住 Shift+方向键，每次则可以移动 10 个像素点。

3. 通过“信息”面板移动对象

选择“窗口”|“信息”命令，在弹出的“信息”面板中输入 X 和 Y 的坐标值，如图 3.6（a）所示，用这种方法移动对象，移动位置最为精确。

在该“信息”面板的右上部，显示的是选中对象的位置。默认情况下，X 文本框中的数值表示选定对象最左端相对舞台左上角的水平距离；Y 的数值表示最上端相对于舞台左上角的垂直距离，如图 3.6（b）所示。

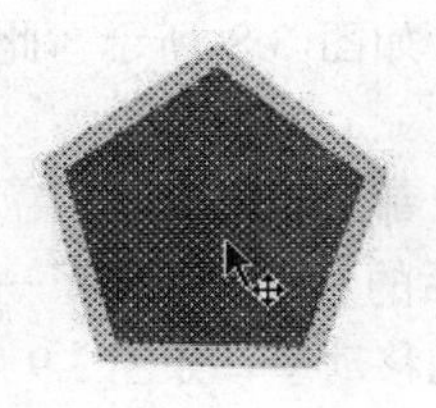

图 3.5 移动对象

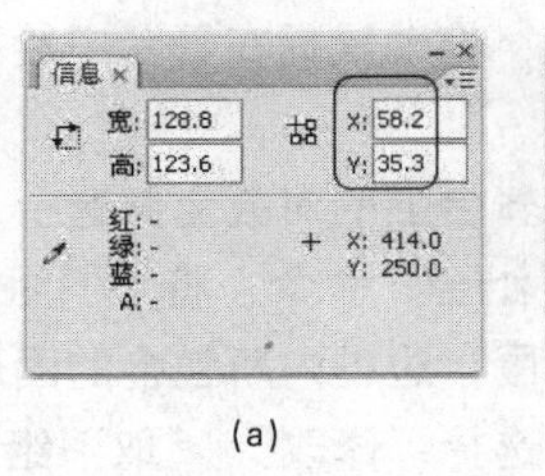

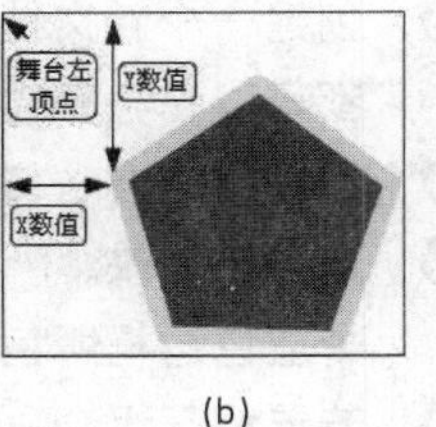

(a) (b)

图 3.6 “信息”面板及对象在舞台上的位置

3.1.3 删除对象

删除对象的方法很简单，主要包含以下3种方法。

方法1：选中对象后按Delete键。
方法2：选中对象后选择“编辑”|“剪切”命令。
方法3：选中对象后选择“编辑”|“清除”命令。

3.1.4 复制对象

1．使用“复制”和“粘贴到中心位置”命令

选中对象，然后选择“编辑”|“复制”命令，将对象复制到剪贴板（特殊的内存区域）中，然后再选择“编辑”|“粘贴到中心位置”命令，即可得到新的对象，并将新对象放置在舞台的中央。

提示：“复制”命令可以用Ctrl+C快捷键代替；“粘贴到中心位置”命令可以用Ctrl+V快捷键代替。

2．使用“粘贴到当前位置”命令

选中要复制的对象，选择“编辑”|“复制”命令，再选择“编辑”|“粘贴到当前位置”命令，即可在原对象的相同的位置上产生一个新的对象。

提示：除以上两种方法之外，还可以通过在对象上右击鼠标，在快捷菜单中选择相应的“复制”命令和“粘贴”命令来实现。

3．使用Alt+拖动鼠标

为了复制的方便，Flash还提供了一种更便捷的方式：按Alt键，然后用鼠标拖动复制的对象到合适的位置，即可复制出一个新的对象，如图3.7所示，该方法最常使用。

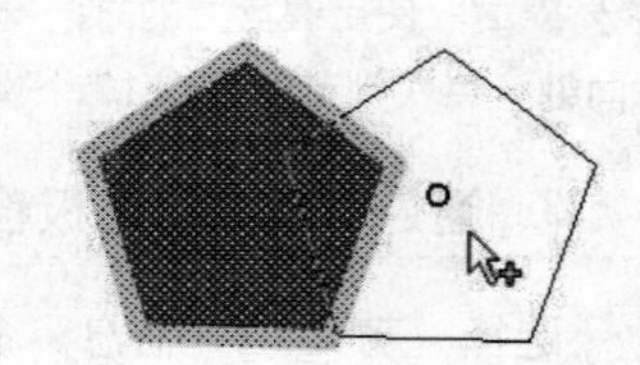

图3.7 使用Alt+拖动复制对象

3.1.5 对象的组合和解组

当编辑多个对象时，可以利用组合的方式将它们“捆绑”在一起，以防止它们之间的相对位置发生改变，当编辑结束后，还可以将组合后的对象通过解组操作恢复原来的状态，具体的操作步骤如下。

Step 01 创建一个新文档，拖动鼠标在舞台中绘制出多个对象，如图3.8所示，此时的每个对象都可以单独移动。

Step 02 用框选的方法将舞台上的对象全部选中，使得所有对象都呈现麻点状。

Step 03 选择“修改”|“组合”命令，将它们组合起来，组合后的对象就变成了一个整体，被一个蓝色边框所包围，边框内所包含的图形就不能再单独移动了，如图3.9所示。

Step 04 若要解开组合，选择“修改”|“取消组合”命令，即可将组合解除，解组后的图形可以单独移动。

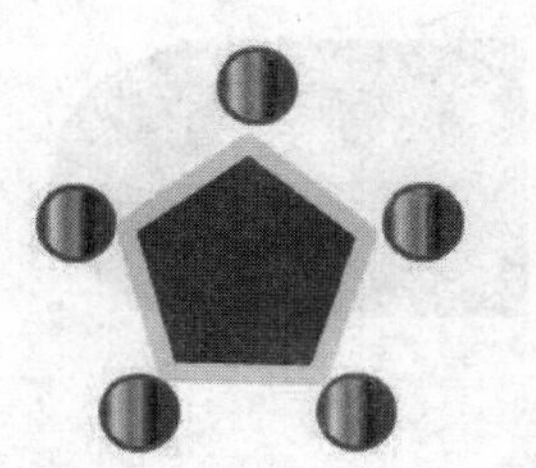
图 3.8 绘制出多个对象

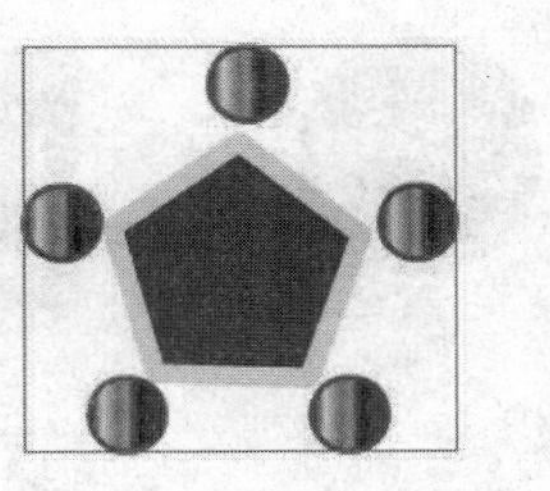
图 3.9 组合后的对象

Step 05 若只希望在组合的状态下移动对象，可双击该组合对象，文档编辑窗口将自动进入组合对象编辑状态，此时，编辑栏中出现了一个名为“组”的图标，如图 3.10 所示。此时，文档编辑窗口中的图形即可单独移动，如图 3.11 所示。

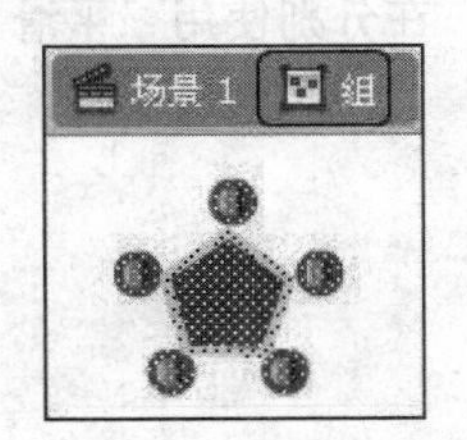

图 3.10 进入对象编辑状态

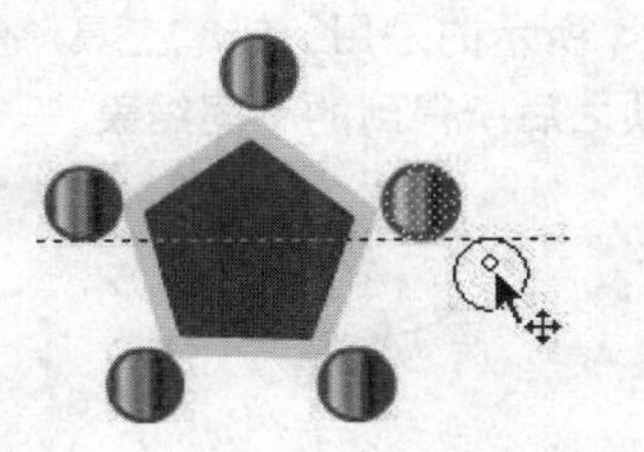
图 3.11 单独移动对象

Step 06 编辑结束后，单击编辑栏中的名称“场景 1”，即可回到场景编辑状态，此时的对象仍然是一个组合的整体。

提示： 组合对象的快捷键是 Ctrl+G，解组对象的快捷键是 Ctrl+Shift+G。

3.1.6 “选择工具”的辅助选项

当使用“选择工具”时，在工具箱的下方会出现“选择工具”的辅助选项按钮，它们分别是“贴紧至对象”按钮（又称为“自动吸附”按钮），“平滑”按钮和“伸直”按钮。

1. 贴紧至对象

当单击“贴紧至对象”按钮时，可以在物体被拖动的情况下，使之自动吸附至舞台中已经存在的物体上，它可以准确地吸附到对象的边框、中心线、中心点和端点上，操作步骤如下。

Step 01 单击“选择工具”，并单击“贴紧至对象”按钮。

Step 02 拖动对象，被拖动物体上有个小圆点，称为“自动捕捉圆点”（注意拖动过程中被拖动物体中心的小圆圈），如图 3.12（a）所示。

Step 03 当拖动对象与目标对象交汇时，中心点的小圆圈变大，如图 3.12（b）所示，此时表明被拖动的对象吸附在目标物体上，释放鼠标则完成拖动，如图 3.12（c）所示。

注意： 在使用该辅助选项时，只有鼠标点在对象的中心、拐角、边框上拖动对象，才会出现自动捕捉圆点。

Chapter 01 Chapter 02 Chapter 03 Chapter 04 Chapter 05 Chapter 06 Chapter 07 Chapter 08 Chapter 09 Chapter 10 Chapter 11 Chapter 12 Chapter 13

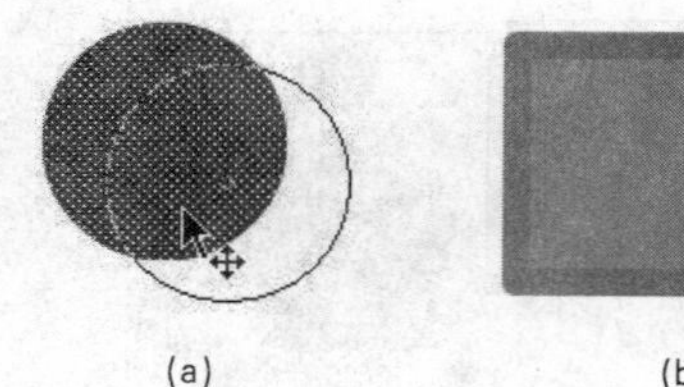
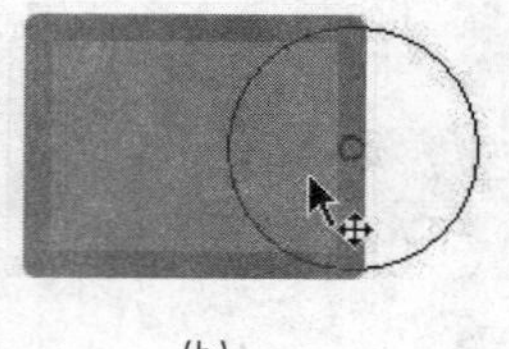
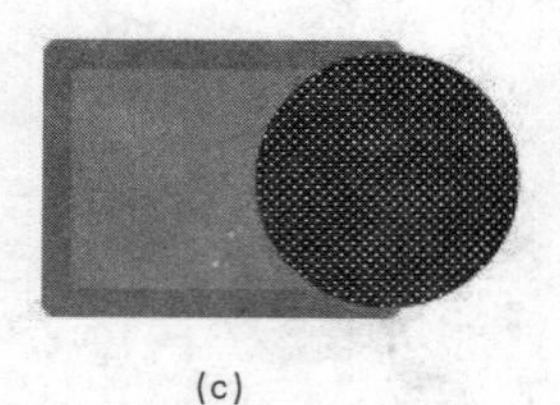

(a) (b) (c)

图 3.12 移动对象到目标对象的边框上

2. 平滑和伸直

"平滑"按钮是简化选定曲线和形状的工具，使曲线和形状更加圆滑。"伸直"按钮也是用来简化选定曲线和形状的工具，它能使曲线和形状更加平直。

如图 3.13 所示的是用"铅笔工具"绘制的一条曲线（a），在分别使用"平滑"（b）和"伸直"（c）选项之后所得到的不同结果。

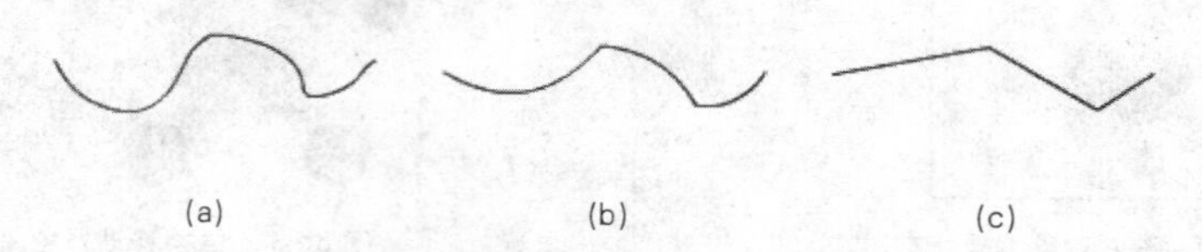

(a) (b) (c)

图 3.13 使用"平滑"和"伸直"选项后的不同效果

注意："平滑"和"伸直"的区别在于，使用"平滑"选项可使曲线更接近圆弧，而使用"伸直"选项可使曲线更接近折线或直线。

3.2 图形变形操作

图形绘制完成后，往往大小不合适，需要对图形进行变形操作，Flash CS3 中提供了专门的操作命令，其中包括：图形的缩放、图形的旋转、图形的倾斜、图形的翻转等。

3.2.1 图形的缩放

1. 使用"任意变形工具"

选中对象后，可以用"任意变形工具"对其进行调整，具体操作步骤如下。

Step 01 选中舞台上的一个多边形，然后选择工具箱中的"任意变形工具"，此时，图形上出现了一个调整控制框，控制框上有 8 个调节手柄，如图 3.14 所示。

Step 02 将光标移动到上、下方和左、右侧的控制手柄上，拖动鼠标，即可调整图形的宽度或高度，如图 3.15（a）所示。

Step 03 将光标移动到角控制手柄上并拖动鼠标，可同时调整图形的宽度和高度，如图 3.15（b）所示。

提示：若希望等比缩放图形，则在执行上面操作的同时按 Shift 键即可。

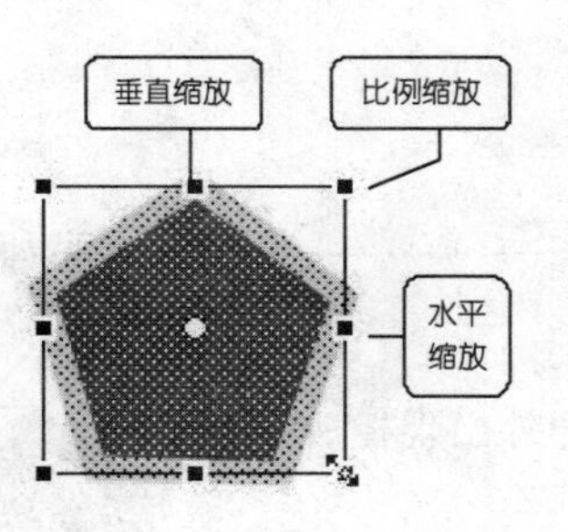

图 3.14 调整控制框

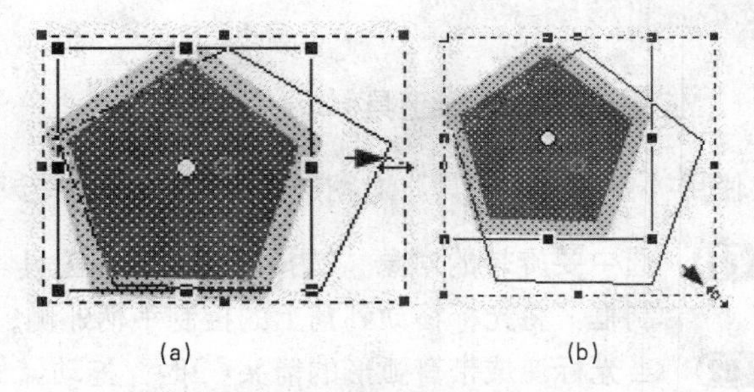

图 3.15 拖动控制框上的控制柄

2. 使用菜单命令

选中要变形的图形，选择“修改”|“变形”|“任意变形”命令，然后利用鼠标拖动控制手柄，即可对图形进行变形。

提示：选择这条命令和使用“任意变形工具”的效果相同。

3. 使用“变形”面板

若要精确地调整图形的尺寸，经常利用“变形”面板对图形进行调整，具体操作步骤如下。

Step 01 选中舞台中的图形对象，选择“窗口”|“变形”命令，打开“变形”面板。

Step 02 在打开的面板中，修改缩放的百分比数值，将宽度设为原来的 150%，高度设为原来的 80%，如图 3.16 所示。

Step 03 按 Enter 键，修改前后的图形如图 3.17 所示。

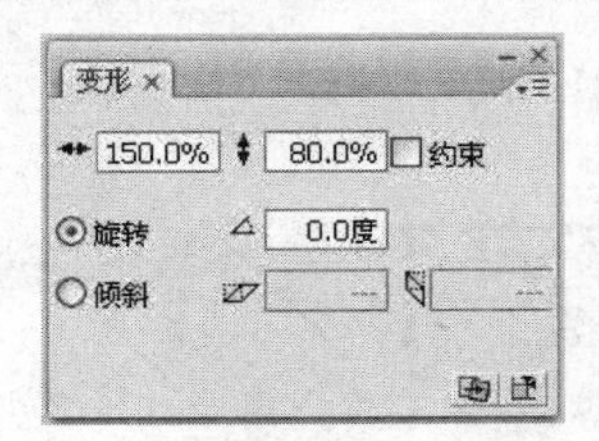

图 3.16 输入修改数值

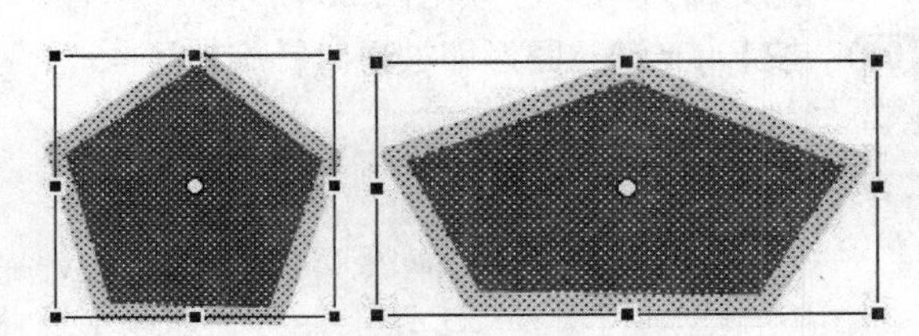

图 3.17 修改前后的图形

注意：若要使得图形的长和宽等比缩放，需选中后面的“约束”复选框，此时，无论在哪个文本框中输入数据，另一个文本框的数据都会发生相应的变化。

4. 使用“信息”面板

利用“信息”面板，也可以对图形进行缩放，具体操作步骤如下。

Step 01 选中要缩放的图形，选择“窗口”|“信息”命令，打开“信息”面板，如图 3.18 所示。

Step 02 在面板左上角的“宽”和“高”的文本框中输入要修改的数值，即可对图形进行缩放。

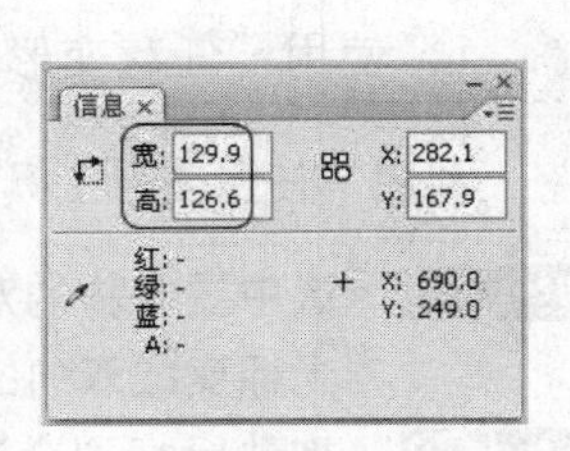

图 3.18 “信息”面板

3.2.2 图形的旋转

1．使用“任意变形工具”

使用“任意变形工具”对图形进行旋转的操作步骤如下。

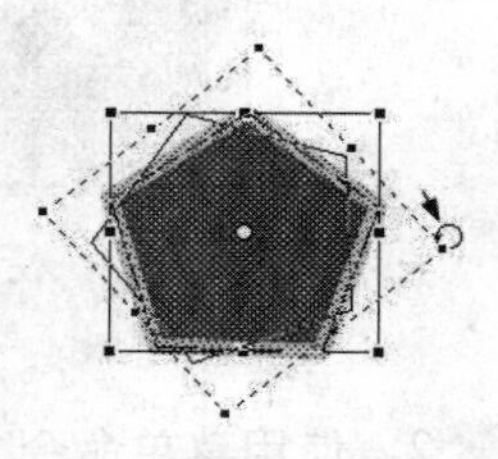

图 3.19 旋转对象

Step 01 选中要旋转的对象，选择“任意变形工具”，图形外出现控制框，将光标移动到角上的控制手柄外侧。

Step 02 当光标变成带有弧形的箭头时，拖动鼠标，图形就会被旋转起来，如图 3.19 所示，旋转到合适的位置后释放鼠标即可。

提示：如果要旋转 45°、90°、135°、180°等 45°倍数的角度，选中图形并按住 Shift 键，同时拖动鼠标，这时图形的旋转角度就只能固定在这些角度上。

2．使用“旋转与倾斜”命令

选择“修改”|“变形”|“旋转与倾斜”命令，然后采用和上面相同的方法即可旋转图形。

3．使用“变形”面板

利用“变形”面板除了可以修改图形的大小，还可以利用它对图形进行旋转，具体操作步骤如下。

Step 01 选中要旋转的对象，选择“窗口”|“变形”命令，打开“变形”面板。

Step 02 在“旋转”面板中，选择“旋转”单选按钮，并在其后的文本框中输入要旋转的角度，此处输入-45°，如图 3.20 所示。

Step 03 按 Enter 键，图形即被逆时针旋转了 45°，如图 3.21 所示。

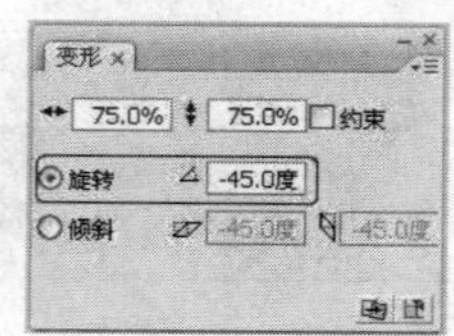

图 3.20 输入旋转角度

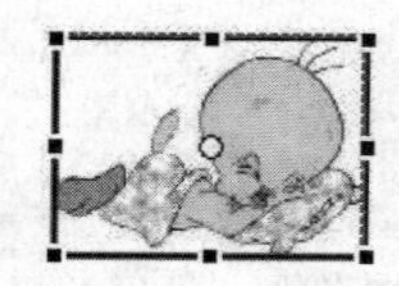

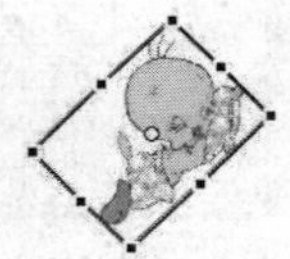

图 3.21 旋转前后的图形

提示：在“旋转”文本框中，输入正值代表顺时针旋转，输入负值代表逆时针旋转。

3.2.3 图形的倾斜

1．使用“任意变形工具”

利用“任意变形工具”对图形对象进行倾斜的操作步骤如下。

Step 01 选中要倾斜的对象，选择“任意变形工具”，然后将光标移动到控制框的水平边框上，光标变成双向的箭头，如图 3.22 所示。

Step 02 拖动鼠标到合适的位置处，然后释放鼠标，这时图形便会在水平方向上发生倾斜，如

图 3.23 所示。

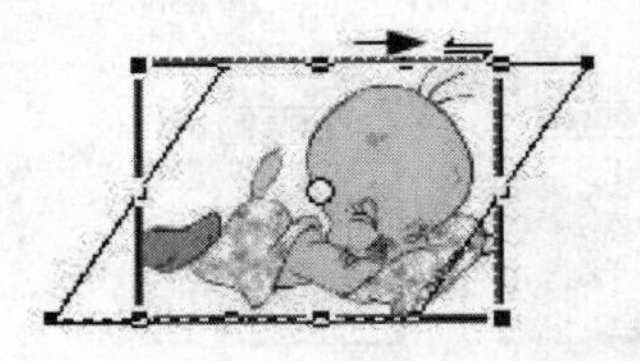

图 3.22　光标将变成双向的箭头

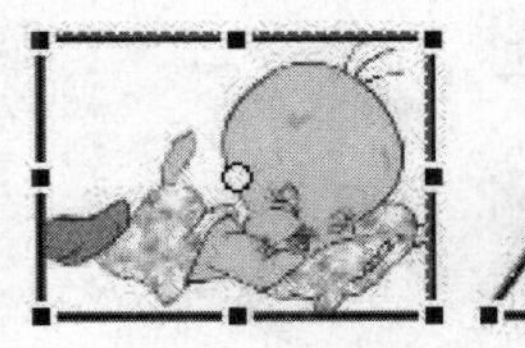

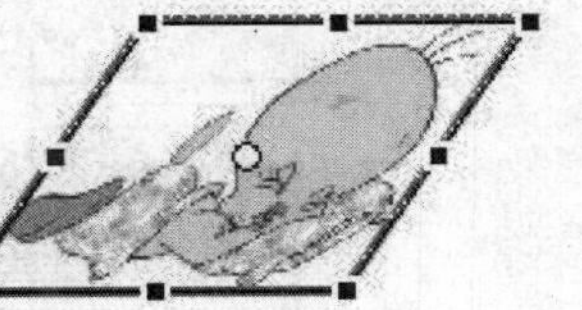

图 3.23　倾斜前后的图形

提示：若在控制框的垂直边框上拖动，则可在垂直方向上发生倾斜。

2．使用菜单命令

选择“修改”|“变形”|“旋转与倾斜”命令后，采用和上面相同的方法拖动，即可对图形进行倾斜。

3．使用“变形”面板

利用“变形”面板可以修改图形的大小和旋转角度，同样也可以倾斜图形，具体操作步骤如下。

Step 01 选中要倾斜的对象，打开“变形”面板，选中“倾斜”单选按钮，按钮后的文本框用来控制水平方向的倾斜角度和垂直方向的倾斜角度，如图 3.24 所示。

Step 02 在控制水平方向的文本框中输入要倾斜的角度-30°，在控制垂直方向的文本框中输入要倾斜的角度 15°。

Step 03 按 Enter 键，如图 3.25（a）、（b）所示的是倾斜前后的图形。

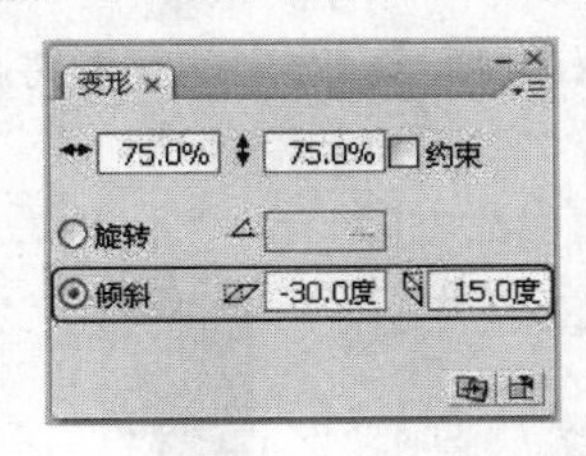

图 3.24　在“变形面板”输入倾斜角度

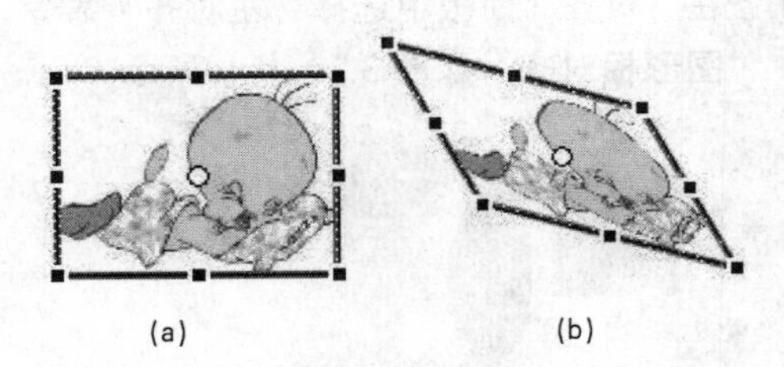

(a)　　(b)

图 3.25　倾斜前后的图形

3.2.4　图形的翻转

图形的翻转主要包括水平翻转和垂直翻转两种，具体操作步骤如下。

Step 01 选中要翻转的对象，选择“修改”|“变形”|“垂直翻转”命令，即可将对象进行垂直翻转，如图 3.26 所示。

Step 02 选中要翻转的对象，选择“修改”|“变形”|“水平翻转”命令，即可将对象进行水平翻转，如图 3.27 所示。

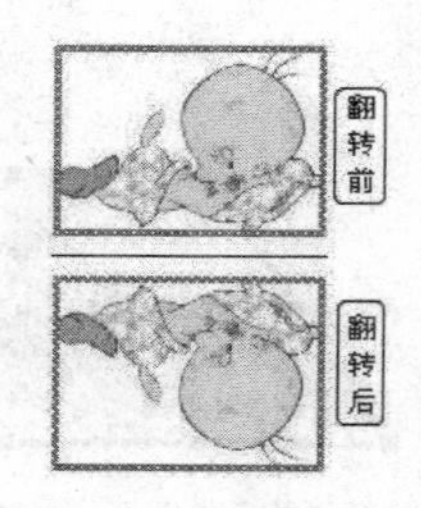

图 3.26　垂直翻转对象

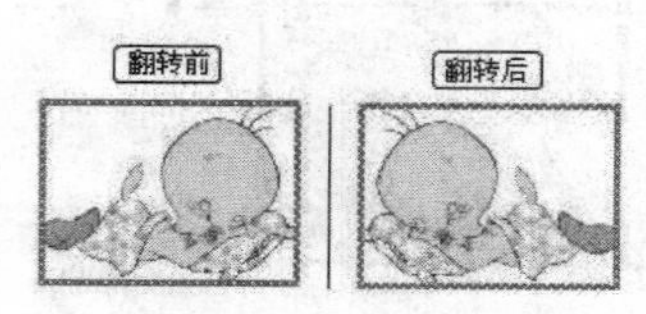

图 3.27　水平翻转对象

3.3　对象的对齐和重叠

在 Flash CS3 中绘制多个图形或导入多个对象后，有两种对齐方式，一种是对象之间对齐，另一种是对象与舞台之间的对齐。

3.3.1　对象之间的对齐

对象与对象之间对齐的操作步骤如下。

Step 01　选择“矩形工具”、“椭圆工具”等，并单击其辅助工具“对象绘制”按钮，移动鼠标在舞台中绘制任意图形，如图 3.28 所示。

Step 02　选中要对齐的对象，此处选中所有图形，选择“窗口”|“对齐”命令，打开“对齐”面板。

Step 03　在“对齐”面板中选择“左对齐”命令，如图 3.29（a）所示，选中的图形将与最左侧的图形相对齐，如图 3.29（b）所示。

图 3.28　绘制图形

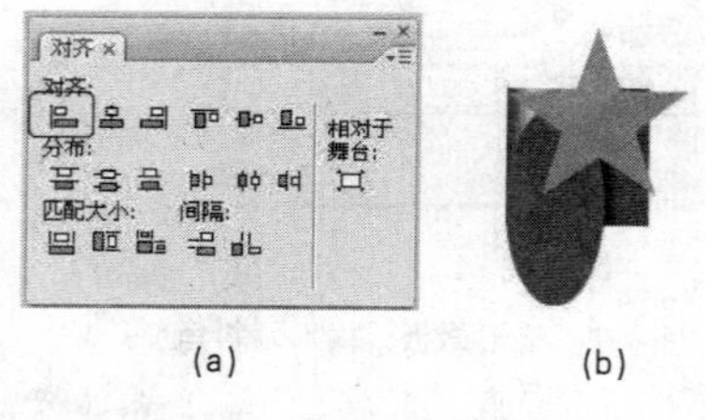

(a)　(b)

图 3.29　对齐图形

3.3.2　对象相对于舞台对齐

如果需要将图形放置到整个舞台的某个位置处，这种对齐称作相对于舞台对齐，具体操作步骤如下。

Step 01　打开“对齐”面板，单击“相对于舞台”按钮，如图 3.30 所示。

Step 02　选中舞台中的对象，单击“对齐”面板中的任意选项，舞台中的对象都会相对于舞台对齐，选择“上对齐”后的图形分布如图 3.31 所示。

Step 03　如果要将对象相对于舞台居中对齐，则需要在单击“相对于舞台”按钮的前提下，单击“对齐”面板中的“水平中齐”和“垂直居中分布”两个按钮即可。

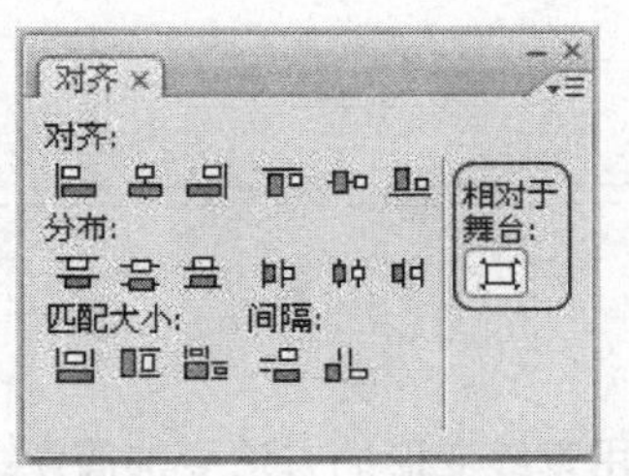

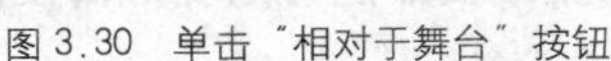

图 3.30 单击“相对于舞台”按钮

图 3.31 图形相对舞台上对齐

注意：使对象相对于舞台居中分布在制作动画时经常使用，而且在后文中会经常提到。

3.3.3 对象的重叠

当图形重叠后，还可以通过菜单命令调整它们之间的次序，具体操作步骤如下。

Step 01 将舞台中的 3 个对象分别单击“相对舞台居中对齐”按钮，选择要调整次序的对象，例如，选择蓝色的椭圆，如图 3.32 所示。

Step 02 选择“修改”|“排列”|“移至顶层”命令，如图 3.33（a）所示，这些命令及快捷键和作用如表 3-1 所示。此时，蓝色的椭圆移动到最上层，盖住下面的两个图形，如图 3.33（b）所示。

图 3.32 对齐对象

排列(A) ▸ 移至顶层(F) Ctrl+Shift+上箭头
上移一层(R) Ctrl+上箭头
下移一层(E) Ctrl+下箭头
移至底层(B) Ctrl+Shift+下箭头

(a)

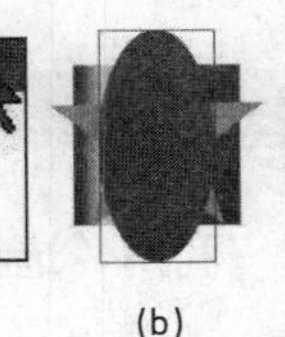

(b)

图 3.33 修改图形的重叠次序

Step 03 “排列”级联菜单中的命令及作用如表 3.1 所示。

表 3.1 “排列”级联菜单中的命令及作用

菜单命令	作用	快捷键
移至顶层	上移到顶层	Ctrl+Shift+键盘上向上的方向键
上移一层	向上移一层	Ctrl+键盘上向上的方向键
下移一层	向下移一层	Ctrl+键盘上向下的方向键
移至底层	下移到底层	Ctrl+Shift+键盘上向下的方向键

注意：舞台中多个图形进行重叠，会导致一个图形被另一个图形破坏，因此，在绘制有可能重叠的图形时，或者单击“对象绘制”辅助按钮，或者将每个图形分别进行组合。

3.4 图形的变形

3.4.1 直线变形

可以使用“线条工具”和“钢笔工具”来绘制曲线，但用直线变形的方法更加简便，具体操作步骤如下。

Step 01 选择“线条工具”，拖动鼠标在舞台中绘制一条直线。

Step 02 单击“选择工具”，在舞台中空白的位置单击一下取消选择状态，然后将光标移到直线上，这时光标后出现一条弧线，如图 3.34（a）所示。

Step 03 按住鼠标左键不放，将其拖动到合适的位置上，如图 3.34（b）所示，释放鼠标，直线将变成一条光滑的曲线，如图 3.34（c）所示。

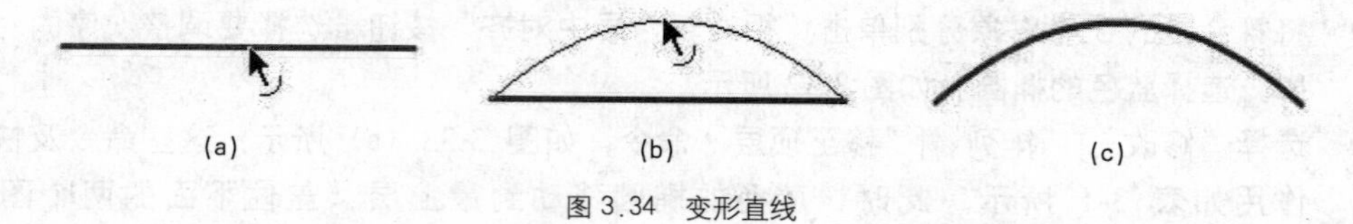

图 3.34 变形直线

提示：还可以利用“选择工具”将直线段加长，使图形变形时，“选择工具”的光标出现弧线标记的状态，称为“曲线调整”状态，

3.4.2 矩形变形

利用“选择工具”还可以对矩形进行变形。

1．矩形的基本变形

将矩形的两侧边变形为圆形的操作步骤如下。

Step 01 选择“矩形工具”，拖动鼠标在舞台中绘制一个黑色边框灰色填充色的矩形，如图 3.35（a）所示。

Step 02 选择“选择工具”，在舞台的空白位置单击一下取消选择状态，然后移动鼠标靠近矩形的左侧边框，当鼠标尾部出现一个圆弧时，将其拖动到合适的位置，如图 3.35（b）所示，然后释放鼠标，即可将矩形左侧变形。

Step 03 利用同样的方法拖动右侧的边框修改图形，变形后的矩形如图 3.35（c）所示。

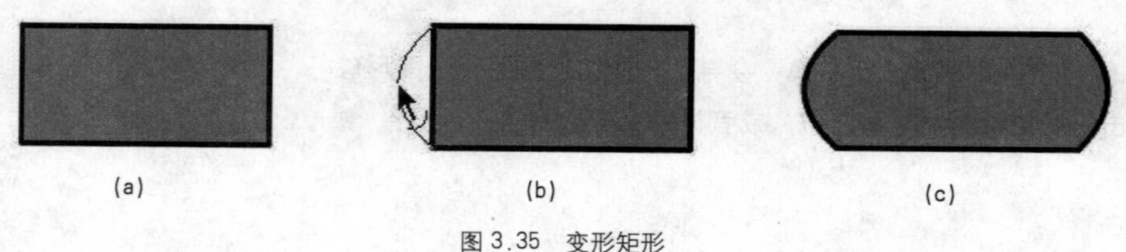

图 3.35 变形矩形

提示：任何有边框和填充区域的图形都可以使用这种方法来修改。

2. 将矩形变成三角形

利用“选择工具”将矩形变成三角形的操作步骤如下。

Step 01 首先在舞台中绘制出一个长条矩形，如图 3.36 所示。

Step 02 单击“选择工具”，将光标移动到矩形的一个直角上，当光标出现直角标记后，将其向矩形的中间点拖动，如图 3.37（a）和（b）所示。

图 3.36 绘制矩形

(a) (b)

图 3.37 拖动矩形直角

提示：使图形变形时，“选择工具”的光标出现直角标记的状态，称为“拐角拉伸”状态。

Step 03 将其拖动到直角线的中间位置后释放鼠标，此时，矩形即可变形为三角形，如图 3.38 所示。

Step 04 如果仅拖动到边框中间的某个位置处，则矩形可变形为梯形，如图 3.39 所示。如果再拖动左上角的顶点到上边框的中间位置处，则可变形为等腰三角形，如图 3.40 所示。

图 3.38 矩形变形为三角形

图 3.39 将矩形变形为梯形

图 3.40 变形为等腰三角形

3.4.3 合并图形

Flash CS3 提供了专门的命令，可以使绘制的不同对象之间进行一些特定的操作，如联合、交集、裁切和打孔等，具体的操作步骤如下。

1. 联合合并

Step 01 选择“文件”|“新建”命令，创建一个新文档，默认文档属性。

Step 02 分别选择“矩形工具”和“椭圆工具”，并单击“对象绘制”辅助按钮，拖动鼠标在舞台中绘制两个不同颜色的无边框图形，如图 3.41（a）所示（此时是两个独立的图形）。

Step 03 同时选中两个图形，然后选择“修改”|“合并对象”|“联合”命令即可，两个图形联合以后的效果如图 3.41（b）所示（两个图形合并为一个图形）。

2. 交集合并

Step 01 将舞台中绘制的两个图形一同选中。

Step 02 选择“修改”|“合并对象”|“交集”命令，两个图形交集合并之后的效果如图 3.42 所示。

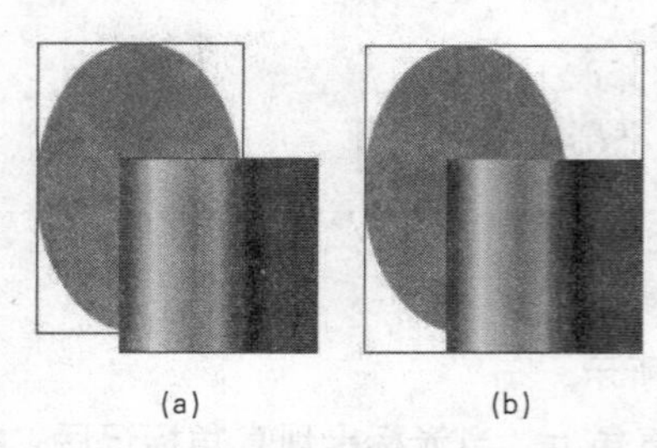
(a) (b)

图 3.41 绘制并联合合并两个图形

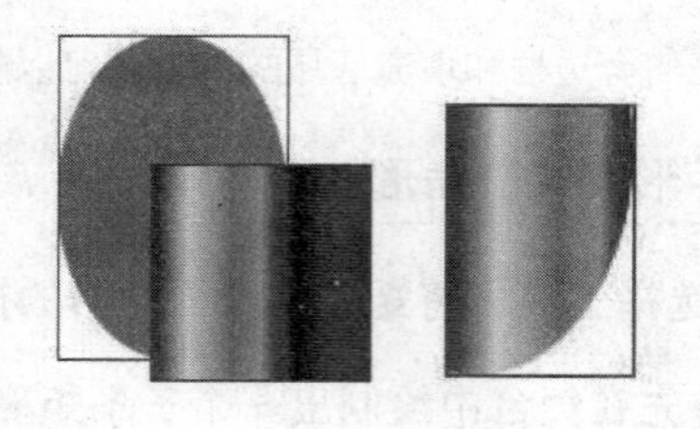
图 3.42 交集合并后的图形

注意：交集合并后，两个图形的重叠部分被留下来，而其余部分被裁剪掉，这时发现留下的部分是上面的图形。

3. 裁切合并

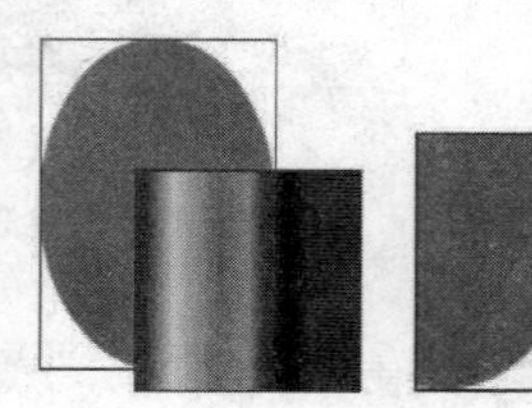
图 3.43 裁切合并后的图形

Step 01 将舞台上绘制的两个图形一同选中。

Step 02 选择“修改”|“合并对象”|“裁切”命令，两个图形裁切合并以后的效果如图 3.43 所示。

注意：裁剪合并图形时，两个图形的重叠部分被留下来，而其余部分被裁剪掉，这时会发现留下的部分是下面的图形。

4. 打空效果

Step 01 选择“文件”|“新建”命令，创建一个新文档，默认文档属性。

Step 02 选择“椭圆工具”，并单击“对象绘制模式”按钮，拖动鼠标在舞台中绘制两个不同颜色、无边框的圆，并将它们叠放在一起，如图 3.44（a）所示。

Step 03 同时选中两个图形，然后选择“修改”|“合并对象”|“打孔”命令，即可得到打孔之后的效果，如图 3.44（b）所示。

Step 04 单击“选择工具”，可以对图形做进一步的修改，如图 3.44（c）所示。

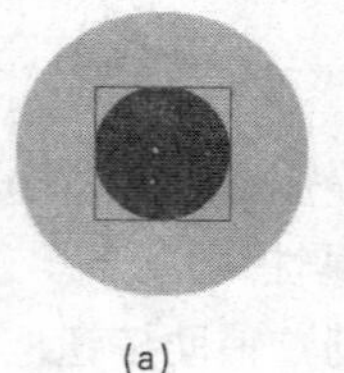
(a)

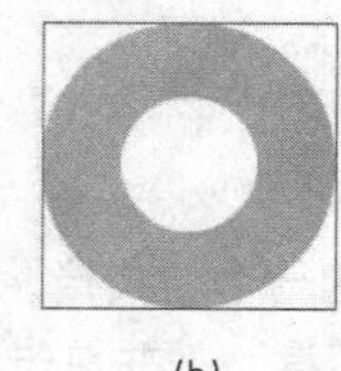
(b)

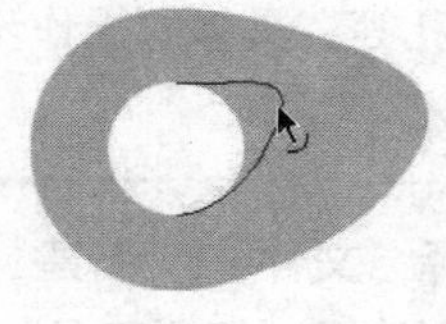
(c)

图 3.44 对图形打空并修改图形前后的图形

3.4.4 混合图形

在制作动画时，经常需要一些特殊形状的图形，此时，就可以将绘制的多个图形组合为一个图形，具体操作步骤如下。

Step 01 创建一个新文档，选择“椭圆工具”，拖动鼠标在舞台中绘制一个无边框的任意颜色的正圆，如图 3.45（a）所示。

Step 02 选择“矩形工具”，拖动鼠标在舞台中绘制一个同样颜色的矩形，如图 3.45（b）所示。

Step 03 选中矩形将其移动到圆上，此时，若位置不合适还可以继续移动矩形图形，如图 3.46（a）所示。

Step 04 移动鼠标在图形外单击一下，两个图形即可混合在一起，如图 3.46（b）所示。

注意：如果要混合图形，在绘制图形时，不要单击辅助工具的“对象绘制”按钮，否则，达不到混合图形的目的。

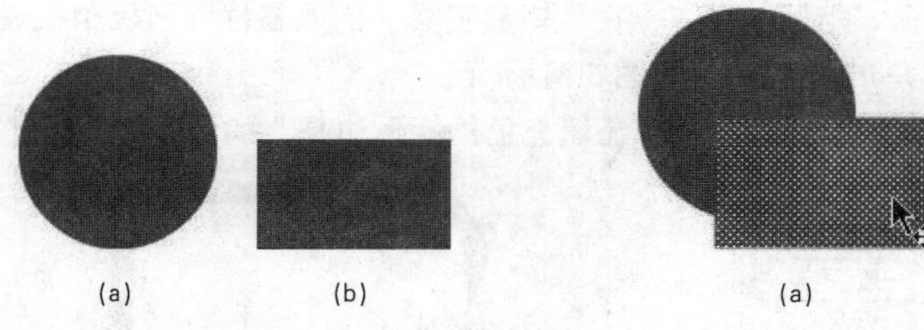

(a)　(b)

图 3.45　绘制两个图形

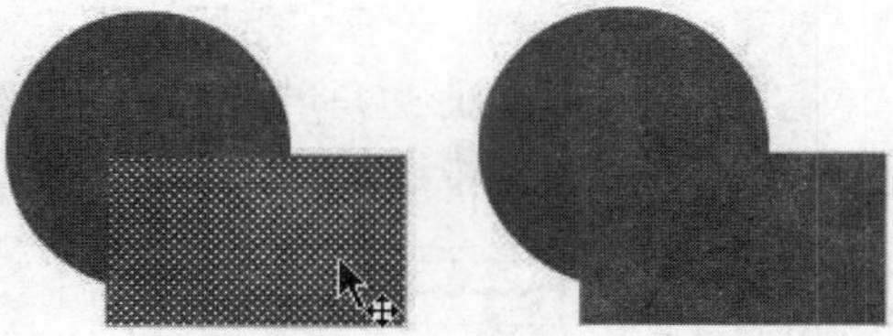

(a)　(b)

图 3.46　混合图形

3.4.5　锯齿图形

在绘制图形时，有时需要将图形制作锯齿边缘的效果，要制作这样的边缘，需要用到 Flash 工具箱中的“套索工具”，具体操作步骤如下。

Step 01 创建一个新文档，拖动鼠标在舞台中绘制出一个任意颜色、无边框的矩形，如图 3.47 所示。

Step 02 选择工具箱中的“套索工具”，在矩形上拖动鼠标并形成一个闭合区域，如图 3.48（a）所示。

Step 03 然后释放鼠标，此时，图形将有一部分被选中，如图 3.48（b）所示。

图 3.47　绘制一个图形

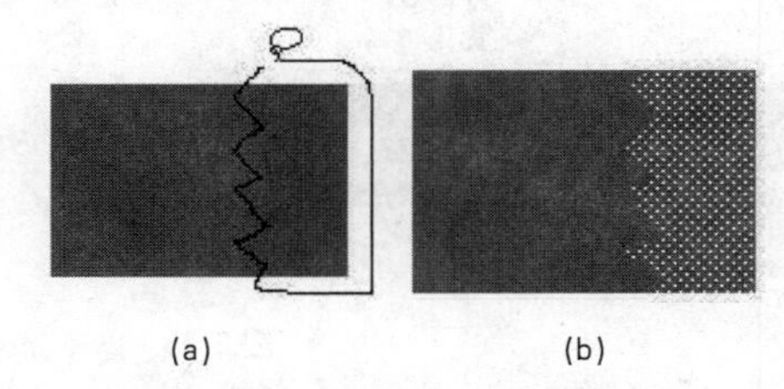

(a)　(b)

图 3.48　利用“套索工具”选取图形

Step 04 单击“选择工具”，拖动被选中的域，即可将其移动，如图 3.49（a）和（b）所示；如果要删除该部分，直接按 Delete 键即可，删除后的图形如图 3.50 所示。

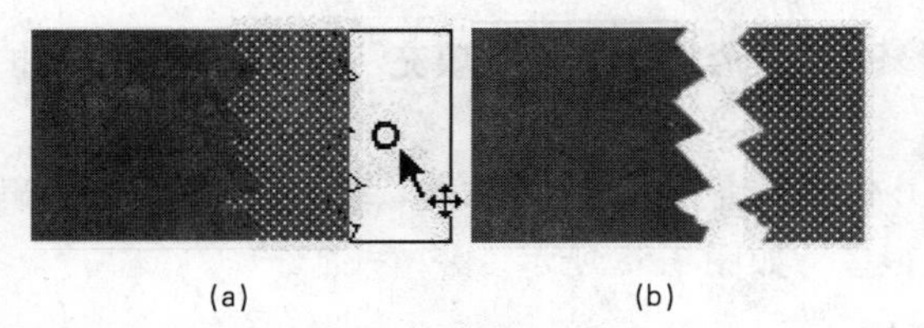

(a)　(b)

图 3.49　选中部分图形

图 3.50　删除选定区域后的图形

3.5 边框的转换

3.5.1 将边框转换为填充区域

在Flash CS3中，可以将边框转换为填充区域，还可对填充区域进行扩展和柔化，具体操作步骤如下。

Step 01 创建一个新文档，选择“矩形工具”，在“矩形工具”的“属性”面板中，设置“笔触高度”为10、矩形边角半径为30，如图3.51所示。

Step 02 拖动鼠标在舞台中绘制一个粉红颜色、无填充色的矩形边框，如图3.52所示。

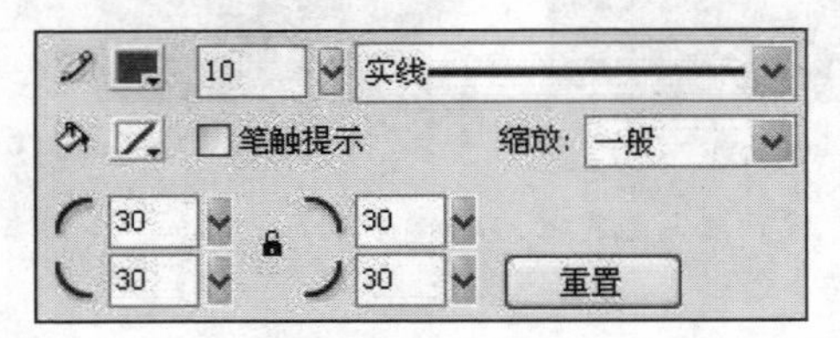

图3.51 “属性”面板（部分）

图3.52 绘制一个圆角矩形

Step 03 选择绘制的圆角矩形，选择“修改”|“形状”|“将线条转换为填充”命令，如图3.53（a）所示。

Step 04 选中矩形图形，打开“属性”面板，可见，当前选中对象的“笔触颜色”为“无”，而“填充颜色”由原来的“无”改变为粉红色，则说明线条已经被转换为填充区域，如图3.53（b）所示。

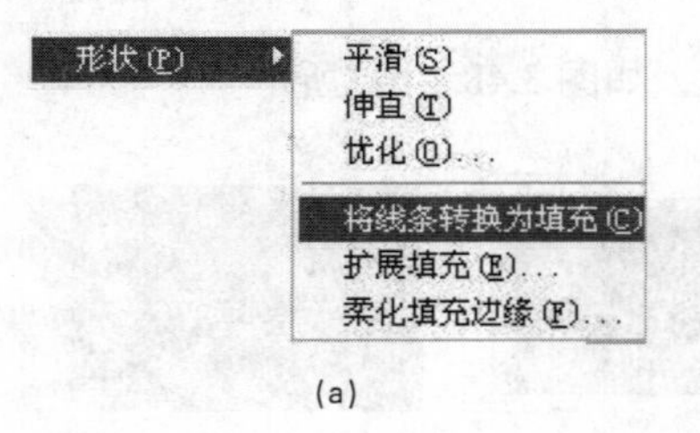

(a)

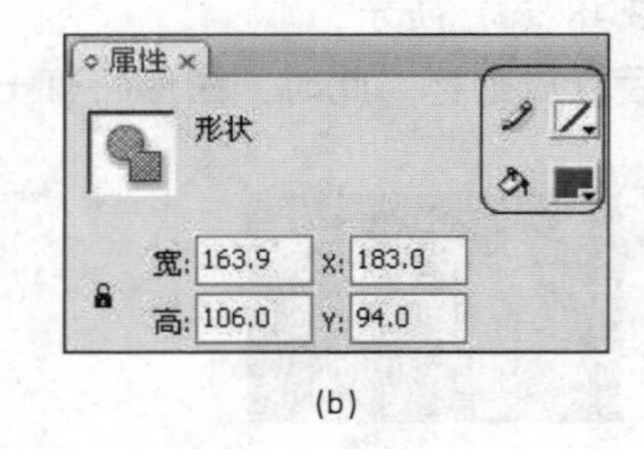

(b)

图3.53 选择命令及其“属性”面板

3.5.2 扩展填充区域

对于转换为填充区域后的图形还可以通过命令对其进行扩展，具体操作步骤如下。

Step 01 选中3.5.1小节中转换的图形，选择“修改”|“形状”|“扩展填充”命令，将弹出“扩展填充”对话框，如图3.54所示。

Step 02 在对话框中的“距离”文本框中输入“10像素”值，并选中“扩展”单选按钮，单击“确定”按钮，此时，图形将变得比原来粗很多，如图3.55所示。

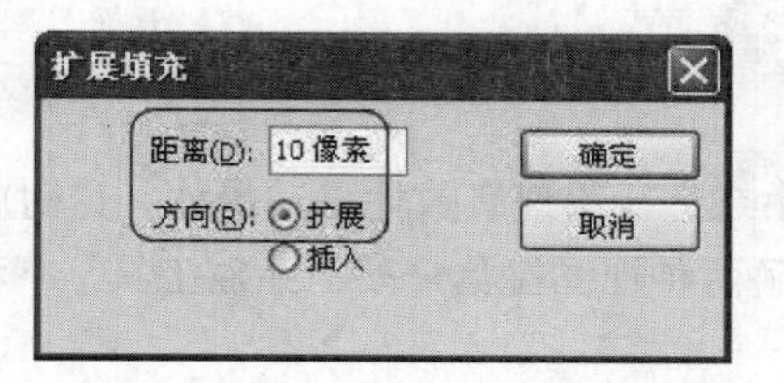

图 3.54 “扩展填充”对话框

图 3.55 变粗的图形

注意：在“扩展填充”对话框的“方向”选项组中，若选择“扩展”单选按钮，则可使图形放大，如果选择“插入”单选按钮，则会缩小图形。

3.5.3 柔化填充边缘

在 Flash CS3 中可以为一个图形柔化边缘，具体操作步骤如下。

Step 01 创建一个新文档，选择“椭圆工具”，拖动鼠标在舞台中绘制一个无边框的红色正圆，如图 3.56 所示。

Step 02 选中绘制的正圆，选择“修改”|“形状”|“柔化填充边缘”命令，将弹出“柔化填充边缘”对话框。

Step 03 在对话框中的“距离”文本框中输入为“40 像素”，“步骤数”文本框中输入 20，选择“扩展”单选按钮，如图 3.57 所示。

Step 04 单击“确定”按钮，图形的边缘即可被柔化（又称为光晕），如图 3.58 所示。

图 3.56 绘制红色的正圆

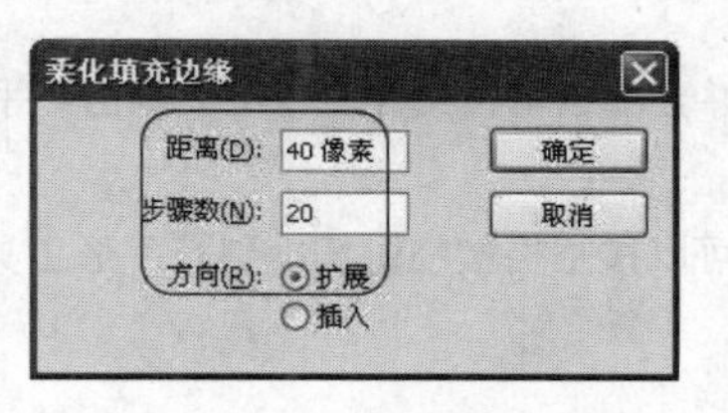

图 3.57 “柔化填充边缘”对话框

图 3.58 柔化边缘后的图形

提示：“距离”是柔边的宽度；“步骤数”是控制用于柔边效果的曲线数。步骤数值越大，效果就越平滑，但是增加步骤数会使文件变大并影响播放的流畅性；“扩展”和“插入”控制着在柔化边缘时形状是放大或缩小。

注意：“柔化填充边缘”功能在没有边框的单色填充区域上使用效果最好。

3.6 调整绘图环境

在制作动画时，有时需要调整绘图环境以适合动画的创建，工作环境的调整可以通过两类工具进行，一类是视图工具，另一类是辅助工具。

3.6.1 视图工具

在 Flash 创作过程中，有时需要改变可视范围的大小或进行迅速有效地移动操作，这时就要用到“视图工具”来改变工作的可视区域。Flash CS3 提供了两种视图工具——“缩放工具”和“手形工具”。

1．缩放工具

“缩放工具”是用于调整显示比例的工具，它有两个选项：放大和缩小。

Step 01 选择“放大工具”后，单击舞台将放大整个舞台，同时也放大了舞台上的对象。

Step 02 选择“缩小工具”后，单击舞台则缩小整个舞台，同时也缩小了舞台上的对象。

提示：双击放大镜工具将会使舞台以 100%的模式显示。

2．手形工具

“手形工具”的作用是移动舞台，只有在舞台整个工作区超出了当前屏幕的显示时，“手形工具”才可以使用。

首先单击工具箱中的“手形工具”，然后将光标移动到舞台工作区上单击并拖动，即可移动整个舞台。

提示：如果希望将整个舞台居中并全部显示在文件窗口中，双击“手形工具”即可。

注意：在使用其他工具的时候，可以按空格键临时切换到“手形工具”，移动完成后松开空格键，仍旧使用原有的工具。

3.6.2 辅助工具

在动画的制作过程中，通常需要一些工具进行辅助创作，这会使整个动画在创建过程中具有比较合理的结构和编排，从而动画也就显得更加有条理。

一般的绘图软件中都提供了标尺、网格、辅助线以及快捷键等辅助工具。

1．标尺

（1）打开标尺

在默认状态下，标尺是没有打开的。选择“视图”|“标尺”命令，即可打开标尺，打开后的标尺出现在文档窗口的左侧和顶部，如图 3.59 所示。

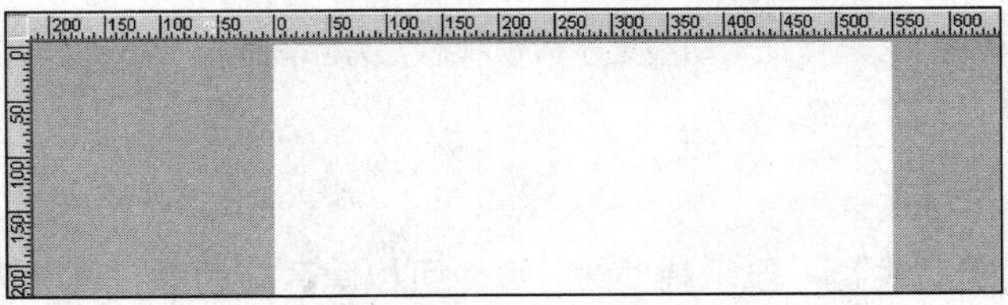

图 3.59 打开标尺的文档窗口

（2）修改标尺单位

默认状态下，标尺使用的单位是像素。如果要修改单位，选择“修改”|“文档”命令，弹出“文档属性”对话框，在对话框的“标尺单位”下拉列表中选择其他的单位，如图 3.60 所示。如果要将新修改的单位定为以后新建的所有文件都采用的单位，则可单击“文件属性”对话框中的“设为默认值”按钮。

2. 辅助线

Flash 提供了辅助线功能，在动画制作过程中放置几条辅助线就足以应付整个动画的创建，同时辅助线可以随时进行移动定位。

（1）添加辅助线

在打开标尺的状态下，将光标放在顶部的标尺上，由标尺处开始拖动鼠标到舞台中央后释放鼠标，将会在舞台上出现一条横向的绿线，还可以用相同方法，从左侧向右拖动鼠标添加纵向的辅助线，如图 3.61 所示。

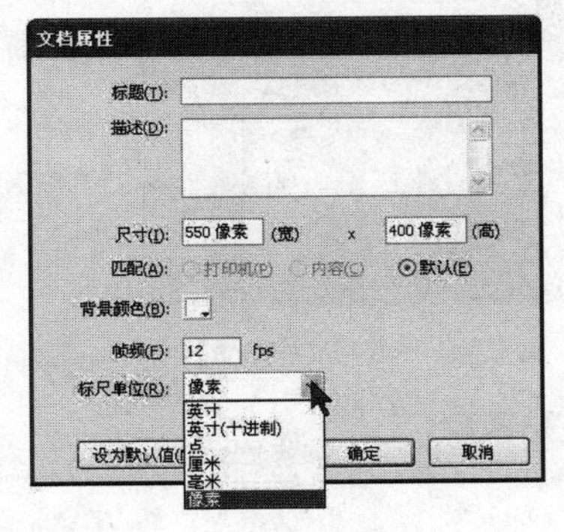

图 3.60 选择标尺单位

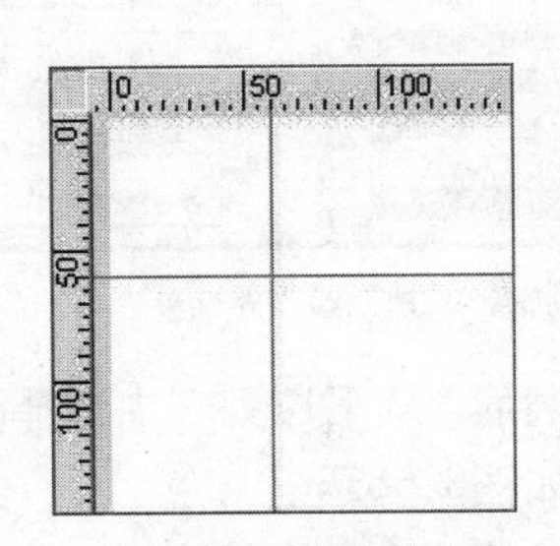

图 3.61 添加辅助线

（2）移动辅助线

单击“选择工具”，然后将光标移动到辅助线上，拖动辅助线到合适的位置后释放鼠标即可。

（3）锁定/解锁辅助线

选择“视图”|“辅助线”|“锁定辅助线”命令，如图 3.62 所示，此时的辅助线便不可移动。若要再次移动辅助线，可再次选择“视图”|“辅助线”|“锁定辅助线”命令。

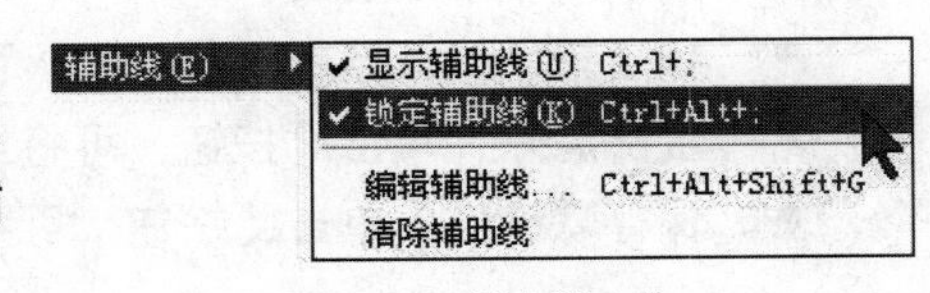

图 3.62 锁定辅助线

（4）删除辅助线

单击“选择工具”，将辅助线拖动到水平标尺或垂直标尺上，即可删除辅助线。

注意：若想删除辅助线，必须保证辅助线处于解锁状态；另外，选择“视图”|“辅助线”|“清除辅助线”命令，可以一次性清除所有的辅助线。

（5）显示和隐藏辅助线

选择 “视图”|“辅助线”|“显示辅助线”命令可以隐藏辅助线，再次选择该命令则可以重新显示辅助线。

（6）对齐辅助线

用户可以使用标尺和辅助线来精确定位或对齐文档中的对象。选择“视图”|“贴紧”|“贴紧至辅助线”命令，如图3.63所示，当用户创建或移动文档中的对象时，该对象将贴紧至辅助线。

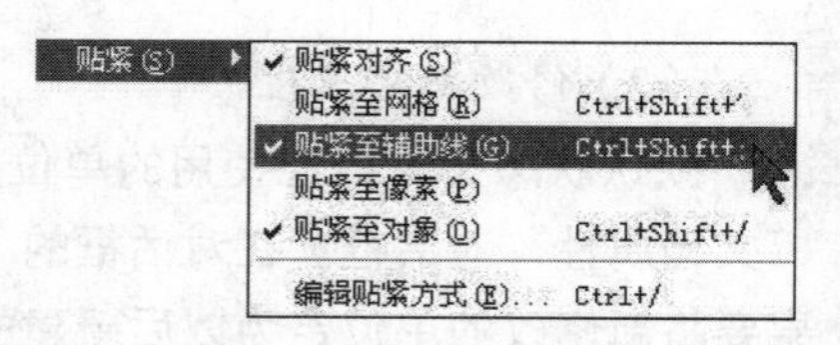

图3.63　贴紧至辅助线

注意：当辅助线处于网格线之间时，贴紧至辅助线优先于贴紧至网格。

（7）编辑辅助线

选择“视图”|“辅助线”|“编辑辅助线”命令，弹出“辅助线”对话框，如图3.64所示，其中各项含义如下。

- “颜色”框：单击“颜色”框，弹出“拾色器”面板，从拾色器中选择辅助线的颜色，如图3.65所示，默认辅助线的颜色为绿色。

图3.64　“辅助线”对话框

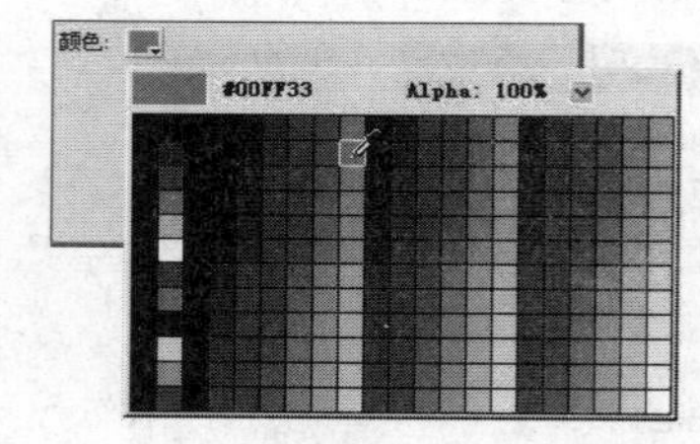

图3.65　修改辅助线的颜色

- 贴紧精确度：从下拉列表中选择一个选项，可修改贴紧精确度，如图3.66示。
- 显示辅助线：选中此复选框，可以显示辅助线；不选中此复选框，可以隐藏辅助线。

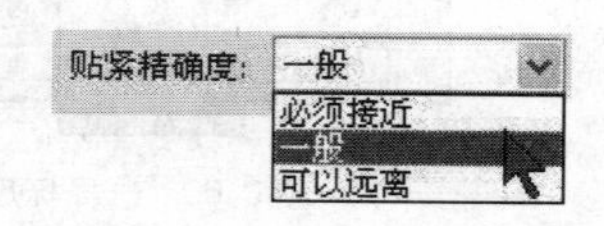

图3.66　“贴紧精确度”下拉列表

- 贴紧至辅助线：选中此复选框，可以打开贴紧至辅助线功能；不选中此复选框，可以关闭贴紧至辅助线功能。
- 锁定辅助线：选中此复选框，可以锁定辅助线；不选中此复选框，可以解锁辅助线。
- 全部清除：单击此按钮，可将当前场景中所有的辅助线都删除。
- 保存默认值：单击此按钮，可将当前设置保存为默认值状态。

提示：如果在创建辅助线时网格是可见的，并且打开了“对齐网格”，则辅助线将与网格对齐。

3. 网格

（1）显示/隐藏网格

默认状态下网格是不显示的，选择“视图”|“网格”|“显示网格”命令，这时舞台上将出现灰色的小方格，默认大小为18像素×18像素，如图3.67所示。

（2）编辑网格

选择“视图”|“网格”|“编辑网格”命令，弹出“网格”对话框，如图3.68所示，在该对话框中，可以修改网格的宽度、高度、颜色等参数。默认网格线的颜色是灰色。

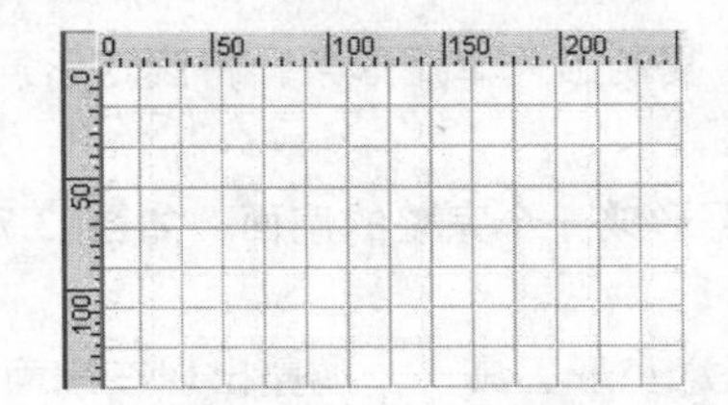

图3.67 显示网格后的舞台

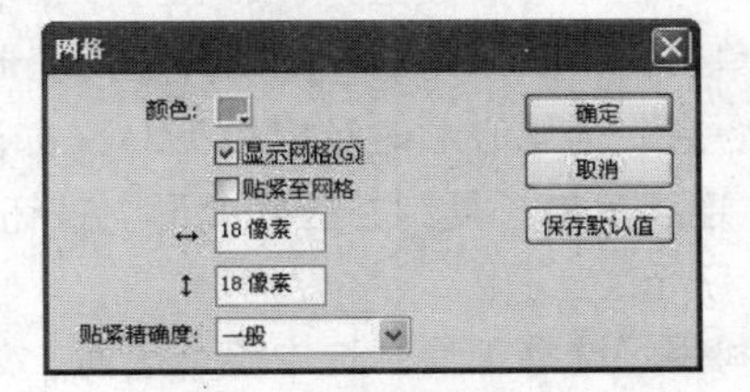

图3.68 “网格”对话框

3.7 案例1——制作扇子

本案例利用所学过的工具，绘制一把扇子，其效果如图3.69所示。

图3.69 扇子

源文件	源文件\Chapter 03\扇子的制作
视频文件	实例视频\Chapter 03\扇子的制作.avi
知识要点	“矩形工具”的应用\“任意变形工具”的应用\“变形”面板的应用

具体操作步骤如下。

Step 01 选择“文件”|“新建”命令，在弹出的“新建文档”对话框中，创建一个新文档，默认文档属性。

Step 02 选择“矩形工具”，在“属性”面板中设置“笔触颜色”为黑色，设置“填充颜色”为黄色，设置“笔触高度”为1pts，拖动鼠标在舞台上绘制一个矩形条，如图3.70所示。

Step 03 选择“任意变形工具”，单击矩形条，此时在矩形的中间出现了“中心点”，如图3.71所示。将“中心点”拖动到矩形的下方，如图3.72所示。

Chapter 01 Chapter 02 Chapter 03 Chapter 04 Chapter 05 Chapter 06 Chapter 07 Chapter 08 Chapter 09 Chapter 10 Chapter 11 Chapter 12 Chapter 13

图 3.70 绘制一个矩形条

图 3.71 中心点

图 3.72 拖动“中心点”

Step 04 选择“窗口”|“变形”命令，打开“变形”面板，选中“旋转”单选按钮，并在其后的文本框中修改数值为“12 度”，如图 3.73 所示。

Step 05 单击窗口右下角的“复制并应用变形”按钮，复制出一个矩形条，将该矩形条以“中心点”为轴心顺时针旋转 12°，如图 3.74 所示。

Step 06 连续单击“复制并应用变形”按钮 14 次，即可形成一个完整的扇面，如图 3.75（a）所示。

Step 07 利用“选择工具”选中整个扇面，然后选择“任意变形工具”，调整出现在扇面图形上的旋转控制点，将扇面旋转一个角度，如图 3.75（b）所示。

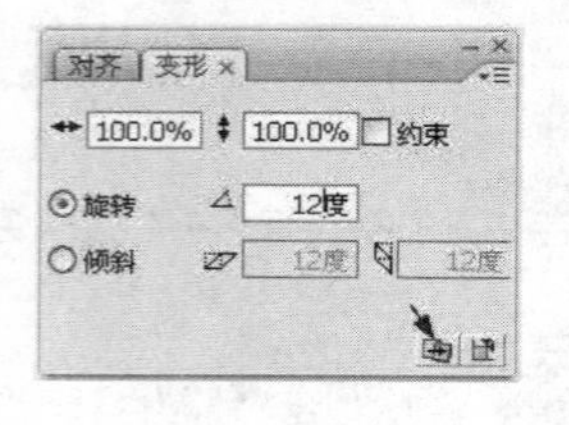

图 3.73 “变形”面板

图 3.74 复制图形

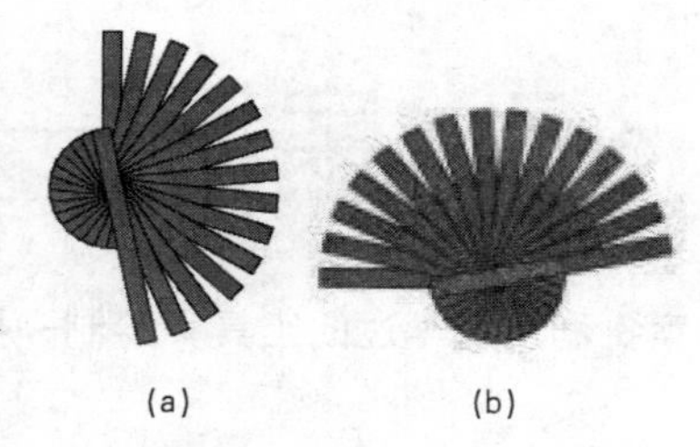

图 3.75 形成的扇面

Step 08 制作完毕，保存文件。在弹出的“另存为”对话框中，将新文档保存到“源文件\Chapter 03\扇子的制作”文件夹下，并将文件命名为“扇子的制作.fla”。

Step 09 按 Ctrl+Enter 组合键，输出并测试动画效果。

3.8 案例2——光盘效果

本案例制作一个光盘效果，其效果如图 3.76 所示。

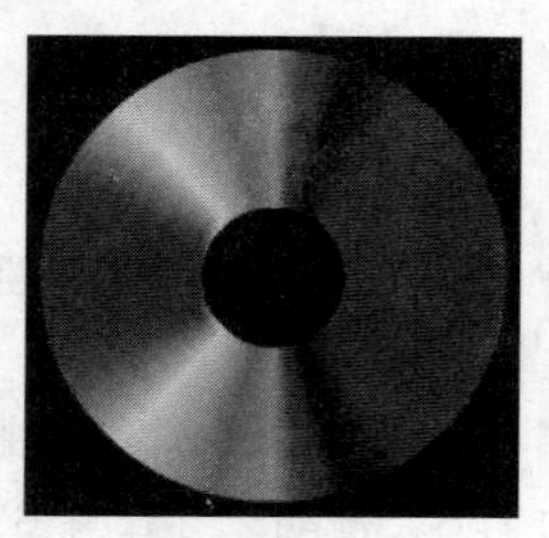

图 3.76 光盘效果

源文件	源文件\Chapter 03\光盘效果
视频文件	实例视频\Chapter 03\光盘效果.avi
知识要点	“椭圆工具”的应用\“对齐”面板的应用\“变形”面板的应用

具体操作步骤如下。

Step 01 创建一个新文件，选择“修改”|“文档”命令，在弹出的“文档属性”对话框中，设置“背景颜色”为黑色，设置尺寸为400px×400px，默认其他选项。

Step 02 选择“椭圆工具”，单击“笔触颜色”框，在弹出的拾色器中，选择线性渐变填充颜色，如图3.77（a）所示，按住Shift键，在舞台中绘制一个没有边框的正圆，在“属性”面板中设置其尺寸的宽和高分别为240px×240px（大圆），并且利用“对齐”面板，使其相对于舞台居中对齐，如图3.77（b）所示。

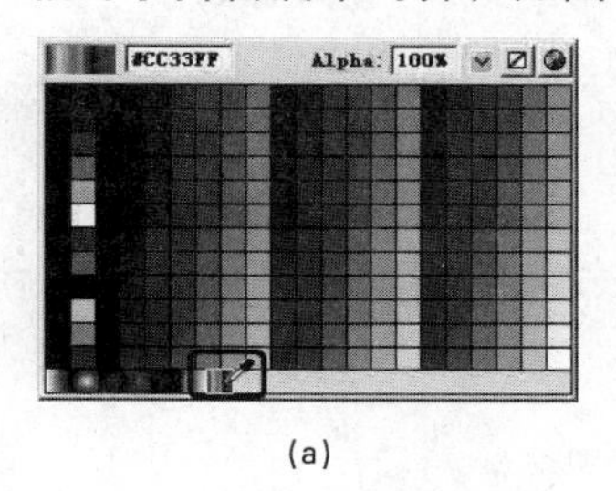

(a)

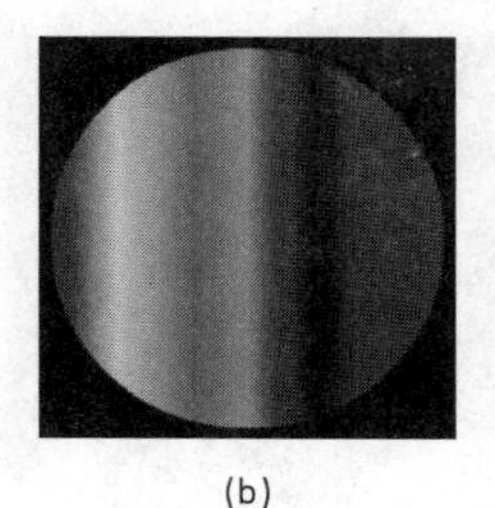
(b)

图3.77 设置填充样式并绘制一个正圆

Step 03 选择“椭圆工具”，在“属性”面板中，设置其“填充颜色”为白色，移动鼠标在舞台外绘制一个宽和高分别为200px×200px的正圆（小圆），利用“选择工具”，将其拖动到大圆的中间位置，鼠标在舞台中单击一下。

Step 04 选中白色的正圆，按Delete键，将中间部分删除，形成一个正圆环，如图3.78所示。

Step 05 选中圆环，按Ctrl+T组合键打开变形面板，选择“约束”复选框，并将文本框中的数值更改为99%，如图3.79（a）所示。单击“变形”面板右下角的“复制并应用变形”按钮，不断地进行复制，最终得到的效果如图3.79（b）所示。

图3.78 正圆环

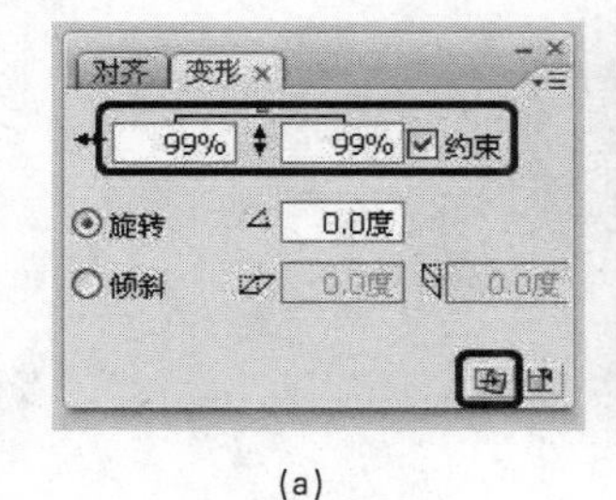

(a)

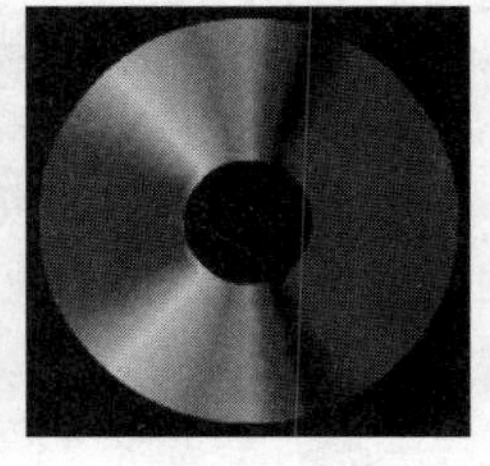
(b)

图3.79 设置变形参数及效果

Step 06 动画制作结束后，选择“文件”|“保存”命令，在弹出的“另存为”对话框中，将新文档保存到“源文件\Chapter 03\光盘效果”文件夹下，并将文件命名为“光盘效果.fla”。

Step 07 按Ctrl+Enter组合键，测试绘制效果。

3.9 练习题

1. 绘制一个矩形，并利用“选择工具”将矩形变形为等边三角形、直角三角形。

2. 用图形组合的方法，组合一只形状为鸭子的图形。

3. 用混合图形的方法为一个大圆打空。

4. 绘制一个椭圆边框，将其转换为填充区域，并扩展该区域。

5. 利用“矩形工具”绘制一个无边框的正方形和一个有边框的矩形，然后选择“复制”和“粘贴”命令复制这两个矩形，再利用鼠标拖动的方法复制这两个矩形，并将其保存。

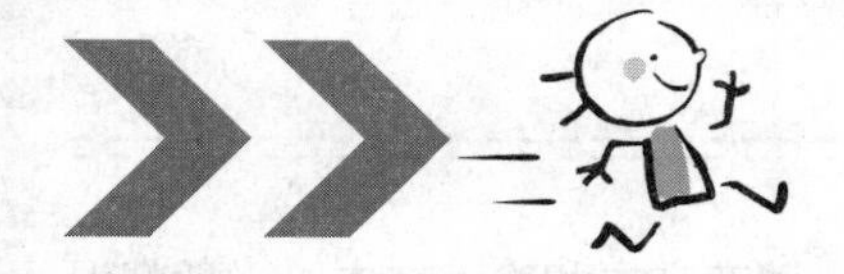

Chapter 04

“文本工具”的使用

本章导读

本章将详细介绍有关文本动画的创建和编辑，以及设置文本属性的方法，并且详细地讲述了如何在 Flash CS3 中将文本转换成矢量图形。

内容要点

- 创建文本
- 选择文本
- 设置文本属性
- 分离和变形文本

4.1 创建文本

在Flash CS3中可以创建3种不同类型的文本，即静态文本、动态文本和输入文本，一般情况下默认的是静态文本。

- 静态文本：在动画播放时，静态文本的文字不可以编辑。
- 动态文本：是可编辑文本，在动画播放过程中，文字区域的文字可以通过事件的激发来改变。
- 输入文本：在动画播放过程中允许用户输入文本，产生交互效果。

3种文本创建后，在不被选中的情况下，静态文本只显示文本内容，而动态文本和输入文本在显示文本内容的同时其外围呈现点状线框，如图4.1所示。

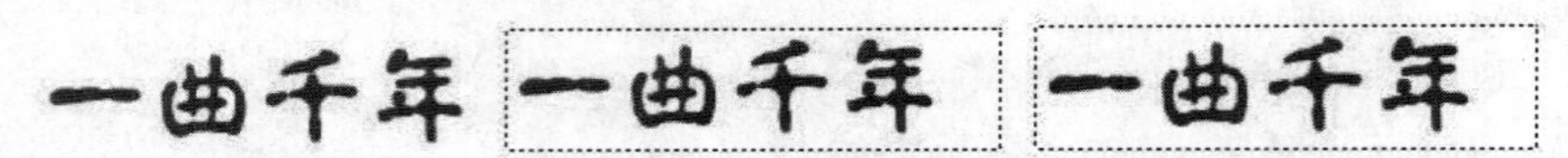

图4.1　不同文本类型的外观

4.1.1 创建静态文本

静态文本是在动画制作时进行创建，而在动画播放时不能进行修改的文本。创建静态文本的具体操作步骤如下。

Step 01 创建一个新文档，选择“文本工具”T，移动鼠标在舞台中单击，即可打开文本的“属性”面板，从“文本类型”下拉列表中选择“静态文本”选项，如图4.2所示。

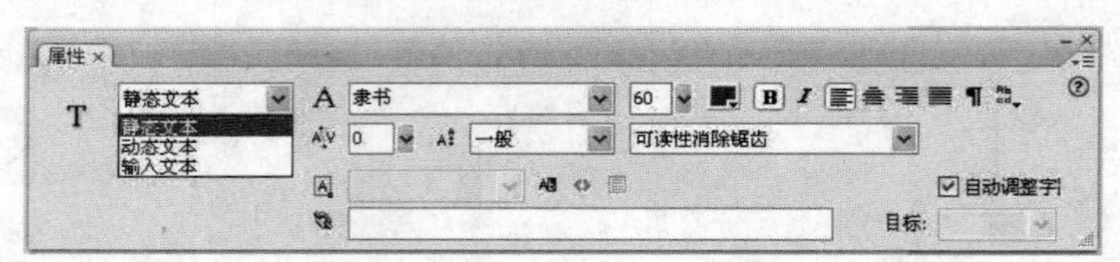

图4.2　“文本工具”的“属性”面板

Step 02 在舞台中单击鼠标后，舞台中将出现一个文本框，如图4.3（a）所示。

Step 03 在“属性”面板中，设置文本的字体、字号、字色等相关参数，在文本框中输入文本“一曲千年”，如图4.3（b）所示。

Step 04 在文本编辑状态下，将插入光标移动到要选文本字符的前面，然后拖动鼠标即可选中字符，如图4.4（a）所示。

Step 05 在文本编辑状态下，拖动鼠标到文本框边缘，当光标尾部出现十字箭头时，拖动鼠标即可移动文本，如图4.4（b）所示。

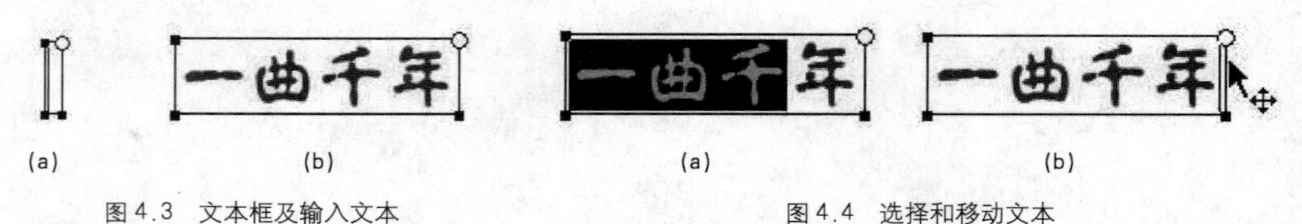

图4.3　文本框及输入文本　　　　图4.4　选择和移动文本

注意：当输入文本时，按Enter键并不代表输入结束，而表示换行操作。另外，无论是编辑文本还是修改文本，都必须进入文本编辑状态才可以进行操作。

4.1.2 文本框的类型

当选择"文本工具"后，在舞台中单击鼠标，舞台中将会出现一个文本框（也称作文本块）。文本框用来规范输入文本格式，在Flash中创建文本时，根据文字在文本框的放置情况，规定文本框共有以下4种类型。

- 扩展水平（或垂直）文本框：创建文本时，默认状态下文本都被放在单独的一行（或一列）中，该行（或列）会随着用户输入文本的增长而自动扩展，此时文本框上出现一个圆形手柄，以标识该文本框的类型，如图4.5所示。
- 定宽（或定高）文本框：选择"文本工具"，在舞台上单击鼠标，并拖动出一个文本区域，即创建一个固定宽度（或高度）的文本框，此时文本框上将出现一个方形手柄，如图4.6所示。在定宽（或定高）文本框中输入文本时，文本到一行（或一列）末尾后会自动换行。
- 转换文本类型：可在扩展文本和定宽文本之间进行转换。拖动调整手柄，即可将扩展水平文本转换为定宽水平文本，如图4.7所示。反之，如果要将定宽文本转换成扩展文本，只需双击其方形手柄即可。

图4.5 扩展水平文本框

图4.6 定宽文本框

图4.7 拖动调整手柄转换类型

4.2 选择文本

在编辑文本或更改文本属性时，必须先选择要更改的字符。选择的范围可以是一个或几个字符，也可以是所有文本，当然还可以是文本框。

1. 选中文本框

在工具箱中单击"选择工具"，然后单击文本框即可选中文本框，选中文本框时，鼠标后呈现"十字"状态，如图4.8所示，按住Shift键单击，可选中多个文本框。

2. 配合Shift键选中文本

进入文本编辑状态后，将光标放到要选中字符的左侧，如图4.9（a）所示，按住Shift键，在要选中字符的右侧单击，即可选中要选择的字符串，如图4.9（b）所示。

图4.8 选中文本框

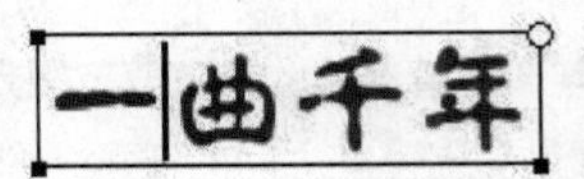

(a)

(b)

图4.9 配合Shift键选中文本

3．选中一个单词或文字

如果仅需要选中西文状态下的一个单词或中文状态下的一句文字，可以将光标移动到该单词中间，如图 4.10 所示，然后双击即可选中单词，如图 4.11 所示。

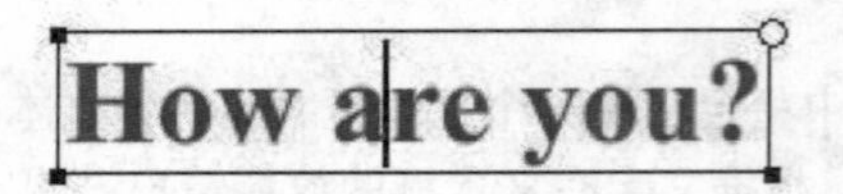

图 4.10　将光标移到单词中间

图 4.11　双击鼠标选中单词

4．选中所有文本

在文本编辑状态下，按 Ctrl+A 组合键，即可选中文本框中的所有文本。

4.3　文本属性

选择“文本工具”，单击舞台上的文本，进入文本编辑状态，文本的“属性”面板如图 4.12 所示。

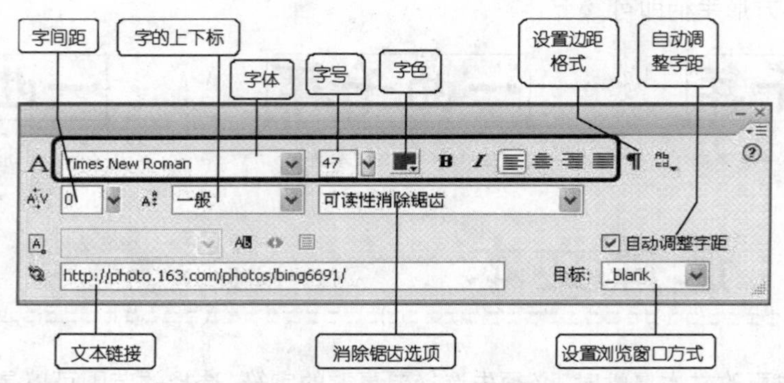

图 4.12　“文本工具”的“属性”面板

4.3.1　设置文本属性

设置文本属性的操作步骤如下。

Step 01　选择“文本工具”，单击舞台上的文本（或直接输入文本），进入文本编辑状态，此时舞台下方出现“属性”面板。

Step 02　在文本编辑状态下，可在“属性”面板中对文本的基本属性进行设置，如字体、字色、切换粗体、上标和对齐等项（基本属性与其他软件大同小异，在此不再赘述）。

提示： 设置字体大小时，可调节滑动块，其数值范围是 8～96 之间的任意一个整数。也可在文本框中直接输入字体大小的数值，其范围是 0～2500 之间的任意一个整数。

Step 03　选择“文本工具”，在文本框中输入“一曲千年”，将其选中，在“属性”面板中的“URL

链接"文本框中输入要链接的 URL 地址，如输入 http://photo.163.com/photos/bing6691/，舞台上的文本下方将出现一道虚线，如图 4.13（a）所示。

Step 04 当按 Ctrl+Enter 组合键输出文件后，拖动鼠标到添加链接的文本上，可以看到文本上出现一只小手图形，如图 4.13（b）所示，单击文本即可打开链接的网页。

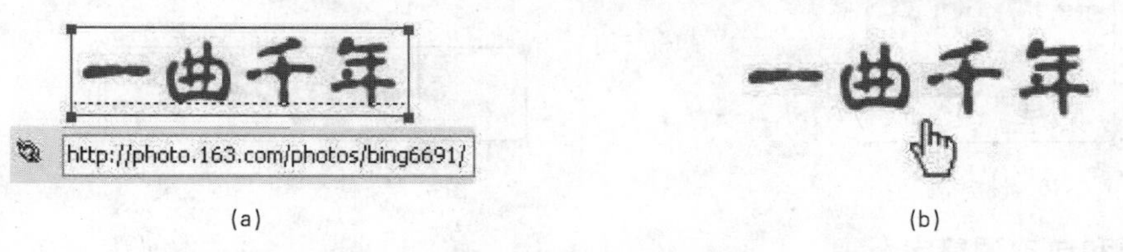

(a) (b)

图 4.13 设置文本链接

Step 05 当用户在"属性"面板中，输入链接的网址以后，链接地址文本框后边的"目标"下拉列表框即可变成激活状态，用户可以选择一个选项，用来设置将以何种方式打开显示超级链接对象的浏览器窗口。下拉列表框中有 4 个选项，其含义分别如下。

- blank：打开一个新的浏览器窗口来显示超级链接对象。
- parent：以当前窗口的父窗口来显示超级链接对象。
- _self：以当前窗口来显示超级链接。
- _top：以级别最高的窗口来显示超级链接。

4.3.2 设置段落和字间属性

文本的段落属性包括对齐方式和边界间距两项内容。

1. 对齐方式

选择"文本工具"，在舞台中单击，即可打开"属性"面板，在"属性"面板中有 4 个设置段落对齐方式的图标按钮，它们分别是"左对齐"、"中间对齐"、"右对齐"和"两端对齐"。

也可以通过选择菜单命令，设置对齐方式。选择"文本"|"对齐"命令，在子菜单中选择对齐方式。

2. 设置边距

创建一个文本并将其选中，然后在"属性"面板中单击"编辑格式选项"按钮，在弹出的"格式选项"对话框中，设置有关段落的各项参数，如图 4.14 所示。其中各项参数含义如下。

- 左右边距：指设定文本框的边框和文本左右的间隔量，当设置左右边距为20px时，文本效果如图4.15所示。

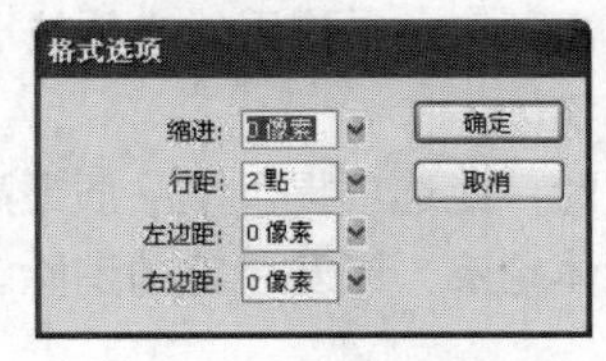

图 4.14 "格式选项"面板

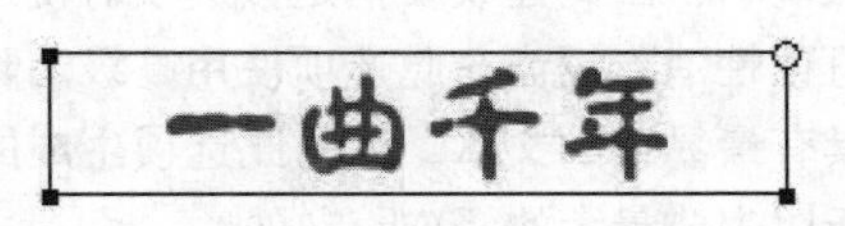

图 4.15 修改边距后的效果

- 行距：确定段落中相邻行之间的距离，当设置行距为30pt时，文本效果如图4.16所示。
- 缩进：确定段落边界和首行开头之间的距离。对于水平文本，就是将首行文本向右移动到指定的距离，当设置缩进为40px时，文本效果如图4.17所示。

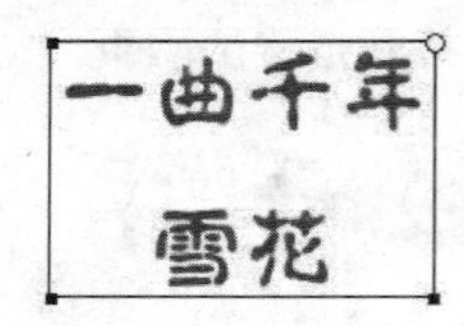

图 4.16　设定行距大小

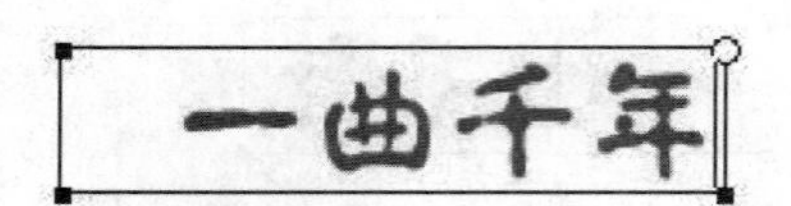

图 4.17　修改缩进后的效果

3．字间距和自动调整字距

在 Flash 中可以使用字符间距调整选中字符或整个文本框的间距，选中文本，然后单击“字符间距”文本框右侧的下三角按钮，再拖动滑块选择一个值即可。

Flash 中还具有自动调整字距的功能，在文本“属性”面板中，选中“自动调整字距”复选框，即可使用字体的内置字距微调信息来调整字符间距。

提示： 对于水平文本，“自动调整字距”设置了字符间的水平距离；对于垂直文本，“自动调整字距”设置了字符间的垂直距离。

4.3.3　字体呈现的方法

Flash 文本是一种提供清晰、高质量字体渲染的创新字体渲染引擎，允许用户使用 Flash 文本字体渲染引擎对字体进行控制，以便更清楚地显示较小的文本。

选择“文本工具”后，在其“属性”面板上的“字体呈现方法”下拉列表中，包括各种文本块指定消除锯齿选项，如图 4.18 所示，其中各选项含义如下。

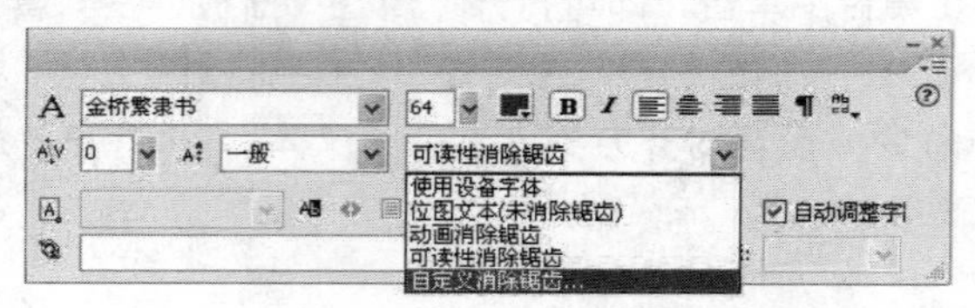

图 4.18　“字体呈现方法”下拉列表

- 使用设备字体：此选项生成一个较小的 SWF 文件。同时，此选项使用最终用户计算机上当前安装的字体来呈现文本。
- 位图文本（关闭消除锯齿）：此选项生成明显的文本边缘，没有消除锯齿。因为此选项生成的 SWF 文件中包含字体轮廓，所以生成一个较大的 SWF 文件。
- 动画消除锯齿：此选项可创建比较平滑的动画，但是，当文本中使用的字体较小时，会不太清晰，因此建议在指定该选项时使用10磅或更大的字体。
- 可读性消除锯齿：此选项使用高级消除锯齿引擎。同时，此选项提供了品质最高的文本，具有最易读的文本。因为此选项生成的文件中包含字体轮廓，以及特定的消除锯齿信息，所以生成最大的 SWF 文件。
- 自定义消除锯齿：此选项与“可读性消除锯齿”选项相同，但是可以直观地操作消除锯齿参数，以生成特定外观。此选项在为新字体或不常见的字体生成最佳的外观方面非常有用。

4.3.4 设备字体

由于有些字体不能被 Flash 所识别，以至于静态文本在最后生成的 SWF 文件中无法正常显示。解决的办法一般是将文本打散，将其转换成矢量图形，但此方法只适用于静态文本，对于动态文本和输入文本是行不通的。

Flash 提供了两类字体，其中这两类字体的具体情况如下。

- 嵌套字体：将字体信息嵌入FLA和SWF文件中，保证字体最终能够按原样显示。
- 设备字体：播放器选用计算机中所安装的字体中与原字体最接近的一种来显示，由于这种方法不另外内嵌字体信息，所以生成的文件要比前一种小，但有可能最终显示的结果远离了作者的初衷。使用“设备字体”最大的优点是当文本非常小时，使用“设备字体”比普通字体更清晰。Flash中带有3种设备字体。
  - sans：类似于Helvetica或Arial字体。
  - _serif类似于Times Roman 字体。
  - _typewriter类似于Courier字体。

注意：由于设备字体并未嵌入到文件中，所以如果用户的系统中未安装与该设备字体对应的字体，文本看起来可能会与预料中的不同。

4.3.5 替换缺失字体

如果在处理的 Flash 文件中包含的字体在用户的系统中没有安装，Flash 将会使用用户系统中可用字体来替换缺少的字体。用户可以在系统中选择要替换的字体，也可以使用 Flash 系统默认的字体来替换缺少的字体。

提示：Flash 系统默认的字体即为常规首选参数中指定的字体。

如果用户第一次安装了以前缺少的字体，然后重新启动 Flash，那么新安装的字体就会显示在所有使用该字体的文件中。在第一次显示在背景上时，系统将弹出一个“缺少字体警告”对话框，指明文件中缺少的字体，如图 4.19 所示。当出现“缺少字体警告”对话框时，可执行以下操作。

Step 01 若单击“使用默认值”按钮，可以使用 Flash 系统默认的字体替换所有缺少的字体，并关闭该“缺少字体”警告对话框。

Step 02 若单击“选择替换字体”按钮，将弹出“字体映射”对话框，要求用户替换缺少的字体。此时可以从计算机中选择系统已经安装的字体进行替换，如图 4.20 所示。

Step 03 在“字体映射”对话框中，单击“缺少字体”栏中的某种字体，然后从“替换字体”下拉列表中选择一种字体。

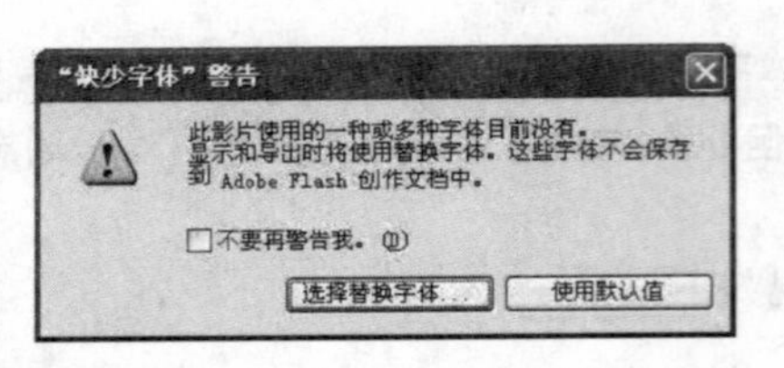

图 4.19 “‘缺少字体’警告”对话框

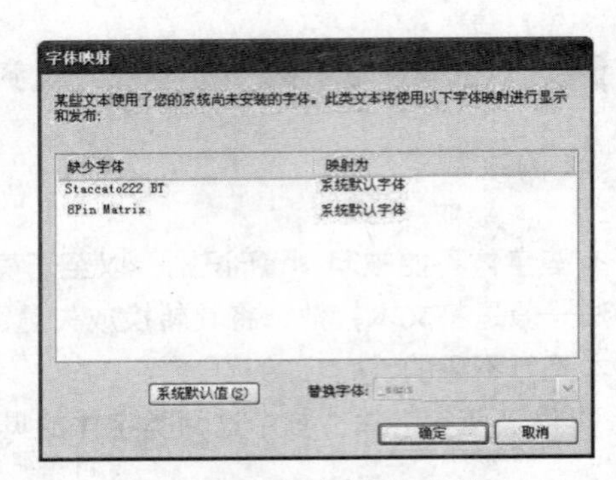

图 4.20 “字体映射”对话框

Step 04 替换完成后，单击“确定”按钮。

提示：在用户选择替换字体之前，默认替换字体会显示在“映射为”栏中。若按住 Shift 键的同时单击缺少字体，可以选择多种缺少字体，此时可将它们全部映射为同一种替换字体。

4.3.6 汲取文本属性

在制作动画时，往往需要统一动画中的文本格式，这时就可以使用“滴管工具”进行快速设置，具体操作步骤如下。

Step 01 创建一个新文档。选择“文本工具”，在文本框中输入文字“一曲千年”。

Step 02 再在舞台中输入文字“雪花”，如图 4.21（a）所示。

Step 03 如果要将上行文字的属性应用于下行文字中，只需选中下行文字，选择“滴管工具”即可。

Step 04 在上行文字处单击鼠标，如图 4.21（b）所示，上行文字的属性即可被应用于下行文字中，如图 4.21（c）所示。

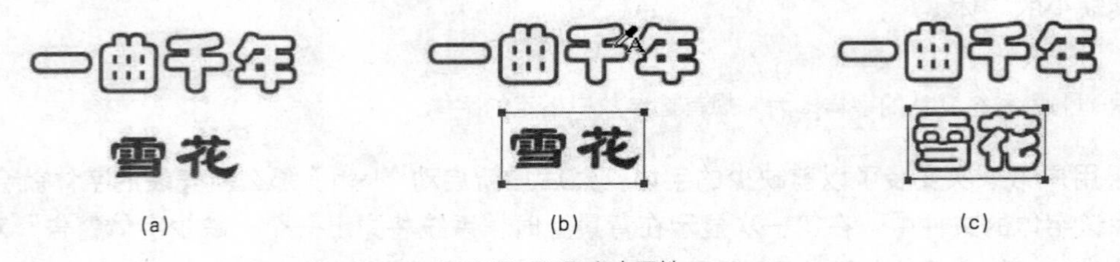

(a)　　(b)　　(c)

图 4.21 汲取文本属性

4.4 分离和变形文本

1. 分离文本

文字不是矢量图形，不能够进行填充着色、绘制边框等针对矢量图对象所做的操作，也不能进行外形渐变动画的操作。

下面通过一个具体的实例来说明如何将文本转换为矢量图形，具体操作步骤如下。

Step 01 创建一个新文本，选择“文本工具”，在文本框中输入文字“一曲千年”，如图 4.22 所示。

Step 02 选中文字，选择“修改”|“分离”命令，将原来单个文本框拆成数个文本框，每个文字各占一个，如图 4.23 所示。

图 4.22 输入文本

图 4.23 第一次分离后的文本

2. 分散到图层

将文本分离之后，可以迅速将文本块分散到各个图层。

Step 01 选择“修改”|“时间轴”|“分散到图层”命令，如图 4.24 所示。

图 4.24 分散到图层

Step 02 此时即可将选中的文本分散到自动生成的图层中，如图 4.25 所示，将文本分散到图层后，即可对每个文字创建动画。

Step 03 在未将文本块分散到图层的状态下，再一次选择“修改”|“分离”命令，即可将所有的文字转换为矢量图形，文字显示为网格状外观，如图 4.26 所示。

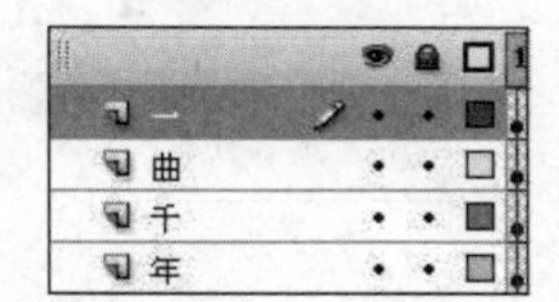

图 4.25 分散后的时间轴

一曲千年

图 4.26 第二次分离

注意：虽然可以将文字转换为矢量图形，但是这个过程是不可逆的，不能够将矢量图形再转换为单个的文字。

3. 变形矢量文字

文字转换成矢量图后，即可对其进行变形等操作，具体操作步骤如下。

Step 01 利用“选择工具”，用框选的方法选中所有（或部分）文字。

Step 02 选择“任意变形工具”中辅助选项中的“扭曲”选项，如图 4.27（a）所示，当文字四周出现控制点后，用鼠标按住控制点，即可任意拉伸使其变形，如图 4.27（b）和（c）所示。

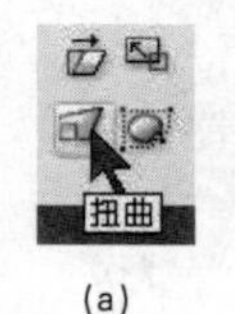

(a)

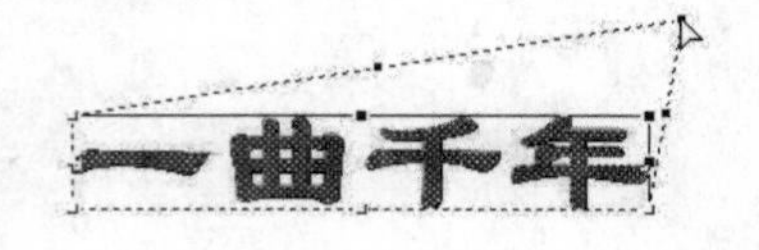

(b)

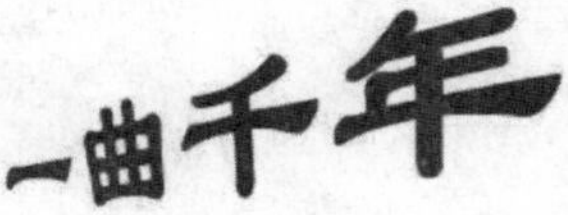

一曲千年

(c)

图 4.27 变形文字

4.5 练习题

1．字体和字号是文本属性中最基本的两个属性，在 Flash CS3 中，用户可以通过哪个面板来进行设置？

2．在 Flash CS3 中可以创建哪几种文本？它们的含义是什么？默认的文本是哪种？

3．在 Flash CS3 中，文本框类型可分为哪几种？它们之间怎样转换？

4．在文本“属性”面板中设置字号时，若直接在文本框中输入数值，其范围值是多少？

5．在 Flash CS3 中怎样将文本转换为矢量图形？

Chapter 05

为图形填充颜色

本章导读

Flash 中的图形由边框和填充区域两部分组成，与“笔触颜色”、“填充颜色”相关的工具有“墨水瓶工具”、“颜料桶工具”、“渐变变形工具”及“滴管工具”等。本章将详细讲解这些工具与“颜色”面板相配合，如何为图形填充纯色、渐变色和图案 。

内容要点

- “墨水瓶工具”的使用
- “颜料桶工具”的使用
- “滴管工具”的使用
- “渐变变形工具”的使用
- “套索工具”的使用
- RGB 色彩模式
- “颜色”面板的使用
- 利用“颜色”面板调整颜色
- Alpha 透明色的使用
- “样本”面板的使用
- 案例 1——点线边框文本
- 案例 2——铬金属字
- 案例 3——立体字
- 案例 4——放射状渐变球体

5.1 “墨水瓶工具”的使用

“墨水瓶工具”是用于改变已经存在的轮廓线的颜色、粗细和类型的，“墨水瓶工具”经常与“滴管工具”结合使用。

“墨水瓶工具”的一个主要作用就是为填充区域添加边框。下面通过为文字添加边框来熟悉“墨水瓶工具”的使用，具体操作步骤如下。

Step 01 创建一个新文档，选择“文本工具”，拖动鼠标在文本框中输入文字“一曲千年”。

Step 02 利用“选择工具”选中舞台上的文字，选择“修改”|“分离”命令将文字分离，如图5.1所示。使用同样的命令再将文字分离一次，这时文本转换为矢量图形，如图5.2所示。

图5.1　打散一次后的文字

图5.2　第二次打散后的文字

Step 03 拖动鼠标在舞台空白处单击，以便取消选择 然后选择“墨水瓶工具”，弹出“属性”面板，在该面板中设置“笔触颜色”为黑色，设置“笔触高度”为2pts，如图5.3所示。

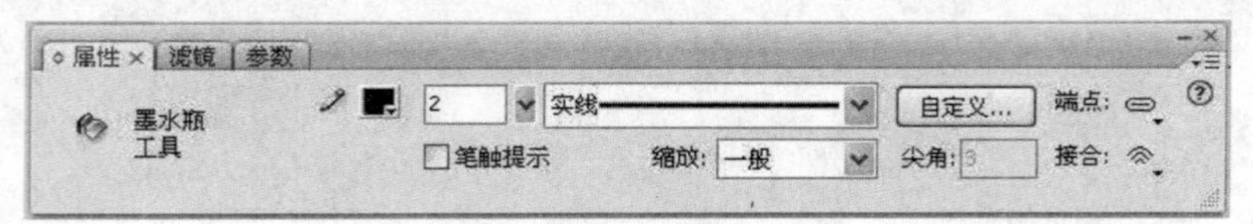

图5.3　“墨水瓶工具”的“属性”面板

Step 04 将光标移动到文本边框上单击，这时文本将被加上2像素宽的黑色边线，如图5.4所示。

Step 05 依次给所有的文本加上黑色的边框，最终得到如图5.5所示的图形。

图5.4　添加边线

图5.5　加上黑色边框的文本

注意：利用“墨水瓶工具”为对象添加颜色时，轮廓只能添加纯色，而不能添加渐变色或位图。

5.2 “颜料桶工具”的使用

“颜料桶工具”用于填充颜色、渐变色以及填充位图到封闭的区域。

1. 图形填充

为图形填充的具体操作步骤如下。

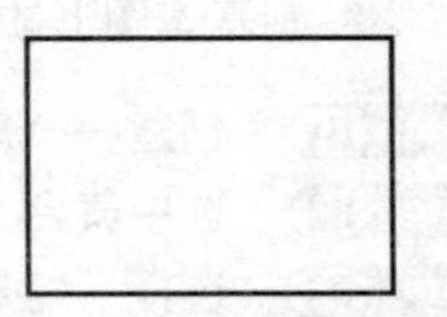

图 5.6 绘制矩形

Step 01 创建一个新文档，选择“矩形工具”，然后再拖动鼠标在舞台中绘制一个黑色的矩形框，如图 5.6 所示。

Step 02 选择“颜料桶工具”，弹出“属性”面板，在该面板中修改“填充颜色”为蓝色，如图 5.7 所示，然后将光标移动到矩形内单击，矩形区域中就会呈现出蓝色，如图 5.8 所示。

图 5.7 “颜料桶工具”的“属性”面板

图 5.8 填充颜色

2. 非闭合图形填充

Step 01 选择“椭圆工具”，拖动鼠标在舞台上绘制一个无填充色的椭圆，选择“橡皮擦工具”，在椭圆框上擦出一个小缺口，如图 5.9 所示。

Step 02 选择“颜料桶工具”，单击工具栏中的“选项”面板中的“空隙大小”按钮，弹出的下拉列表中有 4 个选项按钮，其中包括“不封闭空隙”按钮、“封闭小空隙”按钮、“封闭中等空隙”按钮和“封闭大空隙”按钮，如图 5.10 所示。

Step 03 选择“封闭大空隙”选项，移动鼠标在拖延框中单击，即可为椭圆框填充上颜色，如图 5.11 所示。

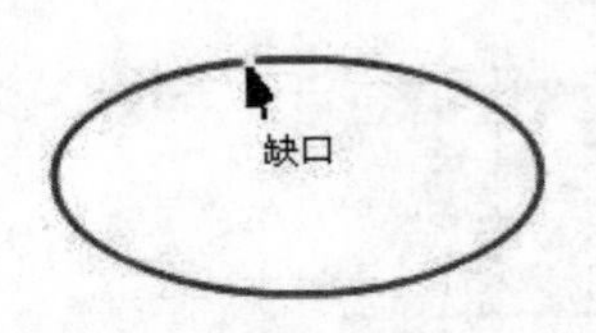

图 5.9 有缺口的椭圆

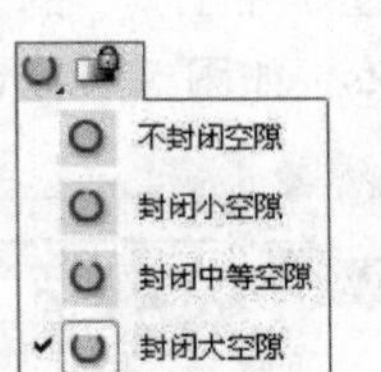

图 5.10 “空隙大小”选项

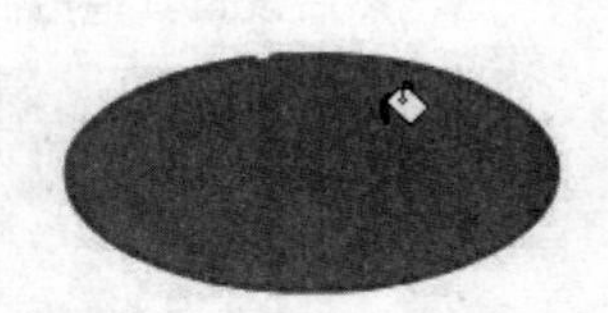

图 5.11 填充后的椭圆

提示：如果要使填充的图形没有空隙，可以选择“不封闭空隙”选项，否则要根据空隙的大小选择可执行的选项，如果空隙太大，用户则要手动封闭。

5.3 “滴管工具”的使用

用户可以利用“滴管工具”从一个对象中复制填充和笔触属性，然后立即将它们应用到其他对象上。“滴管工具”还允许用户从位图上取样，并将其填充到其他区域中。

5.3.1 绘制基本图形

绘制基本图形的操作步骤如下。

Step 01 创建一个新文档，选择“文本工具”，拖动鼠标在文本框中输入文字“一曲千年”。

Step 02 选中舞台上的文字，两次选择“修改”|“分离”命令，将文字打散，如图 5.12 所示。

Step 03 选择“矩形工具”；拖动鼠标在舞台中绘制一个笔触颜色为蓝色、填充区域为灰色的矩形，如图 5.13 所示（此时舞台上共有两个对象）。

图 5.12　打散后的文本

图 5.13　绘制出的矩形

5.3.2 复制笔触

下面将矩形的笔触颜色复制到文本边框上，具体操作步骤如下。

Step 01 移动鼠标在舞台的空白区域单击一下，取消选择，然后选择“滴管工具”，单击矩形的边框，光标由滴管状变成墨水瓶形状，如图 5.14 所示。

图 5.14　光标由滴管状变成墨水瓶形状

Step 02 此时“属性”面板也切换为“墨水瓶工具”的“属性”面板，笔触颜色就是矩形框的颜色，然后设置其笔触高度为 2pts，如图 5.15 所示。

图 5.15　“墨水瓶工具”的“属性”面板

Step 03 将光标移动到文本边缘上单击，这时文本边缘出现蓝色边框，如图 5.16（a）所示。继续单击其他文字的边框，为所有的文本添加边框，如图 5.16（b）所示。

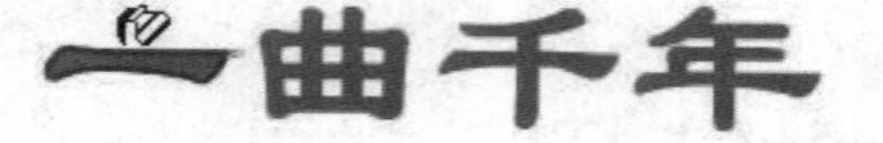

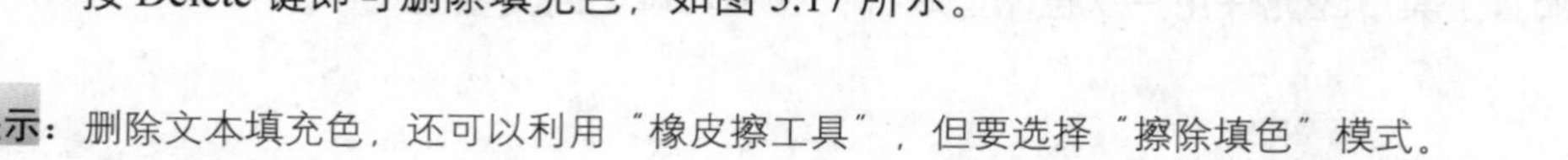

(a)

(b)

图 5.16　为文本添加边框

Step 04 如果此时要删除文本填充色，使得文本为空心字，则可以使用鼠标单击填充颜色，然后按 Delete 键即可删除填充色，如图 5.17 所示。

提示： 删除文本填充色，还可以利用“橡皮擦工具”，但要选择“擦除填色”模式。

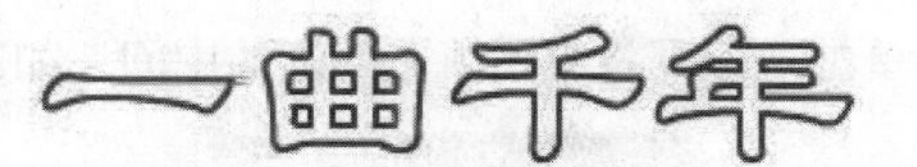

图 5.17 删除填充成为空心字

5.3.3 复制填充

利用“滴管工具”还可以填充区域，下面将矩形的填充颜色复制到文本的填充区域中。

Step 01 移动鼠标在舞台的空白区域单击，取消选择，然后选择“滴管工具”，单击矩形的填充区域，光标由滴管状变成颜料桶形状，如图 5.18 所示。

Step 02 此时“属性”面板切换为“颜料桶工具”的“属性”面板，如图 5.19 所示。

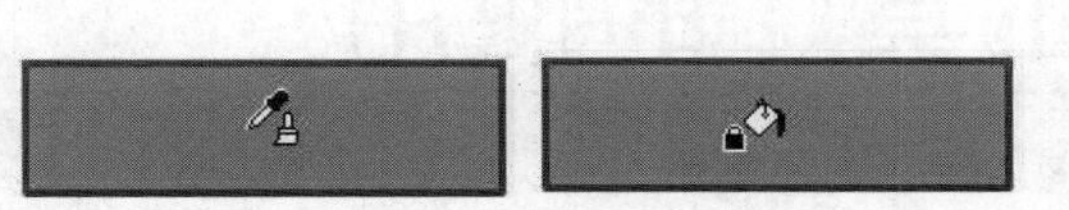

图 5.18 光标由滴管状变成颜料桶形状

图 5.19 “颜料桶工具”的“属性”面板

Step 03 将光标移动到文本填充区域中单击，此时文本填充区域变成灰色，如图 5.20（a）所示。继续单击其他文字的填充区域，为所有文本修改填充颜色，如图 5.20（b）所示。

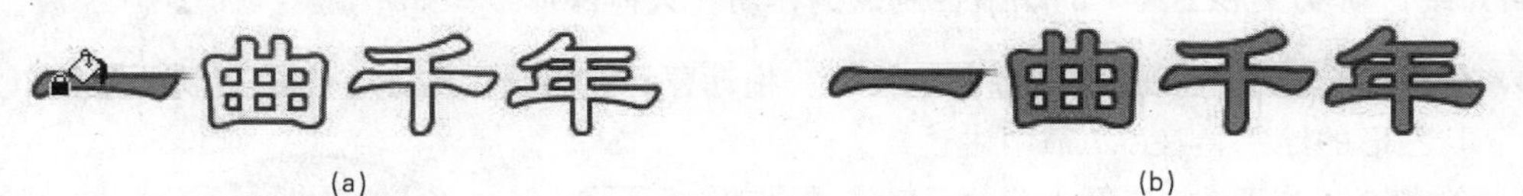

(a) (b)

图 5.20 修改文本填充颜色

5.3.4 复制图形

利用“滴管工具”还可以将图像填充到预制的图形中，具体操作步骤如下。

Step 01 创建一个新文档，选择“椭圆工具”，在“属性”面板中设置“笔触颜色”为蓝色，设置“填充颜色”为无，设置“笔触高度”为 2pts。

Step 02 按住 Shift 键，拖动鼠标在舞台中绘制两个大小不同的正圆图形，利用“选择工具”分别选中两个圆，选择“窗口”|“对齐”命令，打开“对齐”面板，并按下“相对于舞台”按钮。

Step 03 在“对齐”面板中单击“水平中齐”和“垂直居中分布”按钮，此时，选中的两个圆则相对于舞台居中对齐，如图 5.21 所示。

注意：选中舞台上的图形后，单击“水平中齐”和“垂直居中分布”按钮的结果，通常又称其为相对于舞台“居中对齐”，这种对齐方式是最常用到的。

Step 04 选择“文件”|“导入”|“导入到舞台”命令，任意导入一张图片，然后两次选择“修改”|“分离”命令，将图片打散，如图 5.22 所示。

Step 05 选择“滴管工具”，单击舞台上的图片，此时滴管转换为“颜料桶工具”，然后移动鼠

标至两圆的空隙处单击，即可将位图填充到圆的中间，如图 5.23 所示。

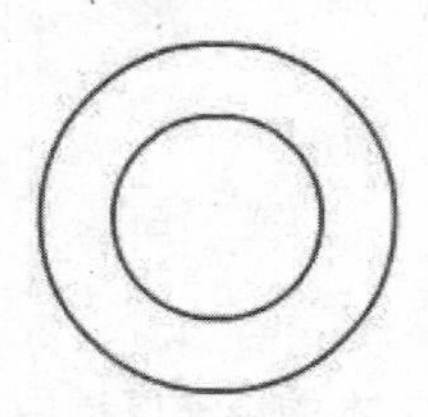

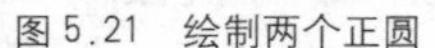

图 5.21　绘制两个正圆　　图 5.22　导入图片并将其分离　　图 5.23　填充位图

注意： 位图必须先分离之后才可以用“滴管工具”获取，并可被应用到其他填充物上。

5.4　“渐变变形工具”的使用

“渐变变形工具”是用来调整颜色渐变的工具，主要设置对象填充颜色的方向、范围和位置。选择“渐变变形工具”之后，鼠标指针变成，单击舞台中已经绘制好的填充对象，在填充对象周围出现多个调节控制点（又称作调节手柄），具体数量因填充类型的不同而有所不同。

下面介绍“渐变变形工具”的调节控制点的作用，具体操作步骤如下。

Step 01 创建一个新文档，选择“椭圆工具”，拖动鼠标在舞台中绘制一个放射状的正圆（放射状图形的绘制将在 5.7 节中讲述）。

Step 02 单击绘制的正圆，在圆上将显示出一个带有调节控制点的边框。当指针停留在这些调节点上时，显示该调节点的功能，如图 5.24 所示。其中这些调节点功能如下。

图 5.24　“渐变变形工具”的调节控制点

- 中心点：选择和移动中心控制点，可以更改渐变中心点。中心控制点的变换图标是一个四向箭头。
- 焦点：当选择放射状渐变时，才显示焦点控制点，焦点控制点可以改变放射状渐变的焦点，其变换图标是一个倒三角形。
- 大小：单击并移动边框边缘中间的控制点，可以调整渐变的大小，大小控制点的变换图标是内部有一个箭头的圆。
- 旋转：单击并移动边框边缘底部的控制点可以调整渐变的旋转。旋转控制点的变换图标是四个圆形箭头。
- 宽度：单击并移动方形控制点可以调整渐变的宽度。宽度控制点的变换图标是一个双头箭头↔。

注意： “渐变变形工具”调整的对象必须是渐变色或位图填充，否则没反应。按 Shift 键可以将线性渐变填充的方向限制为 45° 的倍数。

5.5 “套索工具”的使用

“套索工具”用于在舞台中成组选择图形中的不规则形状区域，在区域选定后，整个区域作为一个单元可以被移动、缩放、旋转、变形或删除。

5.5.1 “套索工具”的辅助选项

“套索工具”的辅助选项中包含了两个工具选项和一个工具属性设置选项，如图 5.25 所示。使用“套索工具”的时候，除了可以选择“自由选取模式”外，还可以选择辅助选项中的“魔术棒”模型或“多边形模式”。

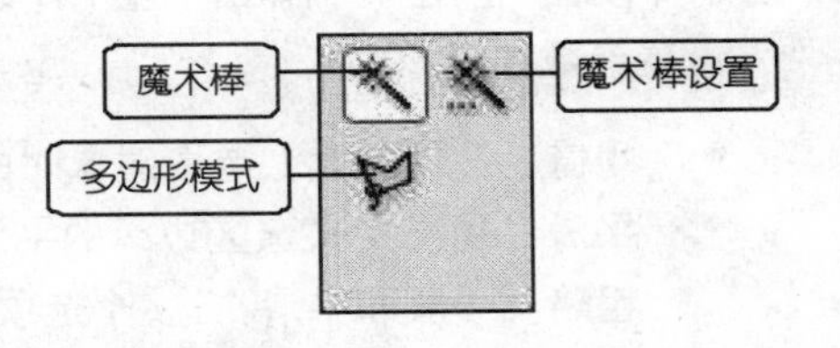

图 5.25　“套索工具”的辅助选项

5.5.2 自由选取模式

“自由选取模式”是系统默认的模式，在这种模式下选取对象比较随意。只要在工作区拖动鼠标，将会沿鼠标运动轨迹产生一条不规则的黑线，拖动的轨迹可以是封闭区域，也可以是不封闭区域。

下面利用“自由选取模式”制作一个不规则边缘的锯齿图形，具体操作步骤如下。

Step 01 创建一个新文档，绘制出一个蓝色无边框的矩形，如图 5.26（a）所示。

Step 02 选择“套索工具”，在蓝色矩形中拖动鼠标并形成一个闭合区域，如图 5.26（b）所示，然后释放鼠标，这时图形将有一部分被选中，如图 5.26（c）所示。

Step 03 单击“选择工具”，然后拖动该区域就可以将该部分移动；如果要删除这部分，按 Delete 键即可，如图 5.26（d）所示。

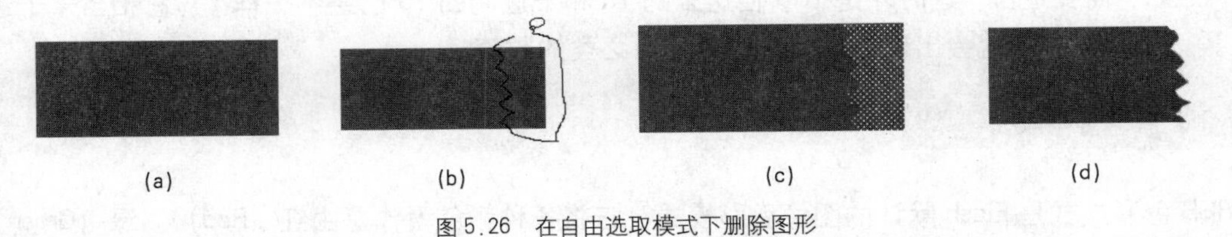

图 5.26　在自由选取模式下删除图形

5.5.3 多边形模式

“多边形模式”用来建立多边形的选择区域，可以用直线勾勒出自由形状的多边形区域加以选择。

在多边形套索模式下，单击鼠标建立选择点，指针与起始点之间显现出一条直线，拖动鼠标到终点再次单击，绘制出一条边，连续如此操作，最后在终点双击即可完成多边形的建立，如图 5.27 所示。

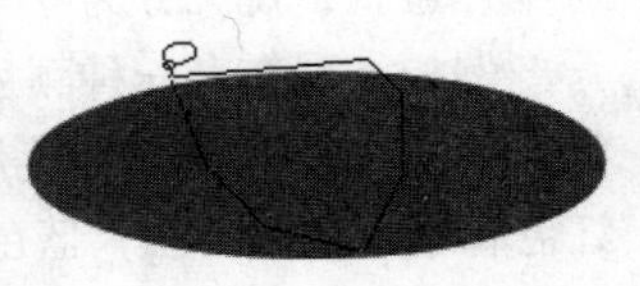

图 5.27　多边形选取模式

5.5.4 “魔术棒”模式

在 Flash CS3 中，“魔术棒”模式用于在位图中选择分离颜色相近的范围。进入该模式后，将鼠标指针移动到某颜色处，当鼠标指针变成魔术棒形状时，单击鼠标即可将该颜色及该颜色相近的颜色图块都选中。

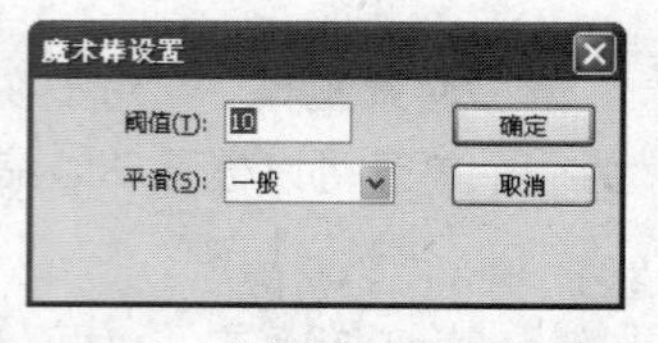

图 5.28 “魔术棒设置”对话框

在使用“魔术棒”模式时，需要对魔术棒的属性进行设置。单击“魔术棒设置”按钮，弹出“魔术棒设置”对话框，如图 5.28 所示。

设置参数如下。

- 阈值：该值越大，选取对象时的“容差”范围就越大，其范围在0～200之间。
- 平滑：用于定义选区边缘的平滑程度。在“平滑”下拉列表中有4个选项，分别是像素、粗略、一般和平滑，这4个选项是对阈值的进一步补充。

5.6 RGB色彩模式

5.6.1 十六进制数值

计算机是用二进制来表达信息的。二进制中最小的值是 0，然后是 1，再往下就是 10，而不是 2。这是因为二进制只能使用 0 和 1 这两个数字，因此是逢 2 进 1。依此类推，下面的数字依次就应该是 11、100、101、110、111……很快用户就会发现二进制数字特别长，读写很不方便，因此通常会将它转换为十进制或十六进制。十进制很好理解，那么什么是十六进制？

和十进制不同的是，十六进制有十六个数字，除了 0～9 共 10 个数字外，还要加上 A、B、C、D、E、F 这 6 个字母。因此，当从 0 开始数到 9 之后不是 10，而是 A，然后依次是 B、C、D、E、F。到了 F 之后，需要进位，这时才是 10。但这里的 10 和十进制的 10 已经不一样了，它相当于十进制中的 16。依此类推，就会出现诸如 AA、1A、BF 之类的数值。

5.6.2 RGB色彩模式

RGB 色彩模式是 Flash 默认的图像色彩模式，它将各种颜色看作是由红（Red）、绿（Green）、蓝（Blue）3 种基本颜色混合而成。RGB 模式中使用 6 位十六进制数来描述一种颜色，基本格式为 #RRGGBB，它们分为 3 组，分别表示红色（R）、绿色（G）、蓝色（B）。每组数值可以从 00 变到 FF，也就是说，分为 0～255 个等级，每个等级对应一种亮度，数值越大，亮度越高。

例如，现在有一种颜色的颜色代码为 RGB（#66R79A），就表示红色（RR）的亮度为 66，绿色的亮度为 R7，蓝色的亮度为 9A。那么另外一种颜色代码为 RGB（#99FF00）的颜色与其相比，红色和绿色要亮一些，蓝色要暗一些。

5.7 “颜色”面板的两种模式

1. 复合颜色面板

Flash CS3 的“颜色”面板有两种模式，一种是单色和渐变色的复合颜色面板，如图 5.29 所示，另一种是 Chapter01 中介绍的“颜色”面板。单击工具栏中的“颜色”（填充颜色或笔触颜色）按钮，即可打开该面板。

复合颜色面板中除了提供 216 种单色外，还提供了 7 种渐变颜色。如果当前面板中的颜色不能满足用户的需要时，可以单击面板右侧的“色盘”按钮，即可打开“颜色”对话框，如图 5.30 所示，用户可以根据需要自定义颜色。

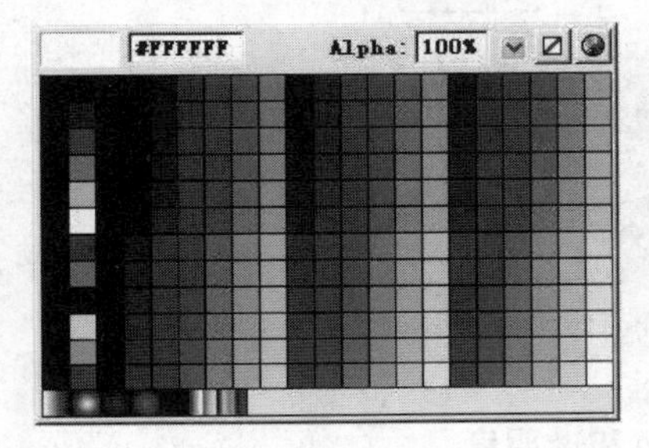

图 5.29 复合颜色面板

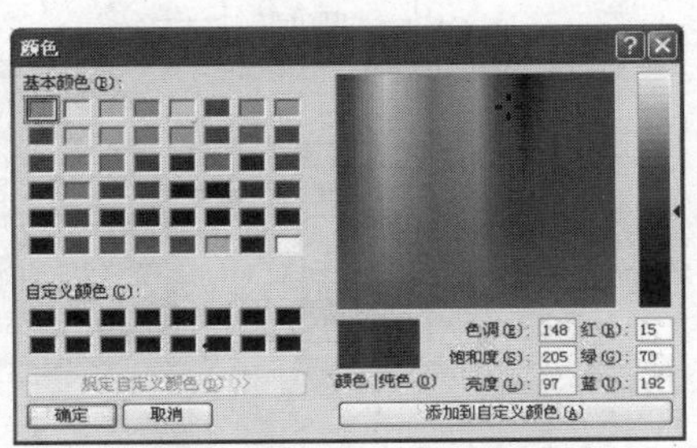

图 5.30 “颜色”对话框

自定义颜色的操作步骤如下。

Step 01 选择“椭圆工具”，移动鼠标在舞台中绘制一个无边框的椭圆，如图 5.31（a）所示。

Step 02 选中舞台中的椭圆，单击“填充颜色”按钮，打开复合颜色面板配制填充颜色，配制颜色有以下 3 种方法。

方法 1：在“色调”、“饱和度”、“亮度”的文本框中直接输入数值。

方法 2：在“红”、“绿”、“蓝”文本框中输入数值。

方法 3：在右侧的色彩选择区域中选择一种颜色，然后拖动旁边的滑块，调整色彩的亮度。

Step 03 当颜色配制结束后，单击“添加到自定义颜色”按钮，即可将所设置的颜色添加到“自定义颜色”栏的颜色框内，如图 5.31（b）所示。

Step 04 单击“确定”按钮，舞台中的椭圆便被填充上所定义的颜色，如图 5.31（c）所示。

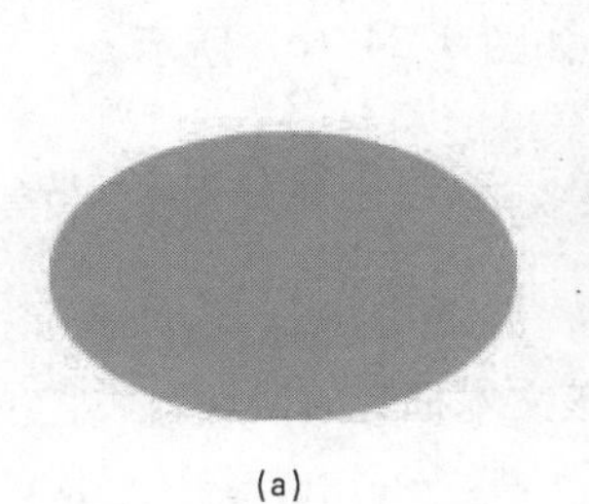

(a)

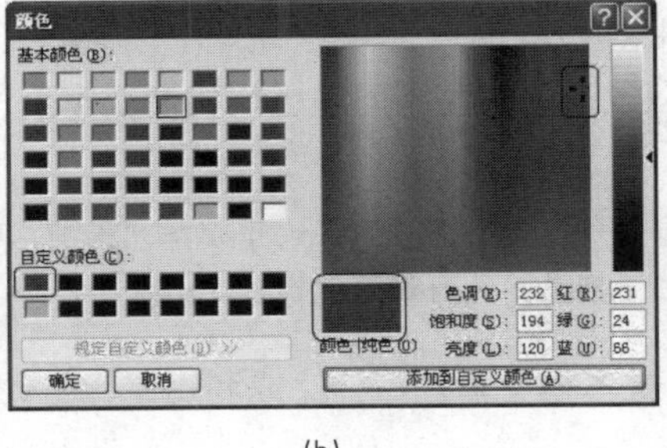

(b)

(c)

图 5.31 自定义颜色

2. “颜色”面板

复合颜色面板中给出的渐变色只有 7 种，其数量有限，因此这些颜色是不能满足需要的。如果想要填充出更加绚丽的颜色，可以使用功能强大的“颜色”面板。

利用“颜色”面板不但可以填充单一的纯色，还可以为图形填充渐变颜色，另外，通过分离位图后，还可以将位图填充到所选的区域。

如果工作窗口没有显示“颜色”面板，可以选择“窗口”|“颜色”命令，打开“颜色”面板，如图 5.32 所示。

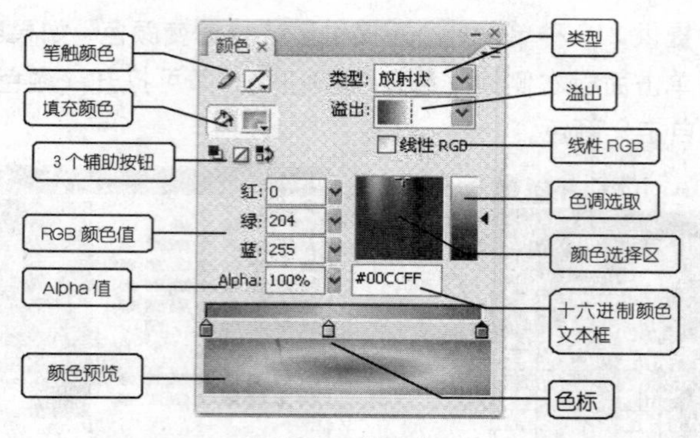

图 5.32 “颜色”面板

在“颜色”面板中可以通过以下几种方法来设置颜色和透明度。

（1）用鼠标在颜色选择区内单击相应的色彩，选择好之后在右侧的色调框中拖动滑块，设定其亮度值，所选取的颜色即可出现在颜色预览框中。

（2）通过在 RGB 文本框中输入相应的红、绿、蓝的数值，来定义一种颜色。

（3）在十六进制颜色文本框中输入十六进制数值来定义颜色。

（4）Flash CS3 中渐变色的类型有两种，即“线性渐变”和“放射状渐变”。单击“类型”下拉箭头，从打开的下拉列表中选择填充类型，如图 5.33 所示。

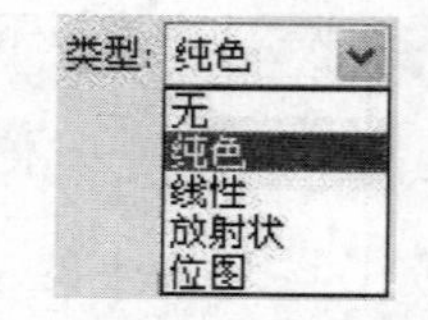

图 5.33 类型列表

（5）渐变颜色的设置除了通过以上的方法外，还可以双击色块，在弹出的“拾色器”面板中选择所需的颜色。

（6）如果对色彩不够满意，可以移动鼠标到编辑栏，当鼠标尾部出现“加号”时，如图 5.34（a）所示，单击编辑栏，即可添加一个关键点色标，然后设置该色标的颜色值，即可进一步细化渐变的过程，如图 5.34（b）所示。

（7）调整色标的位置可以改变渐变色不同颜色间的渐变宽度，如图 5.34（c）所示。

提示： Flash CS3 中最多可以允许建立 15 个关键点，也就是一个渐变最多可以添加 15 种颜色。如果感觉关键点太多，可以用鼠标将色标往下拖动，即可消除色标。

（8）在 Alpha（透明度）文本框中输入百分比或利用鼠标拖动该文本框旁的滑块。

提示： 对于 RGB 颜色模式，输入的是红、绿和蓝的亮度值，数值范围为 0～255；Alpha 用来指定颜色的透明度，其范围从 0～100，其中 0 表示完全透明，100 表示完全不透明。

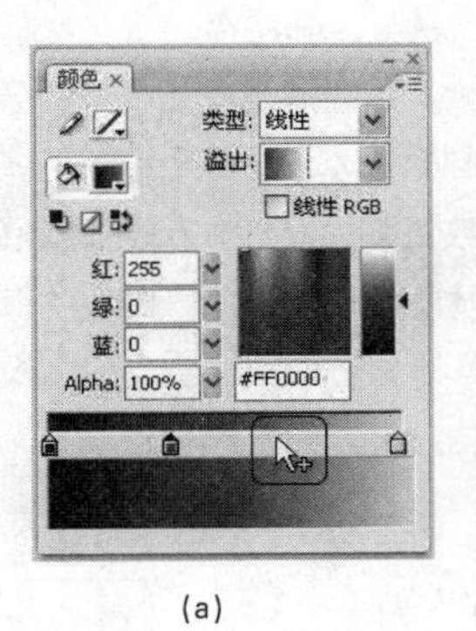

(a)

(b)

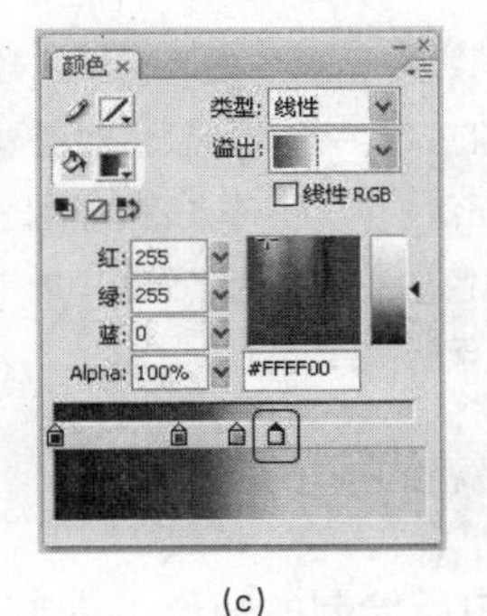

(c)

图 5.34 添加色标

5.8 利用“颜色”面板调整颜色

5.8.1 调整笔触颜色

要想让绘制的图形丰富多彩，就要调整好笔触颜色和填充颜色。调整笔触颜色的操作步骤如下。

Step 01 选择“矩形工具”，拖动鼠标在舞台中绘制一个矩形，选中所绘制的矩形，如图 5.35（a）所示。

Step 02 选择“窗口”|“颜色”命令，打开“颜色”面板，单击该面板中的“笔触颜色”按钮准备调整颜色。

Step 03 在“颜色”面板的“填充样式”下拉列表框中选择“纯色”选项，如图 5.35（b）所示。

Step 04 在面板中的 RGB 颜色文本框中输入颜色值（或滑动文本框后的滑块），也可以在颜色选择区域中直接选取所需的颜色，或者在十六进制文本框中输入颜色的十六进制数值。当输入 R=33、G=33、B=188、Alpha=100 时，颜色预览框中的颜色即改变为所设置的颜色，如图 5.36（a）所示，则舞台中的矩形边框被修改为蓝色，如图 5.36（b）所示。

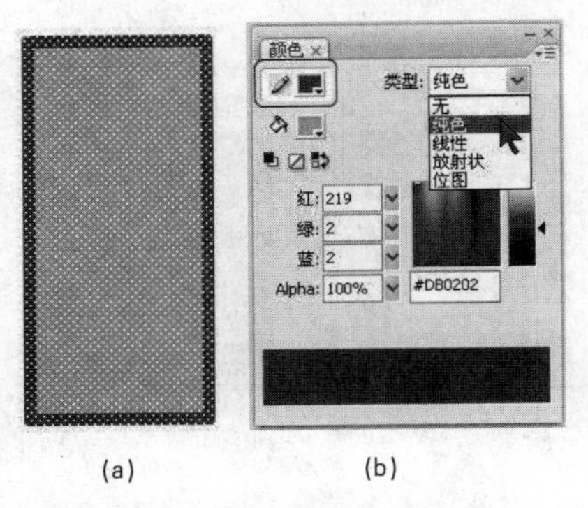

(a) (b)

图 5.35 绘制图形及选择笔触属性

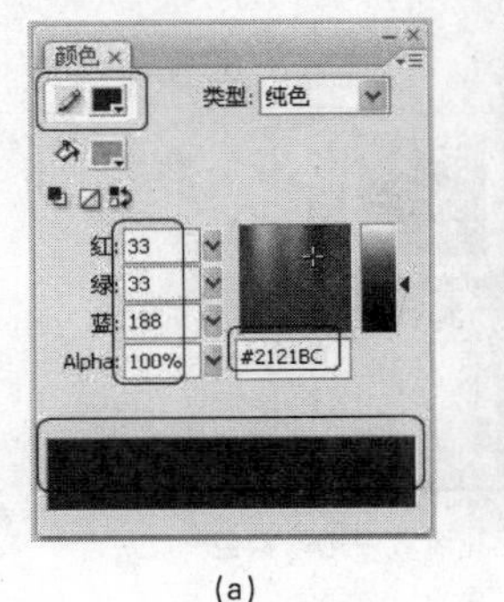

(a)

(b)

图 5.36 调整笔触颜色

Step 05 反复调整 3 种颜色的数值，即可得到所需的颜色。

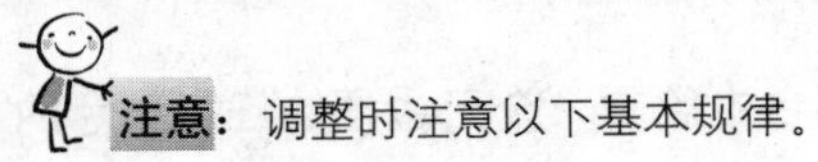

注意：调整时注意以下基本规律。

- 红、绿、蓝中的某种颜色数值越大，色调越偏向该种颜色。
- 红、绿、蓝 3 种颜色数值越大，颜色则越亮；数值越小，颜色则越暗。

当任何一种颜色的数值增大时，该颜色的亮度将升高；当每种颜色的数值都为 00 时，选中的颜色为黑色；当所有颜色的数值都为 FF 时，选中的颜色为白色。黑色的颜色代码为 RGB（#000000），白色的颜色代码为 RGB（#FFFFFF）。

5.8.2　调整填充颜色

选中所绘制的矩形，单击“颜色”面板中“填充颜色”按钮，如图 5.37 所示。然后用调整笔触颜色的方法调整填充颜色即可。

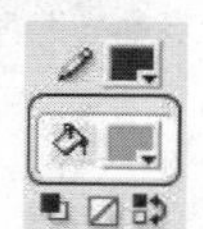

图 5.37　准备调整填充颜色

5.8.3　利用颜色选择区域调整颜色

如果不习惯使用上面的方法调色方式，也可以使用颜色选择区域来选取颜色。具体操作步骤如下。

Step 01　单击“颜色”面板的颜色选择区，即可选择一种颜色，如图 5.38 所示。

Step 02　在颜色选择区域右侧是“亮度”条，拖动亮度条旁的黑色滑块，即可调整颜色的亮度。

提示： 在这个颜色区域中选色，实际上同时选择了颜色的两个属性，即色相和饱和度，当“亮度”变为最大时就是白色；亮度最小时就是黑色。

5.8.4　利用拾色器调整颜色

选取颜色还有一个比较简单的方法：单击“笔触颜色”或“填充颜色”的色块，将弹出拾色器，如图 5.39 所示。

在拾色器中单击某个色块就可以选中一种颜色。如果对所有颜色都不满意，还可以单击拾色器右上角的“系统色盘”按钮，打开系统“颜色”对话框调制一种新的颜色。

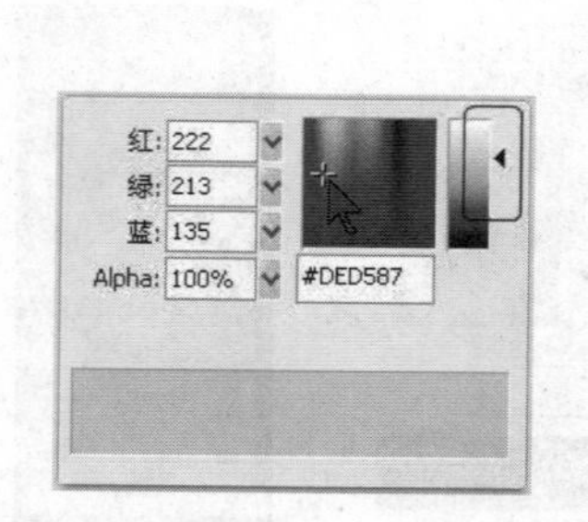

图 5.38　从颜色选择区域中选取颜色

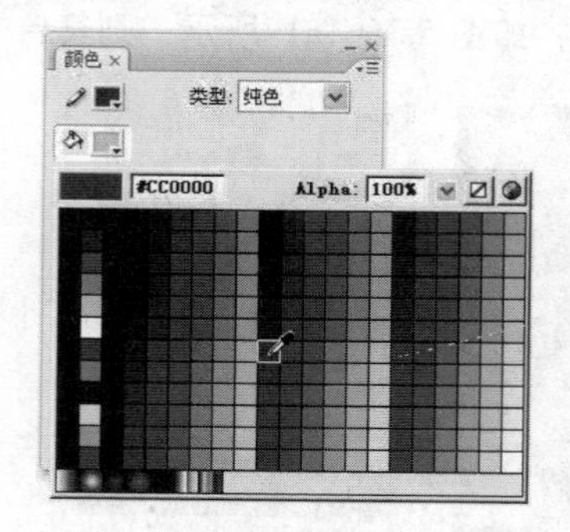

图 5.39　从拾色器中选取颜色

5.8.5　调制纯色

为图形填充单一颜色的操作步骤如下。

Step 01　创建一个新文档，选择“矩形工具”，拖动鼠标在舞台中绘制一个无边框的任意颜色的矩形，如图 5.40（a）所示。

Step 02 选中该矩形，选择“窗口”|“颜色”命令，打开“颜色”面板，在该面板中单击“填充颜色”按钮，在“类型”下拉列表框中选择“纯色”选项，通过设置“颜色”面板中的各项按钮，就可以调制出更精确的纯色，此处选择红色，如图 5.40（b）所示。

Step 03 颜色调配完成后，舞台中的图形就被填充了新的颜色，如图 5.40（c）所示。

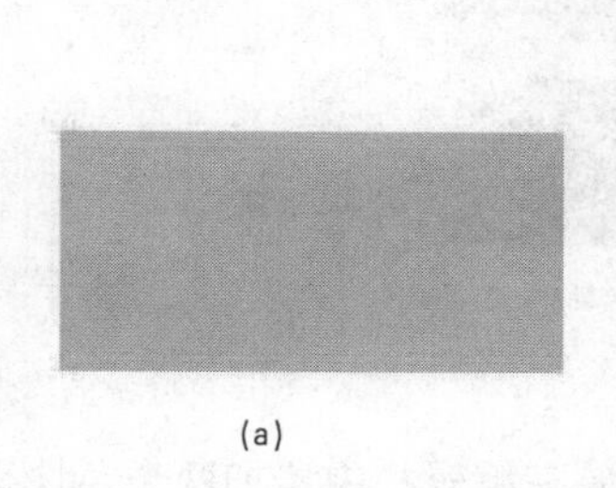

(a)

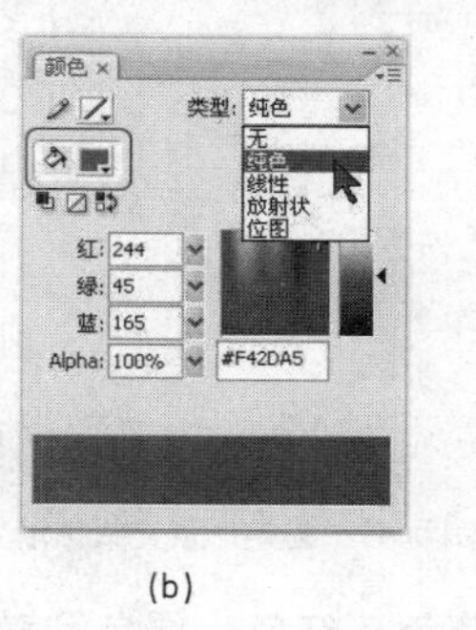

(b)

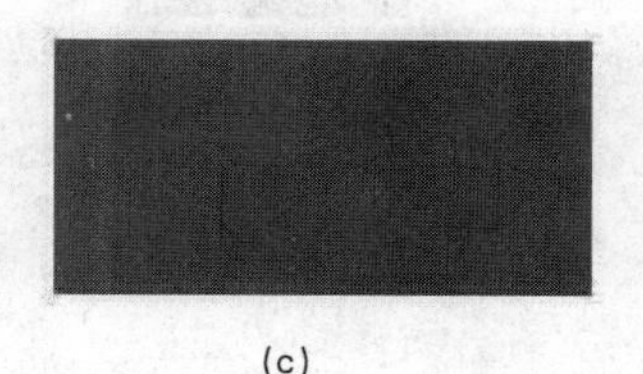

(c)

图 5.40 调制纯色

Step 04 颜色面板中的相关按钮的含义如下。

- 笔触颜色：设置图形笔触颜色。
- 3个辅助按钮：设置固定填色、交换颜色和无色，其中这3个辅助按钮的功能如下。
  - ➢ 黑白按钮：单击该按钮，可以使所选对象以白色填充色和黑色边框显示。
  - ➢ 交换颜色：单击该按钮，可以交换笔触颜色和填充色的颜色。
  - ➢ 没有颜色：单击该按钮，可以使绘制的矢量图形无轮廓或无填充色。

注意：如果没有选中舞台中的图形，在配置颜色完成后，可以选择“颜料桶工具”，移动鼠标到要填充的图形上单击，即可为图形填充上颜色。

5.8.6 调制线性渐变色

颜色从起始点到终点沿直线逐渐变化，称作线性渐变。为图形填充线性渐变色的操作步骤如下。

Step 01 创建一个新文档，默认属性选项。

Step 02 选择“窗口”|“颜色”命令，打开“颜色”面板，在面板中单击“填充颜色”按钮。选择“矩形工具”，在舞台上绘制一个无边框的矩形条并将其选中，再单击“类型”的列表按钮，从“类型”下拉列表框中选择“线性”渐变选项，“颜色”面板就出现相应的变化，其中各选项含义如下。

- 溢出：可控制应用于超出渐变限制的颜色。
- 色标：指定渐变色中的颜色。
- 线性RGB：选中该复选框，可创建SVG兼容的渐变。

Step 03 这时“颜色”面板中出现一个渐变色编辑栏，在编辑栏左右各有一个小色标。

Step 04 双击色标，在弹出的拾色器中选取颜色，将左边色标设置为蓝色，右边色标设置为黄色，如图 5.41（a）所示。同时，舞台上的矩形条的填充区域也随之改变为由蓝到黄的渐变色填充，如图 5.41（b）所示。

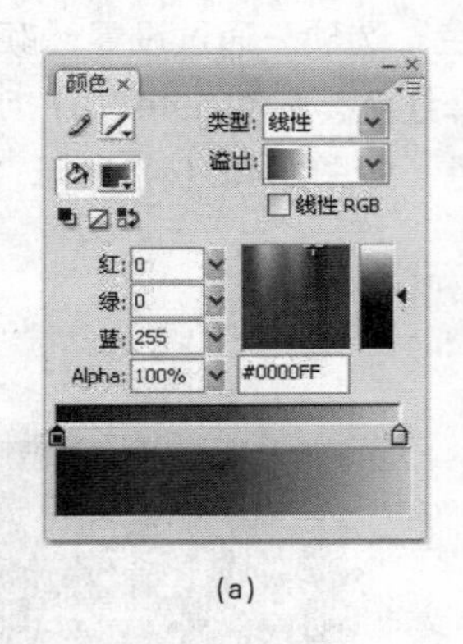

(a)

(b)

图 5.41 为矩形填充线性渐变色

Step 05 如果要将填充颜色修改为蓝色、红色、绿色和黄色，需要在编辑栏中添加两个色块。首先选中矩形条，移动鼠标到编辑栏，当鼠标尾部出现“+”时，如图 5.42（a）所示，单击编辑栏，即可添加小色标，将添加的两个色标颜色设置为红色和绿色，如图 5.42（b）所示，舞台中的矩形条如图 5.42（c）所示。

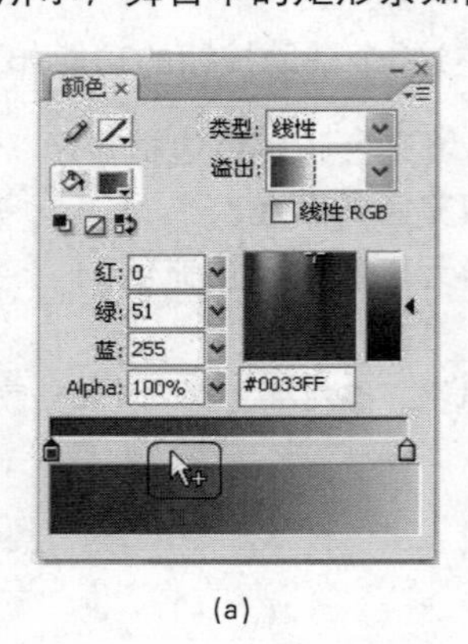

(a)

(b)

(c)

图 5.42 为矩形填充多种颜色

Step 06 如果要扩充填充色的范围，可以移动色块的位置。例如，扩充黄色填充范围，可将黄色色标向左侧移动，“颜色”面板及被填充后的矩形条如图 5.43 所示。

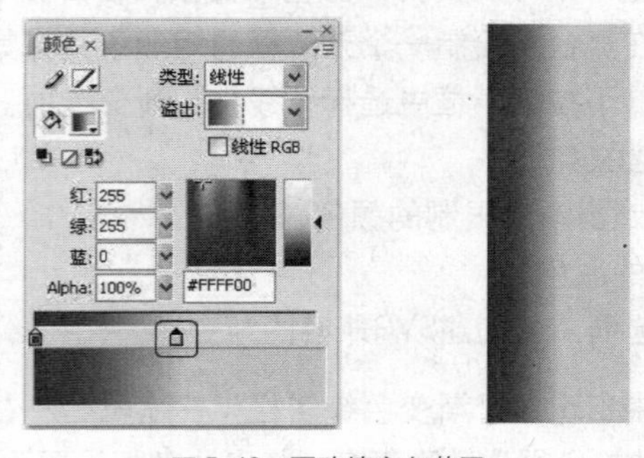

图 5.43 更改填充色范围

提示： 色标是用来改变关键点颜色的，在两个色标的中间添加颜色，可以细化填充颜色。

5.8.7 调制放射状渐变

从起始点到终点按照环形模式由内向外逐渐变化，称作放射状渐变。为图形填充放射状渐变色的操作步骤如下。

Step 01 创建新文档，选择“椭圆工具”，拖动鼠标在舞台上绘制一个无边框的正圆，并将其选中。

Step 02 打开“颜色”面板，从“类型”下拉列表中选择“放射状”渐变选项。设置填充颜色从左到右依次为蓝色、黄色和绿色，如图 5.44（a）所示，舞台上的正圆则被填充了渐变色，如图 5.44（b）所示。

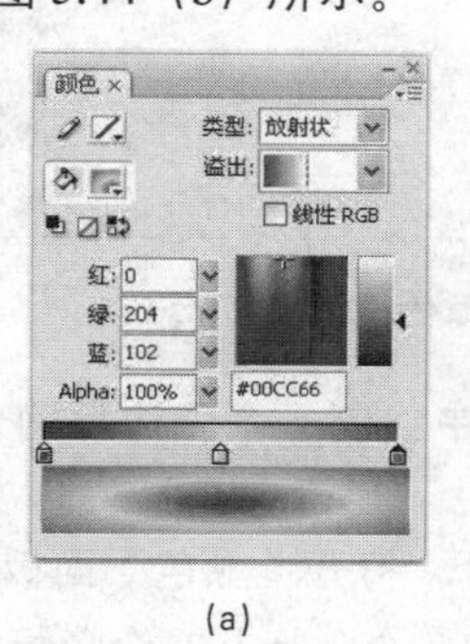

(a)

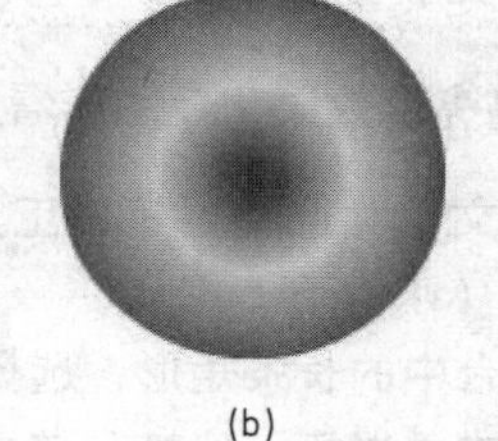

(b)

图 5.44 为正圆填充放射状渐变色

5.8.8 修改渐变色效果

利用“渐变变形工具”修改渐变色效果，若渐变色的类型不同，则其调整方法也有所不同。

1. 修改线性渐变色效果

修改线性渐变色效果的操作步骤如下。

Step 01 创建一个新文档。选择“椭圆工具”，打开“颜色”面板，在“类型”下拉列表中选择“线性”填充类型，在编辑栏中设置填充颜色，填充颜色从左到右为蓝色、黄色和绿色，拖动鼠标在舞台上绘制一个无边框的椭圆，如图 5.45 所示。

Step 02 选择“渐变变形工具”，在椭圆的填充区域中单击，此时将在图形上出现两条平行的垂直线，这两条平行线称为渐变控制线，在该控制线上显示了一个圆形和一个方形的渐变控制点，图形中央的控制点为中心控制点，如图 5.46 所示。

图 5.45 绘制一个线性渐变的椭圆

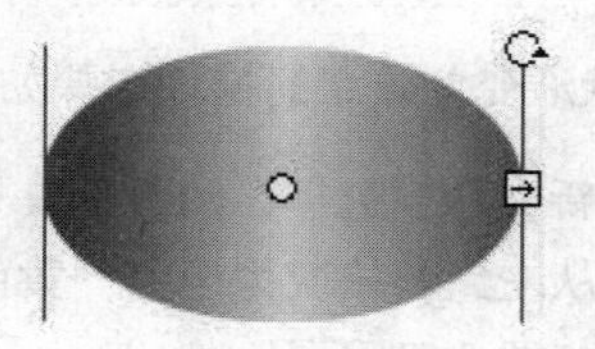

图 5.46 渐变控制线和控制点

Step 03 单击并拖动中心控制点，可以移动渐变图案中心点的位置，如图 5.47 所示。

Step 04 单击并拖动方形控制点，可以调整填充的渐变距离，如图 5.48 所示。

Step 05 单击并拖动位于渐变控制线上的圆形控制点，可以调整渐变控制线的倾斜方向，如图 5.49 所示。

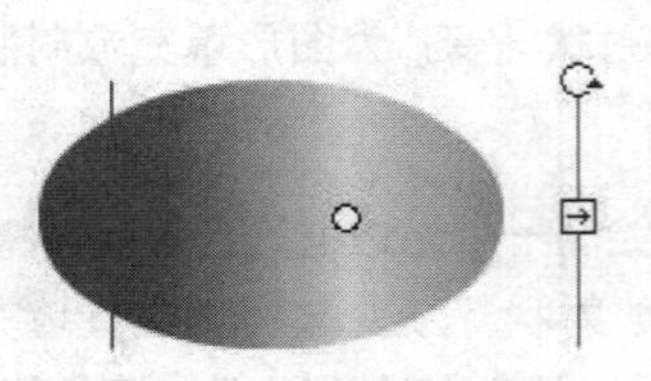

图 5.47　移动渐变中心位置

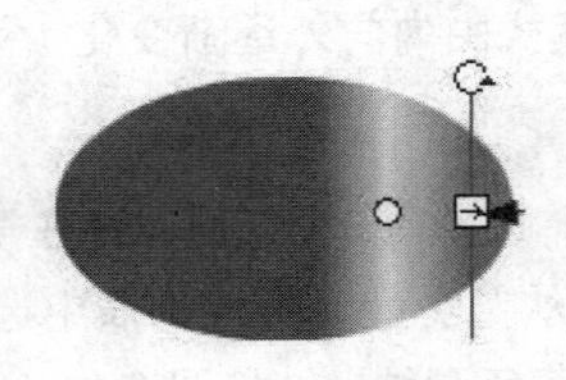

图 5.48　调整渐变距离

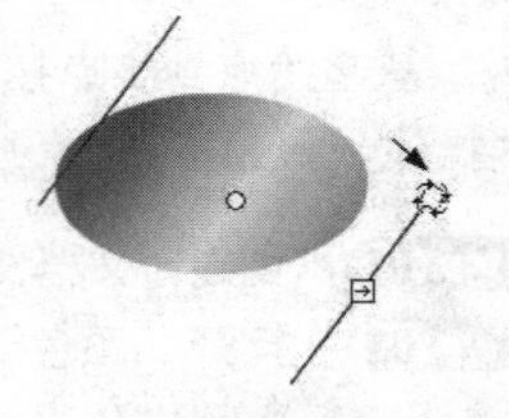

图 5.49　调整渐变的倾斜方向

注意：调整填充渐变距离相当于缩放渐变图案。

2．为图形填充高亮度效果

为图形填充高亮度效果，使图形看起来更有立体感，具体操作步骤如下。

Step 01 创建新文档，选择“矩形工具”，拖动鼠标在舞台中绘制一个无边框的长条矩形，如图 5.50（a）所示。

Step 02 选中舞台中的长条矩形，选择“窗口”|“颜色”命令，打开“颜色”面板，在“类型”下拉列表中选择“线性”填充类型，在编辑栏中添加一个色标，3 个色标的颜色，从左到右依次为棕色、白色和棕色，并将白色色标往右侧移动，如图 5.50（b）所示。

Step 03 舞台中的长条矩形便被填充上高亮度的效果，如图 5.50（c）所示。

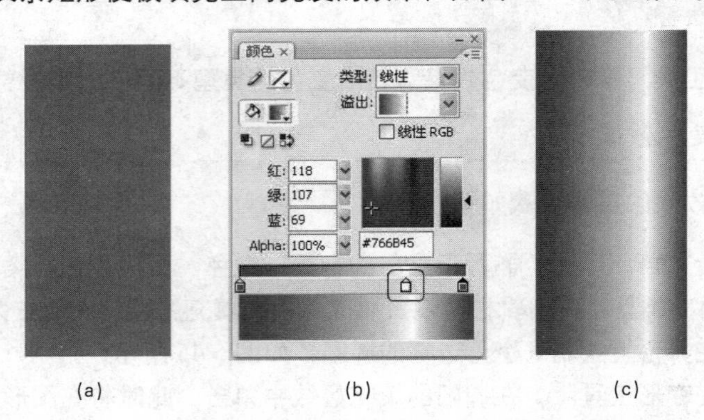

(a)　(b)　(c)

图 5.50　为图形填充高亮度效果

3．修改放射状渐变色效果

修改放射状渐变色效果的操作步骤如下。

Step 01 创建新文档，选择“椭圆工具”，打开“颜色”面板，选择“放射状”填充类型，填充颜色从左到右依次为蓝色、黄色、白色和红色，拖动鼠标在舞台中绘制一个无边框的椭圆，如图 5.51 所示。

Step 02 选择“渐变变形工具”，在椭圆的填充区内单击，此时将在填充图形上出现一个渐变控制圆圈，在它的圆心和圆周上共有 4 个圆形或方形的控制点，如图 5.52 所示。

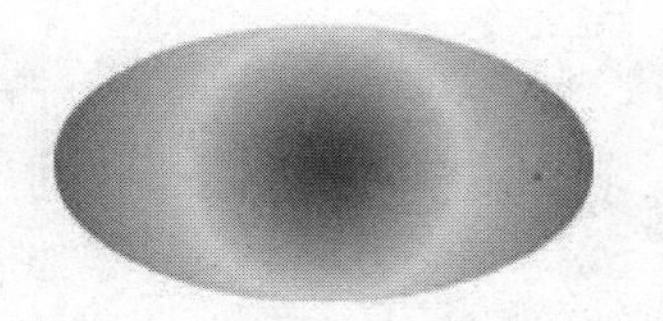

图 5.51　绘制放射状椭圆

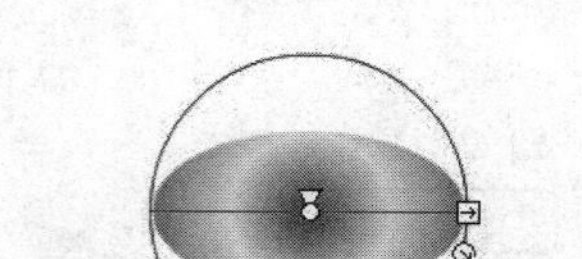

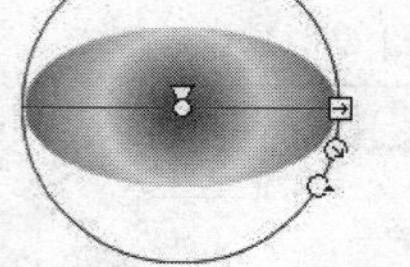

图 5.52　带有控制圆圈的椭圆

Step 03 用鼠标单击并拖动位于渐变控制圆的各个控制点，改变填充效果如图 5.53（a）、（b）、（c）和（d）所示，其中，（a）图为改变渐变色的中心位置，（b）图为改变渐变色的宽度，（c）图为改变渐变色的半径，（d）图为调节渐变色的倾斜方向。

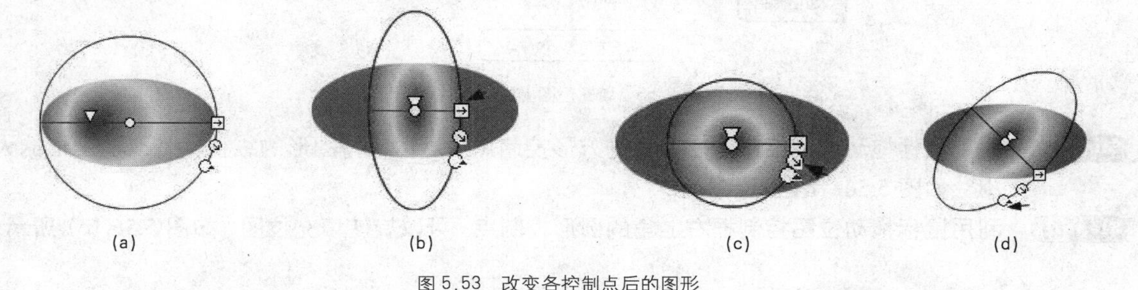

(a)　(b)　(c)　(d)

图 5.53　改变各控制点后的图形

5.8.9　修改位图填充效果

修改位图填充效果的方法与修改渐变色填充效果的方法是基本相同的，具体操作步骤如下。

Step 01 创建一个新文档，选择“文件”|“导入”|“导入到库”命令，任意导入一张位图到“库”面板。

Step 02 选择“窗口”|“颜色”命令，打开“颜色”面板，在该面板的“类型”下拉列表中选择“位图”选项，此时，所导入的位图将出现在位图预览框中，如图 5.54（a）所示。

Step 03 选择“椭圆工具”，拖动鼠标在舞台上绘制一个椭圆，此时所绘制的图形将被位图填充，如图 5.54（b）所示。

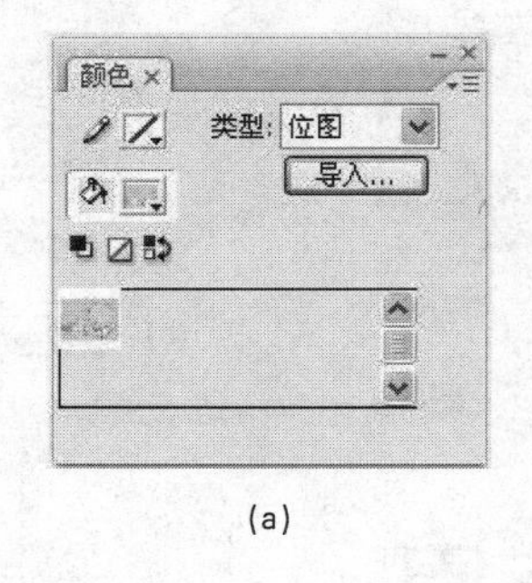

(a)

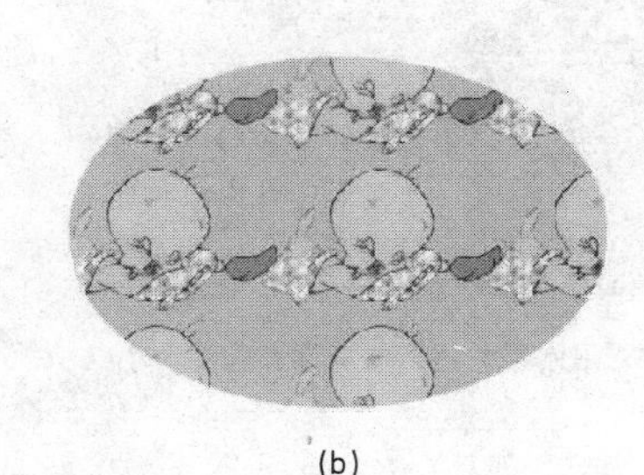

(b)

图 5.54　为椭圆框填充位图

Step 04 选择“渐变变形工具”，单击位图填充图形中的任意小图，此时在所选位图周围将出现一个矩形控制框，并且该矩形控制框上将出现 7 个控制点，如图 5.55 所示。

Step 05 在填充图形中，用鼠标拖动位图的中心圆形控制点，可以调整填充位图的位置，如图 5.56（a）所示。

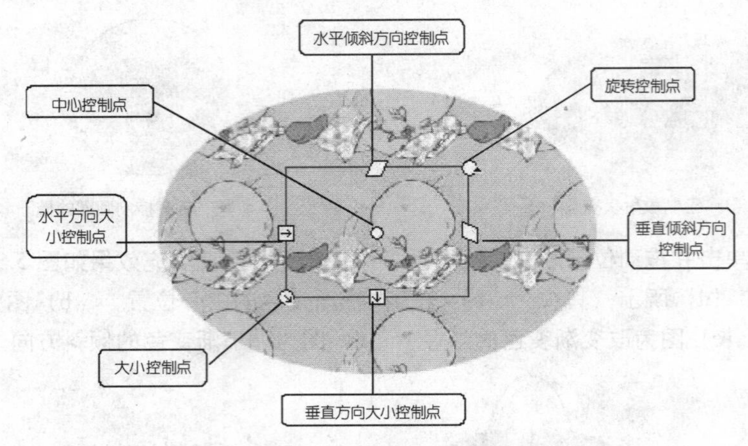

图 5.55　填充位图上的各控制点

Step 06 利用鼠标拖动位图控制框左下角的方形控制点，可以保持图形的纵横比且改变图形的大小，如图 5.56（b）所示。

Step 07 利用鼠标拖动位图控制框右上角的圆形控制点，可以旋转填充位图，如图 5.56（c）所示。

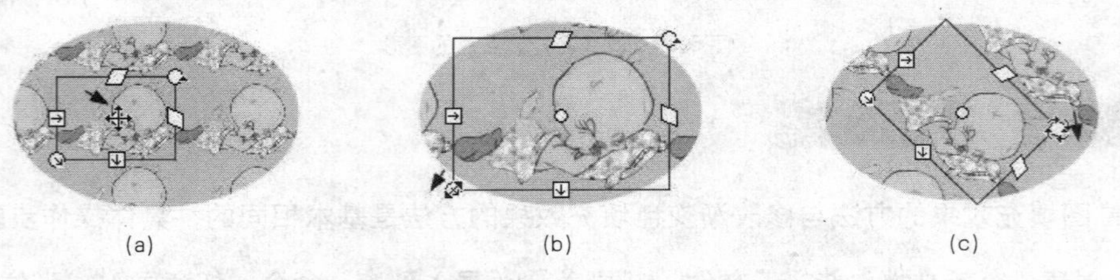

图 5.56　调整填充位图的中心位置、大小和倾斜扭曲

Step 08 利用鼠标拖动位图控制框左边线中点或下边线中点的方形控制点，可以沿水平或垂直方向改变填充图形的大小，如图 5.57（a）和（b）所示。

Step 09 利用鼠标拖动位图控制框上边线中点或右边线中点的圆形控制点，可以沿水平方向或垂直方向倾斜填充位图，如图 5.58（a）和（b）所示。

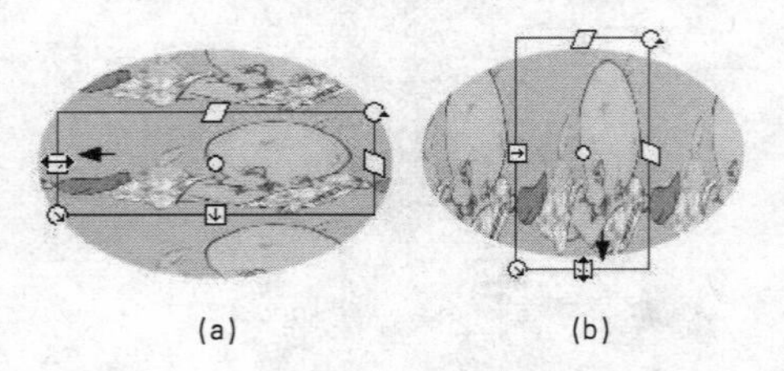

图 5.57　沿水平与垂直方向调整位图大小

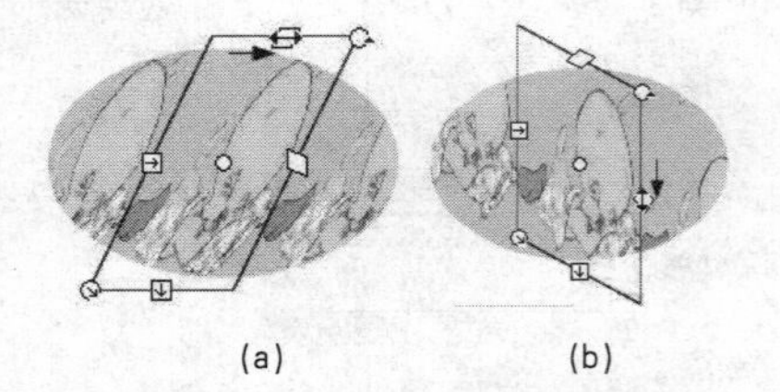

图 5.58　沿水平与垂直方向调整位图倾斜

5.9　Alpha透明色的使用

5.9.1　HSB颜色模式

单击“颜色”面板右上角的下拉列表按钮，即可打开面板菜单，从中选择 HSB 项，如图 5.59

所示，即可将颜色模式转换为 HSB 模式，此时的颜色数值输入区如图 5.60 所示。

图 5.59　面板菜单

图 5.60　HSB 模式的颜色数值

在 HSB 模式下，每种颜色主要由“色相”、“饱和度”和“亮度”3 个参数来控制，在这些文本框中输入数值后，即可得到一种颜色。为了方便地控制颜色的透明度，Flash 还提供了 Alpha 参数来调整颜色的透明度。

5.9.2　修改Alpha值

Step 01 创建一个新文档，默认属性选项。

Step 02 选择“多角星形工具”，拖动鼠标在舞台中绘制一个蓝色填充色、黄色边框的五边形图形，如图 5.61 所示。

提示： 默认情况下，多边形的填充颜色和笔触颜色都不是透明的，也就是说在混色器中 Alpha 值是 100%。

Step 03 选中多边形图形，选择“窗口”|“颜色”命令，打开“颜色”面板，单击面板中的“笔触颜色”按钮（或“填充颜色”按钮）准备修改其颜色。

Step 04 在面板下方的 Alpha 文本框中输入 Alpha 值，如输入数值为 40%，此时，“颜色”面板上的颜色预览框中将出现网格，用来说明颜色的透明度不再是 100%，而色相、饱和度和亮度 3 个数值没有发生变化，如图 5.62 所示，这说明修改透明度并不会影响到颜色。

Step 05 取消选择后，可见舞台中图形的边框呈现为部分透明，如图 5.63 所示。

图 5.61　绘制多边形

图 5.62　修改 Alpha 值

图 5.63　修改 Alpha 值后的图形

注意： Alpha 数值越小，透明度越高，Alpha 数值越大，透明度越低。

5.10　“样本”面板的使用

为了便于管理图形中的颜色，每个 Flash 文件都包含一个颜色样本。选择“窗口”|“样本”命

令，即可打开“样本”面板，如图 5.64 所示。

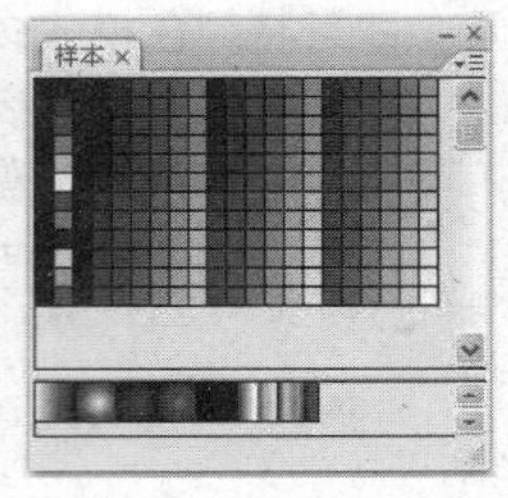

图 5.64 “样本”面板

“样本”面板分为上下两个部分：上部是纯色样表，下部是渐变色样表。默认纯色样表中的颜色称为“Web 安全色”。

5.10.1 Web安全色

在 MAC 系统和 Windows 系统中查看同一张图片，会发现两张图片的颜色亮度有细微的差别，一般在 Windows 系统中会显得亮一些。

为了让图片在不同系统中的显示效果一致，国际上提出了“Web 安全色”概念。只要图片中使用的是“Web 安全色”，就能保证图像的浏览效果一致。“Web 安全色”一共有 216 种，且都是“样本”面板中的默认纯色。

5.10.2 添加、复制和删除颜色

1. 添加颜色

为“样本”面板添加颜色的操作步骤如下。

Step 01 选择“窗口”|“颜色”命令，打开“颜色”面板，选中“填充颜色”按钮，在“颜色选择区”中调制出一种颜色，如图 5.65 所示。

Step 02 选择“窗口”|“颜色样本”命令，打开“样本”面板，将光标移到面板底部的空白区域，此时，光标变成一个颜料桶状，如图 5.66（a）所示。

Step 03 单击鼠标，即可将在“颜色”面板中调制好的颜色添加到颜色样表中，如图 5.66（b）所示。

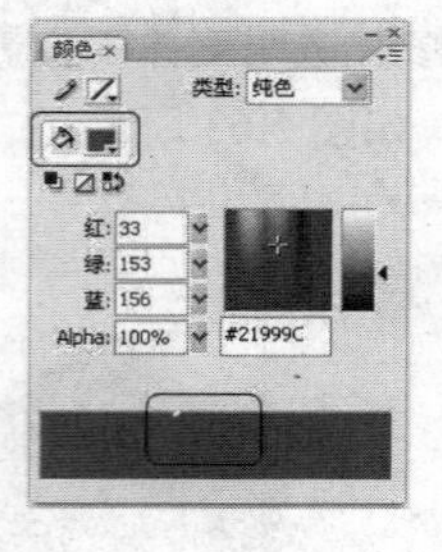

图 5.65 调制颜色

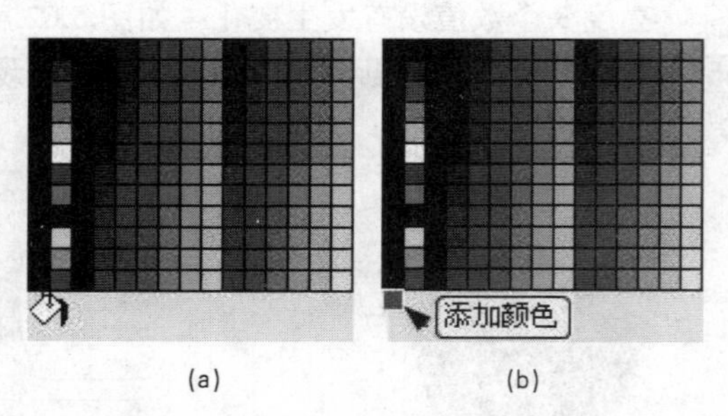

图 5.66 添加颜色

2. 复制和删除颜色

Step 01 选择“窗口”|“样本”命令，打开“样本”面板，在该面板中，选择要复制的颜色，如图 5.67（a）所示。

Step 02 单击面板右上角的菜单展开按钮，从下拉菜单中选择“直接复制样本”命令，如图 5.67（b）所示，即可复制出一个新的色块在颜色样表中，如图 5.67（c）所示。

Step 03 选中要删除的色块，单击面板右上角的菜单展开按钮，从下拉菜单中选择“删除样本”命令，即可将所选中的色块删除。

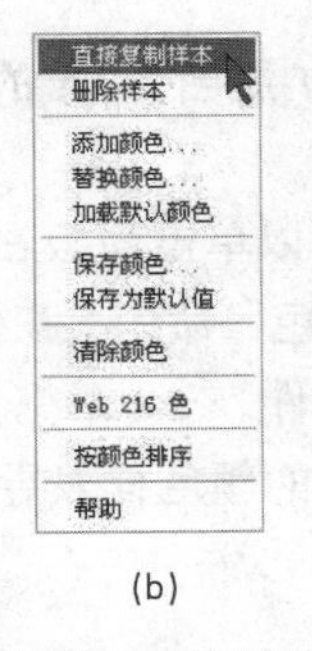

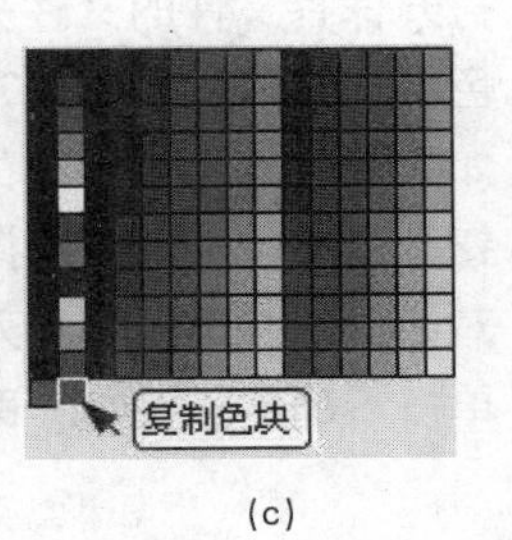

(a) (b) (c)

图 5.67 复制颜色

Step 04 如果要删除所有的色块，可选择下拉菜单中的“清除颜色”命令清除颜色后的“样本”面板如图 5.68 所示。

Step 05 如果要恢复所清除的颜色，可选择下拉菜单中的“Web 216 色”命令。

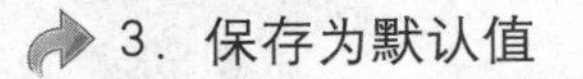

3．保存为默认值

Step 01 通过添加、复制等操作，创建一个自己的颜色样表，如图 5.69 所示。

图 5.68 清除颜色后的“样本”面板

图 5.69 创建自己的颜色样表

Step 02 然后选择下拉菜单中的“保存为默认值”命令。

4．导出和导入颜色样本

有时并不想覆盖默认的颜色样表，只需要将创建的颜色样本保存起来，此时可将颜色样本导出为一个文件，具体操作步骤如下。

Step 01 假设已经创建了自己的颜色样本，如图 5.70 所示，则在“样本”面板中单击右上角的展开按钮，在下拉菜单中选择“保存颜色”命令，此时，将弹出“导出色样”对话框。

Step 02 在该对话框中，确定保存路径、为保存的文件命名为 sy，如图 5.71 所示，单击“确定”按钮。

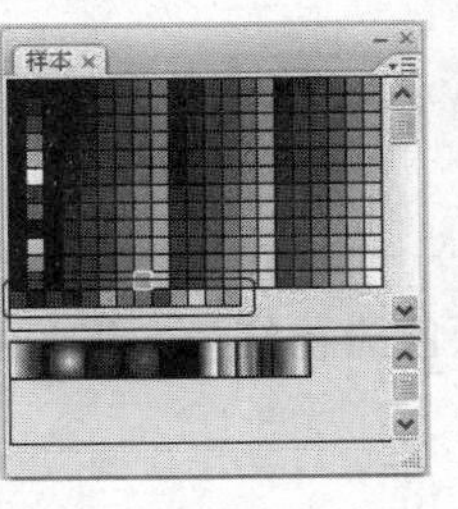

图 5.70 创建颜色样本

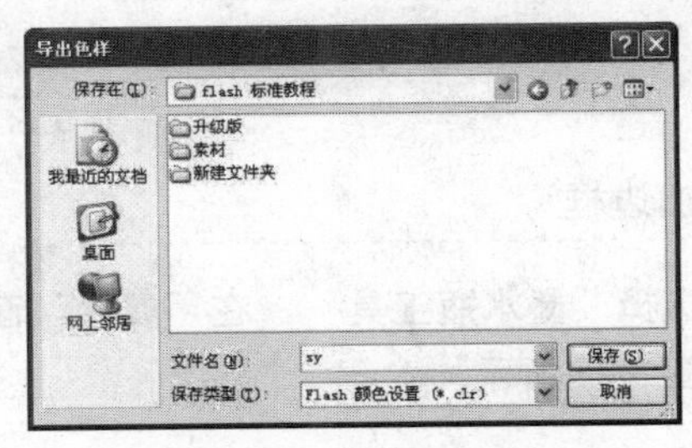

图 5.71 “导出色样”对话框

Step 03 打开保存文件的文件夹，其中有扩展名为.clr 的文件即为导出的颜色样本文件，如图 5.72 所示。

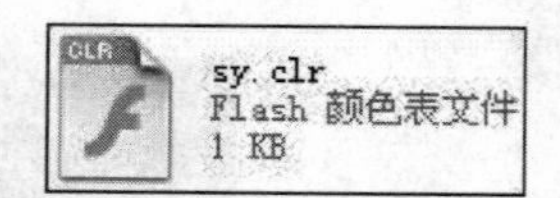

图 5.72　保存的色样文件

Step 04 如果要导入已经保存的色样，可以单击面板右上角的“展开”按钮，在下拉菜单中选择“替换颜色”命令，在弹出的“导入色样”对话框中，选择要导入的色样文件。

Step 05 单击“确定”按钮，即可将选中的颜色样表导入。

5.11　案例1——点线边框文本

为了让文本显得更好看一些，还可以给文本添加边框，其效果如图 5.73 所示。

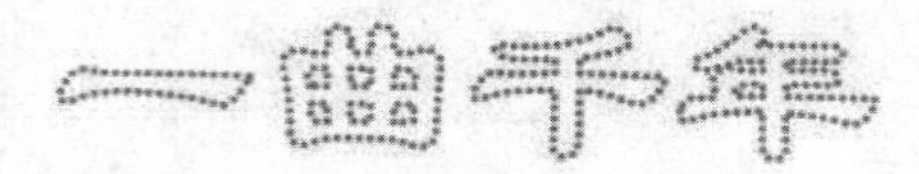

图 5.73　点线边框文本

源文件	源文件\Chapter 05\点线边框文本
视频文件	实例视频\Chapter 05\点线边框文本.avi
知识要点	创建新文档\“文本工具”的应用\“分离”命令的应用\“墨水瓶工具”的应用

具体操作步骤如下。

1. 打散文本

Step 01 创建一个新文档，选择“窗口”|“属性”命令，打开“属性”面板，在该面板中修改舞台尺寸为 400px × 300px，默认其他属性选项。

Step 02 选择“文本工具”，在“属性”面板中设置文本属性（任意设置），移动鼠标在舞台中单击，然后在文本框中输入“一曲千年”4 个字。

Step 03 选择“修改”|“分离”命令，将文字打散，如图 5.74（a）所示，再一次选择“修改”|“分离”命令，将文字转换为矢量图形，如图 5.74（b）所示。

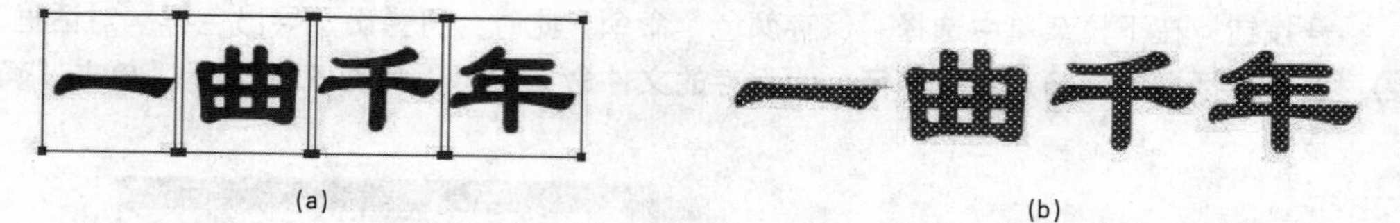

图 5.74　将文字打散

2. 添加边框

Step 01 选择“墨水瓶工具”，在“属性”面板上修改线条颜色为粉红色，宽度为 3 像素，如图 5.75 所示。

图 5.75 “墨水瓶工具”的“属性”面板

Step 02 移动鼠标到文本边缘，当鼠标变成墨水瓶形状时，在文本边框上单击鼠标，这时文本将被加上 3 个像素宽的粉红色边框，如图 5.76（a）所示。

Step 03 依次单击所有的文本边缘，为所有的文本添加粉红色的边框，如图 5.76（b）所示。

(a) (b)

图 5.76 添加边框

3. 调整并删除边框

Step 01 按住 Shift 键，利用“选择工具”双击各个文本的边框，选中所有文本的边框，如图 5.77 所示。

Step 02 在“属性”面板的“笔触样式”下拉列表中选择点线，如图 5.78 所示。

图 5.77 选中所有文本的边框

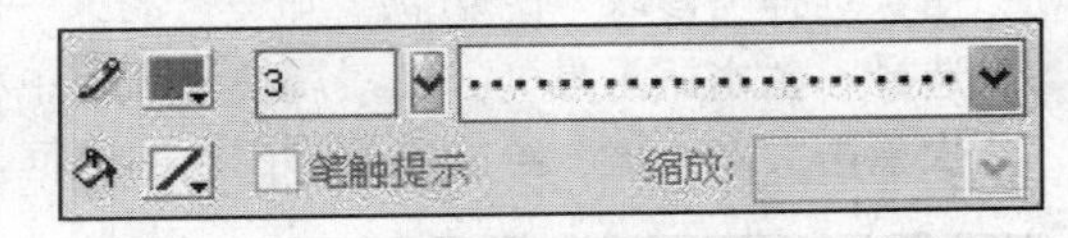

图 5.78 选择点线

Step 03 单击“属性”面板上的“自定义”按钮，在弹出的“笔触样式”对话框中设“点距”为 1，如图 5.79 所示，然后单击“确定”按钮。

Step 04 按住 Shift 键，单击各个文本的填充部分，将其选中，然后按 Delete 键，将填充部分删除。

Step 05 选择“文件”|“保存”命令，在弹出的“另存为”对话框中，将文档保存到“源文件\Chapter 05\点线边框文本.fla”文件夹下，并为其命名为“点线边框文本”。

Step 06 按 Ctrl+Enter 组合键，输出文件并浏览其效果。

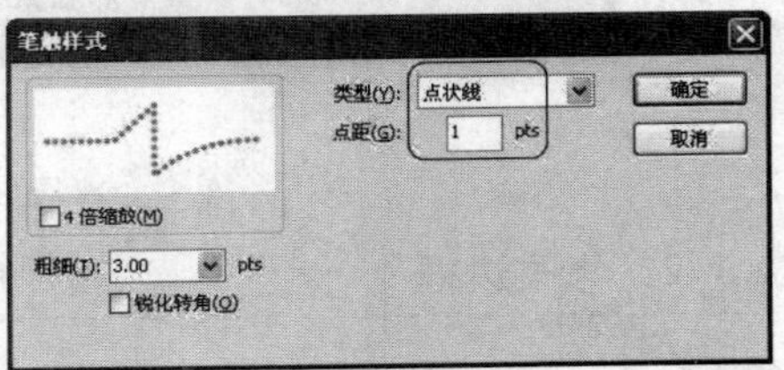

图 5.79 “笔触样式”对话框

提示：如果要删除填充部分，可以选择“橡皮擦工具”，将填充部分擦除。

5.12 案例2——铬金属字

本案例制作一个具有铬金属质感的文本，其效果如图 5.80 所示。

图 5.80 铬金属字

源文件	源文件\Chapter 05\铬金属字
视频文件	实例视频\Chapter 05\铬金属字.avi
知识要点	创建文本\“分离”命令的应用\“将线条转换为填充”命令的运用\“颜色”面板的应用\“颜料桶工具”和“墨水瓶工具”的应用\“渐变变形工具”的应用

具体操作步骤如下。

1. 输入文本并为文本添加边框

Step 01 创建一个新文档，选择“窗口”|“属性”命令，打开“属性”面板，在该面板中修改背景颜色为黑色，默认其他属性选项。

Step 02 选择“文本工具”，在“属性”面板中设置笔触颜色为蓝色、笔触大小为 90、字体为 Arial Black，拖动鼠标在文本框中输入文字 FLASH。

Step 03 两次选择“修改”|“分离”命令，将文字转换为矢量图形，如图 5.81（a）所示。

Step 04 选择“墨水瓶工具”，在“属性”面板中将线条颜色设置为白色，线条宽度设为 6，依次单击文本边框，给文本添加白色的边框，如图 5.81（b）所示

(a)

(b)

图 5.81 分离文字并为文字添加边框

2. 修改边框

Step 01 将边框全部选中，选择“修改”|“形状”|“将线条转换为填充”命令，如图 5.82 所示，将文本边框设置成可填充区域。

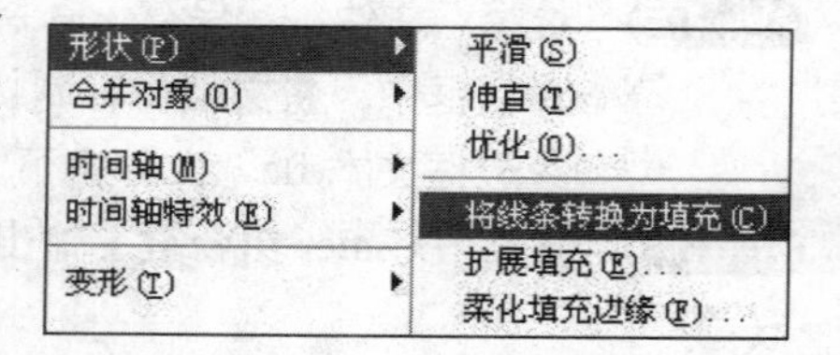

图 5.82 将边框转换为填充区域

Step 02 按住 Shift 键，选中所有文本边框，选择“窗口”|“颜色”命令，再打开“颜色”面板，在面板中选择“线性”填充类型，设置填充颜色从左到右为黑色和白色，如图 5.83（a）所示。此时，边框被填充为由黑色到白色的渐变颜色，如图 5.83（b）所示。

Step 03 在选中文本边框的前提下，选择“颜料桶工具”，在辅助工具栏中选择“锁定填充”选项，移动鼠标在文本框上单击，此时，文本边框的渐变色将变成连续的，如图 5.84 所示。

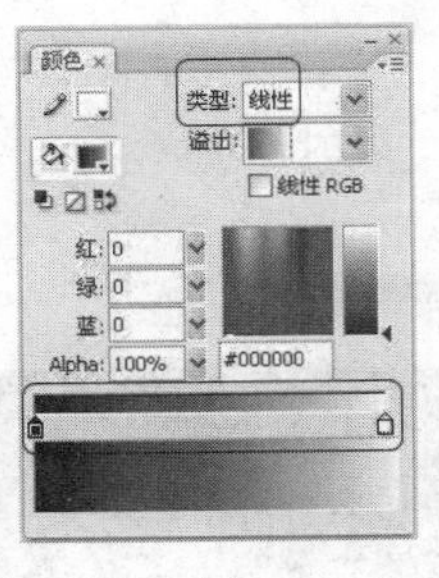

(a)

(b)

图 5.83 将文本边框修改为线性填充色

3. 变形填充

Step 01 保持选中边框的状态，选择"渐变变形工具"，然后单击文本边框，此时舞台中出现控制点（缩小舞台显示比例），如图 5.85 所示。

图 5.84 锁定填充

图 5.85 利用"渐变变形工具"选中文本

Step 02 将鼠标移动到右侧的方形控制手柄上并拖动鼠标，渐变色范围将缩小，如图 5.86 所示。

Step 03 按住中心点控制手柄，将其拖动到文本中心，此时图形效果如图 5.87 所示。

图 5.86 缩小渐变色范围

图 5.87 移动中心控制点

Step 04 将鼠标移动到圆圈控制手柄处，当鼠标变为 4 个旋转的小箭头时，向下拖动，此时两条竖线将绕中心旋转，旋转成水平时，释放鼠标。

Step 05 再选择下方的方形控制手柄向上拖动，调整渐变颜色范围，到合适的位置时，释放鼠标，如图 5.88 所示。

图 5.88 旋转渐变色方向

4. 填充金属渐变色

Step 01 按住 Shift 键，选中文本全部填充部分。

Step 02 打开"颜色"面板，设置填充类型为线性渐变，并且在渐变色编辑栏中添加 3 个新的色标。

Step 03 为 5 个色标设置颜色，填充颜色从左到右依次为白色、蓝色、黑色、深绿色和淡黄色，如图 5.89（a）所示，舞台中的文本即可被填充线性渐变颜色，如图 5.89（b）所示。

Step 04 选择"文件"|"保存"命令，在弹出的"另存为"对话框中，将文档保存到"源文件\Chapter 05\铬金属字"文件夹下，并为其命名为"铬金属字.fla"。

Step 05 按 Ctrl+Enter 组合键，输出文件并浏览其效果。

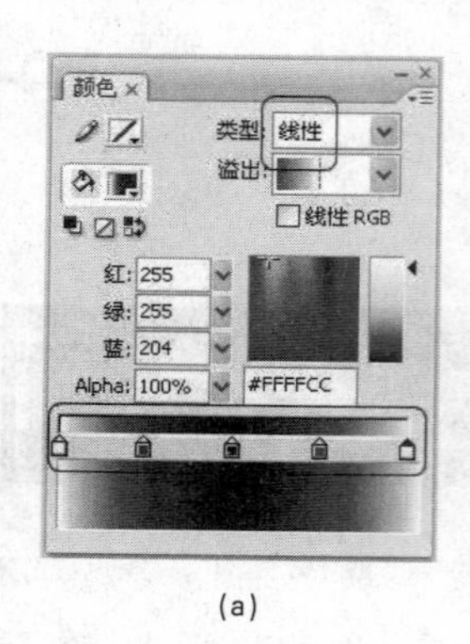

(a)

(b)

图 5.89　填充金属渐变色及效果图

5.13　案例3——立体字

本案例制作一个立体感的文本，其效果如图 5.90 所示。

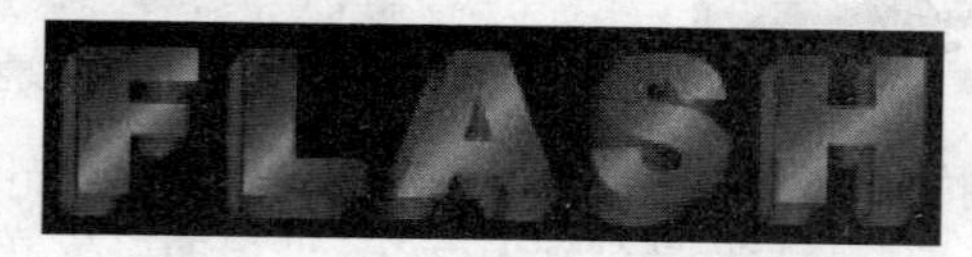

图 5.90　立体字

源文件	源文件\Chapter 05\立体字
视频文件	实例视频\Chapter 05\立体字.avi
知识要点	创建文本\“分离”命令的应用\“颜色”面板的应用\“墨水瓶工具”和“颜料桶工具”的应用\“渐变变形工具”的应用

具体操作步骤如下。

1. 处理文本

Step 01 新建一个文件，默认属性选项。

Step 02 选择“文本工具”，选择“窗口”|“属性”命令，打开“属性”面板，在该面板中设置填充颜色为红色、字体为 Arial Black、字体大小为 90，然后，拖动鼠标在文本框中输入文字 FLASH，如图 5.91 所示。

Step 03 选中文本，两次选择“修改”|“分离”命令，将文本转换为矢量图形，然后，选择“墨水瓶工具”，为文本添加宽为 2 像素的黑色边框，如图 5.92 所示。

FLASH

图 5.91　输入文本

FLASH

图 5.92　添加黑色边框

Step 04 按住 Shift 键，选中所有文本区域并将其删除，只留下文本边框，如图 5.93 所示。

图 5.93　删除所有文本区域

2．立体文字

Step 01　选中所有文本边框，按住 Alt 键，并向右上方拖动鼠标，如图 5.94（a）所示，当拖动到合适位置后释放鼠标，这时复制出一个文本边框，如图 5.94（b）所示。

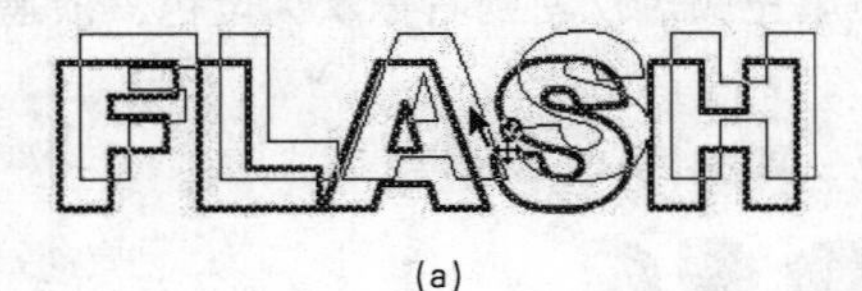

(a)

(b)

图 5.94　复制图形

Step 02　单击在透视效果中看不见的边线，然后将其删除，如图 5.95 所示。

图 5.95　删除多余边线

Step 03　选择“线条工具”，单击“贴紧至对象”按钮，然后移动鼠标绘制文本的其他边框，如图 5.96 所示。

Step 04　再次删除多余的边线，得到如图 5.97 所示的文本边框。

图 5.96　补充边框

图 5.97　删除多余的边线

3．填充渐变色

Step 01　打开“颜色”面板，选择“线性”填充类型，填充颜色从左到右依次为蓝色、浅蓝色和蓝色，如图 5.98 所示。

Step 02　选择“颜料桶工具”，将鼠标指针移到文字上单击，将上层文字填充上颜色，如图 5.99 所示。

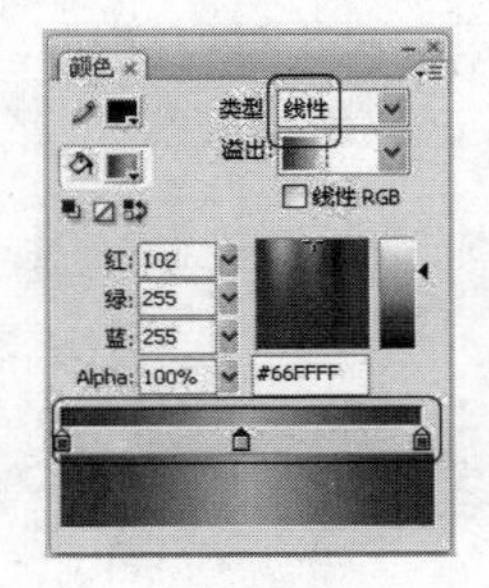

图 5.98　调制出的渐变色

图 5.99　为文字填充颜色

Step 03　选择“渐变变形工具”，在每个字母上单击，然后再选中旋转控制手柄，调整渐变色角度，如图 5.100（a）和（b）所示。

(a) 　　　　(b)

图 5.100　调整渐变色的角度

Step 04 打开“颜色”面板，选择“线性”填充类型，填充颜色从左到右依次为蓝色、淡蓝色和蓝色（该 3 种蓝色要区别与上述的 3 种蓝色）。

Step 05 选择“颜料桶工具”，为文本的侧面填充颜色，如图 5.101 所示。

图 5.101　填充文本侧面

Step 06 按住 Shift 键，依次选中文本的边框并将其删除，将文档背景颜色更改为黑色。

Step 07 选择“文件”|“保存”命令，在弹出的“另存为”对话框中，将文档保存到“源文件\Chapter 05\立体字”文件夹下，并为其命名为“立体字.fla”。

Step 08 按 Ctrl+Enter 组合键，输出文件并浏览其效果。

5.14　案例4——放射状渐变球体

本案例创建一个放射状渐变球体，其效果如图 5.102 所示。

图 5.102　放射状渐变球体

源文件	源文件\Chapter 05\放射状渐变球体
视频文件	实例视频\Chapter 05\放射状渐变球体.avi
知识要点	“椭圆工具”的应用\“颜色”面板的应用\“渐变变形工具”的应用

具体操作步骤如下。

Step 01 创建一个新文档，默认文档属性。

Step 02 选择“椭圆工具”，拖动鼠标在舞台上绘制一个无边框的红色正圆，如图 5.103 所示。

Step 03 利用“选择工具”选中红色的正圆，打开“颜色”面板，选择“放射状”渐变填充样式，在渐变色编辑栏中单击第一个色标，并将其颜色设置为白色，Alpha 值设置为 100%。

Step 04 单击第二个色标，将其颜色设置为红色、Alpha 值设置为 100%，如图 5.104（a）所示（有立体感，像个球体）。

Step 05 选择"渐变变形工具"并单击圆球，如图 5.104（b）所示。选中中心控制点，并将其移动到右上角，改变圆球的高亮度的位置，如图 5.105 所示，释放鼠标。

图 5.103 无边框的圆

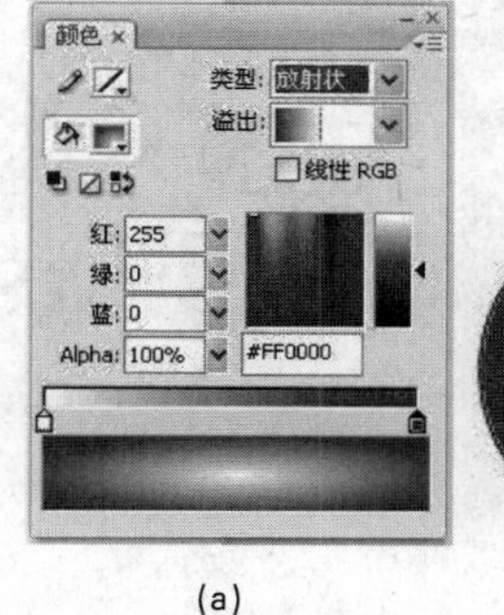

(a)

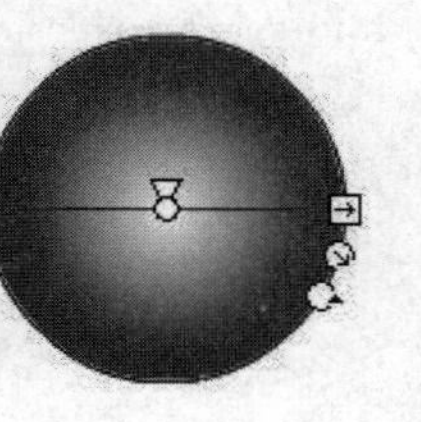

(b)

图 5.104 放射性渐变填充

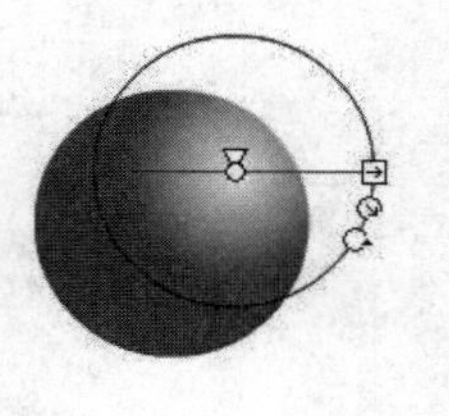

图 5.105 改变中心点

Step 06 选择"文件"|"保存"命令，弹出"另存为"对话框，将文档保存到"源文件\Chapter 05\放射状渐变球体"文件夹下，并将文件命名为"放射状渐变球体.fla"。

Step 07 按 Ctrl+Enter 组合键，输出文件并浏览其效果。

5.15 练习题

1．"颜料桶工具"中包含哪 4 个空隙大小选项？如果绘制的图形空隙太大，应该怎样处理？
2．"墨水瓶工具"可以改变哪些类型的属性，而不能用于什么类型的属性？
3．"滴管工具"的作用是什么？
4．"渐变变形工具"的主要作用是什么？
5．利用"颜色"面板，可以设置多少个渐变色类型？它们分别是哪些？它们的特点是什么？

Chapter 06

Flash 动画基础

本章导读

本章主要讲述了 Flash 动画基础，动画基础中包括时间轴、帧和图层的基本概念和有关操作。时间轴是 Flash 中非常重要的元素，它和动画的制作有着非常密切的关系，帧和图层在动画制作类软件中也是必不可少的元素。

内容要点

- “时间轴”面板简介
- 帧及编辑帧
- 图层的介绍
- 辅助按钮的使用

6.1 “时间轴”面板简介

时间轴是整个 Flash 动画的核心，它主要用于组织和控制动画在一定时间内播放的图层数和帧数，并对图层和帧进行编辑。

“时间轴”面板位于工作场景的上方，如图 6.1 所示，它主要分为 4 个部分，分别为左侧的图层编辑区，右侧的帧编辑区，底部的辅助工具及状态行。在“时间轴”右侧，有一个展开按钮。

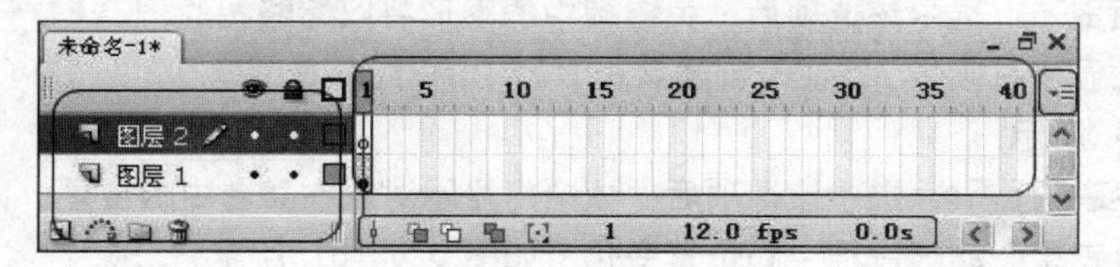

图 6.1 “时间轴”面板

- 帧编辑区：其主要作用是控制Flash动画的播放和编辑帧。
  - ➢ 帧是动画中最基本的单位，大量的帧结合在一起就构成了时间轴。
  - ➢ 时间轴中红色的播放指针被称为播放头，用来指示当前所在帧的位置。在舞台中按Enter键，即可在编辑状态下运行影片，播放头也会随着影片播放而向右侧移动，指示出播放到的位置。
  - ➢ 如果正在处理大量的帧，则所有的帧无法一次全部显示在时间轴上，此时，可拖动播放头沿着时间轴移动，即可定位到目标帧。拖动播放头时，它会变成黑色竖线，如图6.2所示。
  - ➢ 播放头的移动有一定的范围，最远只能移动到时间轴中定义过的最后一帧，不能将播放头移动到未定义过帧的时间轴范围。
- 图层编辑区：在图层中可进行插入图层、删除图层、更改图层叠放次序等操作，如图6.3所示。

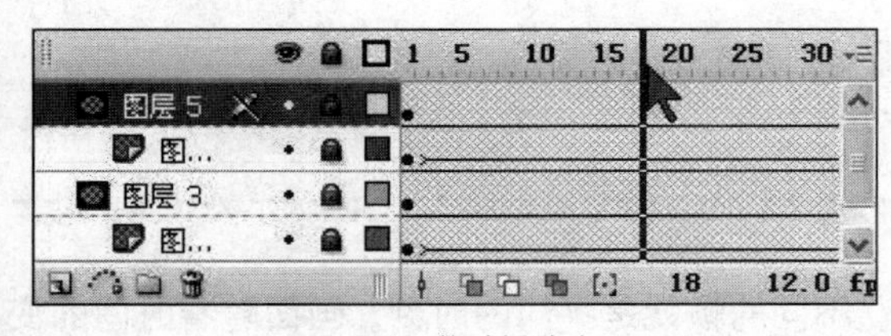

图 6.2 拖动播放头

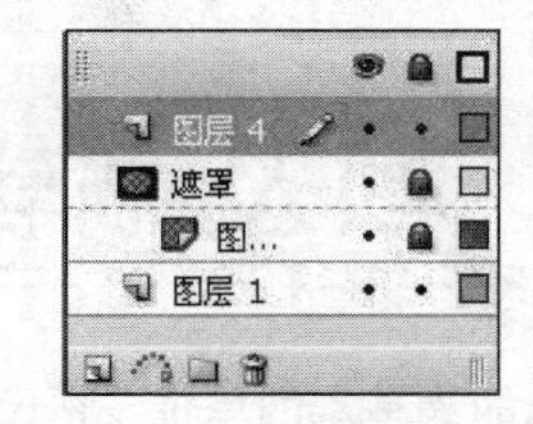

图 6.3 图层编辑区

注意：图层在动画中起着很重要的作用，因为很多动画都是由多个图层组成。新建文档后，时间轴中将自动包含一个名为“图层 1”的图层。

- 辅助工具及状态行：位于时间轴的最下方，其中包含对帧进行编辑时用到的辅助工具，并且显示状态信息，以及在工作状态行中将指示所选的帧编号、当前帧频以及到当前帧为止的运行时间，如图6.4所示。

`| 1 12.0 fps 0.0s`

图 6.4 辅助工具及状态行

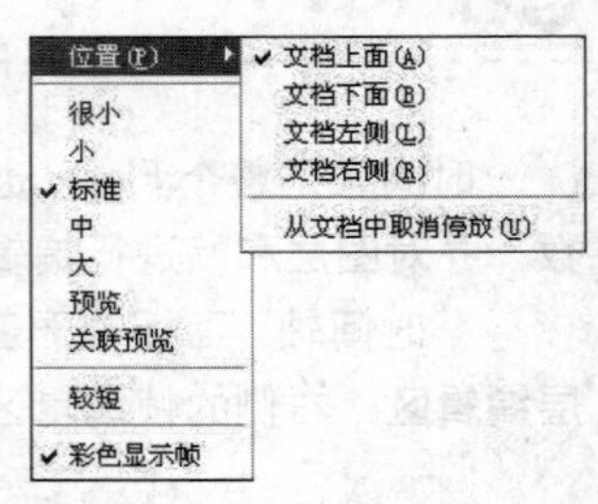

图 6.5 扩展快捷菜单

- 扩展按钮：单击时间轴右侧的扩展按钮，弹出快捷菜单，如图6.5所示，在快捷菜单中可以进行“时间轴”面板的放置位置、显示方式等操作。其中各项含义如下。
  - “很小”、“小”、“标准”、“大”和“中”：用来设置帧的显示状态，系统默认的是“标准”。
  - “预览”：选中该选项后，关键帧中的图形将以缩略图的形式显示在帧中，以便于创建者查看帧中的对象，如图6.6（a）所示。
  - “关联预览”：选中该选项后，帧中将显示对象在舞台中的位置，以便于创建者查看对象在整个动画过程中的位置变化，如图 6.6（b）所示。

(a)

(b)

图 6.6 显示舞台对象的缩略图和对象的位置

提示：如果处理的帧太多，帧无法一次全部显示在时间轴上，则可拖动播放头沿时间轴移动，从而轻易地定位到目标帧，拖动播放头时，它是以黑色线段显示的。

6.2 帧及编辑帧

帧是创建动画的最基本的单位，它代表着时刻，不同的帧就是不同的时刻。画面随着时间的变化而变化，播放动画时，就是将一幅幅图片按照一定的顺序排列起来，然后按照一定的播放速率显示，从而形成动画，因此也被人们称为帧动画。而播放的过程就是播放头在时间轴上依次经过各个帧的过程，各帧的画面逐个显示在屏幕上，因此帧是构成动画的核心元素。

6.2.1 帧的类型

Flash CS3 制作的动画是以时间轴为基础的动画，它是由若干幅静止的图像连续显示形成的，这些静止的图像就是“帧”。每一帧中都可以包含所需要显示的内容，可以包括图形、声音、各种素材和其他多种对象。

在时间轴中，帧分为 3 种类型，不同类型所表现的形式也会有所不同。3 种类型的帧分别是普通帧、关键帧和空白关键帧。

1．普通帧

普通帧就是不起关键作用的帧，也被称为空白帧，其内容与它前面的关键帧的内容相同，在时间轴中以灰色方块表示，两个关键帧之间的灰色的帧都是普通帧，如图 6.7 所示。

普通帧起到关键帧之间的缓慢过渡作用，在制作动画时，如果需要延长动画的播放时间，可以在动画中添加普通帧，以延续上一个关键帧的内容，但不可以对其进行编辑操作，所以，普通帧又称延长帧。另外，普通帧上不可以添加帧动作脚本。

2．关键帧

关键帧是用来描述动画中关键画面的帧，也是能够改变内容的帧。它用来定义动画变化及更改状态，即编辑舞台中存在的实例对象。每个关键帧的画面都不同于前一个，这样的帧称为关键帧。如图 6.7 所示的实心黑色圆圈代表的帧即关键帧，在黑色圆圈之后出现的灰色区域即普通帧。

利用关键帧制作动画，可以大大简化制作过程。只要确定动画中的对象在开始和结束两个时间的状态，并为他们绘制出开始和结束帧，Flash CS3 会自动通过插帧的方法计算生成中间帧的状态。由于开始帧和结束帧决定了动画的两个关键帧状态，所以它们被称为关键帧。如果制作比较复杂的动画，动画对象的运动过程变化很多，仅靠两个关键帧是不行的，则可以通过增加关键帧的方式来达到目的，关键帧越多，动画效果就越细腻。如果所有的帧都成为关键帧，那么这种动画就被称为逐帧动画了。

提示：创建新文档后，Flash 自动将“图层 1”的首帧设置成关键帧，并且后边加入的关键帧都将拥有首帧的内容。

3．空白关键帧

空白关键帧的内容是空的，它主要有两个作用，第一是当插入一个空白关键帧时，它可以将前一个关键帧的内容清除，使画面的内容变成空白，目的是使动画中的对象消失，画面与画面之间形成间隔；第二是可以在空白关键帧上创建新的内容，一旦被添加了新的内容，即可变成关键帧。空白关键帧以空心的小圆圈表示，如图 6.8 所示。

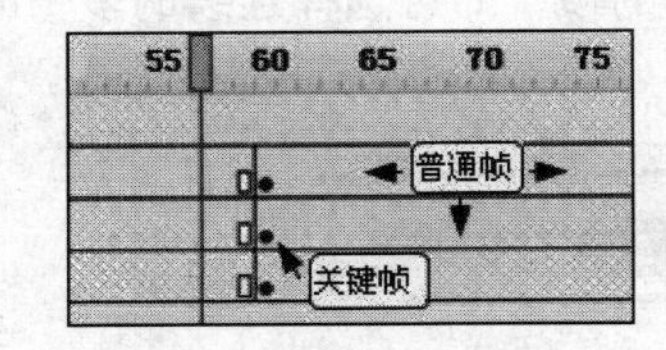

图 6.7　普通帧和空白关键帧

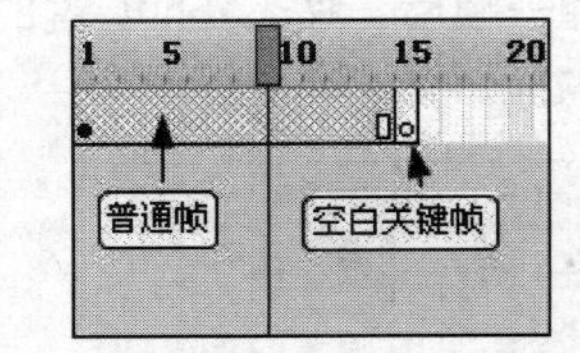

图 6.8　关键帧和普通帧

4．关键帧的状态

在动画创作中，关键帧在时间轴中的显示状态也有所不同。

（1）创建形状补间动画：浅绿色背景黑色箭头，如图 6.9 所示。

（2）创建运动补间动画：浅紫色背景黑色箭头，如图 6.10 所示。

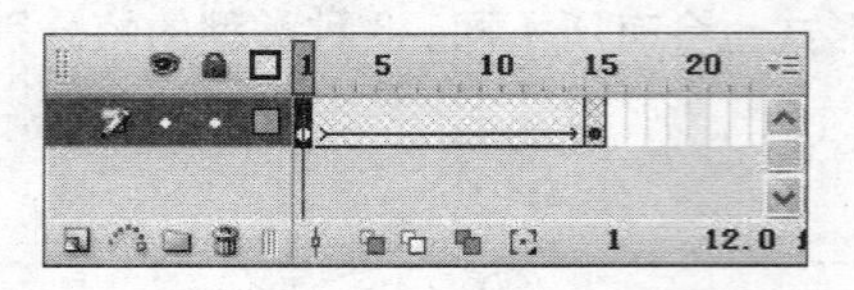

图 6.9　创建形状补间动画的关键帧

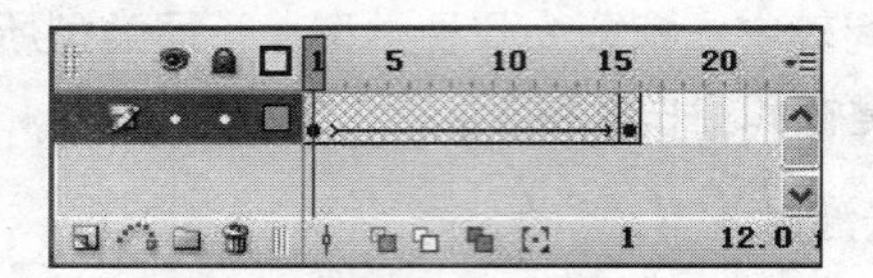

图 6.10　创建运动补间动画的关键帧

（3）创建补间动画失败：以虚线表示，说明关键帧中的对象有错误或图形格式不正确，如图 6.11 所示。

（4）为关键帧添加特定语句：被添加脚本语句的关键帧上有符号 a，如图 6.12 所示。

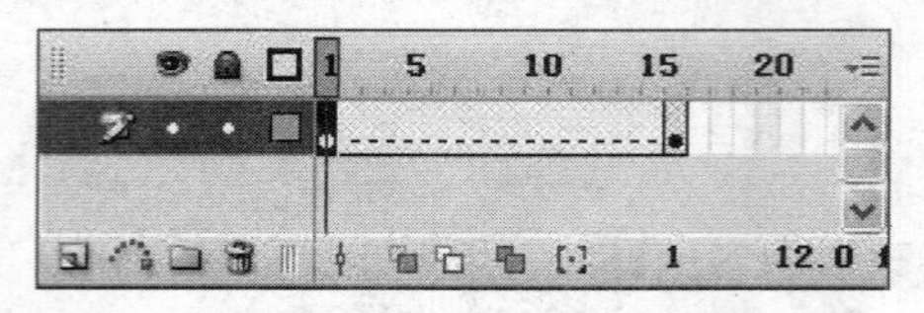

图 6.11　创建补间动画失败的帧

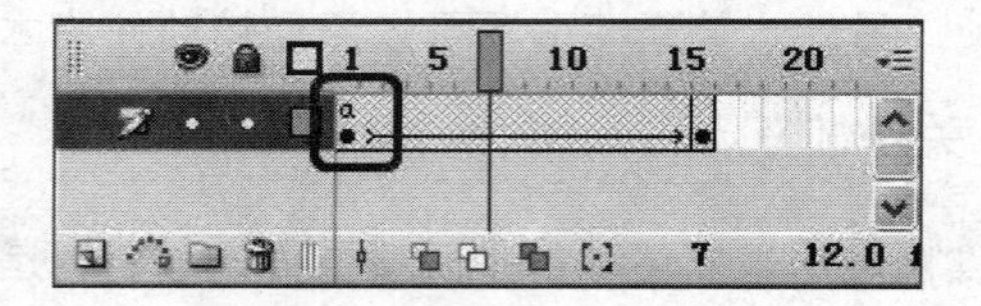

图 6.12　关键帧上添加语句

（5）帧标签：创建补间动画后，还可以为关键帧添加标签，标签有“帧标签”（又称“帧名称”）、“帧注释”和“帧锚记”3 种类型，如图 6.13 所示。

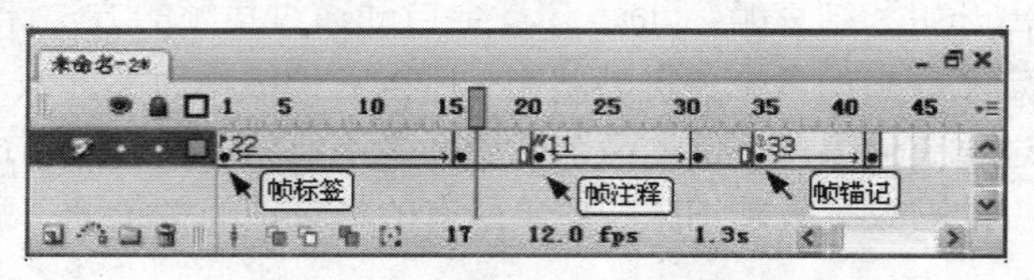

图 6.13　帧标签

6.2.2　编辑帧

1．选择帧

在对帧进行编辑之前，必须选择要编辑的帧，具体方法如下。

方法 1：单击选择所需帧。

方法 2：选择一帧后，按住 Ctrl 键的同时单击要选择的帧，即可选择不连续的多个帧，如图 6.14 所示。

方法 3：选择一帧后，按下 Shift 键的同时单击所要选择的帧，即可选择连续的多个帧，如图 6.15 所示。

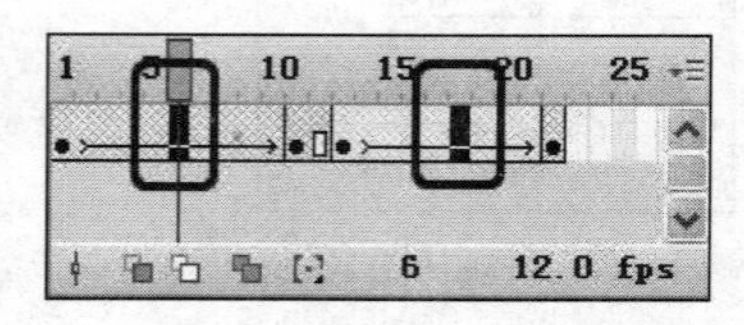

图 6.14　选择不连续的帧

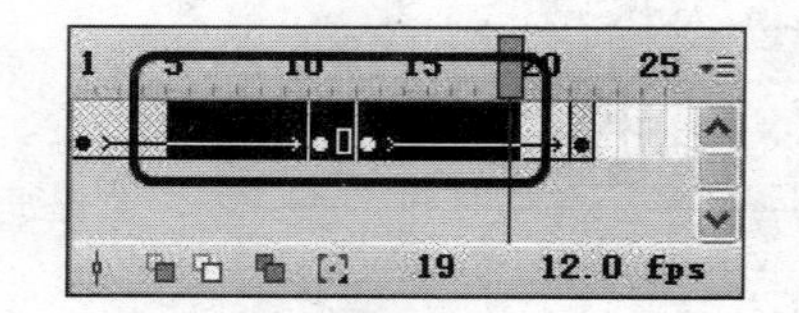

图 6.15　选择连续的帧

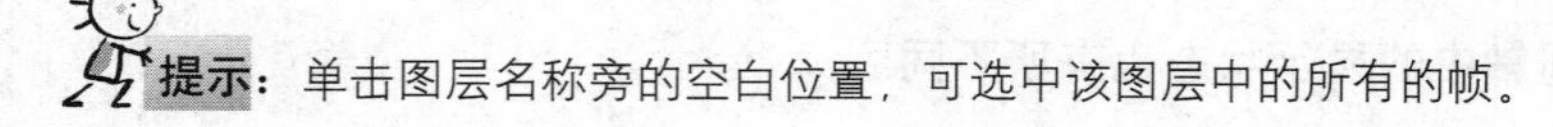

提示：单击图层名称旁的空白位置，可选中该图层中的所有的帧。

2. 插入帧

- 插入“普通帧”：将鼠标指针移到要插入帧处，右击鼠标，在弹出的快捷菜单中选择“插入帧”命令，如图6.16所示，此时可在选中的插入点位置插入一个普通帧，如图6.17所示。

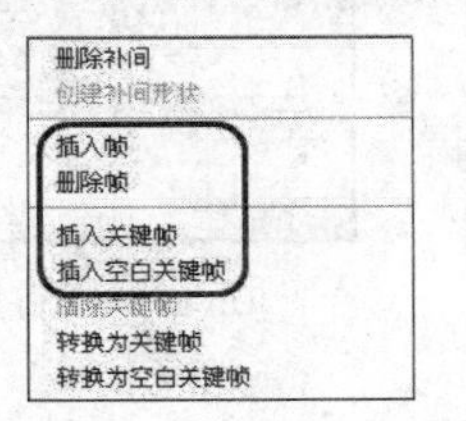

图 6.16 选择“插入帧”命令

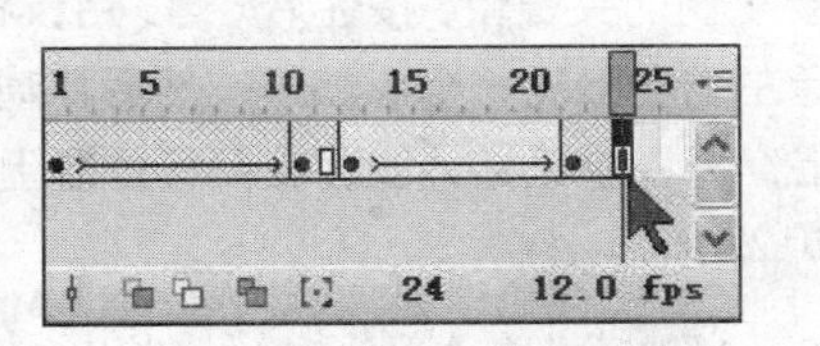

图 6.17 在指定处插入普通帧

提示：选择“插入”|“时间轴”|“帧”命令也可以插入普通帧，插入普通帧的快捷键为 F5。

- 插入“关键帧”：将鼠标指针移动到要插入的关键帧处，右击鼠标，在弹出的快捷菜单中选择“插入关键帧”命令，即可在选中的位置插入一个新的关键帧，如图6.18所示。
- 插入“空白关键帧”：将鼠标指针移到要插入的空白关键帧处，右击鼠标，在弹出的快捷菜单中选择“插入空白关键帧”命令，即可在选中的位置插入一个空白关键帧，如图6.19所示。

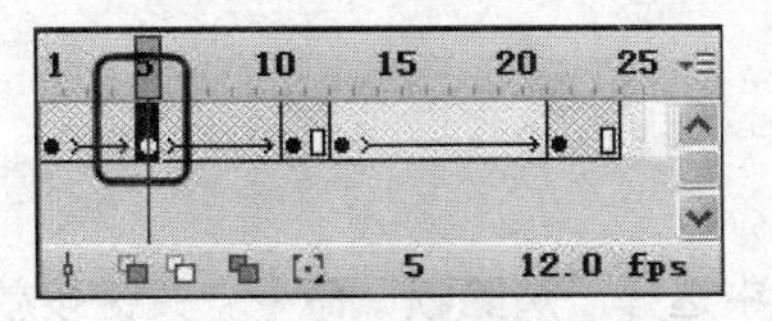

图 6.18 插入关键帧

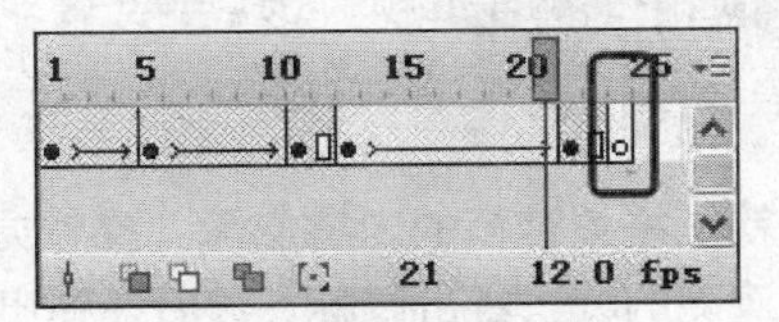

图 6.19 插入空白关键帧

提示：或选择“插入”|“时间轴”|“关键帧”（或空白关键帧）命令；插入关键帧的快捷键为 F6 键，插入空白关键帧的快捷键为 F7 键。

3. 移动帧

在制作动画时，经常需要移动帧的位置，移动帧的方法主要有以下两种。

方法 1：鼠标拖动

鼠标选中要移动的帧，将其拖动到目标位置后释放鼠标，此时关键帧移动到目标位置，如图 6.20 所示。

方法 2：利用菜单命令

选择要移动的帧右击鼠标，在弹出的快捷菜单中选择“剪切帧”命令，如图 6.21 所示，然后将鼠标指针移动到目的位置，打开快捷菜单，再选择“粘贴帧”命令即可。

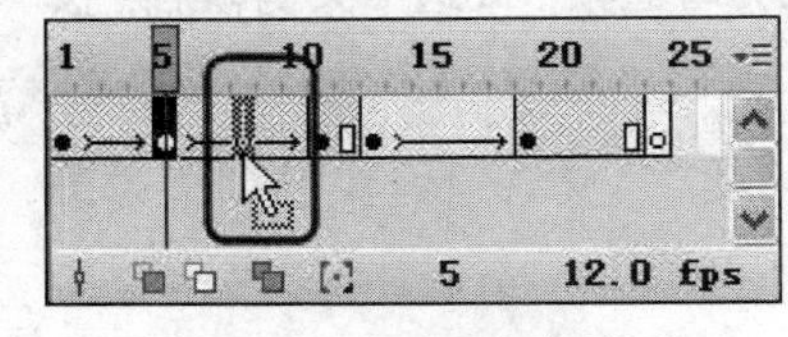

图 6.20 拖动方法移动帧

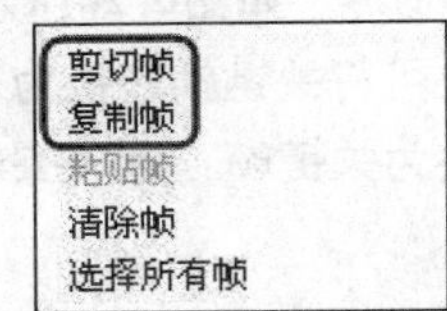

图 6.21 利用菜单命令移动帧

4. 复制帧

在编辑制作动画时，有时需要复制所创建的关键帧（或空白关键帧），复制帧有以下两种方法。

方法1：鼠标拖动

选中要复制的关键帧，按住Alt键，用鼠标按住要复制的帧，此时，鼠标左侧会出现一个小加号，然后移动鼠标，将其拖动到目标位置上，再释放鼠标，便会在目标位置上产生一个新的关键帧，如图6.22所示。

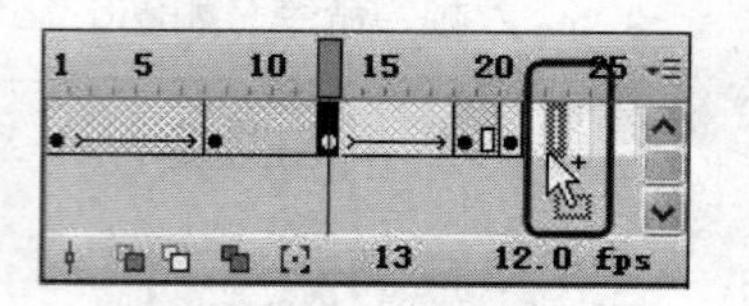

图6.22　鼠标拖动复制帧

方法2：利用菜单命令

选中要复制的帧，右击鼠标，在弹出的快捷菜单中选择“复制帧”命令，然后将鼠标移动到目标位置，再右击鼠标，在快捷菜单中选择“粘贴帧”命令即可。

5. 删除帧

创建动画时，如遇到创建的帧不符合要求，可以将其删除。删除帧有下面两种方法。

*方法1：*选中要删除的帧，右击鼠标，然后在快捷菜单中选择“删除帧”命令，即可删除帧。

*方法2：*选中要删除的帧，按Delete键即可。

6. 清除帧

清除帧就是将关键帧的内容删除，操作方法如下。

选择要清除的帧，右击鼠标，然后在弹出的快捷菜单中选择“清除帧”命令，关键帧就转变为空白关键帧，如图6.23（a）和（b）所示。

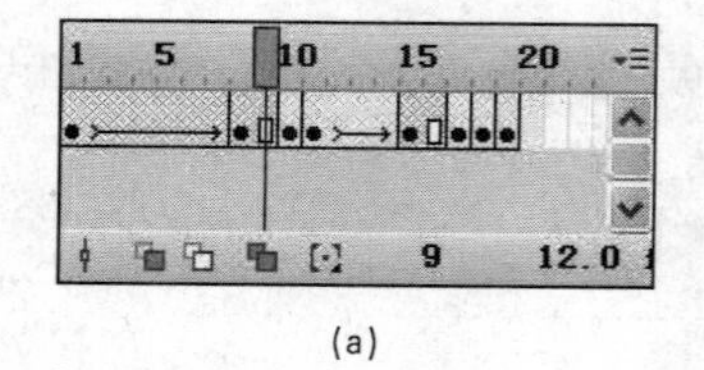

(a)

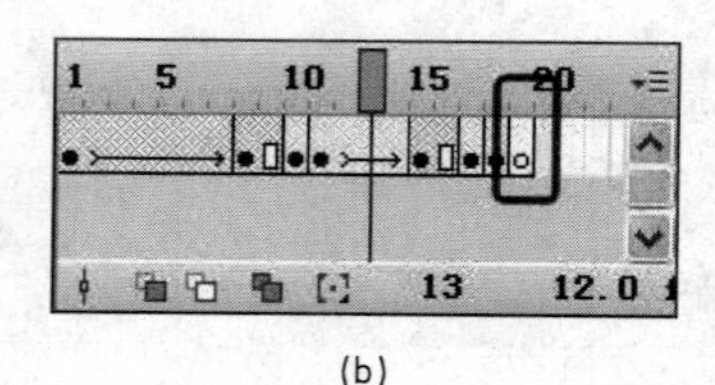

(b)

图6.23　清除关键帧前后的图示

注意：删除帧和清除帧是两种不同的概念，删除帧是将帧及其内容一同删除，而清除帧则是只删除了帧的内容，使关键帧转换为空白关键帧。

7. 关键帧和普通帧的转换

- 关键帧转换为普通帧：首先选中要转换的关键帧，然后右击鼠标，在快捷菜单中选择“清除关键帧”命令，如图6.24所示，关键帧即可转换为普通帧；或选中关键帧后，按Shift+F6快捷键，也可将关键帧转换为普通帧。
- 普通帧转换为关键帧：选中要转换的普通帧后，按F6键即可。

8. 翻转帧

利用翻转帧的功能，可以使选定的一组帧反序运行，操作步骤如下。

Step 01 选中“时间轴”中的所有帧，选择“修改”|“时间轴”|“翻转帧”命令，如图 6.25 所示。

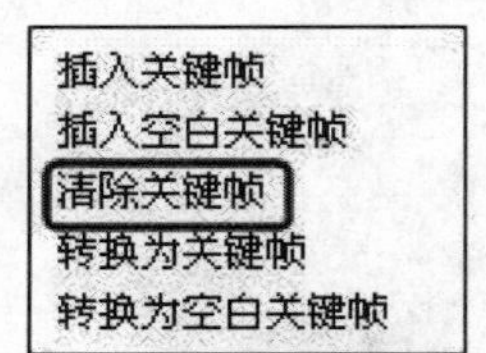

图 6.24　选择菜单命令转换关键帧

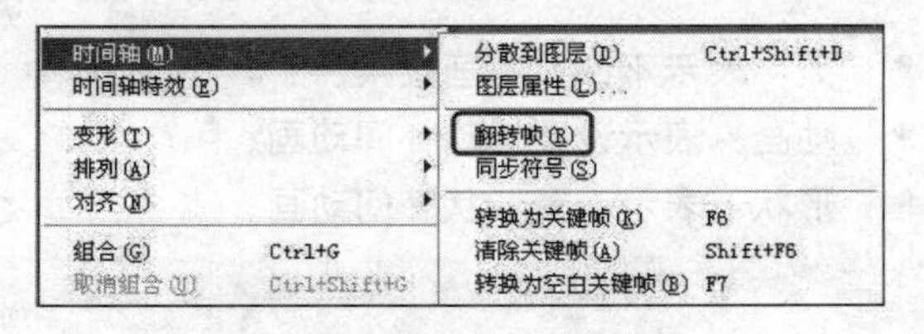

图 6.25　选择“翻转帧”命令

Step 02 此时，时间轴上所有帧的位置会发生改变，原来位于最左端的帧移到了最右边，如图 6.26（a）和（b）所示。如果查看整个动画的播放情况，就会发现动画的播放顺序完全颠倒了。

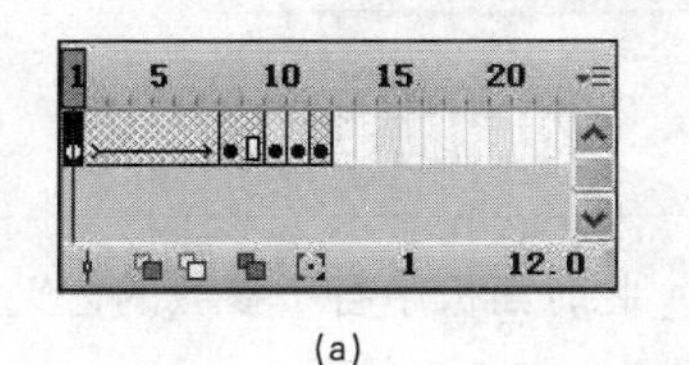

(a)

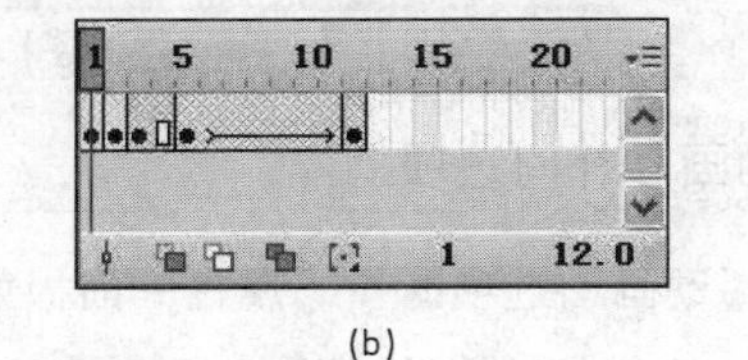

(b)

图 6.26　将帧翻转

提示： 查看动画播放最简单的方法是，拖动时间轴上的播放头（红色滑块）即可。另外，如果只是希望部分帧进行翻转，则可选择一部分帧使其翻转即可。

6.2.3　设置帧频

在 Flash CS3 中，将每一秒播放的帧数称为帧频，即动画在播放时，帧播放的速度。帧频越大，动画播放的速度越快，帧频越小，动画播放的速度越慢。系统默认的帧频为 12fps（帧/秒），即每一秒钟将播放 12 帧动画。

一个 Flash 动画只能指定一个帧频率，在创建动画之前最好先设置帧频率。修改帧频可以在文档的“属性”面板中进行，如图 6.27 所示。

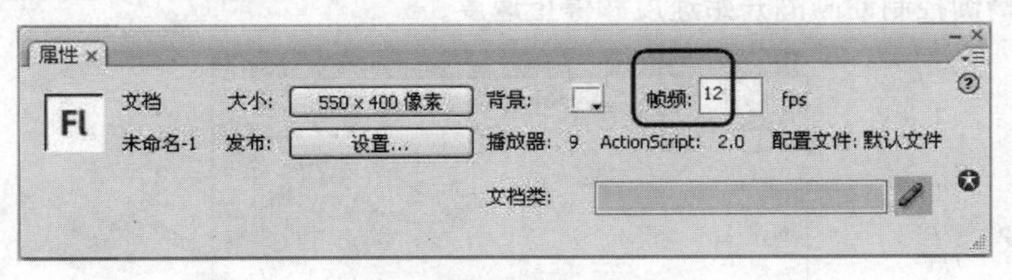

图 6.27　文档的“属性”面板

6.2.4　设置帧属性

Flash 可以创建两种类型的补间动画，一种是运动补间动画，另一种是形状补间动画。这两种补间动画的效果设置都通过帧“属性”面板来实现。

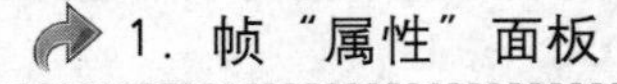

1. 帧“属性”面板

选择时间轴上的帧，此时将打开屏幕的下方的“帧”的“属性”面板，在该“属性”面板中，

有一个补间下拉列表，列表中共有 3 个选项，如图 6.28 所示，其中各选项说明如下。

- 无：表示不设置动画效果。
- 动画：表示设置运动补间动画。
- 形状：表示设置形状补间动画。

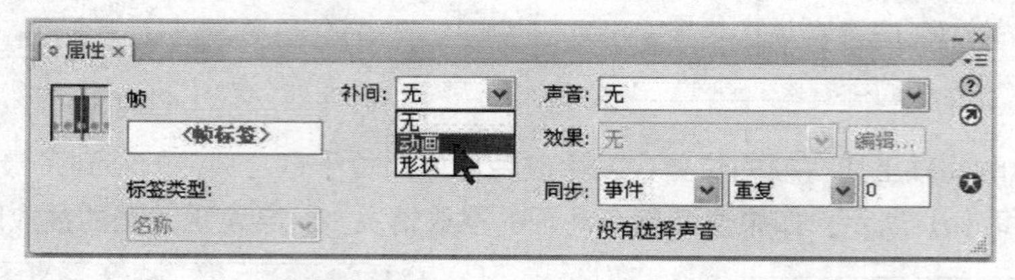

图 6.28 “帧”的“属性”面板

2. “动画”补间选项

当选择“动画”选项时，“属性”面板如图 6.29 所示，此时面板中各个参数的含义如下。

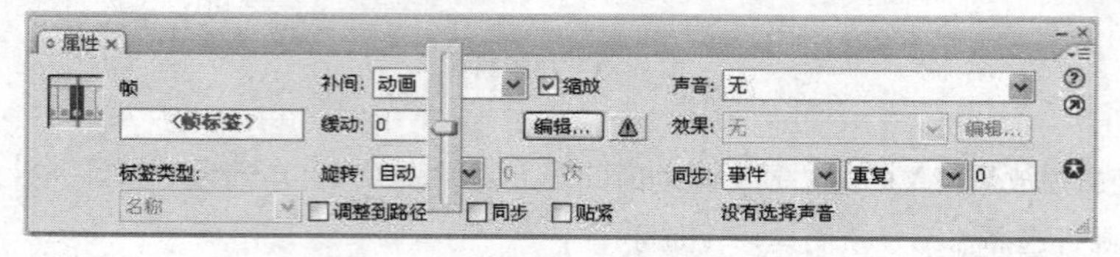

图 6.29 “动画”选项的“属性”面板

- 缩放：如果组合体或元件的大小发生渐变，可选中该复选框。
- 缓动：表示动画的快慢。在默认的情况下，补间帧是以固定的速度播放的。利用缓动值，可以创建更逼真的加速度和减速度。其中，正值以较快的速度开始补间，越接近动画末尾，补间速度越低；负值以较慢的速度开始补间，越接近动画的末尾，补间速度越高。
- 编辑：单击“编辑”按钮，可打开“自定义缓入/缓出”对话框，它表示随时间的推移，动画变化程度的坐标图。水平轴表示帧，垂直轴表示变化的百分比，如图6.30所示。该面板可以精确控制动画的开始速度和停止速度。

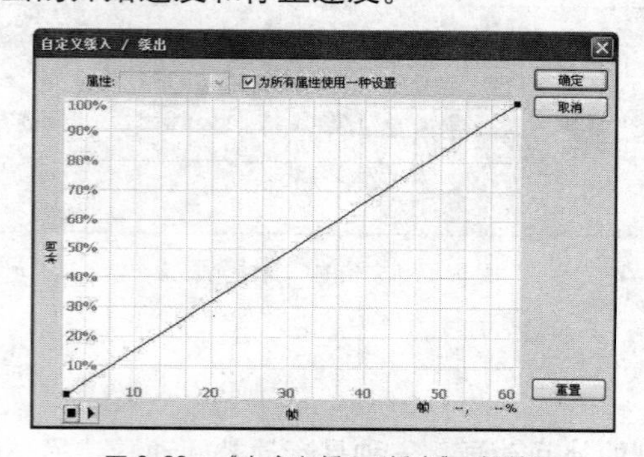

图 6.30 “自定义缓入/缓出”对话框

- 旋转：创建动画时，如果要使舞台中的对象或元件旋转，可从“旋转”的下拉列表中选择一个选项，该下拉列表的4个选项分别如下。
  - 无：表示不旋转。

> ➢ 自动：表示由Flash自动决定旋转方式。
> ➢ 顺时针：表示舞台对象按顺时针方向旋转。
> ➢ 逆时针：表示舞台对象按逆时针方向旋转。

- 调整到路径：如果使用运动路径，则会使补间元素的基线调整到运动路径。
- 对齐：如果使用运动路径，则会根据其注册点将补间元素附加到运动路径。

注意：当选择“自动”选项后，Flash 将按照最后一帧的需要旋转对象。当选择“顺时针”或“逆时针”旋转选项后，还需要在后边的框中输入旋转的次数，如果不输入旋转次数，则不会产生旋转。

3. “形状”补间选项

如果从“补间”下拉列表中选择“形状”选项，则帧“属性”面板如图 6.31 所示。

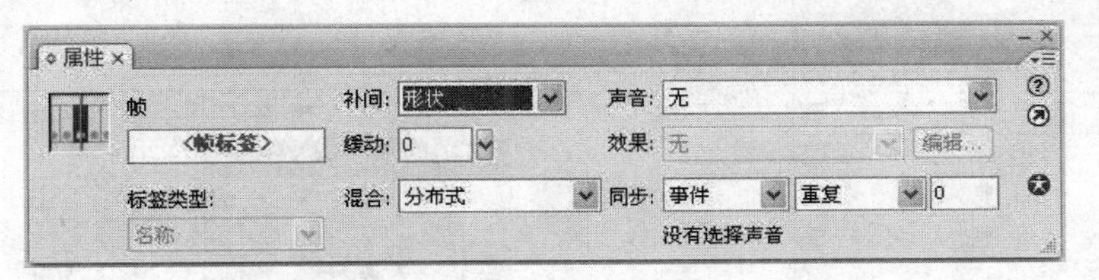

图 6.31　“形状”补间的“属性”面板

- 分布式：该选项在创建动画时所产生的中间形状将平滑而不规则。
- 角形：该选项在创建动画时将在中间形状中保留明显的角和直线。

6.3　图层

创建一个 Flash 动画需要用到很多图层，许多图形软件都使用图层来处理复杂的绘图和增加深度感。在 Flash 软件中，对象一层层叠在一起形成动画，而图层是其最终的组织工具。使用图层有许多优点：当处理复杂场景和动画时，可以通过将不同元素放置在不同的图层上，做到用不同的方式对动画进行定位、分离、重排序等操作。

6.3.1　图层的概念和作用

图层是图形图像处理上一个非常重要的部分，它为用户提供了一个相对独立的创作空间。图层就好像是一张张透明的纸，每一张纸中放置了不同的内容，将这些内容组合在一起即可形成完整的图形。

在 Flash CS3 中，图层可以分为普通图层、引导层和遮罩层。其中，使用引导层和遮罩层可以制作一些复杂的动画。

在制作动画的过程中，当素材越来越多、图形越来越复杂时，可以利用图层将不同的素材和图形分门别类地管理起来。修改和编辑时，可以在图层中修改和编辑对象，而不会影响其他图层中的对象。在 Flash 中还提供了图层文件夹，用来管理数量众多的图层。“图层”面板如图 6.32 所示。

提示： 显示状态下，上方图层的对象居于下方图层对象之上，如果某个图层上没有任何内容，那么就可以透过它直接看到下面的图层。

6.3.2 图层的基本操作

1．创建新图层

新建的 Flash 文档在默认状态下只有一个图层，名称为“图层 1”，用户可以根据需要添加更多的图层，以便于在文档中编辑其他的对象。创建新图层有以下 3 种方法。

方法 1： 单击“图层工具栏”中的“插入图层”按钮，即可在“图层 1”的上方创建一个新图层，默认命名为“图层 2”，将其作为当前可编辑的活动层，如图 6.33 所示。

图 6.32 “图层”面板

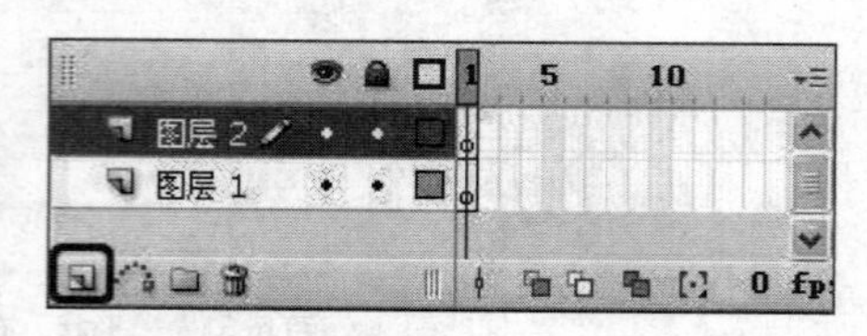

图 6.33 利用按钮创建一个新图层

方法 2： 选择“插入”|“时间轴”|“图层”命令，如图 6.34（a）所示，即可创建一个新图层。

方法 3： 选中一个层，然后右击鼠标，在弹出的快捷菜单中选择“插入图层”命令，如图 6.34（b）所示。

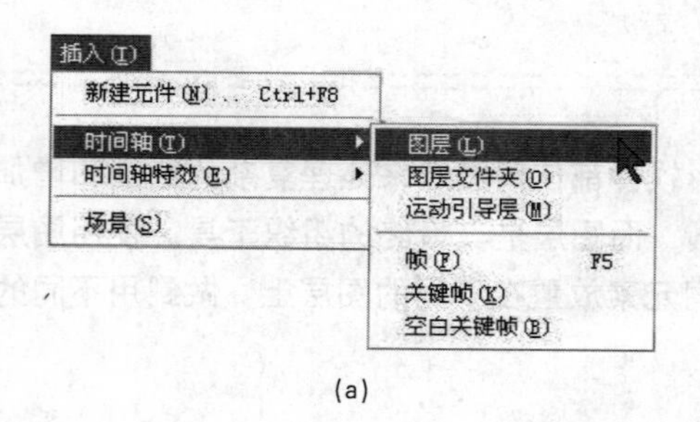

(a)

(b)

图 6.34 利用命令创建新图层

注意： Flash 文件中的层数的多少，不会影响 SWF 文件的大小。

2．为图层重命名

默认状况下，新图层是按照创建它们的顺序命名的，如“图层 1”、“图层 2”、……依此类推。当创建了新图层后，一般情况下要为新图层创建一个与该图层内容相关的名字，以便更好地管理图层。操作步骤如下。

方法 1： 在图层名称处双击，在更名文本框中输入新名称，如图 6.35 所示，然后按 Enter 键。

方法 2： 选中要命名的图层，右击鼠标，在弹出的菜单中选择“属性”命令，弹出“图层属性”

对话框，在对话框的“名称”文本框中输入名称，如图 6.36 所示，然后单击“确定”按钮即可。

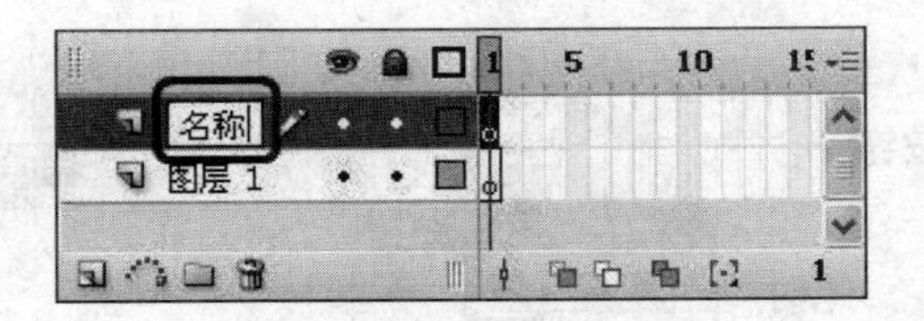

图 6.35　双击图层名称为新图层命名

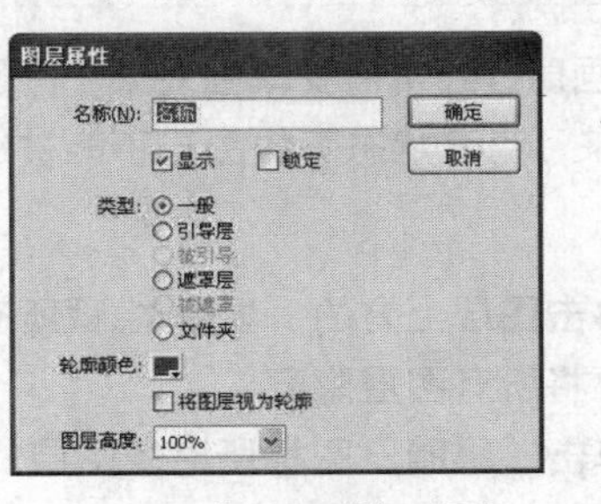

图 6.36　“图层属性”对话框

3. 选择和删除图层

（1）选择图层

方法 1：单击“时间轴”面板中图层的名称，即可选中该图层。

方法 2：按住 Shift 键的同时，单击图层的名称，可以选择多个连续的图层。

方法 3：按住 Ctrl 键的同时，单击图层名称，即可选择几个不连续的图层或文件夹。

（2）删除图层

方法 1：选中图层，单击“图层工具栏”中的“删除图层”按钮，即可将图层删除。

方法 2：在要删除的图层上右击鼠标，在弹出的快捷菜单中选择“删除层”命令即可。

4. 复制图层

复制图层的操作步骤如下。

Step 01　选择所要复制的图层，此时该层的所有帧都已被选中。

Step 02　选择“编辑”|“时间轴”|“复制帧”命令，该图层的所有帧即可被复制到剪贴板上。

Step 03　新建一个图层，然后选择“编辑”|“时间轴”|“粘贴帧”命令，此时，原来图层中的内容全部复制到新图层中。

5. 移动图层

在 Flash CS3 中，可以通过移动图层来改变图层的顺序，操作步骤如下。

Step 01　选中要移动的图层并拖动鼠标，在图层的名称处，显示出一条粗横线。

Step 02　将图层拖动到合适的位置后，释放鼠标即可。如图 6.37 所示的两个对象，分别为改变图层顺序前、后的状态，排在上方的图层将遮挡住下方图层的内容。

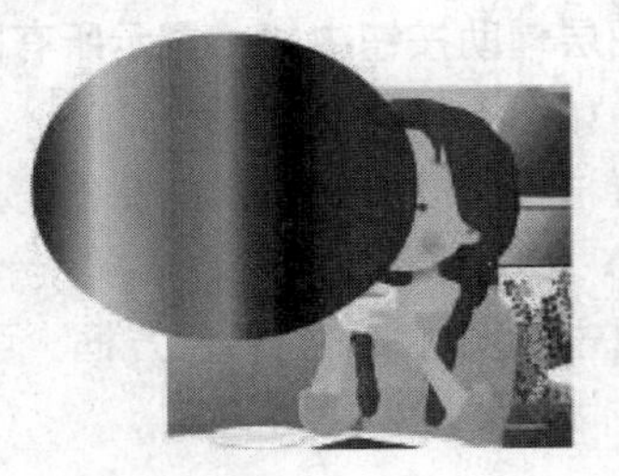

图 6.37　改变图层顺序前、后对象的显示情况

6．隐藏和显示图层

制作动画时，经常需要单独对某一个图层进行编辑，为了避免操作失误，可以将当前不使用的图层隐藏起来，隐藏状态下的图层不能被编辑，当前图层编辑结束后，再将其他层打开。具体操作步骤如下。

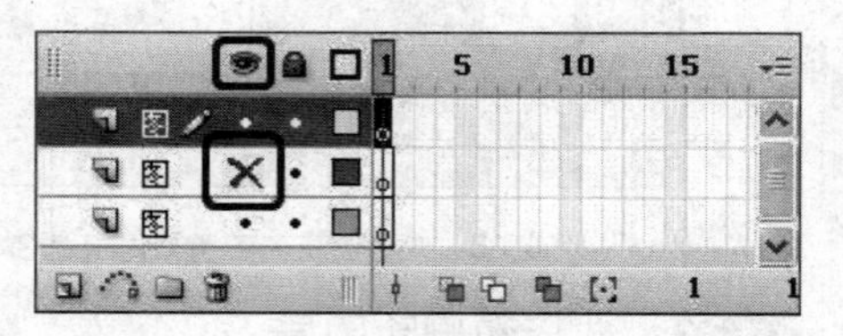
图 6.38　隐藏图层

Step 01　单击图层上方的“显示/隐藏所有图层”按钮，可将所有图层隐藏。

Step 02　单击“眼睛”图标所对应图层的小黑点•，此时小黑点变为红色叉状按钮✕，则该图层被隐藏，如图 6.38 所示。

Step 03　再次单击红色叉状按钮，即可解除该图层的隐藏状态。

7．锁定和解锁图层

为了防止误修改已经编辑好的图层内容，可将编辑好的图层锁定，被锁定后的图层可以看见该图层中的内容，但不能进行编辑，具体操作步骤如下。

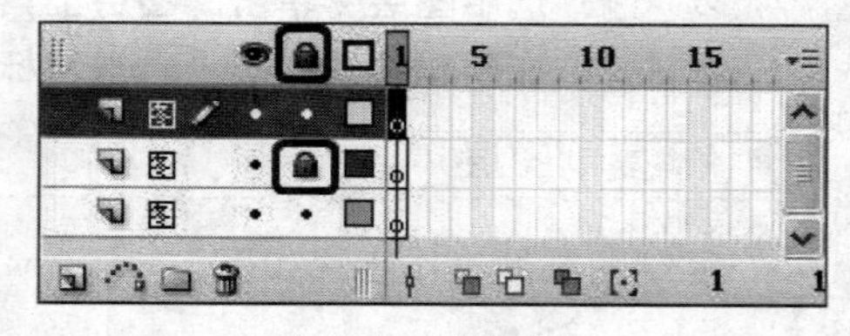
图 6.39　锁定图层

Step 01　单击图层上方的“锁定/解除锁定所有图层”按钮，可以将所有图层锁定。

Step 02　单击“”图标所对应的图层上的小黑点，此时小黑点便转换为锁头图形，如图 6.39 所示，即可锁定该图层。

Step 03　再次单击该图层中的“”图标，即可解除锁定状态。

提示：图层被锁定的同时，图层的复制、删除命令也是可以执行的。

8．图层轮廓线

默认状态下，图层中的内容以完整的实体显示。在编辑中有时候需要查看舞台对象的轮廓线，此时可以通过线框显示模式去除填充内容，以便于查看对象。具体操作步骤如下。

Step 01　在“图层 1”的第 1 帧处，导入一张图片，然后在“图层 2”的第 1 帧处，选择“椭圆工具”，绘制一个椭圆，如图 6.40（a）所示。

Step 02　单击图层辅助按钮中的“显示所有图层轮廓”按钮□，此时两个图层中的对象都显示出边框，如图 6.40（b）所示。

Step 03　如果单击下方图层名称右侧的彩色方框，则只有下方图层的对象显示出边框，如图 6.40（c）所示。

Step 04　再次单击“图层 2”的彩色方框，可关闭轮廓显示，图像又恢复了原状。

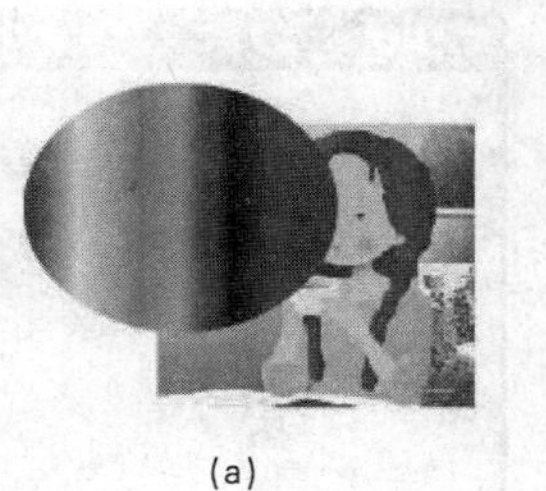

(a)

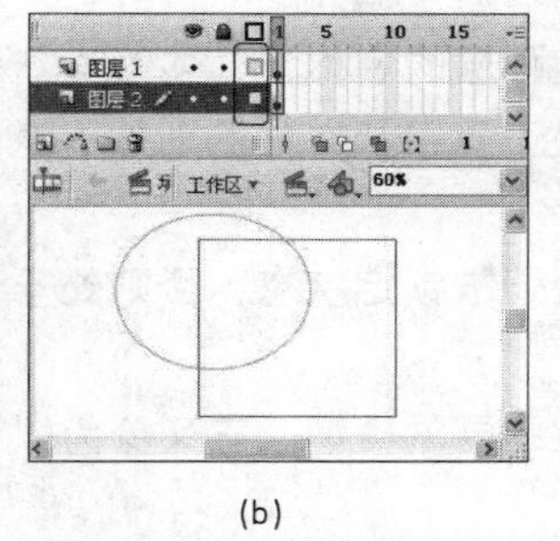

(b)

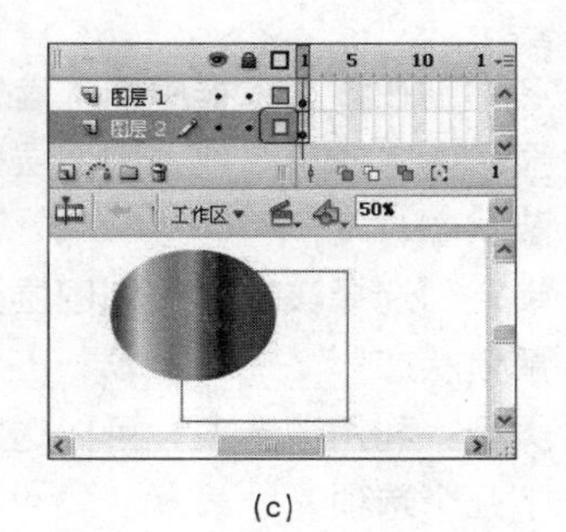

(c)

图 6.40 显示图层轮廓线

6.3.3 图层文件夹

在制作一个较大的动画时，通常会有很多图层，此时利用图层文件夹，可以将众多图层分门别类地管理起来。对图层文件夹的创建、复制、删除等操作步骤如下。

Step 01 选中一个图层，单击“图层工具栏”中的“插入图层文件夹”按钮，此时创建的新文件夹出现在所选图层的上方，如图 6.41 所示。

Step 02 选中要移动的“图层 3”，将其拖动到图层文件夹中，此时，图层名称往右边缩进了一点，如图 6.42 所示。

Step 03 单击“图层文件夹”左侧的下三角按钮，将文件夹折叠，然后单击文件夹名称，选中整个文件夹。选择“编辑”|“时间轴”|“复制帧”命令，将其复制到剪贴板。

Step 04 单击“图层工具栏”中的“新建图层文件夹”按钮，创建一个新文件夹，然后选中新文件夹，选择“编辑”|“时间轴”|“粘贴帧”命令，将剪贴板上的内容粘贴到新文件夹中，如图 6.43 所示。

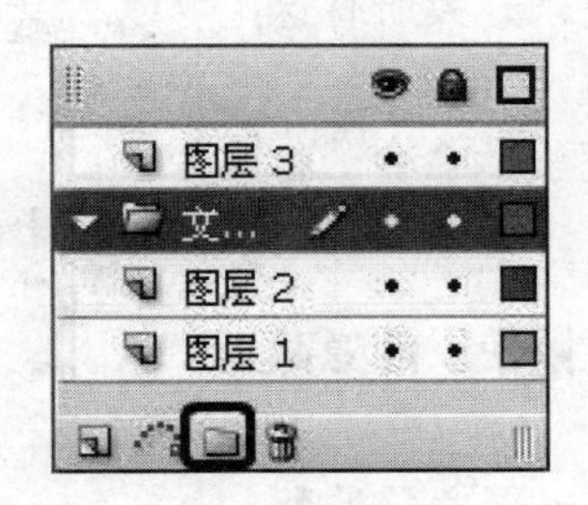

图 6.41 创建图层文件夹

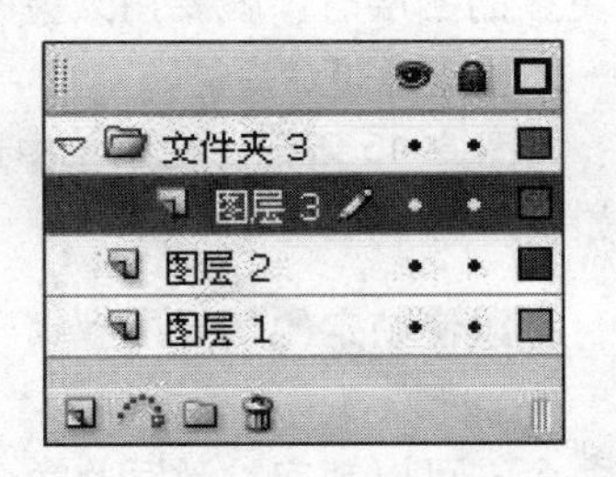

图 6.42 移动图层到文件夹

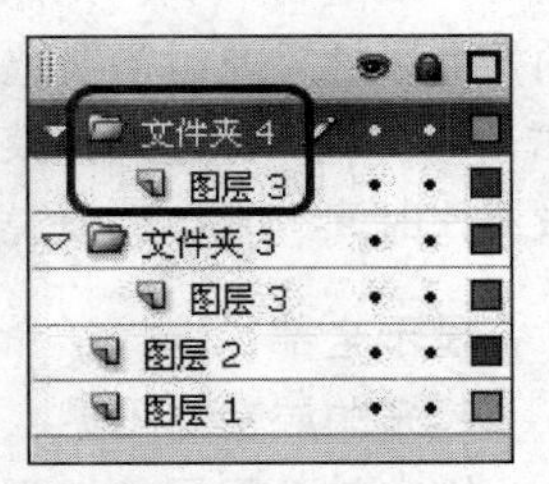

图 6.43 复制文件夹

Step 05 选中图层“文件夹 3”，单击“图层工具栏”中的“删除图层”按钮，即可将文件夹删除。

注意：删除图层文件夹时，它包含的所有图层及内容都将被删除。

6.3.4 图层的属性

要修改图层的属性，必须选中该图层，然后在该图层的名称上双击，弹出“图层属性”对话框，如图 6.44 所示。

该对话框中各个选项的含义如下。

Chapter 01 Chapter 02 Chapter 03 Chapter 04 Chapter 05 Chapter 06 Chapter 07 Chapter 08 Chapter 09 Chapter 10 Chapter 11 Chapter 12 Chapter 13

- 名称：在该文本框中输入选定图层的名称。
- 显示：选择该选项，则图层处于显示状态，否则处于隐蔽状态。
- 锁定：选择该选项，则图层处于被锁定状态，否则处于解锁状态。
- 类型：利用该选项，可以选定图层的类型。它又分为以下几个选项。
  - 一般：选择该选项，将选定的图层设置为普通图层。
  - 引导层：选择该选项，将选定的图层设置为引导图层。
  - 被引导层：选择该选项，将选定的图层设置为被引导层。
  - 遮罩层：选择该选项，将选定的图层设置为遮罩图层。
  - 被遮罩层：选择该选项，将选定的图层设置为被遮罩层。
  - 文件夹：选择该选项，将选定的图层设置为图层文件夹。
- 轮廓颜色：设定图层以轮廓显示时的轮廓线颜色。
- 将图层视为轮廓：选中的图层以轮廓的方式显示图层内的对象。
- 图层高度：改变图层单元格的高度。

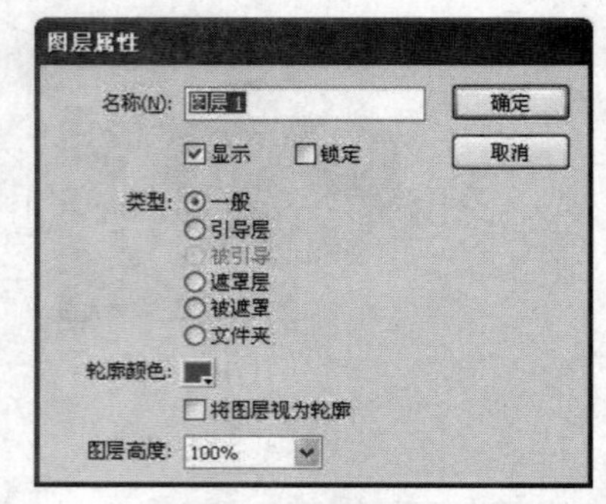

图 6.44 “图层属性”对话框

6.3.5 对图层进行快速编辑

当处理带有很多层的场景时，有时需要看到所有层，有时只需要看到其中一层或只对一层进行编辑。如果有更多的图层时，就要用大量的时间来开关所有这些层的相关属性。此时需要选择一个快速编辑命令。

右击名称栏，弹出快捷菜单，如图 6.45 所示，在菜单中选取适当的命令，将会节省操作时间。其中选项说明如下。

- 显示全部：选择该命令，可以使锁定的所有层解锁，也可以使以前隐藏起来的层变的可见。
- 锁定其他图层：选择该命令，可以锁定除激活此命令的那一层之外的所有层。该层成为当前层，此时，将不能编辑其他任何图层。
- 隐蔽其他图层：选择该命令，能够隐藏除激活此命令的那一层之外的所有层。该层成为当前层，此时，将不能看到或编辑其他任何图层。

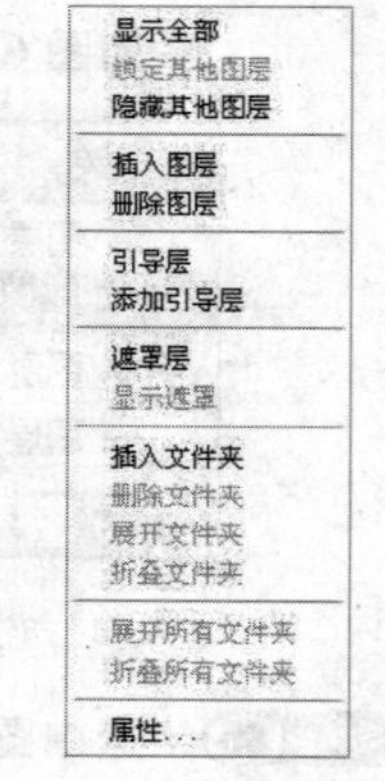

图 6.45 快捷菜单

6.4 “时间轴”面板的辅助按钮

“时间轴”面板下方的状态行中有几个辅助按钮，如图 6.46 所示，在制作动画时经常要用到，下面简单介绍辅助按钮。

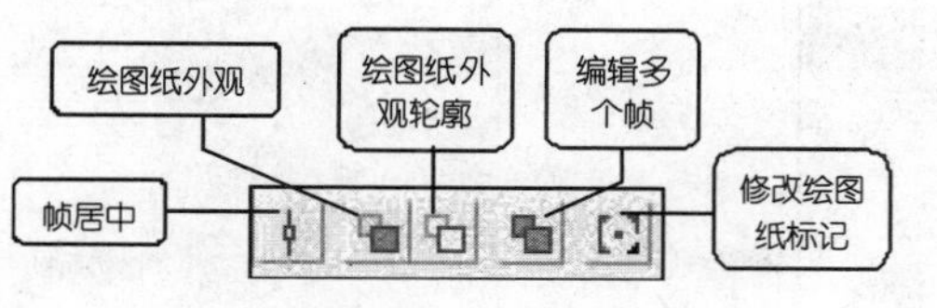

图 6.46 辅助按钮

源文件	源文件\Chapter 06\素材\Car

1. "绘图纸外观"按钮

Step 01 由"源文件\Chapter 06\素材"文件夹下，打开一个名为 Car.fla 的源文件，如图 6.47 所示。

Step 02 单击"时间轴"面板下方的"绘图纸外观"按钮，时间轴标尺上就会出现绘图纸的范围。此时舞台中的对象也同时显示了选中帧两旁各帧的内容，其中播放头所在的帧透明度为 100%，其余的为半透明，这种效果又被称为"洋葱皮"效果，如图 6.48 所示。

图 6.47 打开素材文件

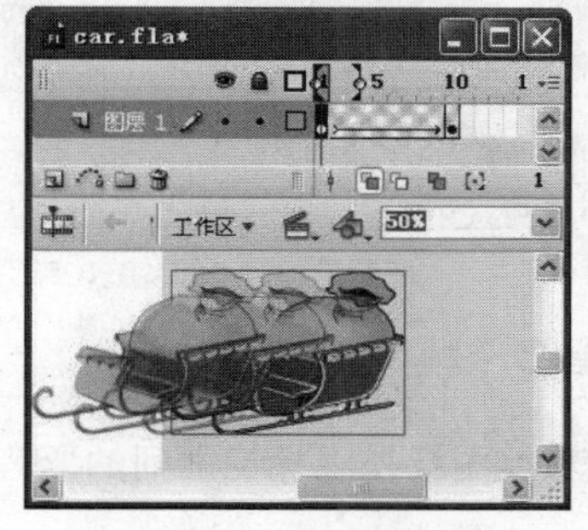

图 6.48 "洋葱皮"效果

2. "修改绘图纸标记"按钮

在查看范围帧的对象内容时，可以修改绘图纸范围，操作步骤如下。

Step 01 单击"修改绘图纸标记"按钮[·]，从弹出的快捷菜单中选择范围，如图 6.49 所示。其中各选项含义如下。

- 总是显示标记：在时间轴标题中显示绘图纸外观标记，而不管绘图纸外观是否打开。
- 绘图纸2：在当前帧的两边显示两个帧。
- 绘图纸5：在当前帧的两边显示5个帧。
- 绘制全部：在当前帧的两边显示所有帧。

Step 02 选择快捷菜单中的"绘制全部"命令，此时所有要修改的帧都会被包括在绘图纸范围之内。

Step 03 此时舞台上的对象也显示出选中帧的内容，如图 6.50 所示。

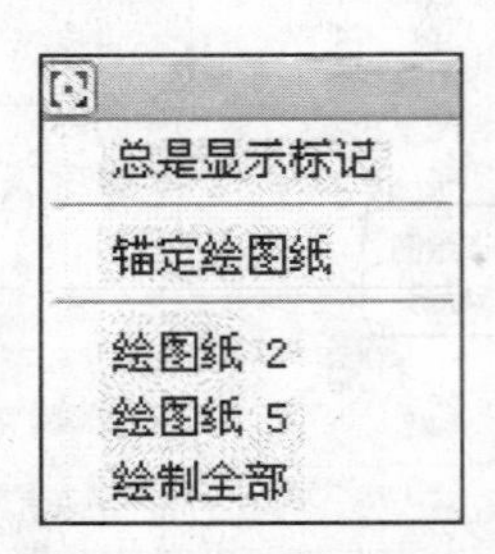

图 6.49　“修改绘图纸标记”菜单

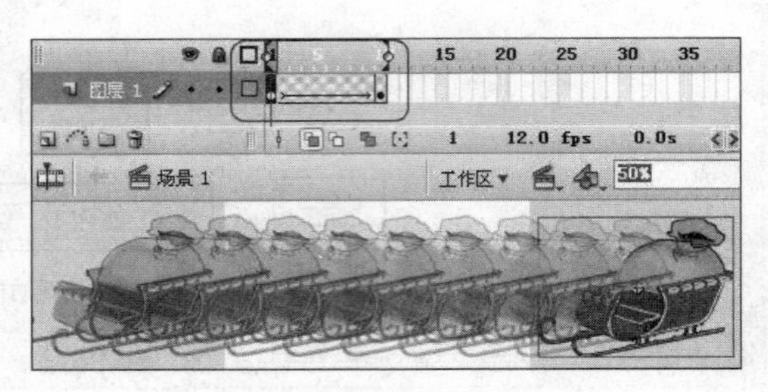

图 6.50　修改绘图纸范围

3. “绘图纸外观轮廓”按钮

绘图纸外观还可以只显示线框而不显示填充内容。单击“绘图纸外观轮廓”按钮，此时舞台上的图像除了当前帧显示实体外，其他帧都只显示轮廓，如图 6.51 所示。

图 6.51　绘图纸外观轮廓效果图

4. “编辑多个帧”按钮

如果要编辑绘图纸外观标记之间的所有帧，就要单击“编辑多个帧”按钮，然后可对多个帧进行编辑。

5. “帧居中”按钮

单击该按钮，可以改变时间轴控制区的显示范围，将当前帧（播放头）显示在控制区窗口的中间。

6.5　练习题

1. 时间轴面板由哪两部分组成？
2. Flash CS3 中有哪几种帧？它们的快捷键分别是什么？
3. Flash CS3 中有哪几种图层？简单叙述图层的创建方法。

Chapter 07

元件、实例和库

本章导读

本章重点介绍与元件相关的内容，主要包括图形元件、按钮元件和影片剪辑元件的创建及属性的设置，以及对实例的创建和属性的设置。另外，还将介绍“库”面板、公用库等元件管理工具的使用方法。

内容要点

- 元件和实例
- 元件的创建
- 元件的编辑
- 实例的创建和编辑
- “库”面板的使用
- 案例 1——图形变换
- 案例 2——双马奔腾
- 案例 3——图像按钮

7.1 元件和实例

在 Flash 中，元件是可以重复使用的图形、按钮和影片剪辑。元件实例则是元件在工作区的具体体现。使用元件可以很大程度地缩减文件的大小、加快影片的播放速度，还可以使编辑影片更加简单化。

7.1.1 元件和实例简介

简单地说，元件是一个特殊的对象，它在 Flash 中只创建一次，然后就可以在整个影片中反复使用。元件可以是一个形状，也可以是一个动画，并且所创建的任何元件都会自动成为库中的一部分。元件无论被引用多少次，该元件对文件的大小都只有很小的影响。

元件实例的外观和动作无需和原元件一致，每个元件实例都可以有不同的颜色和大小，并可以提供不同的交互作用。例如，可以将图形元件的多个实例放置在舞台上，其中每个实例都可以有不同的动作和颜色。同时，将元件实例放置在场景中的动作可以看成是将一个小的影片放在大影片中，而且还可以将元件实例作为一个整体来设置动画效果。

将元件当作主控对象，把它存放于“库”面板中，但如果将元件放入影片中，使用的则是主控对象的实例，而不是主控对象本身。

7.1.2 元件的类型

根据使用方式的不同，元件可以分为 3 类——图形元件、按钮元件和影片剪辑元件。

1．图形元件

图形元件通常由在影片中使用多次的静态或不具有动画效果的图形组成。例如，可以通过在场景中添加一棵树元件的多个实例来创建一片森林。同时，图形元件还允许其他图像或元件插入，并且它也可以作为运动对象，根据要求在画面中自由运动。但是，在图形元件中不能插入声音和动作控制命令。

2．按钮元件

按钮元件可以对鼠标动作作出反应，用户可以使用它们控制影片。在设置一个按钮执行各种动作时，按钮元件有自动响应鼠标事件的功能。同时，在按钮元件的时间轴上有 4 个基本帧，分别表示了按钮的 4 个状态。按钮元件中可以插入动画片段的元件和声音，并允许在前 3 帧插入动作控制命令。

3．影片剪辑元件

影片剪辑元件是 Flash 动画中最具有交互性、用途最多及功能最强的部分，它是一个独立的小影片。影片剪辑元件中包含声音、动画及按钮，它具有独立的时间轴，在整个主影片中它们是相互独立的，因此，可以将影片剪辑元件看成为主影片中的小影片。

7.2 元件的创建

元件是可以被重复使用的图像、按钮和动画。在 Flash CS3 动画中，如果一个对象被频繁使用的话，就可以将其转换为元件，并放置在“库”面板中，将元件从“库”面板拖动到舞台，即可生成该元件的一个实例。

提示：元件的应用对于减小 Flash 动画的容量起到极为重要的作用，它可以使 Flash 动画能够在拥挤的互联网上快速流传。

7.2.1 图形元件

1. 图形元件的元素和作用

图形元件包括矢量图形、位图图像、文本对象，以及使用 Flash 工具创建的线条、色块、动画和声音等元素。

图形元件的主要作用是，制作动画中的静态图形或动画片段，它与主时间轴同步进行，但它不具有交互性，也不能够添加声音。

提示：图形元件有相对独立的编辑区域和播放时间，当应用到场景时，会受到当前场景中帧序列和其他交互式设置的影响。

2. 创建图形元件

创建一个图形元件的操作步骤如下。

Step 01 创建一个新文档，默认属性选项。

Step 02 选择“插入”|“新建元件”命令，弹出“创建新元件”对话框。

Step 03 在“名称”文本框中，为该元件命名，如为元件命名为“汽车”，选择“图形”单选按钮，如图 7.1 所示。

Step 04 单击“确定”按钮，即可由场景工作界面进入到图形元件编辑区，元件的名称显示在编辑栏中，此时，在编辑区的中心位置显示有“+”标志，这个标志被称作“注册点”。

Step 05 选择“文件”|“导入”|“导入到舞台”命令，导入一张汽车的图片（用户可以任意选择图片），利用“对齐”面板，使其相对于编辑区居中对齐，如图 7.2 所示，在该种状态下，可对图片进行编辑。

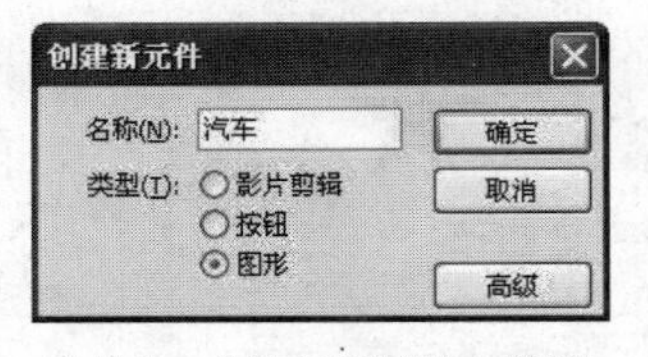

图 7.1 “创建新元件”对话框

图 7.2 元件编辑区

提示：当创建了若干个元件后，可以通过单击“编辑元件”按钮，从元件列表中选择元件进行编辑。元件编辑状态下的十字标志为元件编辑区的中心，通常将绘制的图形或导入的图片置于该标志的中心。

Step 06 完成元件编辑后，单击编辑栏中的“场景 1”按钮，或选择“编辑”|“编辑文档”命令，或者按 Ctrl+E 组合键，即可切换到主场景编辑状态。

Step 07 创建元件后，元件可显示在“库”面板中，如图 7.3 所示。

注意：图形元件是最简单的Flash元件，但不能在其中加入声音和脚本语句，即使加入了这些内容，也是无效的。

3．将图形转换为元件

在动画制作中，需要绘制许多图形，为了方便地在动画中调用这些绘制好的图形，最好将它们转换为元件，这些图形被转换为元件后，也都被保存在“库”面板中，需要的时候，从“库”中将其拖动到舞台即可使用。具体的操作步骤如下。

Step 01 创建一个新文档，在舞台中绘制一个五角星图形，如图 7.4 所示，利用“选择工具”将图形全部选中，然后选择“修改”|“转换为元件”命令，此时，将打开“转换为元件”对话框。

Step 02 在对话框中为元件命名，选择“图形”单选按钮，如图 7.5 所示。

图 7.3 “库”面板

图 7.4 绘制图形

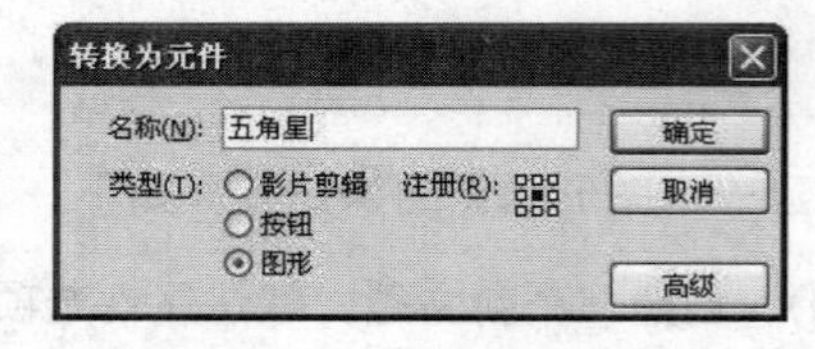

图 7.5 “转换为元件”对话框

Step 03 单击“确定”按钮，即可完成从图形到元件的转换，转换为元件后，并不会自动进入元件编辑状态。

Step 04 双击舞台中的图形，即可进入元件编辑状态，此时的“属性”面板将自动转换为元件实例的“属性”面板，如图 7.6 所示。

Step 05 选择“窗口”|“库”命令，打开“库”面板，将“五角星”元件保存在“库”中，如图 7.7 所示。

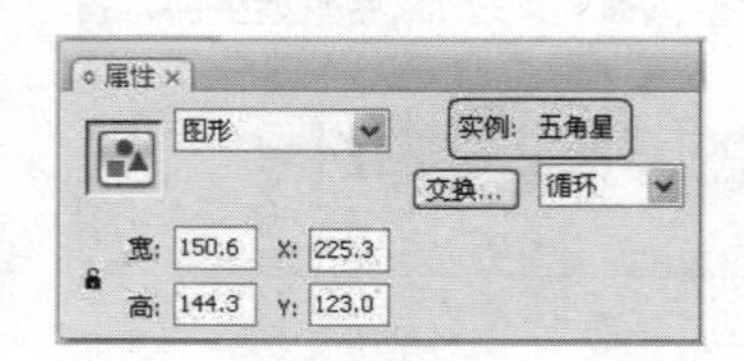

图 7.6 元件实例的“属性”面板

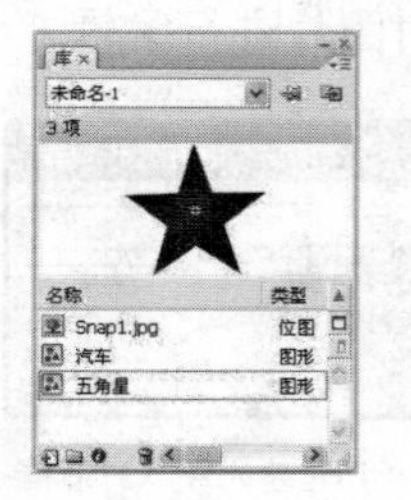

图 7.7 “库”中的元件

注意：当将舞台上的对象转换为元件后，元件出现在"库"面板中，而该对象仍然存在于舞台之上，舞台上的对象称为元件实例，双击元件实例即可进入元件编辑状态。

4. 设置图形元件的注册点

在"转换为元件"对话框中，有一个"注册"选项，其意义就是设定转换为元件的图形注册点，其中有 9 个注册点位置可供选择，如图 7.8 所示。

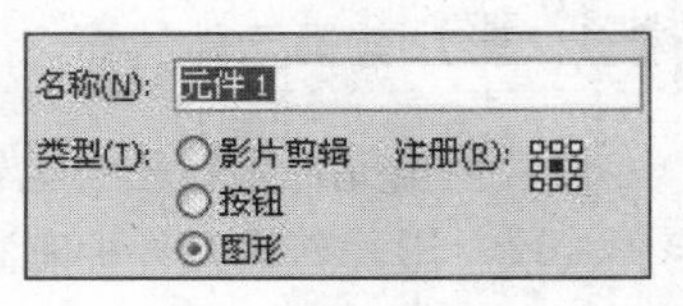

图 7.8 "注册"选项

- 若选择左上角的注册点，如图7.9（a）所示，则转换为元件后的图形如图7.9（b）所示，其注册点在元件的左上角，与中心点不重合。

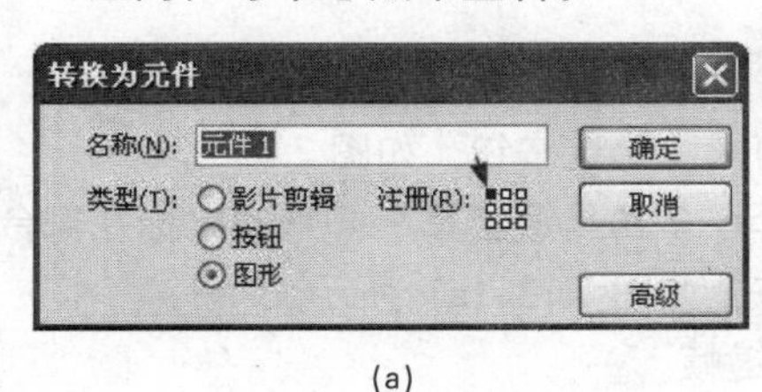

(a)

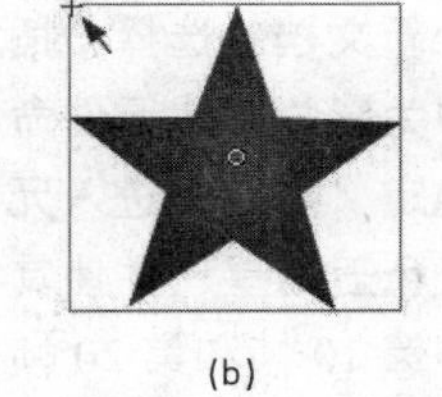

(b)

图 7.9 选择注册点及其注册点在元件上的显示

- 若选择中下方的注册点，如图7.10（a）所示，则转换为元件的图形如图7.10（b）所示，其注册点在元件的中下方，与中心点不重合。

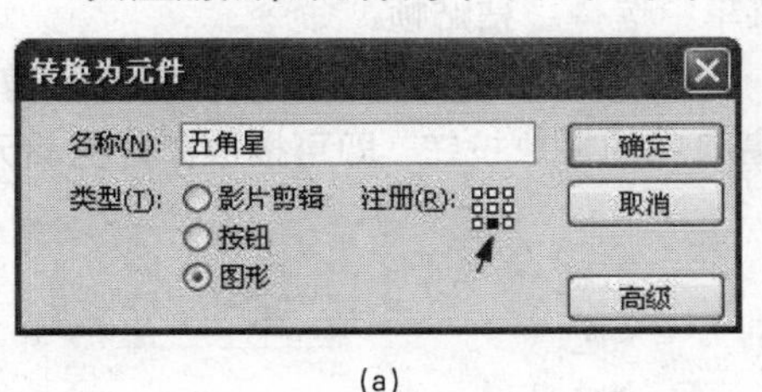

(a)

(b)

图 7.10 选择注册点及其注册点在元件上的显示

- 若选择中心的注册点，如图7.11（a）所示，则转换为元件的图形如图7.11（b）所示，其注册点在元件的中心点，注册点与中心点重合。

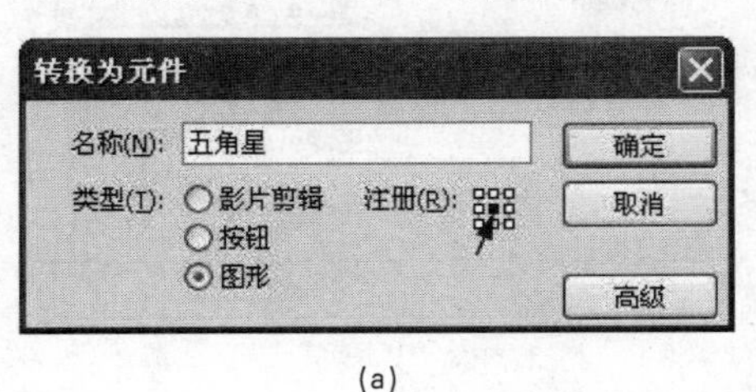

(a)

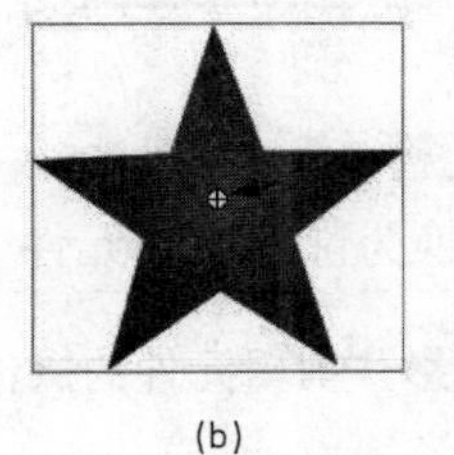

(b)

图 7.11 选择注册点及其注册点在元件上的显示

注意：单击场景中的元件，其上有两个标志，"十"标志代表的是注册点，而圆圈"。"标志代表的是元件的中心点。

7.2.2 影片剪辑元件

当影片中需要重复使用一个已经创建的动画片段时，最简单的方法是将该动画转换为影片剪辑元件。

1. 影片剪辑元件的概念

影片剪辑元件是动画中电影片段的实例，可以在影片剪辑元件中增加动画、动作、声音及其他电影片段。影片剪辑元件拥有独立于主动画的时间轴，可以将其视为主动画的子动画。

2. 创建影片剪辑元件

创建一个影片剪辑元件的操作步骤如下。

Step 01 创建一个新文档，选择“插入”|“新建元件”命令，弹出“创建新元件”对话框。在该对话框中为影片剪辑元件命名，选择“影片剪辑”单选按钮，如图 7.12 所示。

Step 02 单击“确定”按钮，进入元件编辑状态。选择“多角星形工具”，拖动鼠标在舞台中绘制一个红色五角星，并使其相对舞台居中对齐，如图 7.13（a）所示。

Step 03 分别选中第 10 帧和第 20 帧，按 F6 键插入关键帧。

Step 04 选中第 5 帧，按 F7 键插入空白关键帧，拖动鼠标在舞台中绘制一个渐变色的椭圆，并使其相对舞台居中对齐，如图 7.13（b）所示。

Step 05 在第 5 帧处右击鼠标，在弹出的快捷菜单中选择“复制帧”命令，选中第 15 帧，按 F7 键插入空白关键帧，右击第 15 帧，在快捷菜单中选择“粘贴帧”命令。

Step 06 选择“窗口”|“库”命令，打开“库”面板，在“库”面板中显示了创建的影片剪辑元件，选中所创建的影片剪辑元件，单击预览窗口中的播放按钮，即可播放影片剪辑元件，如图 7.14 所示。

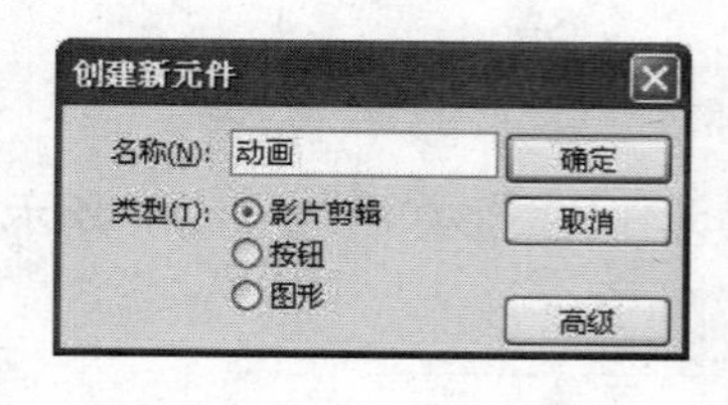

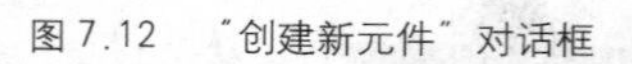
图 7.12 “创建新元件”对话框

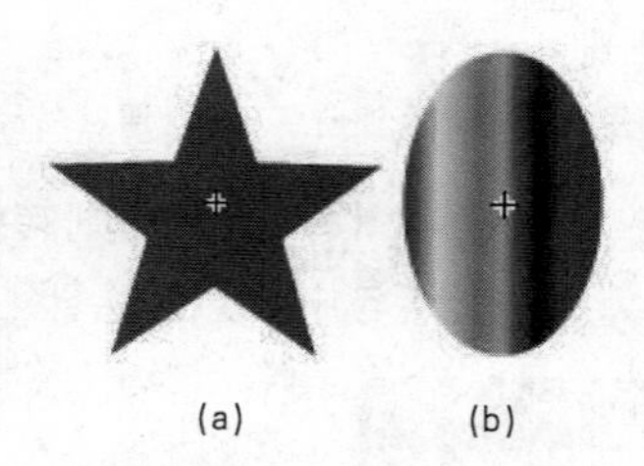

图 7.13 绘制图形

图 7.14 “库”面板

3. 将动画转换为影片剪辑元件

将动画转换为影片剪辑元件的操作步骤如下。

Step 01 创建一个新文档，选择“文件”|“打开”命令，由“源文件\Chapter 07\图形变换”文件夹下，打开名为“图形变换”的源文件。

Step 02 选中图层中的所有帧，右击鼠标，从弹出的菜单中选择“复制帧”命令，如图 7.15（a）所示。

提示：选中所有的帧的其他方法：单击图层的第 1 帧，然后按住 Shift 键，单击图层的最后一帧，可选中所有的帧；还可以单击图层的名称处，选中所有的帧。

Step 03 选择“插入”|“新建元件”命令，打开“创建新元件”对话框，为影片剪辑元件命名，选择“影片剪辑”类型。

Step 04 单击“确定”按钮，进入元件编辑状态。在“图层 1”的第 1 帧处右击鼠标，从快捷菜单中选择“粘贴帧”命令，此时，影片剪辑元件创建完毕。

Step 05 打开“库”面板，其中包含创建的影片剪辑元件，选中所创建的影片剪辑元件，单击预览窗口的播放按钮，即可进行播放，如图 7.15（b）所示。

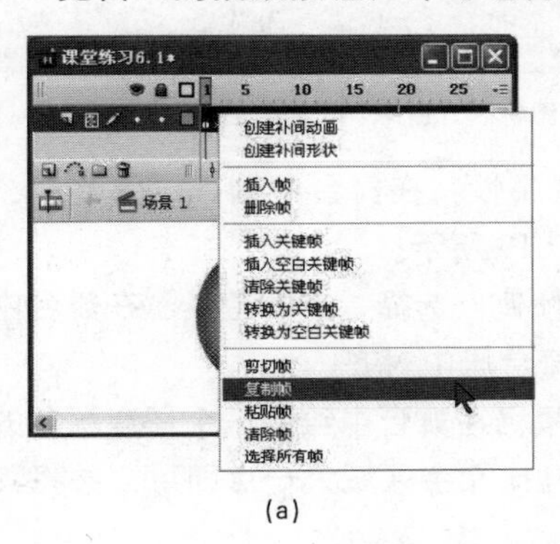

(a)

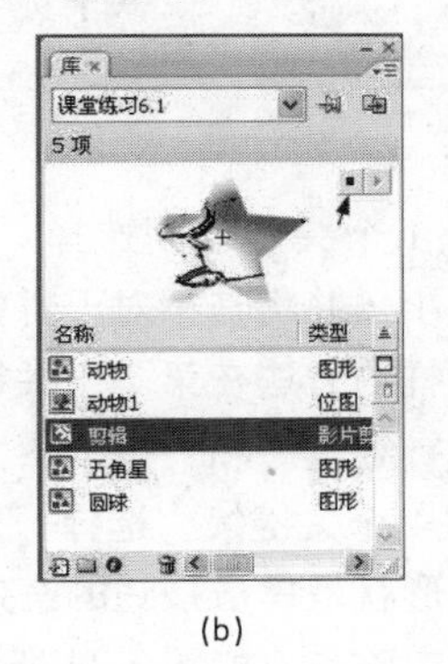

(b)

图 7.15 选中并复制帧及创建影片剪辑元件后的“库”面板

7.2.3 按钮元件

按钮元件是 Flash 中一种特殊的元件，它不同于图形元件，因为按钮元件在影片播放过程中的默认状态是静止的，可以根据鼠标的移动或单击等操作激发相应的动作，每个帧都可以通过图形、元件和声音来定义。

1．按钮元件的 4 种状态

在 Flash 中，按钮元件有 4 种状态，每种状态都有特定的名称。按钮元件的“时间轴”面板如图 7.16 所示，按钮的 4 种状态分别如下。

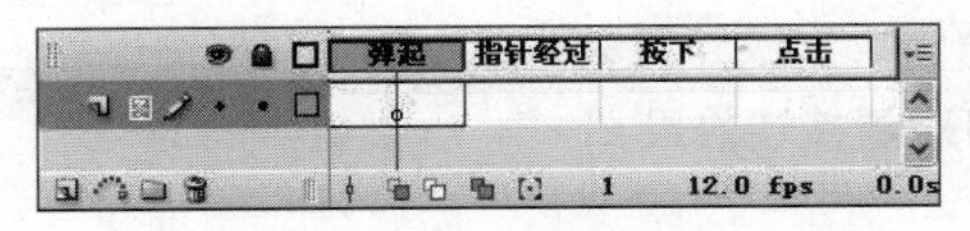

图 7.16 按钮元件的“时间轴”面板

- 弹起：该帧表示当鼠标指针不接触按钮时，该按钮处于弹起的状态。
- 指针经过：该帧表示当鼠标指针移动到该按钮上，但没有按下鼠标的状态。
- 按下：该帧表示当鼠标指针移动到按钮上并按下鼠标时的状态。
- 点击：该帧定义了鼠标单击的有效区域。

2．创建按钮元件

创建一个文字按钮元件的操作步骤如下。

Step 01 选择“文件”|“新建”命令，创建一个新文档。

Step 02 选择“插入”|“新建元件”命令，在“创建新元件”对话框中，选择元件“类型”为“按钮”，为要创建的按钮命名为“按钮 1”，如图 7.17 所示，单击“确定”按钮后，进入按钮元件编辑状态。

Step 03 在按钮元件的时间轴上，共有“弹起”、“指针经过”、“按下”和“点击”4 个状态帧，分别在 4 个帧处按 F6 键，插入关键帧，如图 7.18 所示。

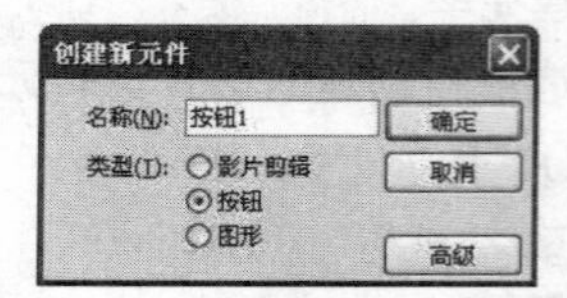

图 7.17 “创建新元件”对话框

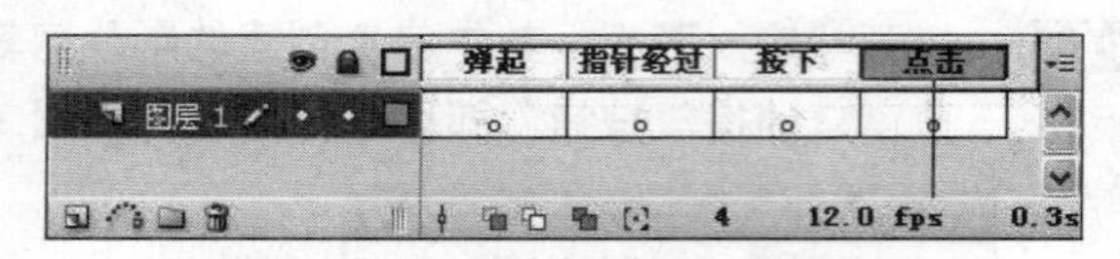

图 7.18 在 4 个帧上插入关键帧

Step 04 选中第 1 个关键帧，选择“文本工具”，设置属性，在舞台中输入“弹起”，适当调整其大小，并将其相对于舞台居中对齐，如图 7.19 所示。

Step 05 利用同样的方法在第 2 个关键帧和第 3 个关键帧处，选择“文本工具”在舞台中分别输入“指针经过”和“按下”，并将它们相对于舞台居中对齐。

Step 06 单击第 4 个关键帧，选择“矩形工具”，拖动鼠标在舞台中绘制一个任意颜色的矩形，这个矩形就是单击按钮的有效区域，矩形的尺寸比文字区域大一点即可，并将其相对于舞台居中对齐，如图 7.20 所示。

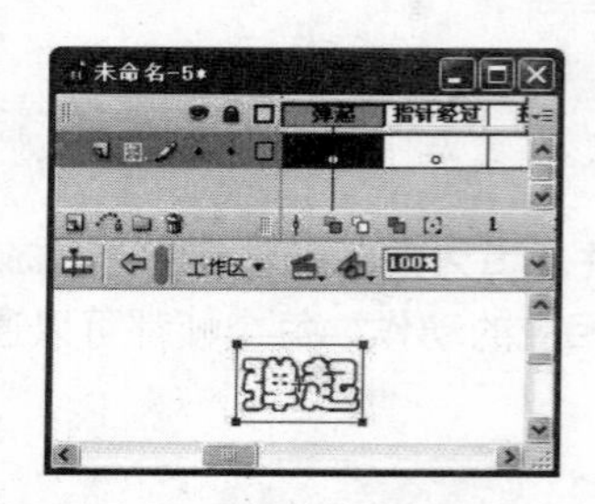

图 7.19 在关键帧处书写文字

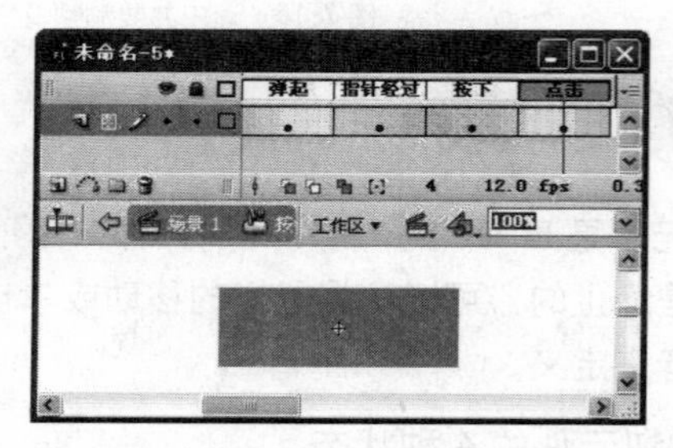

图 7.20 在“点击”帧处绘制矩形

Step 07 按 Ctrl+E 组合键，返回“场景 1”，选择“窗口”|“库”命令，打开“库”面板，将“按钮 1”元件拖入舞台。

Step 08 按 Ctrl+Enter 组合键，测试并浏览按钮效果。文档输出后，当鼠标移动经过按钮或鼠标单击按钮时，即可观看按钮效果。

7.3 元件的编辑

在制作动画中，可以选择在不同的环境下复制元件并对元件进行编辑。

7.3.1 复制元件

复制元件就是将现有的元件作为新元件进行再创建，复制以后，新元件将被添加到“库”面板中，用户可以根据需要进行修改和编辑。复制元件可以使用以下 3 种方法。

1. 使用“库”面板复制元件

Step 01 选择“窗口”|“库”命令，打开“库”面板，在“库”面板中选择要复制的元件。

Step 02 单击面板右上角的“扩展”按钮，弹出“库”面板的选项菜单，如图 7.21 所示。

Step 03 在菜单中选择“直接复制”命令，弹出“直接复制元件”对话框，如图 7.22 所示。

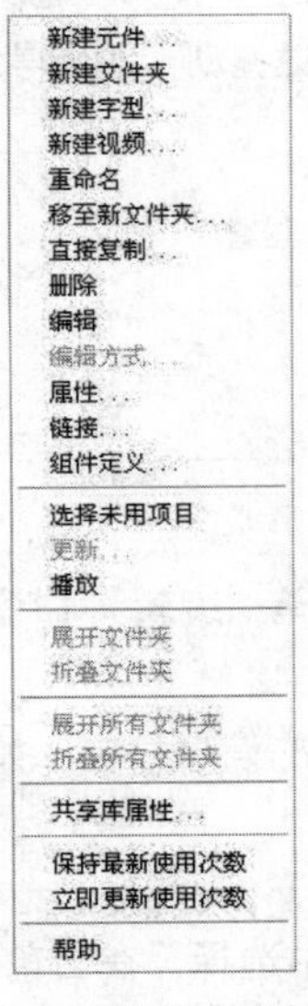

图 7.21　“库”面板的选项菜单

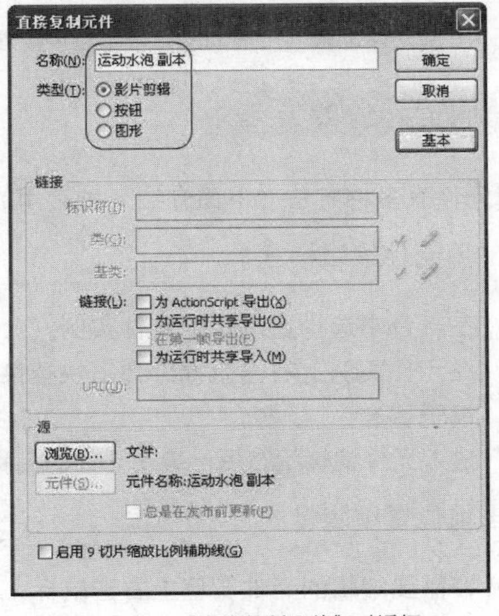

图 7.22　“直接复制元件”对话框

Step 04 在该对话框中，输入复制后元件副本的名称，并为该元件指定类型，单击“确定”按钮。此时，复制的元件便存放在“库”面板中，复制元件前后的“库”面板如图 7.23 所示。

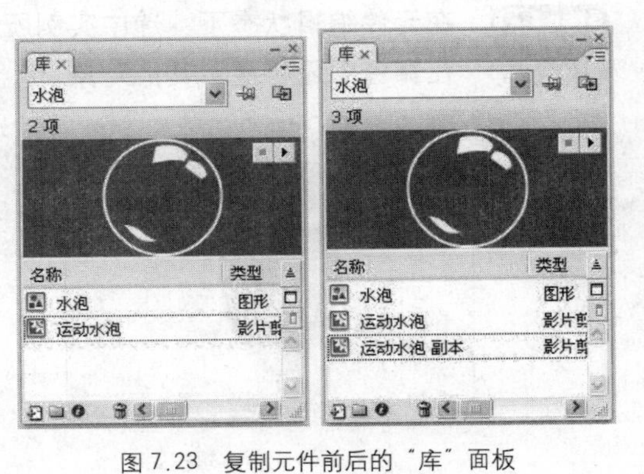

图 7.23　复制元件前后的“库”面板

2. 通过菜单命令复制

Step 01 选中舞台中要复制的一个元件实例。

Step 02 选择“修改”|“元件”|“直接复制元件”命令。

Step 03 弹出“直接复制元件”对话框，在该对话框中输入元件名称，如图 7.24 所示，单击“确定”按钮，即可将复制的元件导入到“库”面板中。

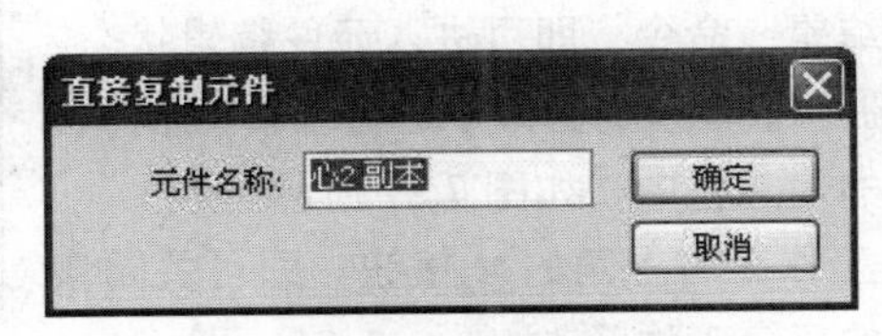

图 7.24　“直接复制元件”对话框

3．通过快捷菜单复制

Step 01 选中舞台中要复制的一个元件实例，右击鼠标，弹出快捷菜单。

Step 02 在该菜单中选择“复制”命令。

Step 03 在舞台的空白位置右击鼠标，在弹出的快捷菜单中选择“粘贴”|“粘贴到当前位置”命令，即可完成元件的复制。

提示：复制元件也可以用拖动的方法，选中要复制的元件，按住 Alt 键拖动，即可得到一个复制的元件。

7.3.2 编辑元件的方法

编辑元件有多种方法，下面介绍 3 种常用的编辑元件的方法。

1．使用元件编辑模式

Step 01 在舞台中选择要编辑的元件实例。

Step 02 在元件实例上右击鼠标，弹出快捷菜单，在该菜单中选择“编辑”命令，即可进入元件编辑状态。

Step 03 进入元件编辑状态后，编辑元件的名称将显示在舞台上方的信息栏中，如图 7.25 所示。

2．当前位置编辑模式

Step 01 在需要编辑的元件实例上右击鼠标，从弹出的快捷菜单中选择“在当前位置编辑”命令，即可进入元件编辑状态。

Step 02 在元件编辑状态下，选中实例所对应的元件即可进行编辑。

Step 03 在舞台中还将显示其他对象，它们是以半透明的状态显示，表示不可编辑状态，如图 7.26 所示。

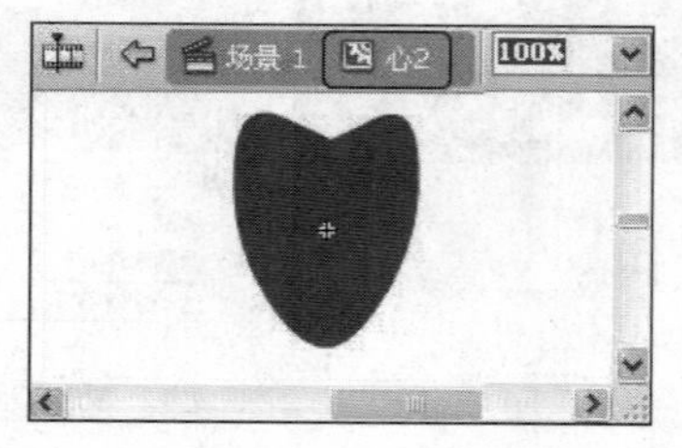

图 7.25　元件编辑模式

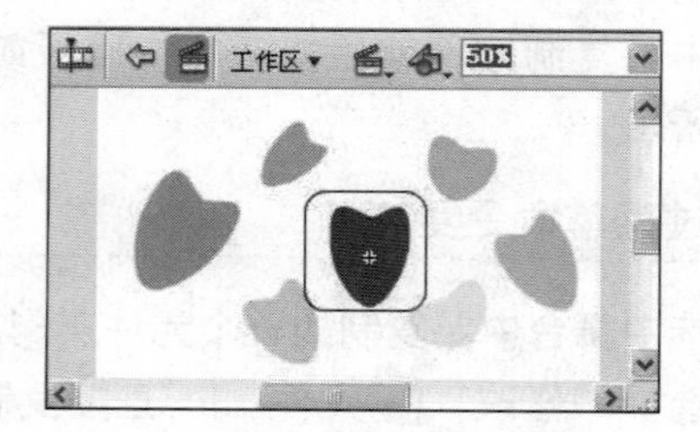

图 7.26　当前位置编辑模式

3．新窗口中编辑模式

Step 01 在需要编辑的元件实例上右击鼠标，从弹出的快捷菜单中选择“在新窗口中编辑”命令，即可进入元件编辑状态。

Step 02 此时，元件被放置在一个单独的窗口中进行编辑，元件名称显示在舞台上方的信息栏中，如图 7.27 所示。

Step 03 编辑完成后，单击工作区右上角的 ✖ 按钮，即可关闭该窗口，返回到原来的舞台工作区。

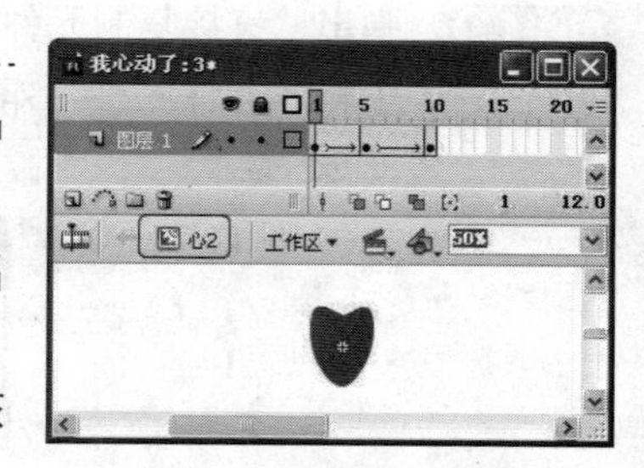

图 7.27　新窗口中编辑模式

7.4 实例的创建和编辑

元件是被存放在“库”面板中的各种图形和电影片段，而实例则是指元件在舞台中的应用，因此，一个元件可以产生多个实例。当一个元件被修改后，它所生成的实例也会随之改变，反之，一个实例被修改却丝毫不会影响“库”中的元件。

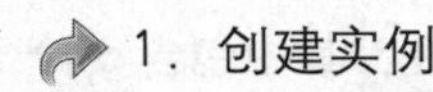

1. 创建实例

源文件	源文件\Chapter 07\素材\折扇

创建元件后，用户可以在影片的任何位置或其他元件中创立该元件的实例，还可以根据需要，对创建的实例进行修改，得到元件的更多效果，创建元件实例的操作步骤如下。

Step 01 选择“文件”|“打开”命令，在弹出的“打开”对话框中，由“源文件\Chapter 07\素材”文件夹下，打开名为“折扇”的源文件，如图 7.28 所示。

Step 02 选中舞台中的折扇，选择“修改”|“转换为元件”命令，在弹出的“转换为元件”对话框中，为元件命名为“折扇”，选择元件类型为“图形”，如图 7.29 所示。

图 7.28　折扇

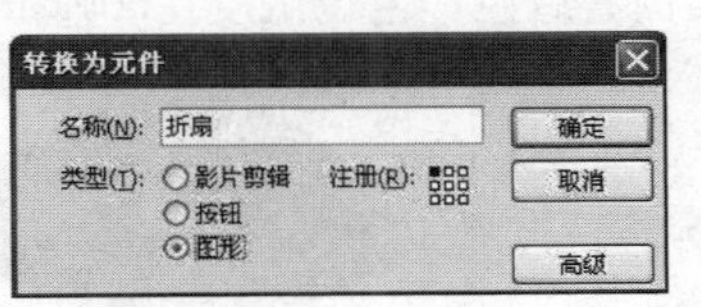

图 7.29　“转换为元件”对话框

Step 03 单击“确定”按钮，打开“库”面板，“库”中显示的为元件，如图 7.30 所示，而舞台中的图形则是实例，如图 7.31 所示。

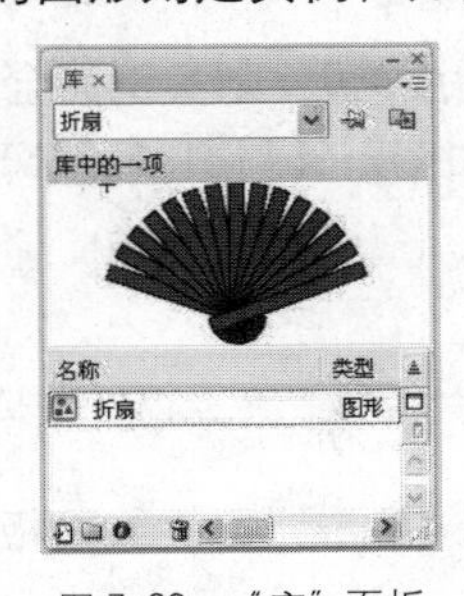

图 7.30　“库”面板

图 7.31　舞台中的元件实例

提示： 如果原来“库”中有元件，可从“库”中直接将元件拖入到舞台，从而创建了该元件的实例。

2. 修改实例的属性

实例创建完成后，可以对它们的属性进行修改，这些修改全部在“属性”面板中进行。具体操作步骤如下。

Step 01 应用上小节中创建的元件实例，如图 7.32（a）所示。选中舞台中的实例，此时“属性”面板即可转换为所选实例的“属性”面板，如图 7.32（b）所示。

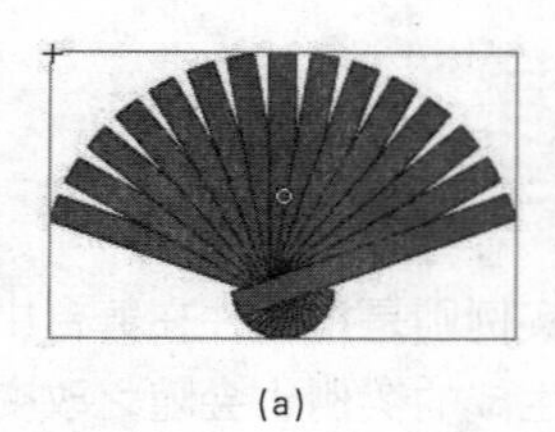

(a)

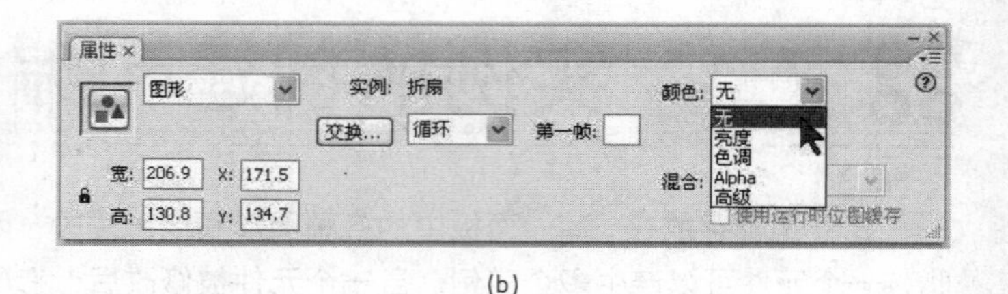

(b)

图 7.32　实例和实例的“属性”面板

Step 02　在“属性”面板中的“颜色”下拉列表中，显示的是最常用的实例属性，其中包含 5 个子项，它们分别表示的含义如下。

- 无（默认）：表示不设置颜色效果。
- 亮度：设置实例的相对亮度和暗度。其中100%为纯白色，-100%为纯黑色，调整实例亮度后的效果如图7.33所示。若要将亮度恢复为原来的样式，可将亮度设置为0%。

提示：亮度数值大于 0，相对原图亮度升高，亮度数值小于 0，相对原图亮度降低。

- 色调：默认值为0%，选择同一种颜色为实例着色，其中100%为完全饱和，0%为完全透明。为实例着绿色，色调浓度在50%和100%时的效果如图7.34（a）和（b）所示。

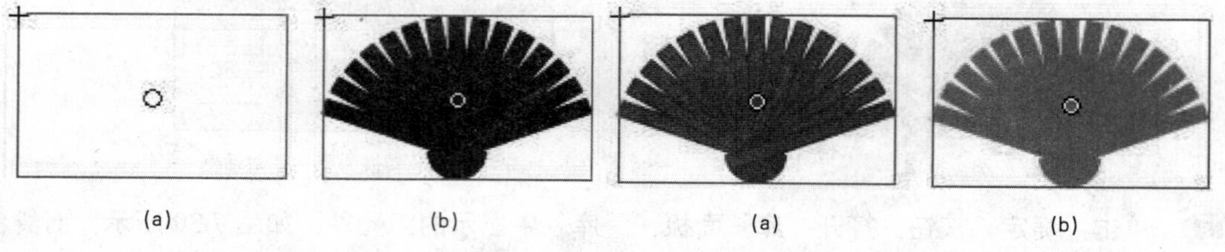

(a)　(b)　(a)　(b)

图 7.33　亮度在 100%和-100%时的实例　　图 7.34　色调为绿色的 50%和 100%时的实例

- Alpha（透明度）：用来调整实例的透明度。其中若透明度为0，则实例完全透明，舞台上的实例消失；若透明度为100%，则表示完全不透明。如图7.35（a）和（b）所示为Alpha在0%和50%示的实例。

提示：Alpha 的值为从 0～100 的整数，数值越小越透明，默认值是 100%。

- 高级：可以单独调整实例的红、绿、蓝三原色和透明度，单击“属性”面板中的“设置”按钮，即可打开“高级效果”对话框，如图7.36所示。

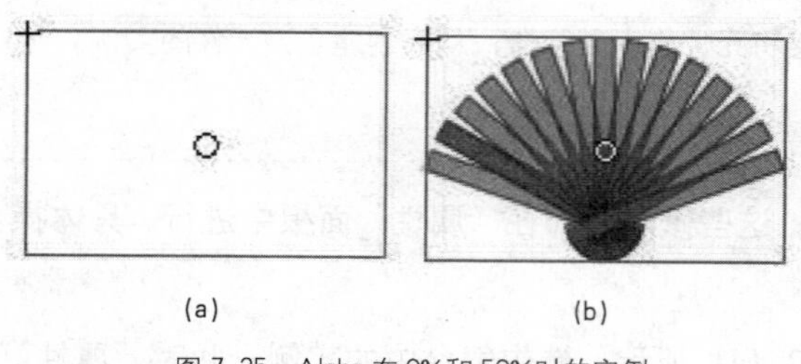

(a)　(b)

图 7.35　Alpha 在 0%和 50%时的实例

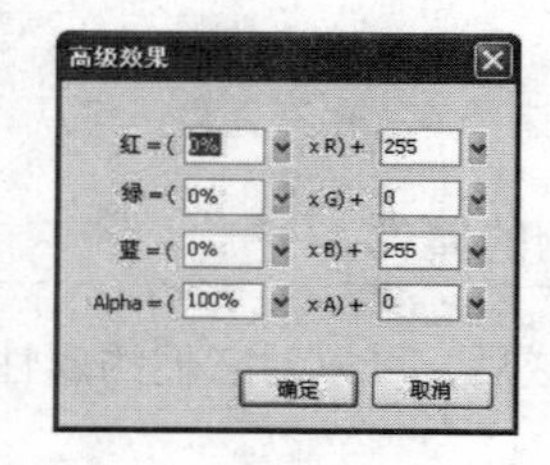

图 7.36　“高级效果”对话框

Step 03 通过以上 5 个子项设置实例的参数，设置好参数后，即可改变实例的色彩效果。

3．更改实例的行为

在使用元件时，每种元件都有自己的行为，但实例的行为可以相互转换，通过改变实例的行为来重新定义该实例在动画中的行为。例如，需要一个图形元件有按钮元件的行为，这时不必重新建立元件，只需对实例的行为进行修改即可。具体操作步骤如下。

Step 01 创建一个新文档，从“库”面板中选择一个图形元件，并将其拖动到舞台，选中该元件实例，此时“属性”面板上有 3 种行为可供选择，分别是“影片剪辑”、“按钮”和“图形”，如图 7.37 所示，对应不同的行为，“属性”面板显示的内容也各不相同。

Step 02 如果选择“影片剪辑”行为，在这种行为下，要在“名称”文本框中输入实例的名称，以便在脚本中对该实例进行控制，如图 7.38 所示。

图 7.37 实例的 3 种行为

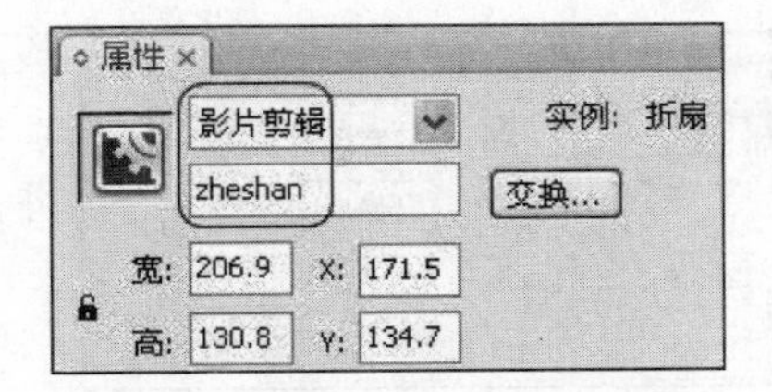

图 7.38 “影片剪辑”行为的“属性”面板

Step 03 如果选择“按钮”行为，除了可以对该实例命名外，还出现了另外两个选项，如图 7.39 所示，其中各项含义如下。

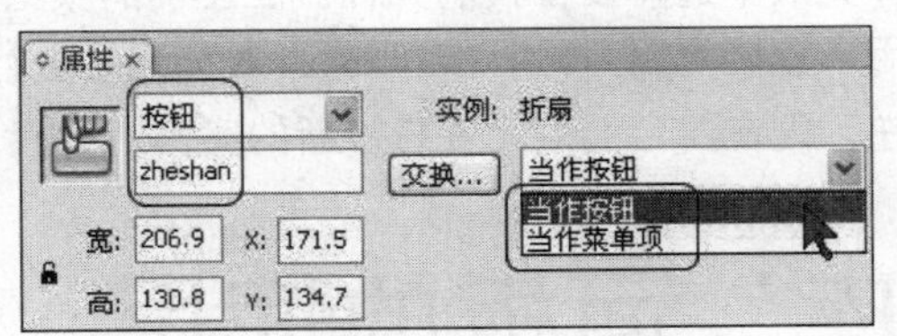

图 7.39 “按钮”行为的两个选项

- 当作按钮：忽略其他按钮上引发的事件，例如在“按钮甲”上单击鼠标，然后移动到“按钮乙”上释放鼠标，则“按钮乙”对这个释放鼠标的动作进行忽略。
- 当作菜单项：接收同样性质按钮发出的事件。

Step 04 如果选择“图形”行为，其“属性”面板如图 7.40 所示。在“图形”行为中，不能对该实例进行命名，但它有自己独特的属性，它们分别如下。

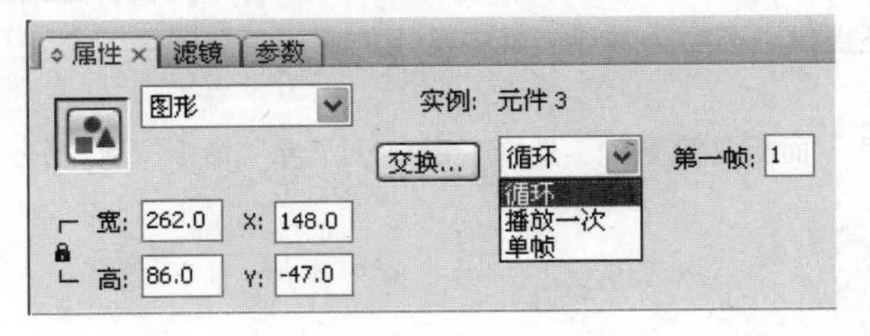

图 7.40 “图形”行为的选项

- 循环：使实例中的动画循环播放，循环持续至实例所在的帧结束。也就是说，如果该实例在主时间轴上有15帧，而该实例中有5个帧的动画，那么动画会循环播放3遍。

- 播放一次：使实例中的动画只播放一次。
- 单帧：显示动画中的一帧，并不播放动画。
- 第一帧：用来指定动画由哪一帧开始播放。

4. 交换实例

在舞台中创建实例以后，也可以为实例指定另外的元件，让舞台上出现一个完全不同的实例，而不改变原来实例的属性。具体操作步骤如下。

Step 01 选择舞台中的实例，“属性”面板中将显示该实例的属性，如图 7.41（a）所示。

Step 02 在实例的“属性”面板中单击“交换”按钮，将弹出“交换元件”对话框，如图 7.41（b）所示。

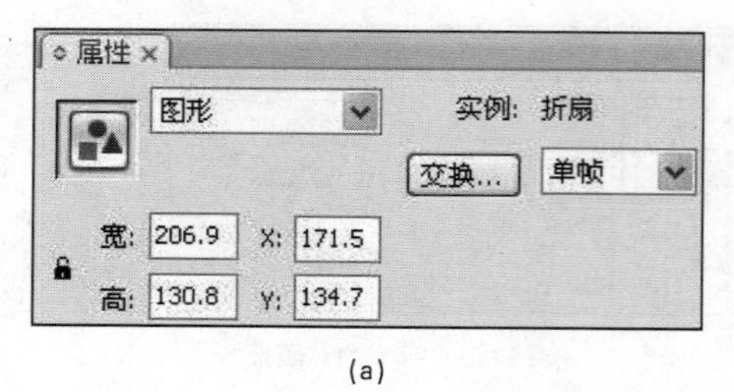

(a)

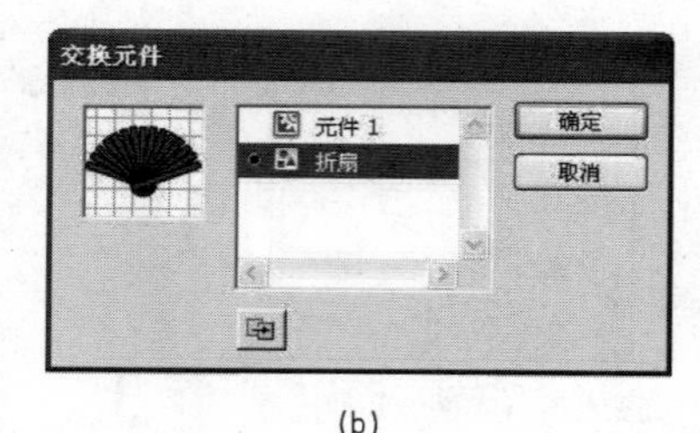

(b)

图 7.41　交换实例

Step 03 从对话框中的元件列表中选择要替换的元件，在左侧的预览窗口中即可显示该元件的缩略图，也可以使用“直接复制元件”按钮，对该元件进行复制。

Step 04 单击“确定”按钮，则在舞台上的元件将被新的实例所替换。

7.5 “库”面板的使用

“库”面板是 Flash 中非常重要的组成部分，它可以存储和管理各种元件。在制作动画时，一个动画中可包含的元件，少到一个多到上百个，元件在“库”中可以是图像、按钮或动画，也可以是声音文件或视频文件，它们可以被用到不同图层、不同场景中，并且可被任意操作和反复调用，如果没有“库”，要对这么多的元件进行操作并对其进行跟踪是件不可思议的事情。

Flash CS3 中包含大量的增强库，它们可以使在 Flash 文件中查找、组织及使用可用资源工作变的容易。Flash CS3 还提供了多个公共库，其中常用的库项目有“学习交互”、“按钮”和“类”等内容。

默认状态下，“库”面板是隐藏的，选择“窗口”|“库”命令，可打开“库”面板，如图 7.42 所示。

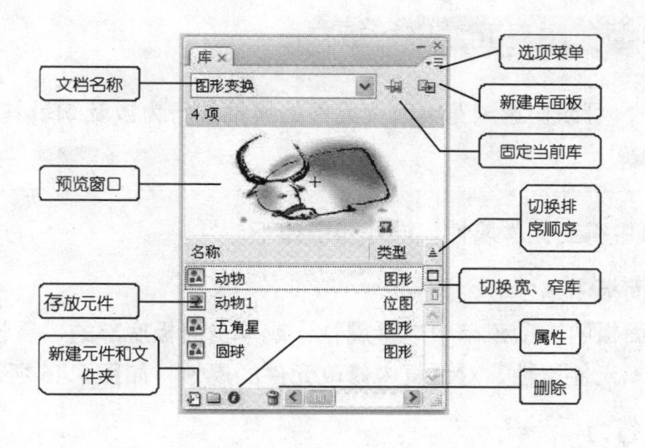

图 7.42 "库"面板

7.5.1 创建和删除库元件

创建和删除库元件的操作步骤如下。

Step 01 由"源文件\Chapter 07\图形变换"文件夹下，打开名为"图形变换"的源文件，选择"窗口"|"库"命令，打开"库"面板，如图 7.43 所示。

Step 02 单击"库"面板中的"选项菜单"按钮，弹出快捷菜单，如图 7.44 所示。

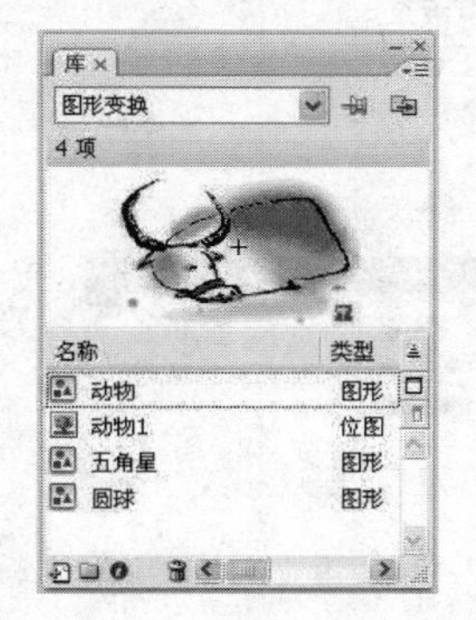

图 7.43 "库"面板

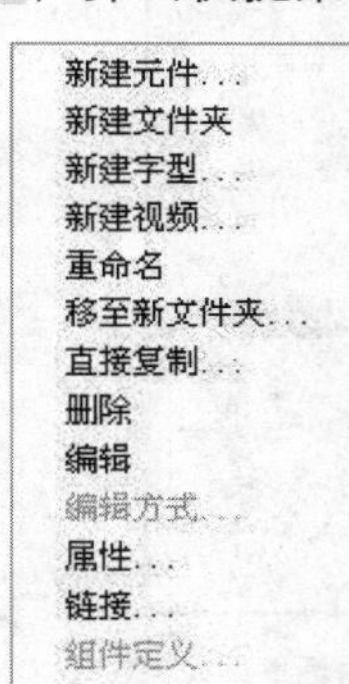

选择未用项目
更新...
播放
展开文件夹
折叠文件夹
展开所有文件夹
折叠所有文件夹
共享库属性...
保持最新使用次数
立即更新使用次数
帮助

图 7.44 选项菜单

Step 03 在快捷菜单中选择"新建元件"命令，弹出"创建新元件"对话框，如图 7.45 所示。

Step 04 在对话框中输入名称、选择行为，即可创建一个库元件，"库"中便有了该元件。使用该元件时，只需将其从"库"面板中拖动到舞台中即可。

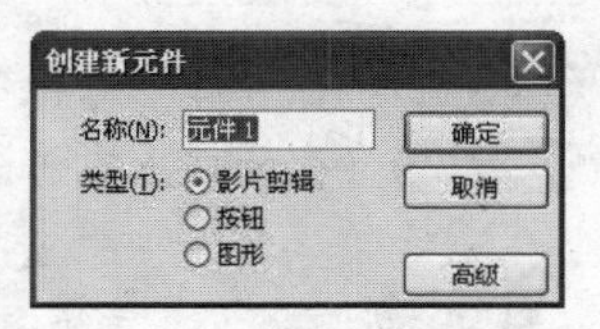

图 7.45 "创建新元件"对话框

Step 05 打开"库"面板，选中库元件后，单击"删除"按钮或者按 Delete 键，即可删除一个库元件。

提示：创建库元件还可以单击"库"面板底部的"新建元件"按钮，还可以选中舞台中的创建对象后，将其拖动到"库"面板中，此时弹出"转换为元件"对话框，在该对话框中输入名称、选择行为，即可创建一个库元件。

7.5.2 在“库”面板中对元件进行操作

在“库”面板中，可以快速浏览或改变元件的属性、行为以及编辑其内容和时间轴。

1．修改元件属性

要从“库”窗口中得到元件属性，操作步骤如下。

Step 01 在“库”面板中选中一个元件。

Step 02 从“库”面板的选项菜单中选择属性，或单击面板底部的“属性”按钮。

Step 03 在弹出的“元件属性”对话框中修改元件的属性，如图 7.46 所示。

2．更改元件的行为

Step 01 在“库”面板中，在要更改行为的元件上右击鼠标，弹出快捷菜单。

Step 02 在快捷菜单中选择“类型”选项，然后从其下拉菜单中选定某个指定行为，如图 7.47 所示。

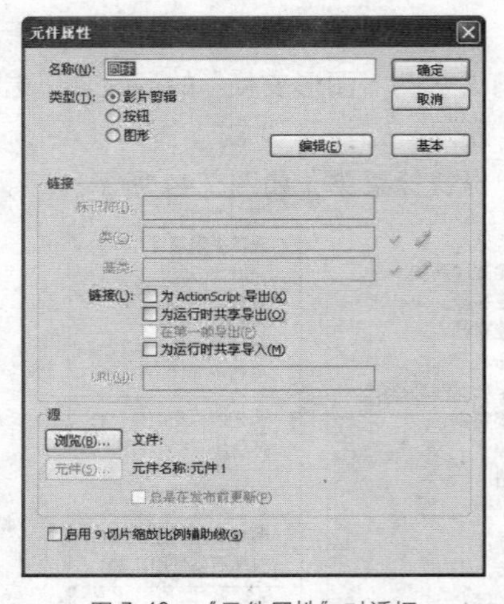

图 7.46 “元件属性”对话框

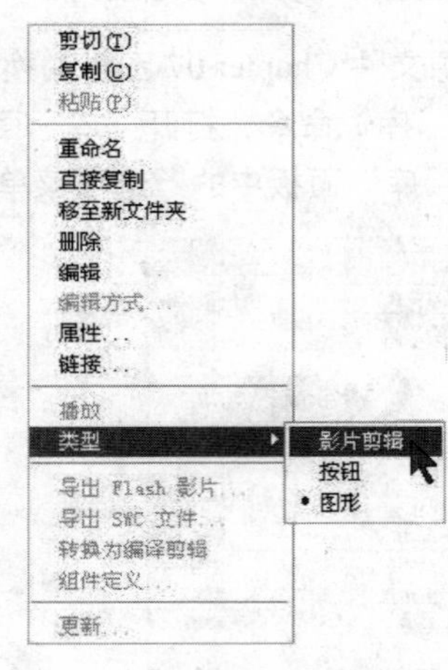

图 7.47 更改元件的行为

3．从“库”面板中进入元件的编辑模式（状态）

Step 01 在“库”面板中选定要进行编辑的元件。

Step 02 在元件上右击鼠标，在弹出的快捷菜单中选择“编辑”命令，即可转换到元件编辑状态。

提示： 在“库”面板中选择元件，鼠标双击元件图标，也可以进入元件编辑状态。

7.5.3 创建“库”文件夹

当“库”中的元件、图像多了之后，“库”面板中就显得零乱，此时就有必要对它进行整理。用户可以使用文件夹组织“库”面板中的项目，当用户创建一个新元件时，它会存储在选中的文件夹中。如果没有选中文件夹，该元件就会存储在库的根目录下。创建“库”文件夹的操作步骤如下。

Step 01 单击“库”面板底部的“新建文件夹”按钮，此时将在“库”面板中创建一个新文件夹，并等待重命名。

Step 02 在文本框中输入文件夹名称，如图7.48（a）所示，单击“确定”按钮。

Step 03 将需要放入文件夹的图形等对象拖动到文件夹内，即可完成文件夹的创建，如图7.48（b）所示。

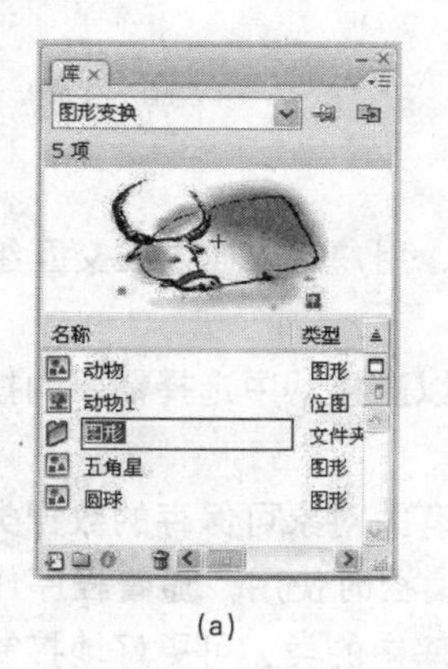

(a)

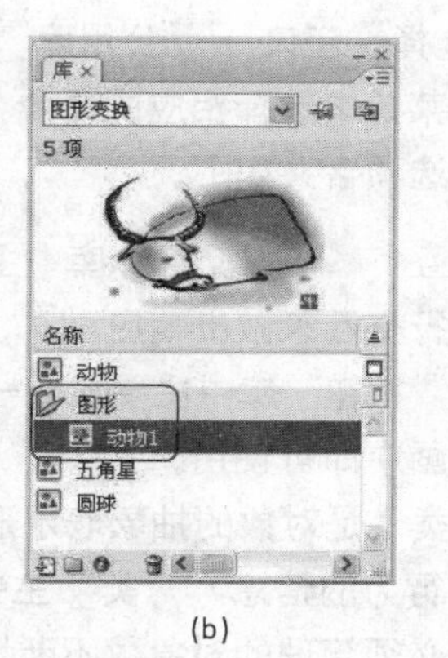

(b)

图7.48　创建“库”文件夹并将元件拖动到文件夹中

注意：元件被拖到文件夹内，文件夹的图标由变成或。此时双击文件夹图标，将展开或关闭该文件夹。

7.5.4 共享“库”元件

1. 共享“库”元件

Flash 中除了可以使用自己创建的元件外，还可以将其他动画中的元件调用到当前动画中，具体操作步骤如下。

Step 01 在当前文件下，选择“文件”|“导入”|“打开外部库”命令，弹出“作为库打开”对话框，如图7.49（a）所示。

Step 02 选择要打开的动画，单击“打开”按钮，即可在当前动画下，打开其他动画的“库”面板，如图7.49（b）所示。

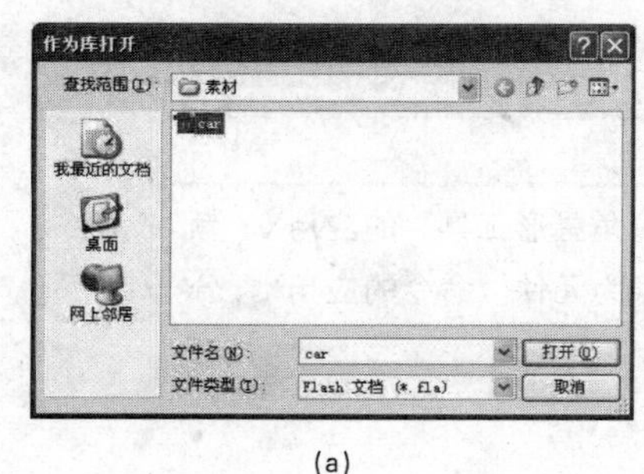

(a)

(b)

图7.49　打开的外部“库”

Step 03 从打开的外部“库”中选择图片或元件，将其拖动到当前动画舞台中，即可使用。

2. 公用库

为了便于共享元件，以简化动画的设计和制作过程，Flash CS3 还提供了公用库，公用库主要包括学习交互、按钮和类 3 种。选择“窗口”|“公用库”命令，如图 7.50 所示，在弹出的菜单中选择相应的命令，即可打开相应的公用库。其中各选项含义如下。

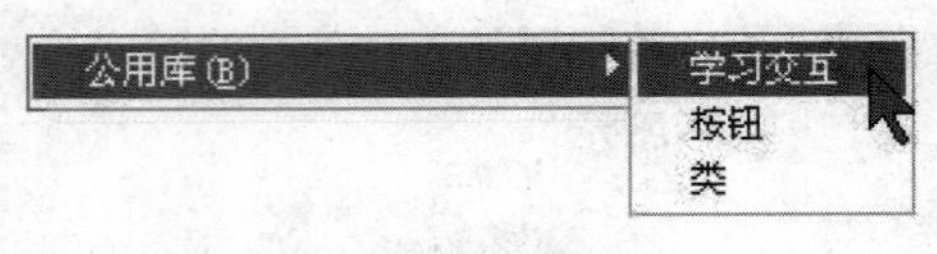

图 7.50　公用库

- 学习交互：“学习交互”库中主要放置一些交互组件，用户可以通过在交互组件中与应用程序进行交互来做出响应。
- 按钮：“按钮”库中主要放置一些按钮组件，用户可以直接从中选择需要的按钮，将其拖动到动画中即可使用。
- 类：“类”是对象的抽象表示形式。“类”用来存储有关对象可保存的数据类型及对象可表现的行为的信息。“类”主要面向ActionScript3.0编程时使用，随着程序作用域不断扩大以及必须管理的对象数不断增加，直接使用“类”库中的类，可更好地控制对象的创建方式以及对象之间的交互方式。

7.6　案例1——图形变换

本案例通过创建一个简单的动画，熟悉如何创建图形元件．效果如图 7.51 所示。

图 7.51　图形变换

源文件	源文件\Chapter 07\图形变换
视频文件	实例视频\Chapter 07\图形变换.avi
知识要点	创建图形元件\“椭圆工具”和“多角星形工具”的应用\“颜色”和“对齐”面板的应用\“转换为元件”命令的应用\“分离”命令的应用\“导入到舞台”命令的应用

制作步骤如下。

Step 01 选择“文件”|“新建”命令，创建一个新文档，默认属性选项。

Step 02 选择“插入”|“新建元件”命令，在弹出的“创建新元件”对话框中，创建一个名称为

"圆球"的图形元件，如图 7.52（a）所示。

Step 03 单击"确定"按钮，进入元件编辑状态。选择"椭圆工具"，打开"颜色"面板，设置参数后，拖动鼠标在编辑区绘制一个无边框、放射状的圆球（颜色可任意）。选择"窗口"|"对齐"命令，利用"对齐"面板，使其相对于编辑区居中对齐，如图 7.52（b）所示。

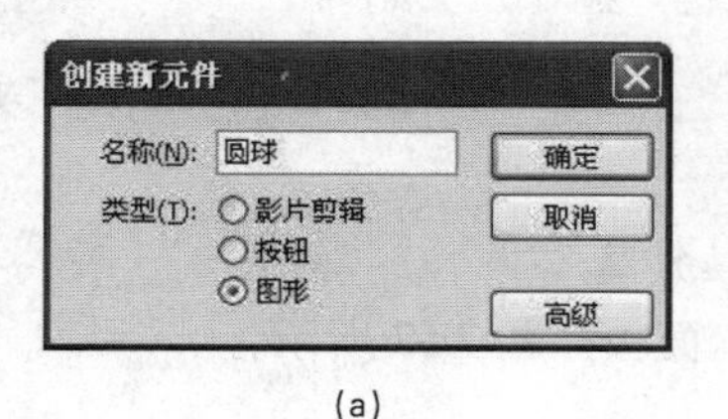

(a)

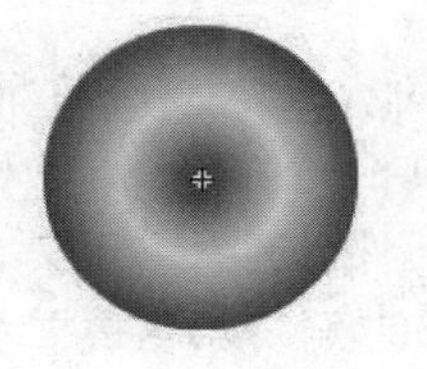

(b)

图 7.52　创建圆球元件

Step 04 利用同样的方法，创建一个名为"五角星"的图形元件，当进入元件编辑状态后，选择"多角星形工具"，单击"属性"面板中的"选项"按钮，在打开的"工具设置"对话框中，设置参数为五边星形，如图 7.53（a）所示。拖动鼠标在编辑区绘制一个五角星（颜色任意），如图 7.53（b）所示。

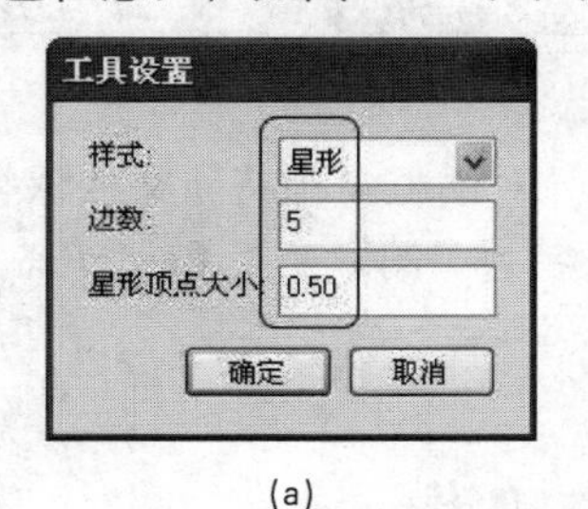

(a)

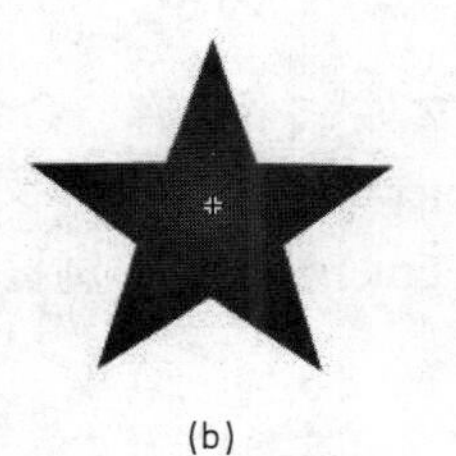

(b)

图 7.53　创建一个五角星元件

Step 05 单击"编辑栏"中的"场景 1"按钮（或按 Ctrl+E 组合键），返回到主场景。选中第 1 帧，选择"窗口"|"库"命令，打开"库"面板，从"库"中将元件"圆球"拖动到舞台，利用"对齐"面板，使其相对于舞台居中对齐，选择"修改"|"分离"命令，将其打散。

Step 06 在第 10 帧处，按 F6 键插入关键帧。选择"文件"|"导入"|"导入到舞台"命令，此时弹出"导入"对话框，从"源文件\Chapter 07\图形变换"文件夹中导入一张名为"动物 1"的图片，利用"对齐"面板，使其相对于舞台居中对齐。

Step 07 选中该图片，选择"修改"|"转换为元件"命令，在弹出的"转换为元件"对话框中，创建一个名为"动物"的图形元件，如图 7.54 所示。

Step 08 单击"确定"按钮，舞台中元件实例如图 7.55 所示。

Step 09 选中舞台中的元件实例，两次选择"修改"|"分离"命令，将图片打散，在第 20 帧处按 F7 键，插入一个空白关键帧。

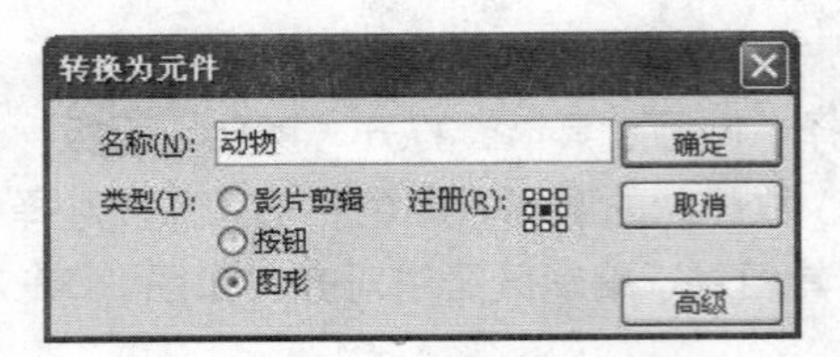

图 7.54 “转换为元件”对话框

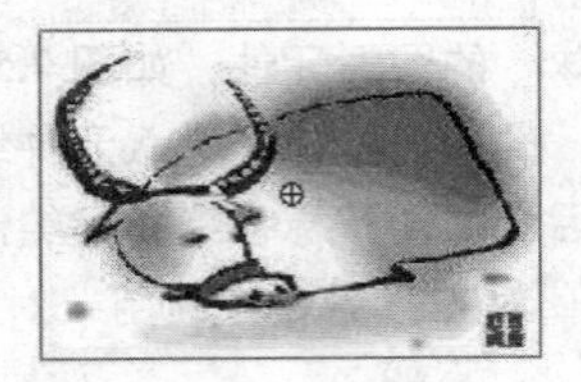
图 7.55 元件实例

Step 10 打开“库”面板，如图 7.56 所示，从中将元件“五角星”拖动到舞台，利用“对齐”面板，使其相对于舞台居中对齐。

Step 11 选中该元件，选择“修改”|“分离”命令，将其分离。

Step 12 选中第 30 帧，按 F5 键插入延长帧，“时间轴”面板如图 7.57 所示。

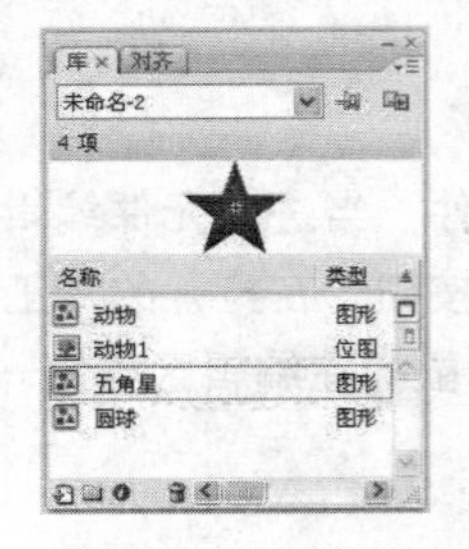

图 7.56 “库”面板

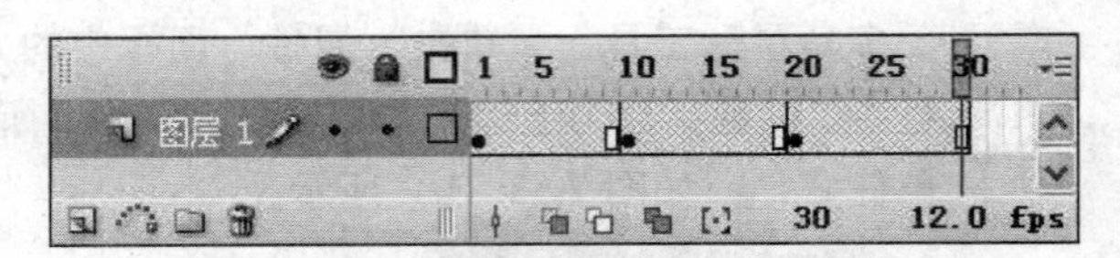

图 7.57 “时间轴”面板

Step 13 选择“文件”|“保存”命令，在弹出的“另存为”对话框中，将新文档保存到“源文件\Chapter 07\图形变换”文件夹下，并为新文档命名为“图形变换.fla”。

Step 14 按 Ctrl+Enter 组合键，浏览并测试动画效果。

7.7 案例2——双马奔腾

本案例是利用 GIF 图片创建影片剪辑元件的一个简单的动画，效果如图 7.58 所示。

图 7.58 双马奔腾

源文件	源文件\Chapter 07\双马奔腾
视频文件	实例视频\Chapter 07\双马奔腾.avi
知识要点	创建影片剪辑元件\“绘图纸外观”和“修改绘图纸标记”功能的运用\“分离”命令的应用\“橡皮擦工具”的应用

具体操作步骤如下。

Step 01 创建一个新文档。选择“修改”|“文档”命令，在弹出的“文档属性”对话框中，修改背景颜色为淡蓝色，默认其他选项。

Step 02 选择“插入”|“新建元件”命令，在弹出的“创建新元件”对话框中，创建一个名为“单马”的影片剪辑元件，如图 7.59（a）所示，单击“确定”按钮，进入元件编辑状态。

Step 03 选择“文件”|“导入”|“导入到舞台”命令，将弹出“导入”文件对话框，从“源文件\Chapter 07\双马奔腾”文件夹中导入一幅名为“马”的 GIF 图片，利用“对齐”面板，使其相对于舞台居中对齐，如图 7.59（b）所示。

Step 04 单击“时间轴”下方的“绘图纸外观”按钮，再单击“修改绘图纸标记”按钮，从下拉菜单中选择“绘制全部”命令，然后单击“编辑多个帧”按钮，利用“选择工具”选中舞台中全部图形，选择“修改”|“分离”命令，将图片转换为矢量图形，并一张一张地删除图片背景，如图 7.60 所示。

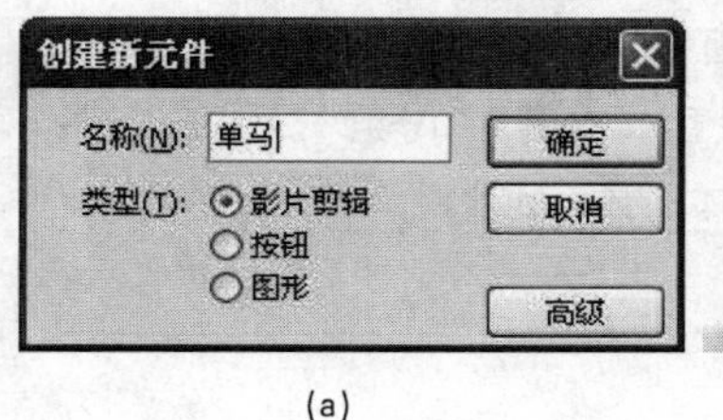

(a)

(b)

图 7.59 创建影片剪辑元件并导入 GIF 图片

图 7.60 删除背景

提示： 由于该 GIF 图片有两个以上的关键帧，所以要将每个关键帧下的图片都相对于舞台居中对齐，并将背景删除。

Step 05 选择“插入”|“新建元件”命令，创建一个名为“双马”的影片剪辑元件，单击“确定”按钮，进入元件编辑状态。

Step 06 选中“图层 1”的第 1 帧，选择“窗口”|“库”命令，打开“库”面板，从“库”中拖动两个“单马”元件到编辑区，利用“任意变形工具”将其中一个元件缩小，放在适当的位置，如图 7.61 所示。

图 7.61 创建影片剪辑元件

Step 07 按 Ctrl+E 组合键，返回主场景，从“库”面板中将影片剪辑元件“双马”拖动到舞台工作区，调整其大小。

Step 08 选择“文件”|“保存”命令，在弹出的“另存为”对话框中，将新文档保存到“源文件\Chapter 07\双马奔腾”文件夹下，并将文件命名为“双马奔腾.fla”。

Step 09 按 Ctrl+Enter 组合键，浏览并测试动画效果。

7.8 案例3——图像按钮

本案例是利用图像实现按钮功能的动画，如图 7.62 所示。

图 7.62 图像按钮

源文件	源文件\Chapter 07\图像按钮
视频文件	实例视频\Chapter 07\图像按钮.avi
知识要点	“椭圆工具”的应用\“颜色”和“对齐”面板的应用\创建影片剪辑元件并转换元件\按钮元件的创建和设置\“分离”和“组合”命令的应用\元件实例的实名设置\“文本工具”的使用

具体操作步骤如下。

1. 创建图形元件

Step 01 创建一个新文档，默认属性选项。选择“椭圆工具”，拖动鼠标在舞台中绘制一个无填充颜色、笔触高度为 2 像素的椭圆（颜色任意），如图 7.63 所示。

Step 02 选择“颜料桶工具”，选择“窗口”|“颜色”命令，打开“颜色”面板，在面板中选择“线性”填充类型，填充颜色从左到右为橙色和白色，如图 7.64（a）所示。

Step 03 拖动鼠标在所绘制的椭圆中单击，为椭圆填充上渐变颜色，如图 7.64（b）所示。

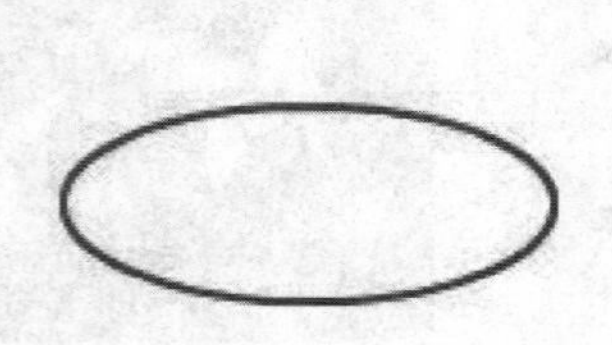

图 7.63 绘制椭圆

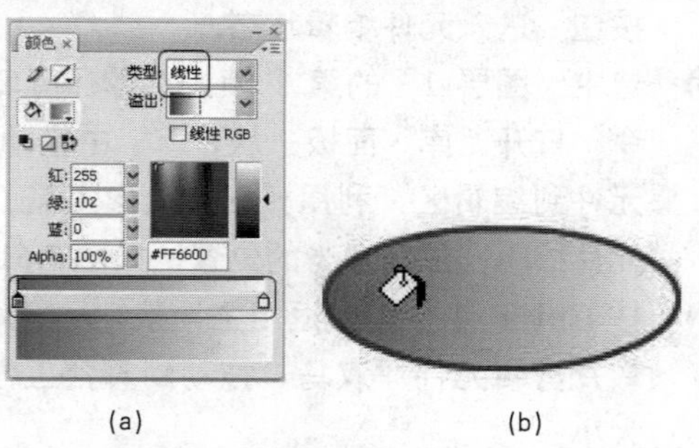

(a) (b)

图 7.64 创建渐变色

Step 04 选中所绘制的图形，选择“修改”|“转换为元件”命令，在“转换为元件”对话框中，将该图形转换为名为“按钮 1”的图形元件，如图 7.65（a）所示。

Step 05 利用同样的方法，再创建两个新的图形元件“按钮 2”和“按钮 3”，设置按钮 2 的颜色从浅紫色渐变到白色，如图 7.65（b）所示，按钮 3 的颜色是从蓝色渐变到白色，如图 7.65（c）所示。

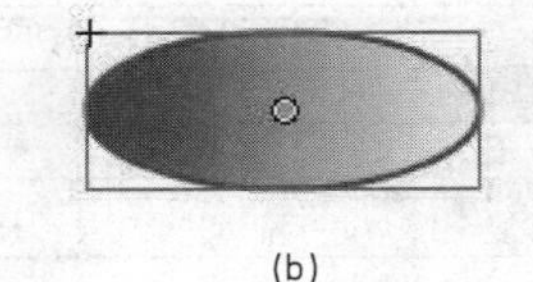
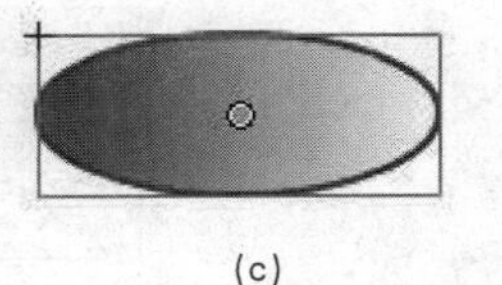

(a)　　(b)　　(c)

图 7.65　创建 3 个图形元件

2. 创建按钮

Step 01 将舞台上的图像删除，选择“插入”|“新建元件”命令，在弹出的“创建新元件”对话框中，选择元件类型为“按钮”，为按钮元件命名为“按钮”，如图 7.66 所示。

Step 02 单击“确定”按钮，进入按钮编辑状态，如图 7.67 所示。

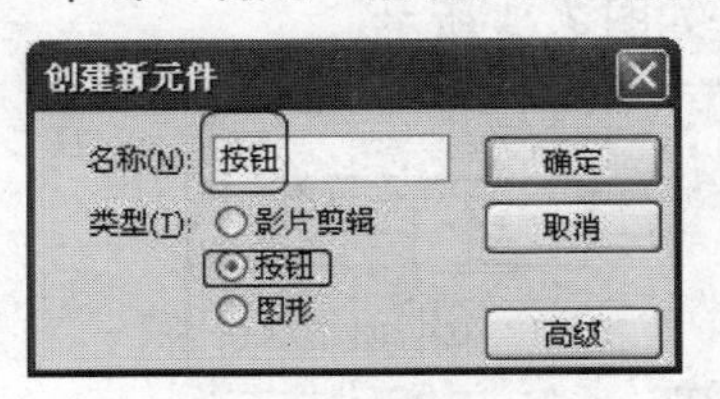

图 7.66　“创建新元件”对话框

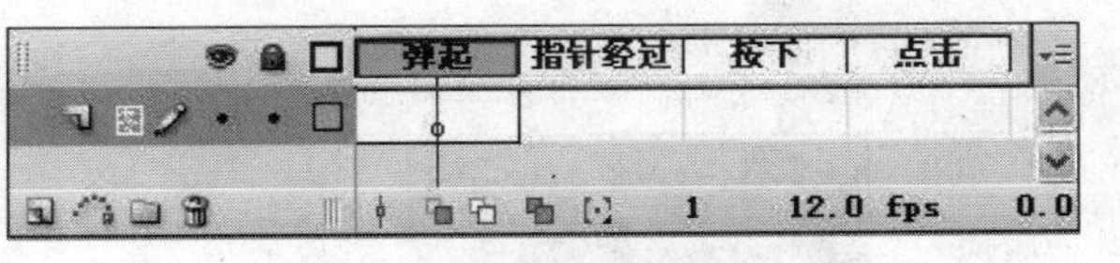

图 7.67　按钮编辑区

Step 03 选中“弹起”帧，打开“库”面板，从“库”中将元件“按钮 1”拖动到舞台，利用“对齐”面板，使其相对于舞台居中对齐。

Step 04 选中“指针经过”帧，按 F7 键插入一个空白的关键帧，选中该帧，从“库”中将元件“按钮 2”拖动到舞台，利用“对齐”面板，使其相对于舞台居中对齐。

Step 05 选中“按下”帧，按 F7 键插入一个空白关键帧，从“库”中将元件“按钮 3”拖动到舞台，利用“对齐”面板，使其相对于舞台居中对齐。

Step 06 选中“点击”帧，按 F6 键插入一个关键帧（让“点击”状态下的内容和“按下”状态下的内容完全相同）。

Step 07 单击“插入图层”按钮，添加一个新图层。选中“图层 2”的第 1 帧，选择“文本工具”，在文本框中输入文字“弹起”，利用“对齐”面板，使其相对于舞台居中对齐，如图 7.68（a）所示。

Step 08 选中文本，两次选择“修改”|“分离”命令，将文字打散，再选择“修改”|“组合”命令，将文字组合起来（有时在创建了文字后，不能输出动画，可执行“分离”再“组合”命令）。同样，选中第 2 帧和第 3 帧，插入空白关键帧，输入相应的文本，按钮如图 7.68（b）和（c）所示。

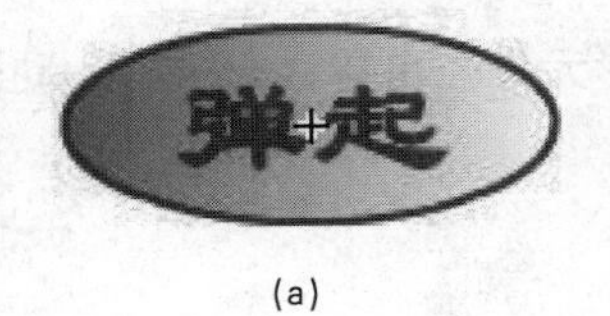

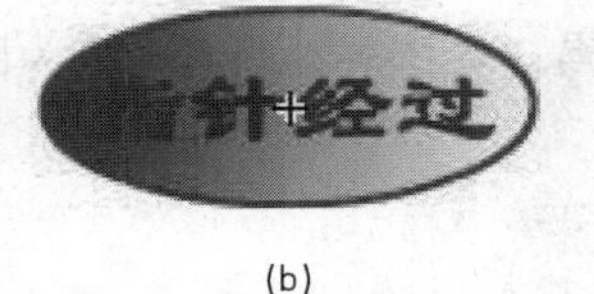

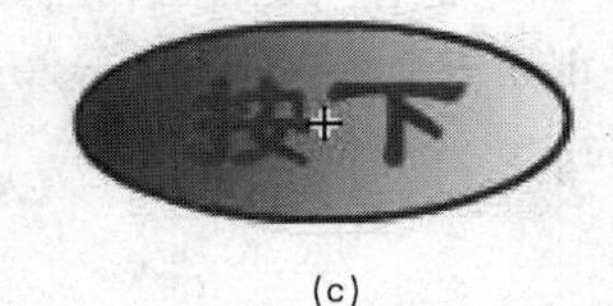

(a)　　(b)　　(c)

图 7.68　为按钮添加文本

Step 09 此时的“时间轴”如图 7.69 所示。

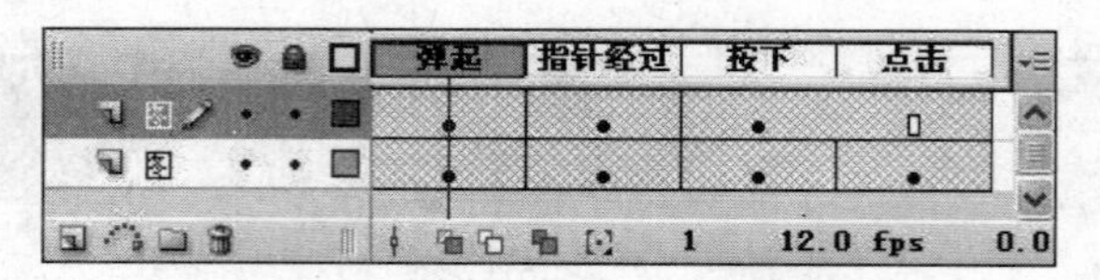

图 7.69 “时间轴”面板

3．组织场景

Step 01 按 Ctrl+E 键返回主场景，打开“库”面板，从中将元件“按钮”拖动到舞台，利用“对齐”面板使其相对于舞台居中对齐，如图 7.70 所示。

Step 02 选中元件实例，在“属性”面板的“实例名称”文本框中为实例命名为 button，以便于在动作脚本中引用这些名称（该例中不引用），如图 7.71 所示。

图 7.70 将元件拖动到舞台

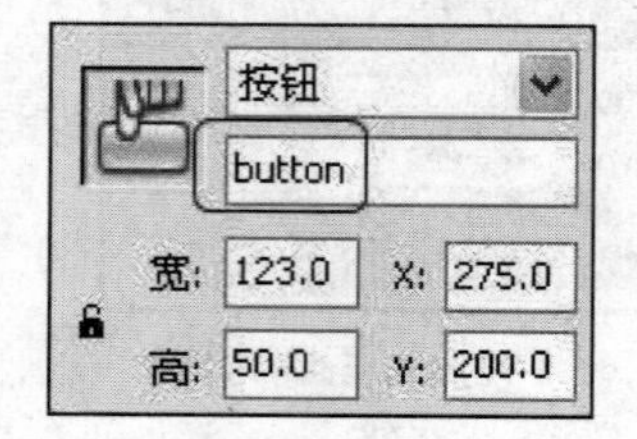

图 7.71 为实例命名

Step 03 选择“文件”|“保存”命令，在弹出的“另存为”对话框中，将新文档保存到“源文件\Chapter 07\图像按钮”文件夹下，并将文件命名为“图像按钮”.fla”。

Step 04 按 Ctrl+Enter 组合键，测试并浏览动画效果，当鼠标经过、弹起和按下时，显示不同的按钮状态。

7.9 练习题

1．在 Flash CS3 中有哪几种基本元件？

2．创建元件的优点是什么？元件和实例的区别？

3．按钮元件的 4 个帧分别是什么？

4．影片剪辑元件中可以添加的对象有哪些？

5．在调整实例的亮暗度时，100%和−100%分别表示什么？色调的 100%和 0%又表示什么？

6．Alpha 的作用是什么？当其值为 0%和 100%时，分别表示什么？

7．创建一个新文件后，导入一幅 JPG 图片，将其转换为图形元件，再导入一个 GIF 动画，将其转换为“影片剪辑”元件。

Chapter 08

逐帧动画

本章导读

逐帧动画是动画中最简单的一种形式，但也是最为灵活的一种形式。学好逐帧动画，将为学习其他类型的动画打下良好的基础。前面已经深入学习了层的使用，如何创建、修改、删除关键帧和普通帧，本章将结合以前学习的内容，用实例讲解如何制作逐帧动画，熟悉制作过程中的各个细节。

内容要点

- Flash 动画简介
- 逐帧动画
- 案例 1——奔腾的马
- 案例 2——MSN 广告动画
- 案例 3——倒计数
- 案例 4——移动的方块
- 案例 5——打字效果

8.1 Flash动画简介

1. 动画原理

在众多动画软件中，Flash 是基于矢量的、具有交互性的图形编辑和二维动画制作软件，它具有强大的动画制作功能和卓越的视听表现力。因此，计算机动画的应用小到多媒体软件中某个组件、物体或字幕的运动，大到一段动画的演示、光盘出版物片头片尾的设计制作，甚至到电视片的片头片尾、电视广告，都会应用到动画制作。

Flash 动画是以时间轴为基础的动画，它的过程是由先后排列的一系列画面快速地呈现在人们眼前，给人的视觉造成连续变化的效果。具体地说，它是基于帧构成的，播放头以一定的速率依次经过各个帧，使各帧的画面显示在屏幕上，从而形成动画。

2. 动画制作的方法

动画的制作实际上就是改变连续帧的内容的过程，不同的帧代表不同的时间，画面随着时间的变化而变化，从而形成了动画。

在制作 Flash 动画之前，应了解 Flash 动画的原理和基础知识，也就是要了解 Flash 动画的实现过程，以及制作 Flash 动画必备的基础，包括 Flash CS3 的时间轴、图层、帧、元件和实例等知识。

应用 Flash 制作动画很重要的一点是在制作动画之前一定要设置好动画的播放速度（帧频）和舞台背景颜色。

与播放电影相同，Flash 动画也要求设定每秒的播放帧数，也就是播放速度，也称为帧频。修改帧频可以选择“修改”|“文档”命令，打开“文档属性”对话框，之后在该对话框中对帧频和背景颜色进行设置。

在帧频文本框中，可以输入每秒动画要播放的帧数，通常，对于大多数在计算机中显示的动画来说，特别是对通过网络传输的动画来说，帧频设置在 8～12（fps）之间最为合适。衡量播放动画速度的单位是 fps，即每秒播放的帧数。当帧频和舞台背景颜色设定后，就可以动手制作动画了。

8.2 逐帧动画

Flash CS3 动画可分为两大类，一类是逐帧动画，另一类是补间动画。补间动画又可以分为形状补间动画和运动补间动画两类。

8.2.1 逐帧动画的原理

逐帧动画是最基本、也是最传统的动画形式，它是由一个帧一个帧制作而成的，每一个帧里都包含一个单独的画面，每个帧不但互不干涉而且都是关键帧，整个动画过程就是通过这些关键帧连续变换而形成的，好像电影画面一样。

动画可以做成物体的移动、缩放、旋转，也可以设置变色、变形等效果。创建逐帧动画有多种方法，利用已经有的或在其他软件中制作的一系列图片，或是网上常见的GIF动画文件，直接导入生成逐帧动画，同时，通过运用一定的制作技巧，快速地提高制作逐帧动画的效率，也能够使得制作的逐帧动画的质量得到大幅度的提高。

8.2.2 逐帧动画的特点

（1）逐帧动画由许多单个的关键帧组合而成，每个关键帧都可以单独编辑，并且相邻帧中的对象变化不大。

（2）逐帧动画的效果非常好，因为是对每一帧都进行绘制和编辑，因此，动画变化的过程非常准确和真实，由于它和电影播放模式很相似，因此它很适合表演细腻的动画，如人物或动物急转身等效果。

（3）逐帧动画的每个帧都是关键帧，每个帧的内容都需要编辑，如果要制作的动画比较长，就需要更多的关键帧，需要投入大量的精力和时间，因此工作量就非常大。

（4）由于逐帧动画的文件比较大，所以不利用编辑和发布。

8.2.3 导入JPG格式图片生成逐帧动画

将JPG和PNG等格式的静态图片连续导入Flash中，即可建立一段逐帧动画，这种由外部导入图片生成动画的方法是最简单的制作逐帧动画的方法。

将一组JPG格式的静态图片导入到Flash中，建立一段逐帧动画的操作步骤如下。

源文件	源文件\Chapter 08\素材

Step 01 创建一个新文档，默认属性选项。

Step 02 选择“文件”|“导入”|“导入到舞台”命令，弹出“导入”文件对话框，找到存放图片的文件夹，从文件夹中选择其中一张图片，单击“打开”按钮，系统将弹出一个提示对话框，如图8.1所示。

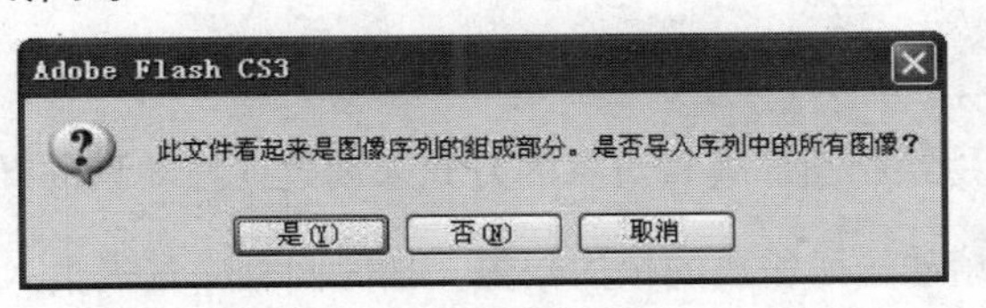

图8.1 提示对话框

Step 03 单击“是”按钮，可将一组序列图片导入到舞台，在时间轴中，导入的图片自动排列在连续的关键帧上，如图8.2所示，并生成逐帧动画。

Step 04 单击“绘图纸外观”按钮，打开绘图纸外观，选中所有帧范围，将舞台放大后，可以清晰地看到关键帧中对象的前后变化过程，如图8.3所示。

注意： 导入外部图片直接生成动画时，必须存放在当前文件夹中有多幅名称格式相同、只是尾部序号不同的图片中，它们会被当作一个动画序列进行导入。

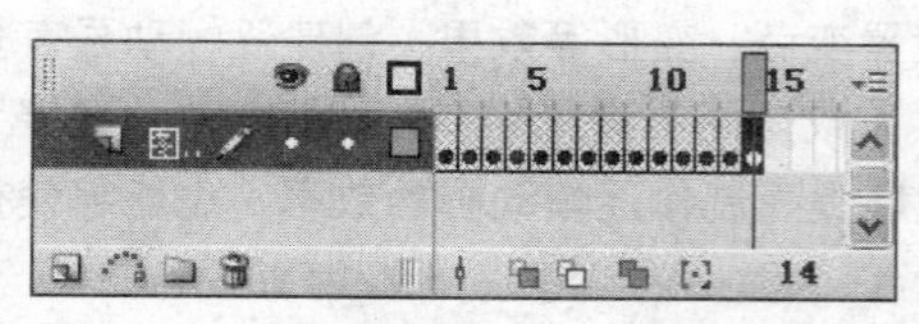
图 8.2 "时间轴"面板

图 8.3 打开"绘图纸外观"按钮后的图像

Step 05 按 Ctrl+Enter 组合键，浏览并测试动画效果。

8.2.4 导入GIF格式图片生成逐帧动画

也可以导入 GIF 格式的图片，直接制作成逐帧动画，具体操作步骤如下。

Step 01 创建一个新文档，默认属性选项。

Step 02 选择"文件"|"导入"|"导入到舞台"命令，在弹出的"导入"对话框中选择相应的 GIF 图片，如图 8.4 所示。

Step 03 单击"打开"按钮，将图片导入到舞台，如图 8.5 所示。

Step 04 按 Ctrl+Enter 组合键，测试影片效果。

图 8.4 "导入"对话框

图 8.5 导入 GIF 图片

8.2.5 绘制图形制作逐帧动画

1. 制作方法

在 Flash CS3 中，使用绘制图形编辑对象的方式来创建逐帧动画的操作步骤如下。

Step 01 首先，根据逐帧动画所需要的帧的数量，在时间轴中预先插入相应的空白关键帧。

Step 02 选中逐帧动画中的第 1 帧，利用绘图工具在相关帧中绘制图形。

Step 03 参照第 1 个关键帧中图形的位置和大小，在第 2 个关键帧中绘制具有动作变化效果的第 2 帧图形。

Step 04 用类似的方法，依次在其他空白关键帧中绘制图形，在绘制图形时应注意关键帧中图形与上一帧中图形的形状、大小、颜色、位置和动作的变化。

Step 05 所有关键帧中的图形绘制结束后，可以拖动时间轴中的播放指针，查看动画效果，然后对相应关键帧中的图形进行适当的修改。

2. 制作动画

利用 Flash 各种工具绘制出的图形来生成逐帧动画，具体操作步骤如下。

Step 01 创建一个新文档，默认属性选项。

Step 02 选择时间轴，从第 1 帧到第 5 帧依次按 F7 键插入空白关键帧，如图 8.6 所示。

Step 03 选中第 1 帧，选择“矩形工具”，拖动鼠标在舞台中绘制一个无边框的黄色矩形，如图 8.7 所示，利用“对齐”面板，使矩形图形相对于舞台居中对齐。

Step 04 选中第 2 帧，选择“铅笔工具”，并在辅助选项中选择“平滑”模式，移动鼠标在舞台上绘制一个蓝色螺旋状的图形，利用“对齐”面板，使图形相对于舞台居中对齐，如图 8.8 所示。

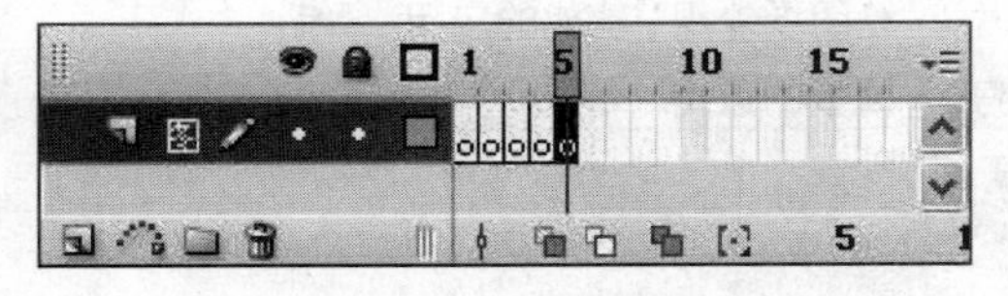

图 8.6 插入 5 个空白关键帧

图 8.7 绘制矩形

图 8.8 绘制螺旋图形

Step 05 选中第 3 帧，选择“多角星形工具”，单击“属性”面板中的“选项”按钮，打开“工具设置”对话框，然后在该对话框中设置为“五边星形”样式，如图 8.9（a）所示，拖动鼠标在舞台中绘制一个无边框的红色五角星，利用“对齐”面板，使其相对于舞台居中对齐，如图 8.9（b）所示。

Step 06 选择椭圆工具，在第 4 帧和第 5 帧处，绘制不同颜色的正圆和椭圆，并都相对于舞台居中对齐，如图 8.10（a）和（b）所示。

(a) (b) (a) (b)

图 8.9 绘制五角星　　图 8.10 绘制椭圆和正圆

Step 07 此时的“时间轴”面板如图 8.11 所示。按 Ctrl+Enter 组合键，测试影片效果。

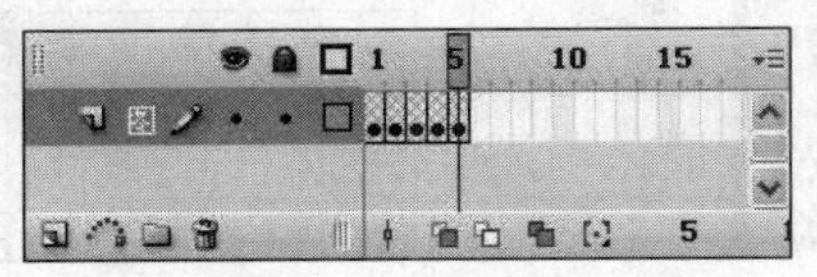

图 8.11 “时间轴”面板

8.3 案例1——奔腾的马

将一组 GIF 格式的图片导入到 Flash 中，建立一段逐帧动画，效果如图 8.12 所示。

图 8.12　奔腾的马

源文件	源文件\Chapter 08\奔腾的马
视频文件	实例视频\Chapter 08\奔腾的马.avi
知识要点	创建新文档并导入一组GIF图片\“绘图纸外观”功能的应用\“编辑多个帧”功能的应用\“对齐”面板的应用

具体操作步骤如下。

1．导入图像

Step 01 创建一个新文档，选择“修改”|“文档”命令，在弹出的“文档属性”对话框中，修改文档尺寸为400px×300px，默认其他属性选项。

Step 02 选择“文件”|“导入”|“导入到舞台”命令，在弹出“导入”文件对话框中，找到光盘目录“源文件\Chapter 08\奔腾的马”文件夹，从中导入名为H1.GIF的图片，系统将弹出一个提示对话框，如图8.13所示。

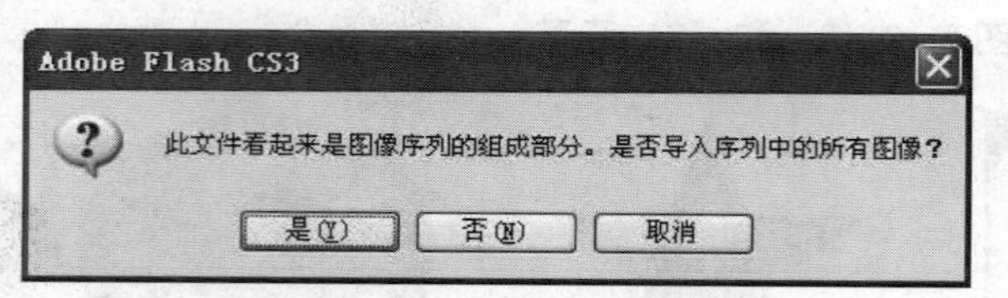

图 8.13　提示对话框

Step 03 单击“是”按钮，即可将所有图片导入到舞台，如图8.14（a）所示，同时，时间轴上会出现10个关键帧，如图8.14（b）所示。

(a)

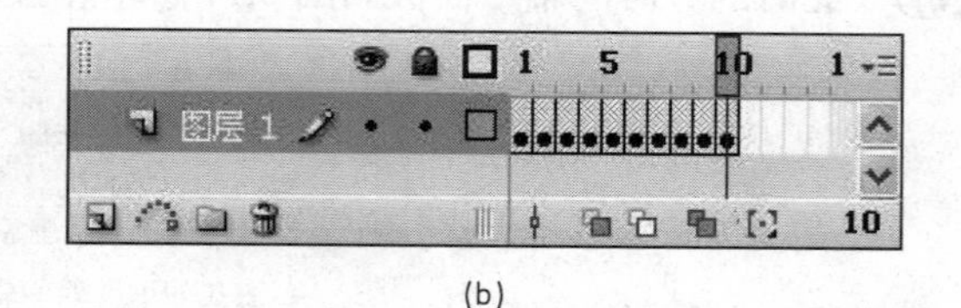

(b)

图 8.14　导入的图片及“时间轴”面板

注意：如果只想导入一张图片，单击“否”按钮。

Step 04 将鼠标指针移到时间轴，拖动红色的播放头，即可查看各帧的内容。

提示：导入外部图片直接生成动画时，必须是存放在当前文件夹中多幅名称格式相同、只是尾部序号不同的图片，它们会被当作一个动画序列进行导入。

2. 修改舞台大小并移动图片

Step 01 选中舞台上的图像，在“属性”面板的左侧即可显示该图像的尺寸，其尺寸为 176px × 125px，如图 8.15 所示。

Step 02 选择“修改”|“文档”命令，在弹出“文档属性”对话框中将舞台尺寸修改为 176px × 125px，如图 8.16 所示。

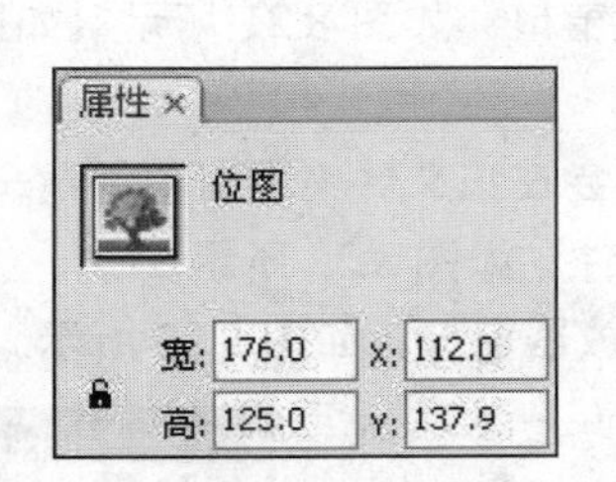

图 8.15 图像尺寸

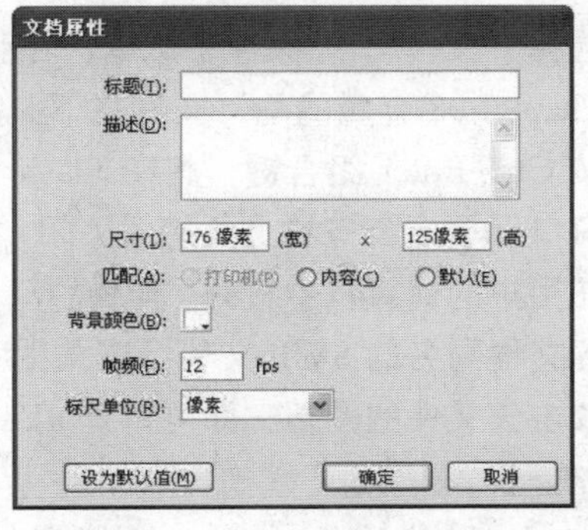

图 8.16 “文档属性”对话框

Step 03 单击“确定”按钮，关闭对话框，返回到舞台，可见图像的大部分都显示在舞台区域以外，如图 8.17 所示。

提示：文件在测试或输出时，只会显示舞台中的内容，而舞台之外的内容不会显示出来。

Step 04 单击“时间轴”面板上的“绘图纸外观”按钮，此时，时间轴上会出现绘图纸的范围，拖动范围左侧标记到第 1 帧位置，拖动右侧标记到第 10 帧位置，如图 8.18 所示。

图 8.17 文档中图像的位置

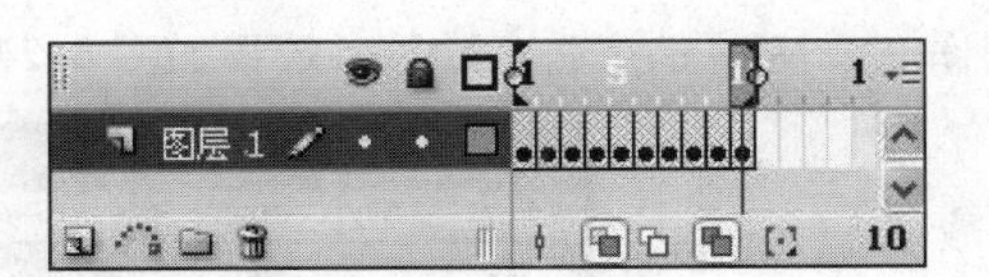

图 8.18 设置绘图纸外观

Step 05 单击“编辑多个帧”按钮，利用“选择工具”将舞台中的对象全部选中，相对应的帧也会被全部选中，此时“时间轴”面板如图 8.19 所示。

Step 06 选择“窗口”|“对齐”命令，打开“对齐”面板，单击“相对于舞台”按钮，在选项中选择“水平中齐”和“垂直居中分布”命令，如图 8.20 所示，将图片相对于舞台居中对齐。

提示：在制作动画中，选择“水平中齐”和“垂直居中分布”命令又常被称作“相对于舞台居中对齐”命令，后续教程中经常会提到，不再赘述。

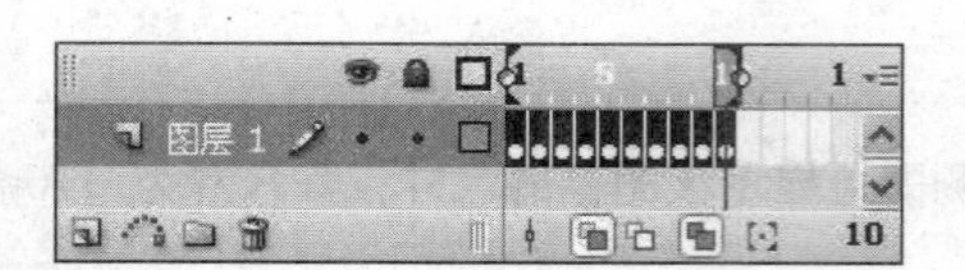

图 8.19 “时间轴”面板

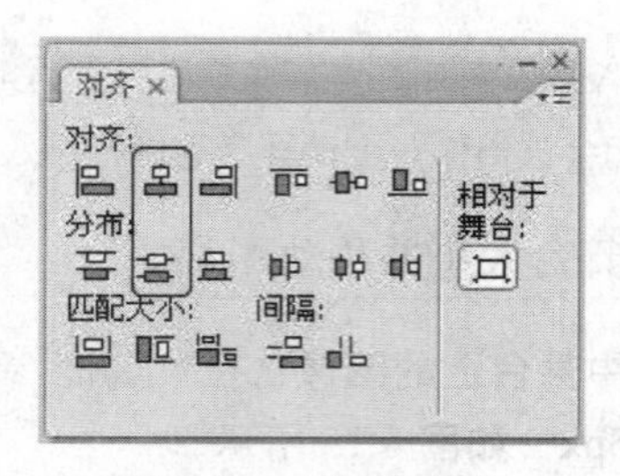

图 8.20 “对齐”面板

3. 测试动画

Step 01 选择“文件”|“保存”命令，在弹出的“另存为”对话框中，将文件保存到“源文件\Chapter 08\奔腾的马”文件夹下，并为文件命名为“奔腾的马.fla”。

Step 02 按 Ctrl+Enter 组合键，将在 Flash 中打开动画测试窗口，如图 8.21 所示（如果要关闭该窗口，单击窗口右上角的“关闭”按钮 即可）。

Step 03 在用户的计算机中打开“奔腾的马”文件夹，Flash 会在该文件夹下自动创建一个与 Flash 源文件同名的 SWF 文件，该文件即动画的输出文件，如图 8.22 所示。

Step 04 双击该文件的图标，即可打开 Flash Player 动画播放器窗口，如图 8.23 所示。

图 8.21 动画测试窗口

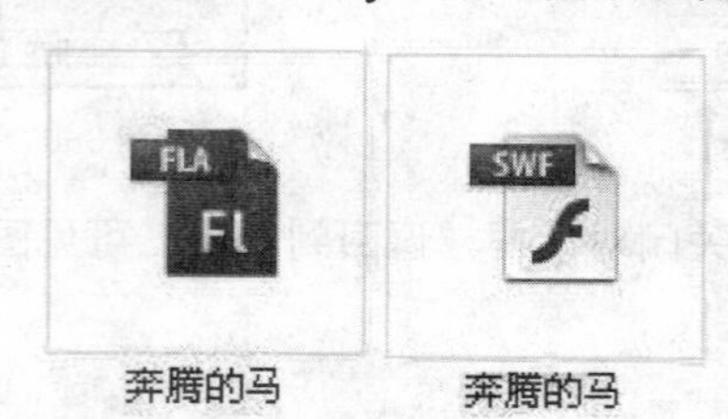

图 8.22 FLA 和 SWF 文件

图 8.23 Flash Player 窗口

8.4 案例2——MSN广告动画

制作一个 MSN 的广告条动画，效果如图 8.24 所示。

图 8.24 MSN 广告动画

源文件	源文件\Chapter 08\MSN广告动画
视频文件	实例视频\Chapter 08\MSN广告动画.avi
知识要点	创建新文档并导入背景图片\“文本工具”的应用\“分离”和“组合”命令的应用

具体操作步骤如下。

1. 导入背景图像

Step 01 创建一个新文档，选择“修改”|“文档”命令，在弹出的“文档属性”对话框中，设置文档尺寸为468px×60px，修改帧频为1帧/秒，默认其他属性选项。

Step 02 选择“文件”|“导入”|“导入到舞台”命令，将弹出“导入”文件对话框，从“源文件\Chapter 08\ MSN广告动画”文件夹中导入一张名为“背景”的图片，然后选中该图片，选择“窗口”|“对齐”命令，打开“对齐”面板，利用该面板，使图片相对于舞台居中对齐，如图8.25所示。

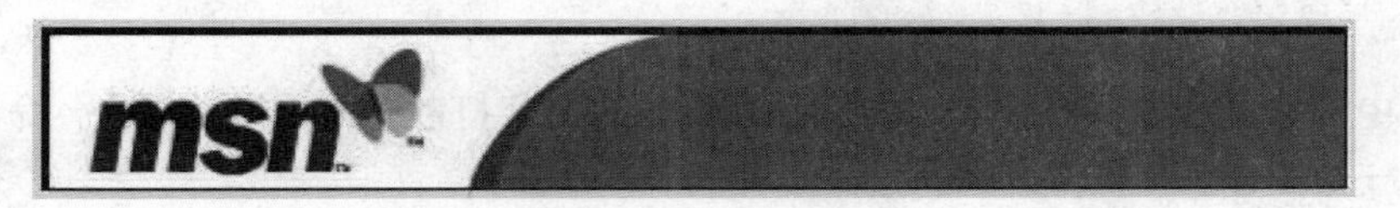

图8.25 导入背景图片

2. 输入文本

Step 01 双击“图层1”的名称处，将“图层1”更名为“背景”，然后按Enter键确认，如图8.26所示。

Step 02 单击“插入图层”按钮，插入新图层，默认名称为“图层2”。

Step 03 选择“文本工具”，拖动鼠标在文本框中输入文字The everyday web.，然后选中文本，在“属性”面板中，将文本的字体设置为Arial Greek，文本大小设置为23，“笔触颜色”设置为白色，修改文字属性后的效果如图8.27所示。

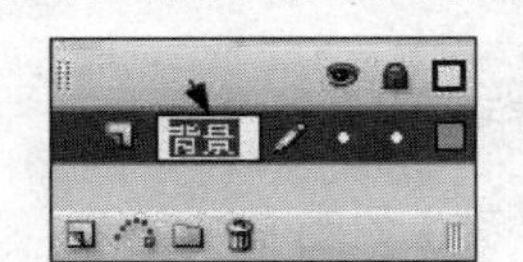

图8.26 重命名“图层1”

图8.27 创建文本

Step 04 选中文本，两次选择“修改”|“分离”命令，将文字打散，然后再选择“组合”命令，将其组合为一个整体。

Step 05 选中“背景”图层的第15帧，再按F5键插入一个普通帧，以延长背景的持续时间。

3. 创建、修改关键帧

Step 01 选中“图层2”的第5帧，按F7键插入一个空白关键帧，然后选择“文本工具”，移动鼠标在文本框中输入文本Welcome to，并将文本的字体设为Arial Greek，大小设为20，颜色为白色，文本被加粗，修改后的文本如图8.28（a）所示。

Step 02 选择文本，选择“修改”|“分离”命令，将文本打散，然后再选择“组合”命令，将其组合为一个整体。

Step 03 再次选择“文本工具”，在文本框中输入文本msn web，将字体设为Arial Greek，大小设为20，文本白色，加粗，文本效果如图8.28（b）所示。

Step 04 拖动鼠标选中msn，在“属性”面板中设置文本大小为28，并单击“斜体”按钮*I*。

Step 05 选择整个文本（msn web），两次选择“修改”|“分离”命令，将文本打散。

(a)

(b)

图 8.28　输入文本

Step 06 选中字母 m，在“属性”面板中将其颜色修改为红色，并将字母 s 的颜色修改为黄色，将字母 n 的颜色修改为绿色，如图 8.29 所示。

Step 07 选中“图层 2”的第 10 帧，按 F7 键插入空白关键帧，选择“文本工具”，在文本框中输入文字 encyclopaedia on the web，并在“属性”面板中设置文本大小为 20，颜色为白色，字体为 Arial Greek，将文本加粗。

Step 08 选中文本，选择“修改”|“分离”命令，将文字打散，再选择“组合”命令，将其组合为一个整体。

Step 09 再次输入文本 Microsoft corporation，并将文本大小设为 12，颜色设为白色，斜体，加粗，最终得到如图 8.30 所示的文本。

图 8.29　修改文本的颜色

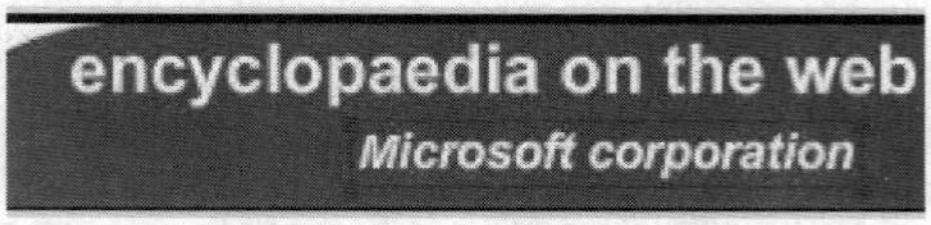

图 8.30　输入的文本

Step 10 选中文本，选择“修改”|“分离”命令，将文字打散，再选择“组合”命令，将其组合为一个整体。

注意： 在第 10 帧插入空白关键帧后，第 5 帧的内容将会自动延长到第 9 帧。

Step 11 选中第 15 帧，按 F5 键插入延长帧，此时“时间轴”面板如图 8.31 所示。

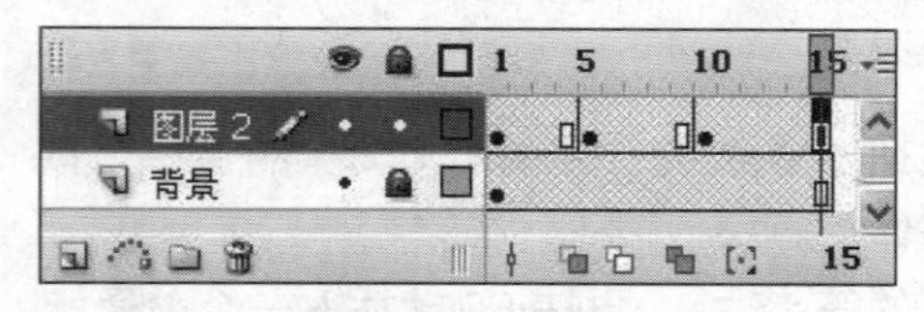

图 8.31　“时间轴”面板

Step 12 选择“文件”|“保存”命令，在弹出的“另存为”对话框中，将文档保存到“源文件\Chapter 08\ MSN 广告动画”文件夹下，并为文档命名为“MSN 广告动画”。

Step 13 按 Ctrl+Enter 组合键，输出并测试动画效果。

8.5　案例3——倒计数

这是一个简单的倒计数动画，动画中的数字由 9 变到 1，每隔 1 秒钟变化一次，如图 8.32 所示。

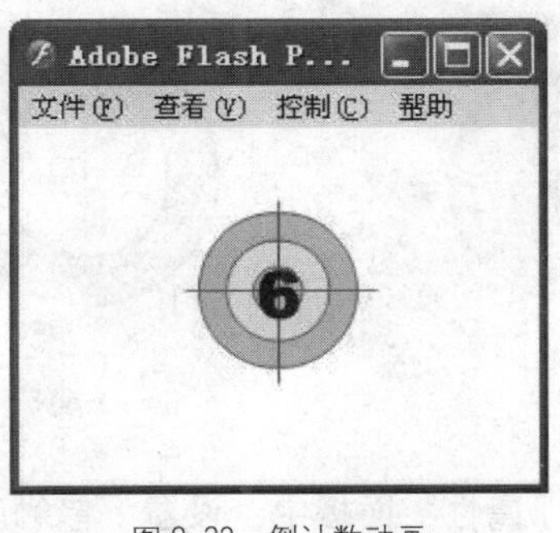

图 8.32 倒计数动画

源文件	源文件\Chapter 08\倒计数
视频文件	实例视频\Chapter 08\倒计数.avi
知识要点	创建新文档\标尺辅助线的应用\“椭圆工具”的应用和“线条工具”的应用\“文本工具”的应用\“分离”命令的应用

具体操作步骤如下。

1. 绘制图形

Step 01 创建一个新文档，选择“修改”|“文档”命令，在弹出的“文档属性”对话框中，修改舞台尺寸为400px×300px，修改帧频为1帧/秒，默认其他选项。

Step 02 选择“视图”|“标尺”命令，将标尺打开，然后将鼠标放在顶部的标尺上，将其拖动到舞台中央后释放鼠标，此时舞台上就会出现一条横向辅助线。

Step 03 将鼠标放在左侧的标尺上，从左侧向右拖动鼠标，可以添加纵向的辅助线，此时舞台上会出现一个交叉的辅助线，如图8.33所示。

Step 04 选择“椭圆工具”，在“属性”面板中设置“笔触颜色”为深灰色，“填充颜色”为浅灰色，边框粗细为2px，如图8.34所示。

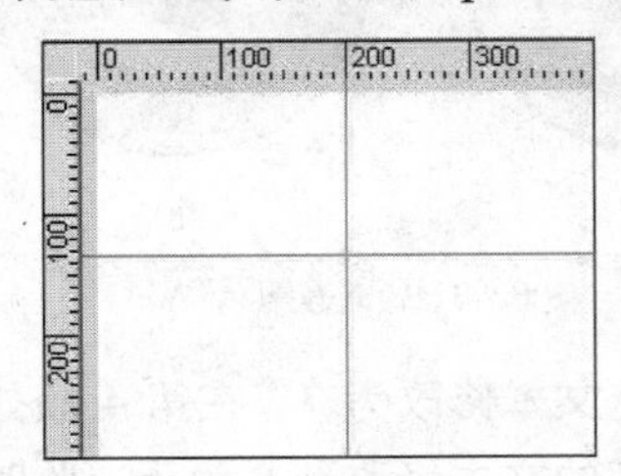

图 8.33 标尺

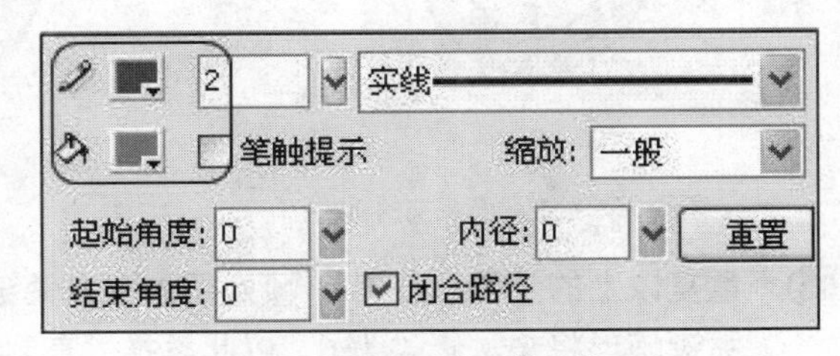

图 8.34 设置椭圆的属性

Step 05 将鼠标指针移到辅助线交叉点上，当光标颜色变成紫红色时，同时按住键盘上的Shift键和Alt键并拖动鼠标，这时将从中心向外绘制出一个正圆，如图8.35（a）和（b）所示。

Step 06 再次选中“椭圆工具”，在“属性”面板上将填充颜色修改为更浅的灰色，然后再从辅助线中心开始，绘制一个小一点的正圆，如图8.36（a）所示。

Step 07 再在圆内绘制一个更小的圆，如图8.36（b）所示。

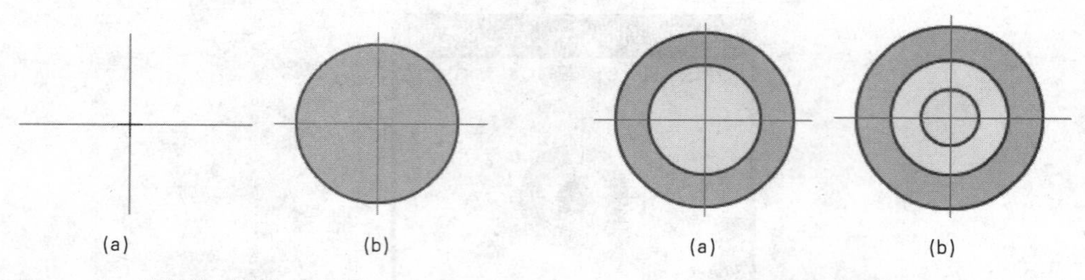

图 8.35　绘制一个正圆　　　　图 8.36　绘制小圆

Step 08 选择“线条工具”，在“属性”面板中，设置“笔触颜色“为黑色，笔触高度为 2px，然后沿辅助线绘制两条相交的直线，如图 8.37 所示。

Step 09 选择“视图”|“辅助线”|“显示辅助线”命令，隐藏辅助线。选中所有的对象，选择“修改”|“组合”命令，可将对象组合为一个整体。

2. 创建动画

Step 01 双击“图层 1”的名称处，将其重新命名为“背景”，选中第 15 帧，按 F5 键，插入延长帧，将产生一系列普通帧。

Step 02 单击“插入图层”按钮，插入新图层，并将其更名为“数值”。

Step 03 选择“文本工具”，在文本框中输入数字 9，在“属性”面板中，将文本的字体设为 Arial Black，文本大小设为 55，颜色设为黑色，然后选择“分离”命令，将文字打散，如图 8.38（a）所示。同时，“时间轴”会自动将帧延长到第 15 帧。

Step 04 选中“数值”图层的第 2 帧，按 F7 键插入空白关键帧，选择“文本工具”，将数字更改为 8，选择“分离”命令，将文字打散，如图 8.38（b）所示。

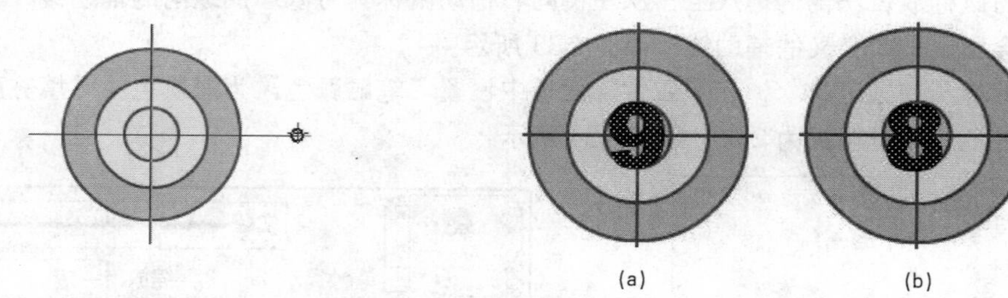

图 8.37　绘制两条相交的直线　　　　图 8.38　输入数字

Step 05 重复以上的步骤，在第 3 帧处插入空白关键帧，将文本修改为 7，在第 4 帧处插入空白关键帧，将文本修改为 6，以此类推，直到第 10 帧的文本修改到 0 为止，此时的“时间轴”面板如图 8.39 所示。

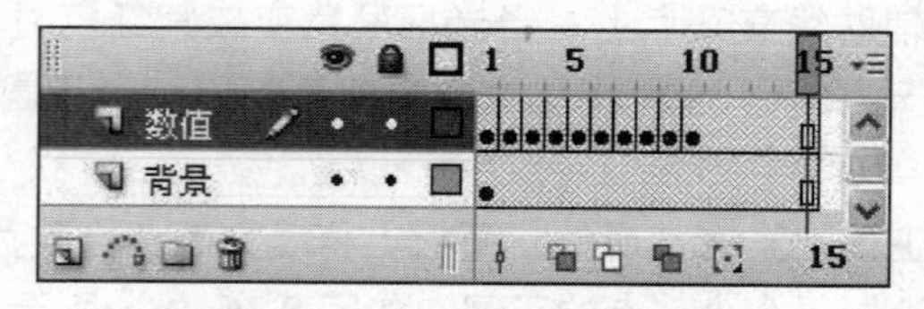

图 8.39　“时间轴”面板

Step 06 选择“文件”|“保存”命令，在弹出的“另存为”对话框中，将文档保存到“源文件\Chapter 08\倒计数”文件夹下，并为文档命名为“倒计数.fla”。

Step 07 按 Ctrl+Enter 组合键，输出并测试动画效果。

8.6 案例4——移动的方块

这个动画中有很多的方块，随着动画的播放，会出现一个颜色较亮的方格的位置有规律地发生改变，使得动画很有动感，如图 8.40 所示。

图 8.40 移动的方块

源文件	源文件\Chapter 08\移动的方块
视频文件	实例视频\Chapter 08\移动的方块.avi
知识要点	创建新文档并修改文档属性\“矩形工具”的应用\“组合”和“分离”命令的应用\“直接复制”命令的应用\“对齐”面板的应用\“翻转帧”命令的应用

具体操作步骤如下。

1．绘制图形

Step 01 创建一个新文档，选择“修改”|“文档”命令，在弹出的“文档属性”对话框中，修改舞台尺寸为 200px × 200px，修改背景颜色棕红色，默认其他选项。

Step 02 选择“矩形工具”，在“属性”面板中设置“笔触颜色”为橙色，“填充颜色”为绿色，边框粗细为 2px，如图 8.41 所示。

图 8.41 设定工具属性

Step 03 在舞台中拖动鼠标，绘制一个正方形，选中该正方形，在“属性”面板中，将宽和高关联，在文本框中输入数值为 30，如图 8.42（a）所示，选择“修改”|“组合”命令，将图形组合为一个整体，如图 8.42（b）所示。

2. 复制图形

Step 01 选中该正方形，3 次选择“编辑”|“直接复制”命令，将得到如图 8.43 所示的图形。

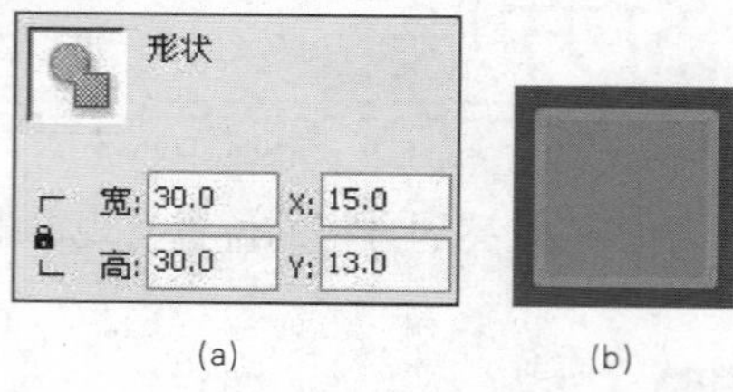

(a) (b)

图 8.42 绘制出一个正方形

图 8.43 复制后的图形

Step 02 选择最后复制出的矩形，并将其移动到舞台右上角，如图 8.44 所示。

图 8.44 移动图形

Step 03 选中所有的图形，打开“对齐”面板，将“相对于舞台”按钮释放，然后单击面板中的“上对齐”按钮，如图 8.45 所示，将所有的矩形按照矩形顶部对齐。

Step 04 单击“水平居中分布”按钮，这时所有的矩形将根据矩形的水平中心进行分布，如图 8.46 所示。

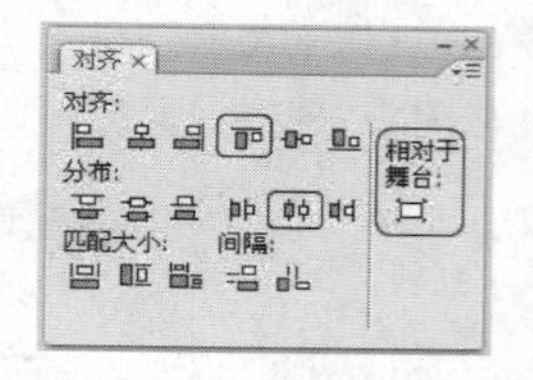

图 8.45 打开“对齐”面板

图 8.46 水平居中分布

Step 05 选中所有图形，选择“组合”命令，将图形组合为一个整体。

Step 06 选中组合后的图形，3 次选择“编辑”|“直接复制”命令，将得到如图 8.47 所示的图形。

Step 07 选中最后一组矩形，并将其移到舞台下部，如图 8.48 所示。

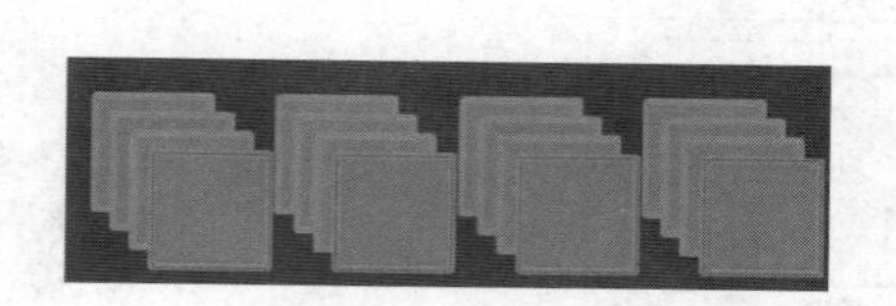

图 8.47 复制后的矩形

图 8.48 移动图形

Step 08 选中所有的图形对象，选择“窗口”|“对齐”命令，打开“对齐”面板，单击其中的“左对齐”按钮和“垂直居中分布”按钮，这时所有的对象将根据矩形的垂直中心进行分布，如图 8.49 所示。

Step 09 选中所有图形，两次选择“修改”|“分离”命令，解除所有的对象的组合状态，如图 8.50 所示。

图 8.49 垂直居中分布图形

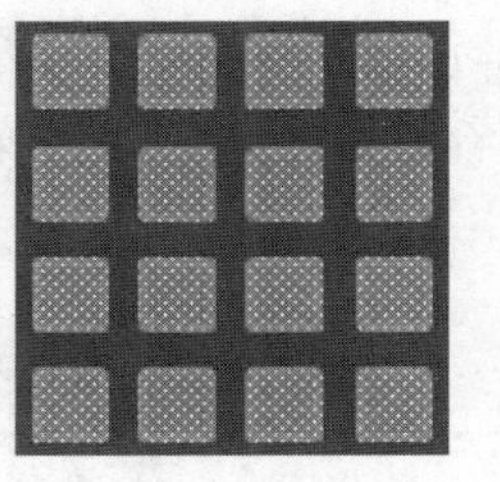

图 8.50 解除组合状态

3. 创建动画

Step 01 选中第 1 帧，再选中第 1 个方块的填充区域，在“属性”面板中将填充色改为白色，如图 8.51（a）所示。

Step 02 选中第 2 帧，按 F6 键插入一个关键帧，然后再选中第 2 帧中的第一个方块，并在“属性”面板中修改其填充颜色为绿色。

Step 03 选中第二个方块中的填充区域，在“属性”面板中将其填充色修改为白色，如图 8.51（b）所示。

（a）第 1 帧的图像

（b）第 2 帧的图像

图 8.51 两帧之间的区别

Step 04 重复上面的步骤，首先增加关键帧，将白色方块改为绿色，然后将下一个方块改为白色。更改方块颜色的顺序是：第 1 排从左到右、第 2 排从右到左、第 3 排从左到右、第 4 排从右到左。

4. 翻转帧

Step 01 按住 Shift 键，选中第 1 帧，然后单击最后一帧，可将所有的帧选中。

Step 02 在选中的帧处，右击鼠标，在弹出的菜单中选择“复制帧”命令，然后选中第 17 帧，再次右击鼠标，在弹出菜单中选择“粘贴帧”命令，这时将在第 16 帧后复制出一个帧序列，总共 16 帧，如图 8.52 所示。

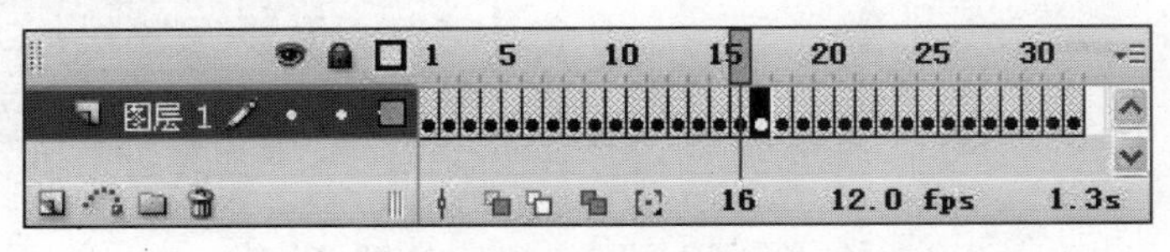

图 8.52 复制出一个帧序列

Step 03 选中第 17 帧～第 32 帧，选择“修改”|“时间轴”|“翻转帧”命令，将帧反转，图片运动的方向也反转过来。

Step 04 选择“文件”|“保存”命令，在弹出的“另存为”对话框中，将文件保存到“源文件\

Chapter 08\移动的方块”文件夹下，并为文档命名为“移动的方块.fla”。

Step 05 按 Ctrl+Enter 组合键，输出并测试动画效果。

8.7 案例5——打字效果

本动画主要模拟在计算机中打字的效果，主要对象就是一个“光标”和若干个文本，如图 8.53 所示。

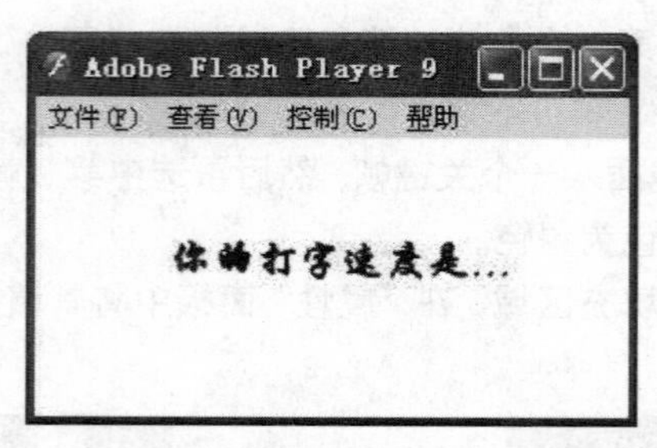

图 8.53 打字效果

源文件	源文件\Chapter 08\打字效果
视频文件	实例视频\Chapter 08\打字效果.avi
知识要点	创建新文档\“矩形工具”的应用\“转换为元件”命令的应用\“文本工具”的应用

具体操作步骤如下。

1. 创建光标元件

Step 01 创建一个新文档，默认属性选项。

Step 02 选择“矩形工具”，拖动鼠标在舞台上绘制一条无边框的黑色矩形条，如图 8.54（a）所示。

Step 03 选中矩形条，选择“修改”|“转换为元件”命令，在弹出的“转换为元件”对话框中，将图形转换为名为“光标”的图形元件，如图 8.54（b）所示。

图 8.54 绘制黑色矩形条并将其转换为图形元件

2. 创建文本元件

Step 01 选择“文本工具”，在文本框中输入文本“你的打字速度是...”，同时在“属性”面板上设置文本大小为 30，字体为“华文行楷”，如图 8.55（a）所示。

Step 02 选中文本，两次按 Ctrl+B 快捷键，将文本转换为矢量图形，如图 8.55（b）所示。

(a)　　(b)

图 8.55　输入文本并将文本分离

Step 03 选中“你”字，选择“修改”|“转换为元件”命令，在弹出的“转换为元件”对话框中，将其转变为名为“你”的图形元件。用同样的方法，将舞台上的文本“的”、“打”、“字”、“速”、“度”、“是”、“...”都转换为元件，转换为元件后的文字如图 8.56 所示。

3．制作光标动画

Step 01 删除舞台中的所有对象，选择“窗口”|“库”命令，然后打开“库”面板，从“库”中将元件“光标”拖动到舞台上。

Step 02 选中第 5 和第 9 帧，按 F6 键插入两个关键帧。

Step 03 选中第 2 帧和第 6 帧，按 F7 键插入两个空白关键帧，此时的“时间轴”面板如图 8.57 所示。

图 8.56　转变后的文本元件

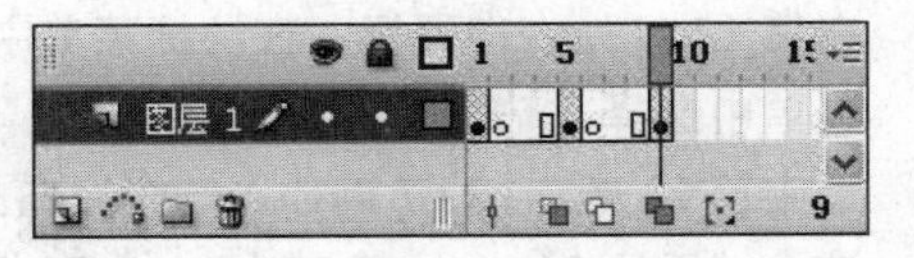

图 8.57　“时间轴”面板

Step 04 按 Ctrl+Enter 组合键，测试动画，可见光标在闪动。

4．加入文本

Step 01 单击“插入图层”按钮，插入“图层 2”，然后选中“图层 2”的第 10 帧，按 F7 键插入一个空白关键帧，打开“库”面板，从中将元件“你”拖动到舞台中。

Step 02 选中第 11 帧，按 F6 键插入关键帧，从库中将元件“的”拖动到舞台，放在“你”元件的右侧，依此类推，连续插入关键帧，从“库”中将元件拖动到舞台，元件拖动到舞台后如图 8.58 所示，“时间轴”面板如图 8.59 所示。

图 8.58　元件拖动到舞台

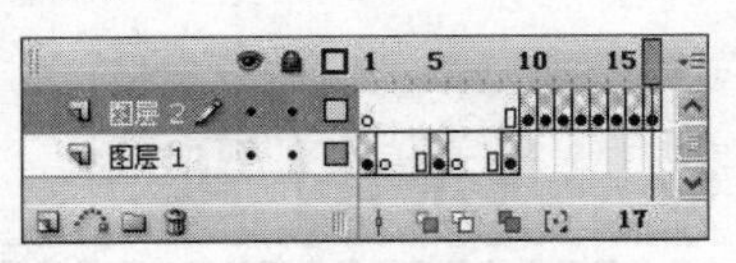

图 8.59　“时间轴”面板

5．制作跟随光标

Step 01 选中“图层 1”的第 10 帧，按 F6 键插入一个关键帧，选中光标，将其移动到元件“你”的右侧，如图 8.60（a）所示。

Step 02 选中第 11 帧，按 F6 键插入一个关键帧，选中光标，将其移动到元件“的”的右侧，如图 8.60（b）所示。

Step 03 重复以上的操作，连续插入关键帧，并将光标放在每帧文字元件的右侧，完成该步操作后的效果如图 8.61 所示。

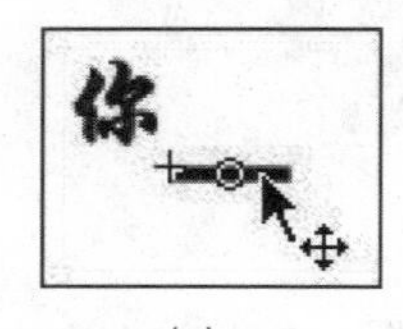

(a)

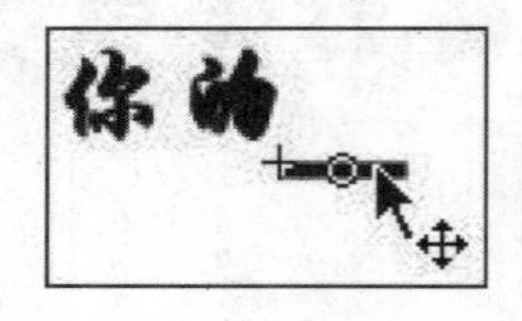

(b)

图 8.60 “光标”放置的位置

图 8.61 跟随光标设置结束后的文字

Step 04 此时，“时间轴”面板如图 8.62 所示。

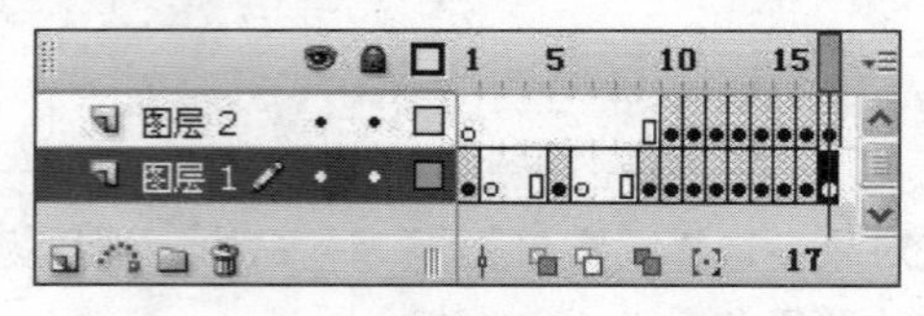

图 8.62 “时间轴”面板

6．闪烁光标

Step 01 选中“图层 1”的第 20 帧，按 F7 键插入空白关键帧。

Step 02 在第 17 帧处右击鼠标，在快捷菜单中选择“复制帧”命令，然后选中第 23 帧，在右键菜单中选择“粘贴帧”命令。

Step 03 选中第 24 帧，按 F7 键插入一个空白关键帧，再将第 23 帧复制到第 27 帧。

Step 04 选中“图层 2”中的第 27 帧，按 F5 键插入延长帧，“时间轴”面板如图 8.63 所示。

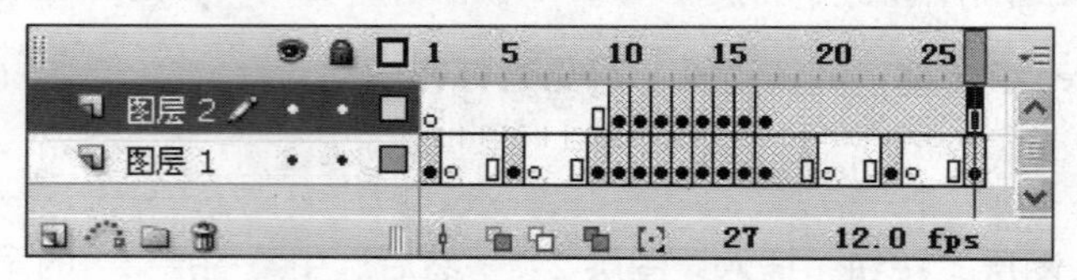

图 8.63 “时间轴”面板

Step 05 选择“文件”|“保存”命令，在弹出的“另存为”对话框中，将文档保存到“源文件\Chapter 08\打字效果”文件夹下，并为文档命名为“打字效果.fla”。

Step 06 按 Ctrl+Enter 组合键，输出并测试动画效果。

8.8 练习题

1．Flash CS3 动画可以分为哪两大类？

2．衡量播放动画速度的单位是什么？在 Flash 动画制作中，一般将每秒播放的帧数设定为多少？

3．逐帧动画的特点是什么？

4．利用 5 张 JPG 图片（任意选择），制作一个简单的逐帧动画。

Chapter 09

补间动画

本章导读

除逐帧动画之外，Flash CS3 还提供了两种计算生成关键帧之间内容的方法，一种是形状补间动画，另一种是运动补间动画。

内容要点

- 形状补间动画
- 运动补间动画
- 案例 1——图形变形动画
- 案例 2——文字变形动画
- 案例 3——大象变老鼠
- 案例 4——填充色变形
- 案例 5——移动缩放文字
- 案例 6——旋转补间动画
- 案例 7——运动衰减动画
- 案例 8——淡入淡出效果
- 案例 9——色调变化的动画
- 案例 10——风吹文本动画
- 案例 11——跳动的小球
- 案例 12——我心动了
- 案例 13——文字重影
- 案例 14——动画按钮

9.1 形状补间动画

在实际工作中，制作逐帧动画的工作量太大，会浪费大量时间，因此，通常设计人员只绘制一些关键帧，而关键帧和关键帧之间的内容可以由软件通过插值计算自动生成。Flash CS3 提供了两种计算生成关键帧之间内容的方法，一种是形状补间动画（又称形状渐变动画，简称形变动画），一种是运动补间动画（又称为动作补间动画）。

9.1.1 形状补间动画的概念

形状补间动画是较为常用的创作方法，是 Flash 内置的一种重要的动画类型，它可以在两个关键帧之间制作出图形变形的动画效果，让一种形状变成另一种形状。

制作形状补间动画的原则如下。

- 确定首、末两个关键帧中是图形。
- 利用“形状补间”在首、末关键帧之间自动生成图形转换的中间帧。
- 放置在形状补间动画首、末关键帧中的对象必须是形状。
- 形状补间动画建好后，“时间轴”面板的背景色为淡绿色，而在起始帧和结束帧之间有一个黑色的箭头，如图9.1所示。

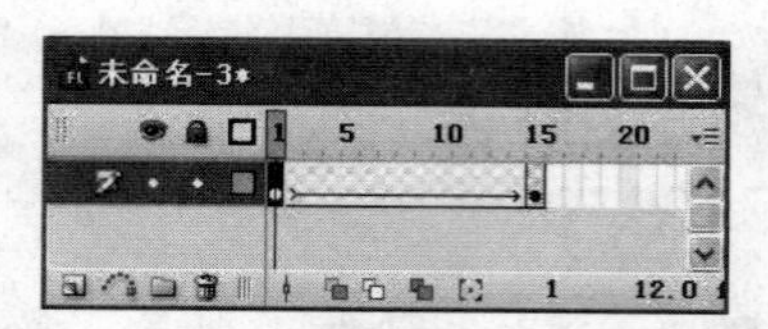

图 9.1 创建形变动画后的“时间轴”面板

提示： 如果形变动画首、末关键帧中的对象不是形状（比如是图片或文字），此时可以选择“修改”|“分离”命令，使关键帧中的对象分离为形状。而有时需要经过多次分离操作，才能使关键帧中的对象完全成为形状。

9.1.2 创建形状补间动画

创建形状补间动画的操作步骤如下。

Step 01 创建一个新文档，选中第 1 帧，选择“椭圆工具”，然后拖动鼠标在舞台中绘制一个椭圆，如图 9.2（a）所示，利用“对齐”面板，使其相对于舞台居中对齐。

Step 02 在第 15 帧处按 F6 键，插入一个关键帧，选择“矩形工具”，拖动鼠标在舞台中绘制一个正方形，如图 9.2（b）所示，使其相对于舞台居中对齐。

Step 03 返回第 1 帧，在“属性”面板中单击“补间”选项的下三角按钮，在列表中选择“形状”补间选项，创建了形状补间动画，如图 9.3 所示。按 Enter 键，可浏览测试动画效果。

Step 04 删除补间动画时，可在补间动画的过渡帧处右击鼠标，在弹出的快捷菜单中选择“删除补间”命令即可。

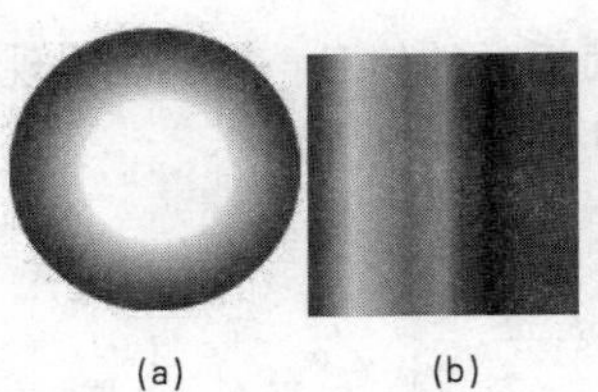
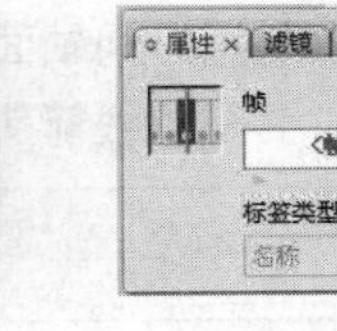
(a)　　(b)

图 9.2　绘制图形

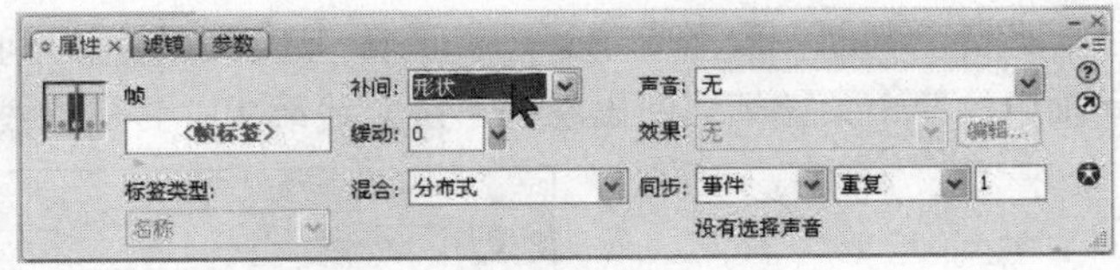

图 9.3　创建形状补间动画

9.1.3　形状补间动画的属性设置

创建形状补间动画时，在打开的“属性”面板中，包含了形状补间动画的相关参数，如图 9.4 所示，具体含义如下。

- 缓动：设置补间动画的缓动大小。
  - ➢ 在-1～-100之间：动画运动的速度从慢到快，朝运动结束的方向加速补间。
  - ➢ 在1～100之间：动画运动的速度从快到慢，朝运动结束的方向减速补间。
  - ➢ 为0（默认）：补间帧之间的变化速率不变。
- 混合：包括以下两个选项。
  - ➢ “分布式”选项：创建的动画中间形状比较平滑和不规则。
  - ➢ “角形”选项：创建的动画中间形状会保留有明显的角和直线，适合于具有锐化转角和直线的混合形状。

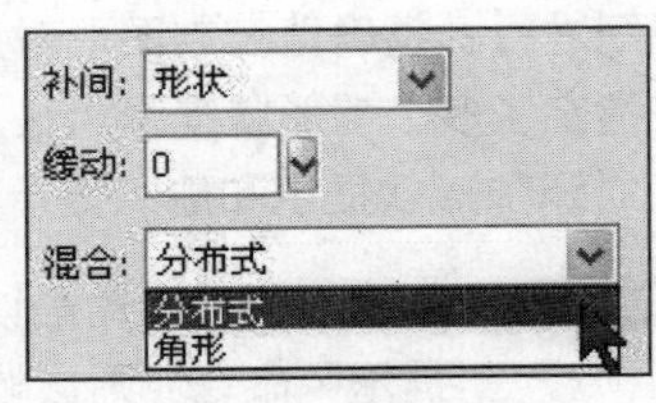

图 9.4　“属性”面板

9.1.4　形状补间动画的制作限制

在 Flash 中制作动画是有一些限制的，初学者很容易出错。在创建动画时，如果“属性”面板中出现了一个黄色的惊叹号按钮，则表明此前的动画设置有问题，提醒用户注意，如图 9.5（a）所示，此时需单击该按钮，弹出提示对话框，说明出错的原因，如图 9.5（b）所示。

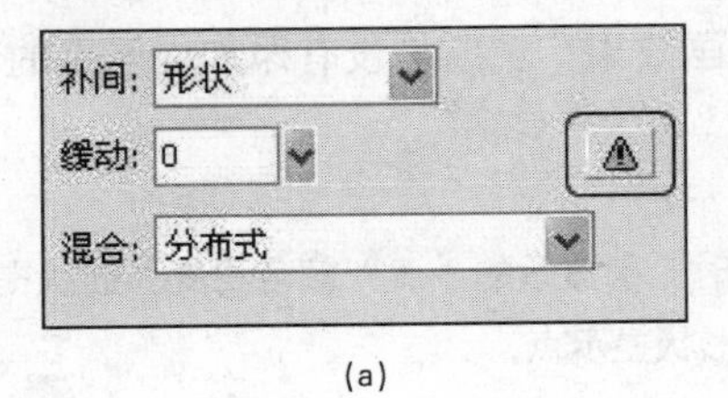

(a)

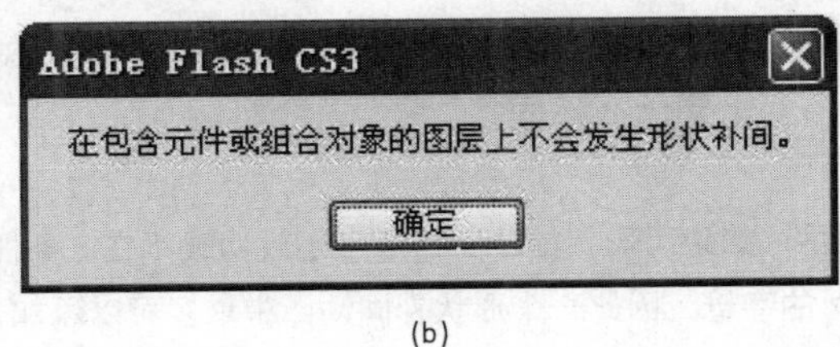

(b)

图 9.5　创建错误提示

因此，制作形状补间动画时应该注意以下的限制：

- 形变动画的对象只能是形状；
- 同一个形变动画的对象，不可以存在于不同的图层；
- 动画要有始有终，有起始关键帧，也要有结束关键帧。

此外，判断一段形变动画是否正确，还可以利用时间轴面板上的信息，当动画出现问题时，时间轴中的两个关键帧之间出现的不是实线箭头，而是虚线箭头，如图 9.6 所示。

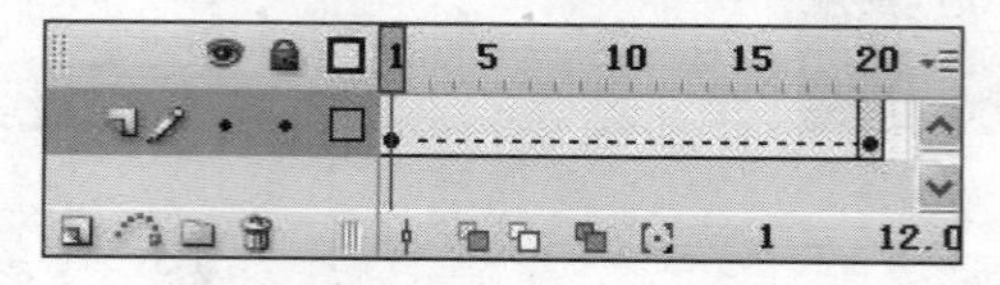

图 9.6　创建动画失败的“时间轴”面板

9.1.5　形状补间动画的制作技巧

在制作形状补间动画时，经常会发现 Flash 自动生成的形状变化和设想的变化不一致，因此，为了更好地获得变形效果，达到期望的效果，利用 Flash 中的“形状提示”则可以帮助做到这一点。在“起始形状”和“结束形状”中添加相对应的“提示”点，可以使形状在变形过渡中依照一定的规则进行，精确地控制图形对应部位的变形，即让 A 图形中的某一点变换到 B 图形上的指定一点，在指定了多个“形状提示”之后，即可达到所设想的效果。

添加形状提示和删除提示的操作步骤如下。

Step 01　创建形状补间动画以后，单击形状补间动画开始帧，选择“修改”|“形状”|“添加形状提示”命令，则该帧形状上便会增加一个带字母的红色“提示”点，如图 9.7（a）所示，同样，在结束帧的形状中也出现一个红色“提示”点，如图 9.7（b）所示。

Step 02　单击并分别按住这 2 个“提示”点，放置在适当位置，添加成功后，开始帧上的“提示”点变为黄色，如图 9.8（a）所示，结束帧上的“提示”点变为绿色，如图 9.8（b）所示。

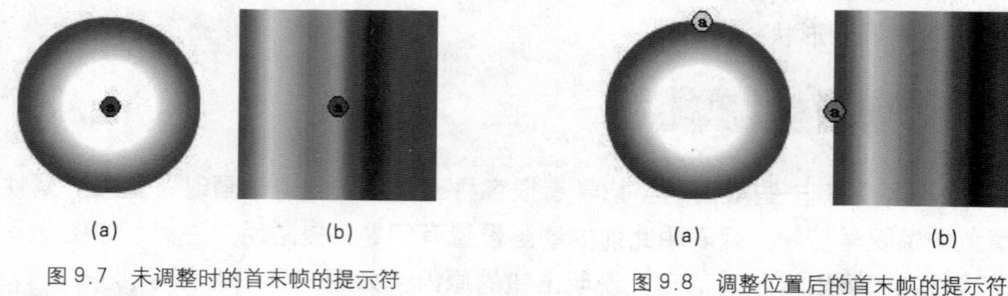

图 9.7　未调整时的首末帧的提示符

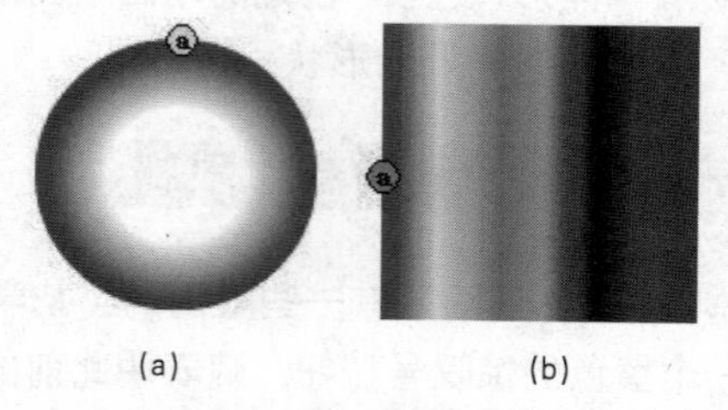

图 9.8　调整位置后的首末帧的提示符

Step 03　形状提示点添加成功后，按 Enter 键，浏览动画效果，观察与没有添加提示点的动画变化有什么不同。

提示：如果“形状提示”点添加不成功或不在一条曲线上时，则提示的“点”颜色不变。形状提示包含从 a 到 z 的字母，因此一个形状补间动画中最多可以添加 26 个形状提示点。

Step 04　删除单个形状提示时，在形状提示上右击鼠标，在快捷菜单中选择“删除提示”命令。

Step 05　删除全部的形状提示时，可选择“修改”|“形状”|“删除所有提示”命令（或在形状提示处右击鼠标，在快捷菜单中选择“删除所有提示”命令。

添加形状提示有以下6点需要注意：

- 将变形提示点沿同样的转动方向依次放置；

- 使用变形提示的两个形状越简单，效果越好；
- 若删除某一个变形提示点，可以将该提示点拖动，使之离开工作区；
- 在复杂的变形中，最好创建一个中间形状，而不是仅仅定义开始帧和结束帧的形状；
- 确保变形提示点的排列顺序合乎逻辑，要确保原始图形和要补间的图形添加的提示点的顺序一致；例如，如果它们的顺序在前一个关键帧中是abc，则在后一个关键帧中的顺序必须是abc；
- 按照逆时针顺序从形状的左上角开始放置形状提示，效果最佳。

9.2 运动补间动画

9.2.1 运动补间动画的概念

与形状补间动画不同的是，运动补间动画是对组合、实例和文本的属性进行渐变的动画，同时它还可以对实例的透明度进行渐变，以及制作物体淡入淡出的效果，而并不是单纯的位置上的移动。

制作运动补间动画的原则如下。

- 在一个关键帧处放置一个元件，然后在另一个关键帧处改变这个元件的大小、颜色、位置、透明度等。
- 利用“动画补间”在首、末关键帧之间自动生成转换的中间帧。
- 构成运动补间动画的对象必须是元件或成组对象，它可以是图形元件、按钮、文字、影片剪辑、位图等，但不能是形状。
- 动画补间动画建好之后，“时间轴”面板的背景色为淡紫色，在起始帧和结束帧之间有一个黑色的箭头，如图9.9所示。

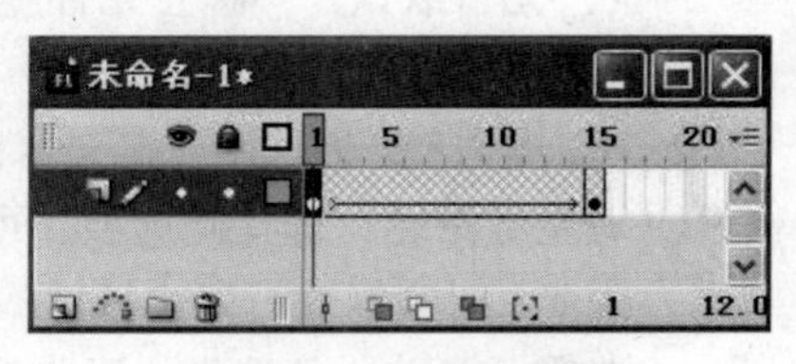

图 9.9 “时间轴”面板

注意：形状补间动画是起始点和结束点对象的形状不同；而运动补间动画则是起始点和结束点对象的属性不同。

9.2.2 创建运动补间动画

创建一个运动补间动画的操作步骤如下。

Step 01 创建一个新文档，选中第 1 帧，选择“文件”|“导入”|“导入到舞台”命令，任意导入一张图片，如图 9.10 所示。

Step 02 移动图片将其放置在舞台的左侧，在第 20 帧处按 F6 键，插入一个关键帧，然后将图片移动到舞台的右侧。

Step 03 返回第 1 帧，在“属性”面板中单击“补间”选项的下三角按钮，在弹出的列表中选择“动画”补间，创建了运动补间动画，如图 9.11 所示。此时按 Enter 键，可以浏览测试动画效果。

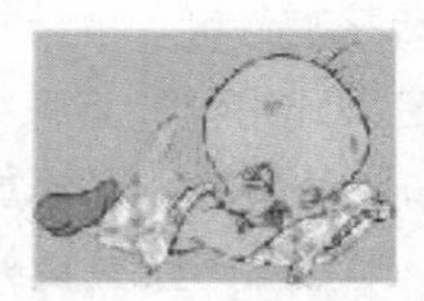

图 9.10　导入图片

图 9.11　创建运动补间动画

9.2.3　运动补间动画的属性设置

创建运动补间动画时，在打开的“属性”面板中，包含了运动补间动画的相关参数，具体含义如下。

- “帧”：为选中的帧添加标签名。
- 补间：包含“无”、“动画”、“形状”3个选项，若选中“缩放”复选框，可以改变所选对象的大小。
- 缓动：设置补间动画的缓动大小。
  - 在-1～-100之间：动画运动的速度从慢到快，朝运动结束的方向加速补间。
  - 在1～100之间：动画运动的速度从快到慢，朝运动结束的方向减速补间。
  - 为0（默认）：补间帧之间的变化速率是不变的。
- 旋转：控制对象在运动的同时发生旋转。
  - 无（默认）：禁止元件旋转。
  - 自动：使元件旋转1次。
  - 顺时针/逆时针：在文本框中输入数值，可使元件在所需的方向上旋转相应的圈数。
- 调整到路径：选择此选项，可以使动画元素沿路径改变方向。
- 同步：对实例进行同步校准，可以确保实例中的影片片段能够在主影片中正确循环。同时，选择“紧贴”复选框，可将对象自动对齐到路径。
- 声音：设置补间动画的声音。

9.2.4　自定义渐入/渐出功能

Flash CS3 具有自定义“渐入/渐出”的功能，利用该功能不但可以控制补间动画的“缓动”属性，还可以更进一步精确地控制补间的位置、旋转、缩放、颜色和滤镜的缓入和缓出属性。具体操作步骤如下。

Step 01　创建运动动画后，在“属性”面板中单击“编辑”按钮，弹出“自定义缓入/缓出”对话框。

Step 02　利用鼠标拖动曲线中的句柄，调整补间位置，可以精确地控制动画对象的速率，如图 9.12 所示。按 Ctrl+Enter 组合键，再观察动画效果（应用 9.2.2 小节制作的动画效果）。

Step 03　当“为所有属性使用一种设置”复选框未被选中时，“属性”下拉列表框将被激活，每个属性都有单独定义其变化速率的曲线。

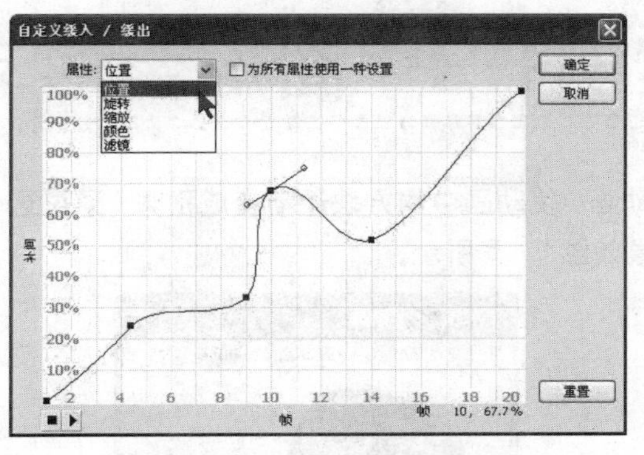

图 9.12 “自定义缓入/缓出”对话框

- 位置：为动画对象的位置指定自定义缓入/缓出设置。
- 旋转：为动画对象的旋转指定自定义缓入/缓出设置。
- 缩放：为动画对象的缩放指定自定义缓入/缓出设置。
- 颜色：为动画对象的颜色指定自定义缓入/缓出设置。
- 滤镜：为动画对象的滤镜指定自定义缓入/缓出设置。

9.2.5 运动补间动画的制作限制

在 Flash 中制作运动补间动画也是有一定的限制的，当创建动画出现问题时，在动画的“属性”面板中将出现一个黄色的惊叹号按钮，如图 9.13（a）所示，以提醒用户注意。单击惊叹号按钮，将弹出提示对话框，如图 9.13（b）所示，告知用户出错误的原因。

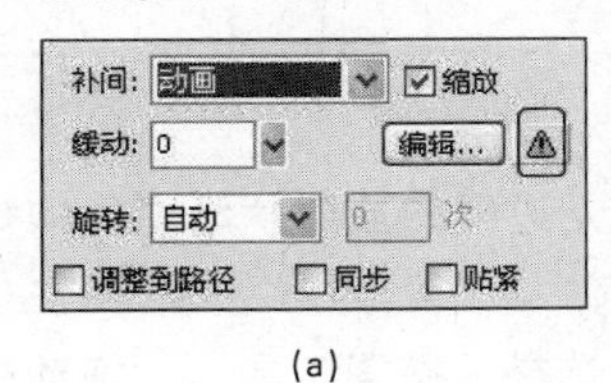

(a)

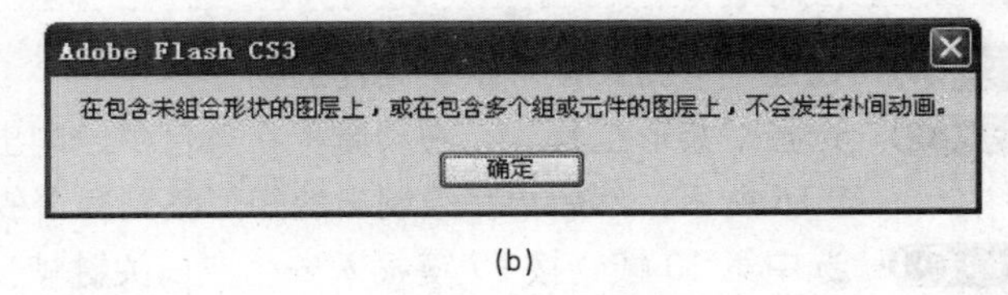

(b)

图 9.13 创建错误提示

因此，制作运动补间动画时应该注意以下限制。

- 运动补间动画仅对某个元件实例、实例群组或者文本框有效，也就是只有它们才可以作为运动补间动画的对象。
- 同一个运动补间动画的对象，不能够存在于不同的图层中。
- 动画要有始有终，有起始的关键帧，也要有结束的关键帧。

此外，判断一段运动动画是否正确，还可以利用时间轴面板上的信息，当创建动画失败时，时间轴中的两个关键帧之间出现的不是实线箭头，而是虚线箭头，如图 9.14 所示。

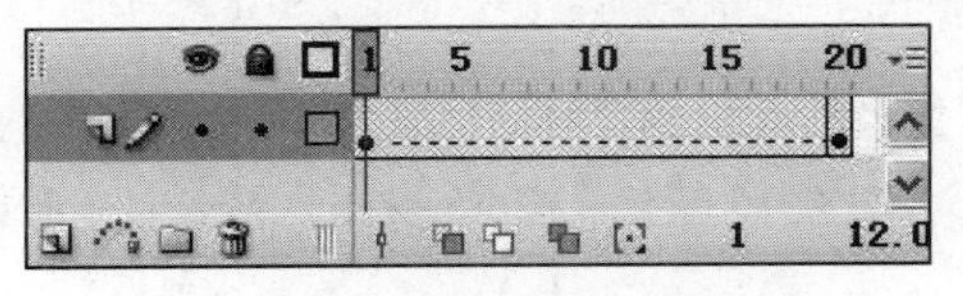

图 9.14 创建动画失败的“时间轴”面板

9.3 案例1——图形变形动画

制作一个图形变形的动画，使动画中的方块逐渐变成正圆，通过这个动画重点讲解变形补间动画的原理和操作步骤，效果如图 9.15 所示。

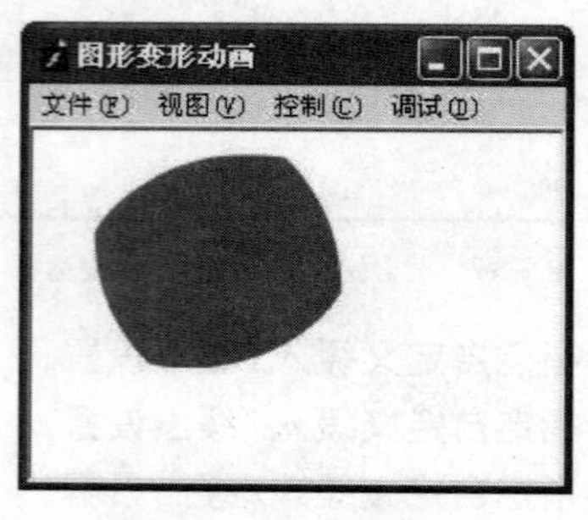

图 9.15 图形变形动画

源文件	源文件\Chapter 09\图形变形动画
视频文件	实例视频\Chapter 09\图形变形动画.avi
知识要点	创建新文档\“矩形工具”的应用\“椭圆工具”的应用\创建形状补间动画\“绘图纸外观”功能的应用

具体操作步骤如下。

1. 绘制图形

Step 01 创建一个新文档，默认属性选项。

Step 02 选择“矩形工具”，拖动鼠标在舞台中绘制出一个无边框的放射状渐变色的矩形，如图 9.16 所示，然后再将绘制出的矩形移到舞台的左侧。

Step 03 选中第 10 帧，按 F7 键插入一个空白关键帧，然后选择“椭圆工具”，拖动鼠标在舞台中绘制一个无边框的橙色（颜色可以任意）正圆，如图 9.17 所示，将绘制的正圆移动到舞台的右侧。

图 9.16 绘制出的矩形

图 9.17 绘制的正圆

2. 创建变形补间

Step 01 返回第 1 帧，在“属性”面板的“补间”下拉列表中选择“形状”选项，如图 9.18 所示，创建形状补间动画，在第 15 帧处，按 F5 键插入延长帧，此时的“时间轴”面板如图 9.19 所示。

图 9.18 选择补间类型

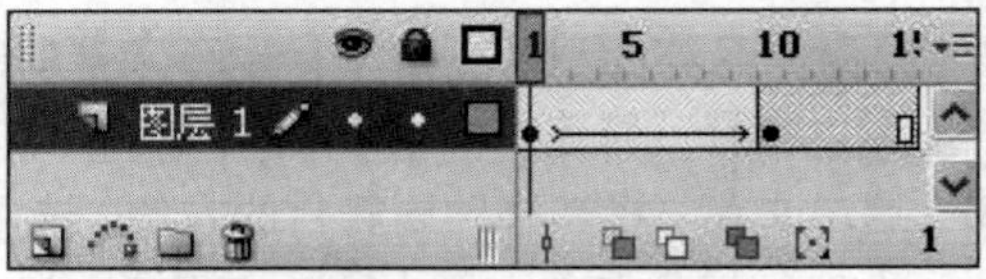

图 9.19 添加补间后的时间轴

Step 02 单击“绘图纸外观”按钮，拖动范围标记，即可显示所有帧的内容，此时可以看到，图像在逐渐发生形变，如图 9.20 所示。

图 9.20 显示了所有帧的内容

Step 03 选择“文件”|“保存”命令，在弹出的“另存为”对话框中，将文档保存到“源文件\Chapter 09\图形变形动画”文件夹下，并为其命名为“图形变形动画.fla”的文件。

Step 04 按 Ctrl+Enter 组合键，输出并测试动画效果。

9.4 案例2——文字变形动画

本案例重点讲解文字的变形动画，动画过程中字母 A 逐渐变成了 B，然后又逐渐变成 C，再到 D、E、F，如图 9.21 所示。

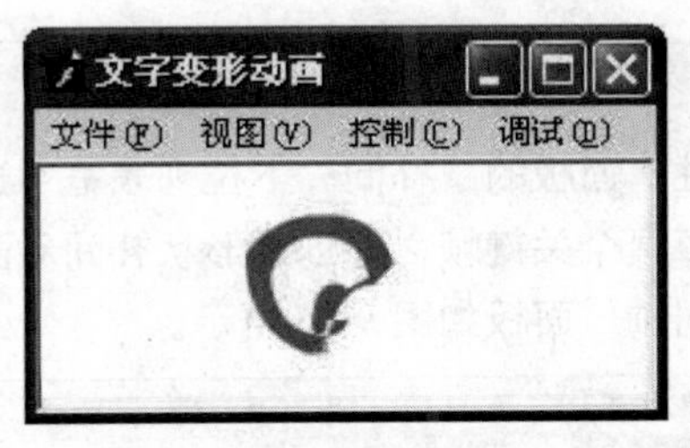

图 9.21 文字变形动画

源文件	源文件\Chapter 09\文字变形动画
视频文件	实例视频\Chapter 09\文字变形动画.avi
知识要点	创建新文档\“文本工具”的应用\“分离”命令的应用\创建形状补间动画

具体操作步骤如下。

1. 输入文本

Step 01 创建一个新文档，选择“修改”|“文档”命令，在弹出的“文档属性”对话框中，设置舞台尺寸为 500px × 200px，默认其他属性选项。

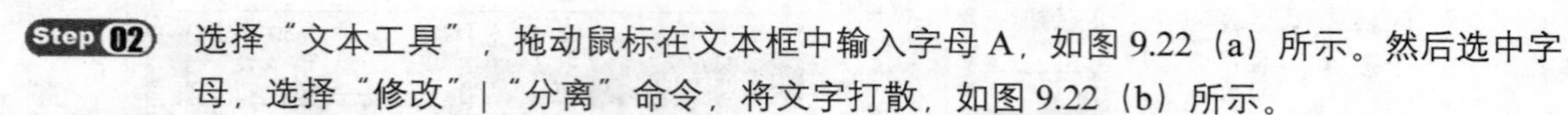

Step 02 选择“文本工具”，拖动鼠标在文本框中输入字母A，如图9.22（a）所示。然后选中字母，选择“修改”|“分离”命令，将文字打散，如图9.22（b）所示。

Step 03 选中文字，将其移动到舞台的左侧，选中第10帧，按F7键插入空白关键帧，再选择“文本工具”，在文本框中输入字母B，然后选中文字将其分离，将该字母移动到字母A的右侧，如图9.23（a）所示。

提示：在对文字进行排列时，可单击“绘图纸外观”按钮。

Step 04 选中第20帧，按F7键插入空白关键帧，选择“文本工具”，在文本框中输入字母C，并将其分离，然后将该字母移动到字母B的右侧，如图9.23（b）所示。

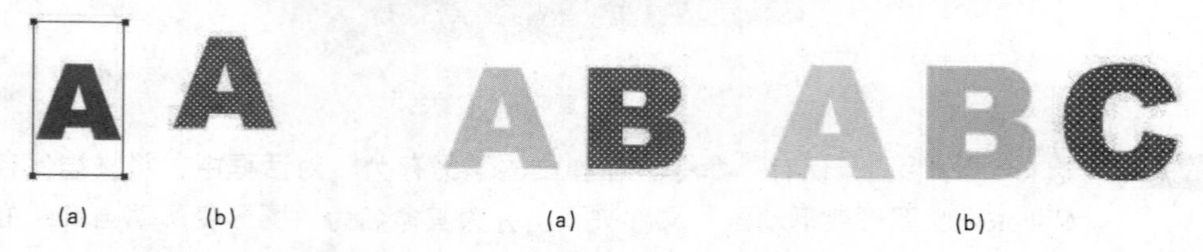

图9.22　输入并分离字母A　　　图9.23　排列字母

Step 05 依次在第30、40、50帧上插入空白关键帧，输入字母D、E、F，将文字打散，并将它们排列起来，如图9.24所示。

图9.24　排列字母

2. 创建形状补间动画

Step 01 返回第1帧，在“属性”面板的“补间”下拉列表框中选择“形状”选项。

Step 02 按照同样的方式，在每两个关键帧之间创建形状补间动画，在第60帧处，按F5键插入延长帧，此时，“时间轴”面板如图9.25所示。

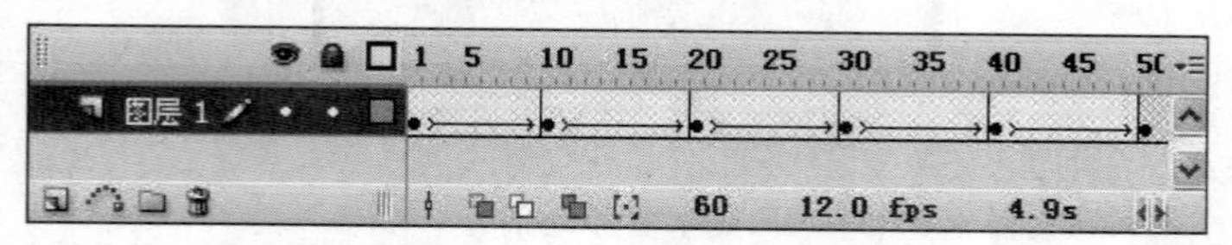

图9.25　“时间轴”面板

Step 03 选择“文件”|“保存”命令，在弹出的“另存为”对话框中，将文档保存到“源文件\Chapter 09\文字变形动画”文件夹下，并为其命名为“文字变形动画.fla”的文件。

Step 04 按Ctrl+Enter组合键，输出并测试动画效果。

9.5 案例3——大象变老鼠

制作一个图形变换的动画，重点讲解如何将元件用于形状补间动画，如图 9.26 所示。

图 9.26 大象变老鼠

源文件	源文件\Chapter 09\大象变老鼠
视频文件	实例视频\Chapter 09\大象变老鼠.avi
知识要点	创建新文档\“任意变形工具”的应用\“分离”和“组合”命令的应用\创建形状补间动画

具体操作步骤如下。

1. 创建元件

Step 01 创建一个新文档，选择“修改”|“文档”命令，在弹出的“文档属性”对话框中，修改舞台尺寸 500px×200px，默认其他属性选项。

Step 02 选择“文件”|“打开”命令，将弹出“打开”文件对话框，从“源文件\Chapter 09\大象变老鼠”文件夹中打开名为“大象变老鼠素材”的源文件。

Step 03 选择“窗口”|“库”命令，打开“库”面板，此时库中存放了两个元件，一个名为“大象”，另一个名为“老鼠”，如图 9.27 所示。

Step 04 返回到舞台，将元件“大象”拖动到舞台，放置在舞台的左侧，然后利用“任意变形工具”对元件实例进行大小的调整，如图 9.28 所示。

图 9.27 “库”面板

图 9.28 缩放元件实例

Step 05 选中时间轴中的第 20 帧，按 F7 键插入一个空白的关键帧，再次选中第 20 帧，从“库”面板中将名为“老鼠”元件拖动到舞台，放在舞台的右侧，如图 9.29 所示，也可利用“任意变形工具”对该实例进行大小调整。

图 9.29　元件实例

2. 创建变形补间

Step 01　返回第 1 帧，在“属性”面板中，选择“形状”补间选项，此时的“时间轴”面板如图 9.30 所示，这说明创建形状补间动画失败。此时需在过渡帧上右击鼠标，在弹出的快捷菜单中选择“删除补间”命令。

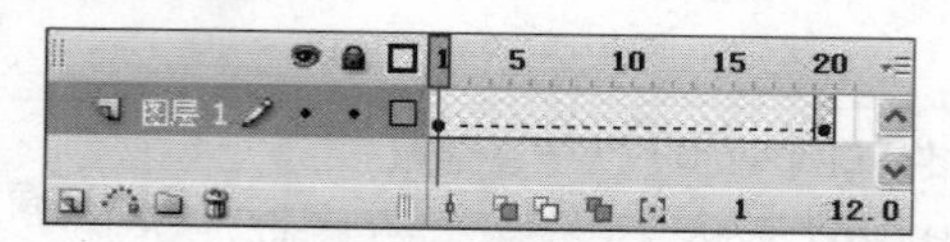

图 9.30　“时间轴”面板

Step 02　选中第 1 帧上的大象实例，多次选择“修改”|“分离”命令，将图像实例彻底打散，使图像上呈现麻点状，如图 9.31（a）所示。

Step 03　同样，选中第 20 帧处的老鼠实例，两次按 Ctrl+B 组合键，将图像实例打散，使图像上呈现麻点状，如图 9.31（b）所示。

(a)

(b)

图 9.31　将元件实例分离

注意：图像实例是一个特殊的组合对象，而组合对象不能形成变形补间动画，因此在创建变形补间之前，应该将图像实例打散为矢量图。

Step 04　返回第 1 帧，在“属性”面板中选择“形状”补间，如图 9.32 所示，创建形状补间动画。

Step 05　完成补间动画创建后的“时间轴”面板，如图 9.33 所示。

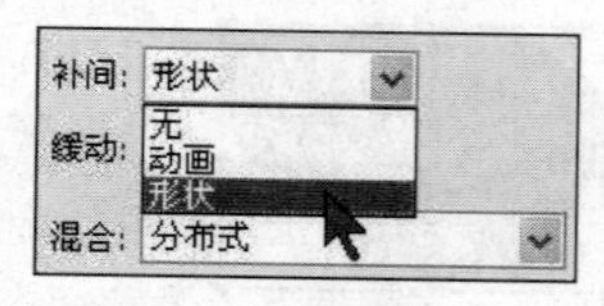

图 9.32　创建形状补间动画

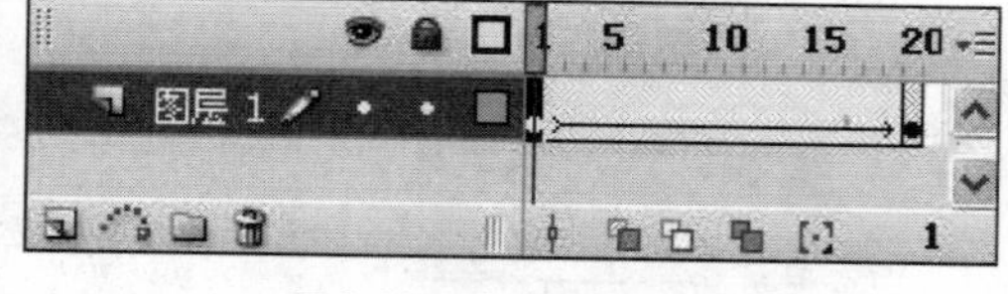

图 9.33　“时间轴”面板

Step 06　选择“文件”|“另存为”命令，在弹出的“另存为”对话框中，将文档保存到“源文件\Chapter 09\大象变老鼠”文件夹下，并为其命名为“大象变老鼠.fla”的文件。

Step 07　按 Ctrl+Enter 组合键，输出并测试动画效果。

9.6 案例4——填充色变形

制作一个填充色变形的动画，重点讲解如何利用填充颜色的变形补间产生炫目的动画效果。动画中背景色的亮部由左移到右，然后又从右移到左，有着很强的质感，如图 9.34 所示。

图 9.34 动画效果

源文件	源文件\Chapter 09\填充色变形
视频文件	实例视频\Chapter 09\填充色变形.avi
知识要点	创建新文档\“矩形工具”和“任意变形工具”的应用\“颜色”和“对齐”面板的应用\“渐变变形工具”的应用\“分离”命令的应用\创建形状补间动画

具体操作步骤如下。

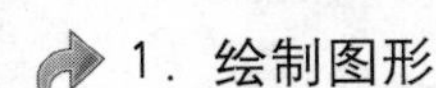

1. 绘制图形

Step 01 创建一个新文档，选择“修改”|“文档”命令，在弹出的“文档属性”对话框中，修改舞台尺寸为 500px×200px，背景为红色，默认其他属性选项。

Step 02 选择“矩形工具”，拖动鼠标在舞台中绘制一个无边框的黑色矩形，然后调整其尺寸与舞台相同，并将舞台完全盖住。

Step 03 选中矩形，选择“窗口”|“颜色”命令，打开“颜色”面板，选择线性渐变填充类型，填充颜色从左到右依次为红色、橙色和红色，如图 9.35（a）所示，此时，舞台呈现为红黄相间的彩虹条，如图 9.35（b）所示。

(a)

(b)

图 9.35 创建线性渐变矩形

2．修改渐变色

Step 01 选择“渐变变形工具”，选中矩形，此时，在矩形上出现控制点，如图 9.36（a）所示。

Step 02 按住控制中心点，并将其拖动到矩形左侧，此时，较亮的橙色区域将移到矩形的左侧，如图 9.36（b）所示。

(a) (b)

图 9.36 拖动控制中心点

3．制作动画

Step 01 在第 10 帧和第 20 帧处，分别按 F6 键，插入关键帧。

Step 02 选中第 10 帧，选择“渐变变形工具”，单击舞台中的矩形，用鼠标按住中心控制点，并将橙色区域移到矩形的右侧，如图 9.37 所示。

Step 03 返回第 1 帧，在“属性”面板中选择“形状”补间，创建形状补间动画。同样，选中第 10 帧，在“属性”面板中选择“形状”补间，创建形状补间动画，此时，“时间轴”面板如图 9.38 所示。

图 9.37 将橙色区域移到矩形的右侧

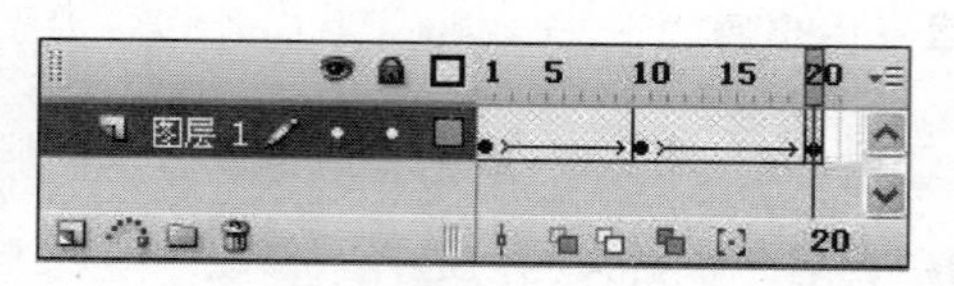

图 9.38 “时间轴”面板

Step 04 单击“插入图层”按钮，添加一个新图层，并将新图层命名为“图标”。

Step 05 选择“文件”|“导入”|“导入到舞台”命令，将弹出“导入”文件对话框，从“源文件\Chapter 09\填充色变形”文件夹中导入一张名为“图标”的图片，如图 9.39（a）所示。

Step 06 选中该图片，利用“对齐”面板，使其相对于舞台居中对齐。

Step 07 选中该图片，利用“任意变形工具”对图片进行缩放，再选择“修改”|“分离”命令，将图片打散，利用“套索工具”和“橡皮擦工具”将图片背景删除，如图 9.39（b）所示。

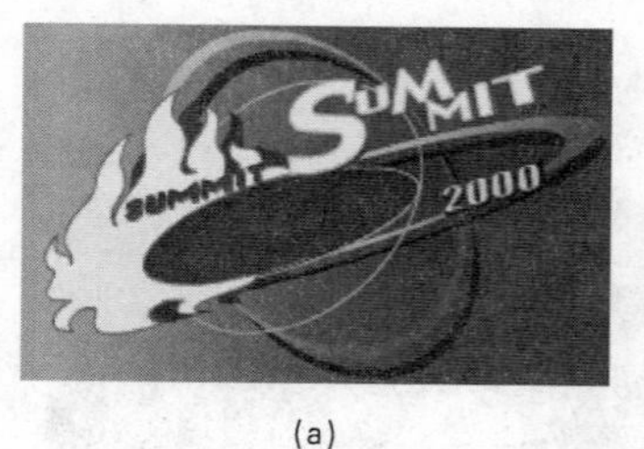

(a) (b)

图 9.39 导入图片并删除图片背景

Step 08 制作结束后的“时间轴”面板如图 9.40 所示。

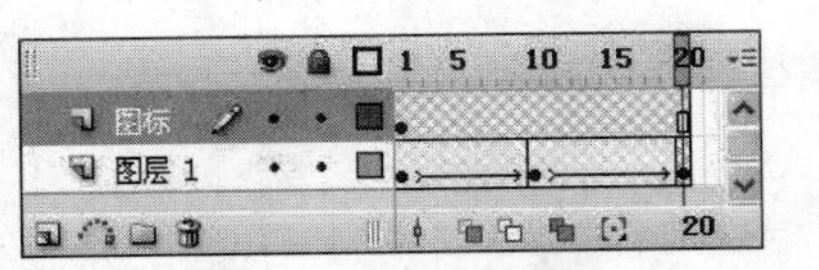

图 9.40 “时间轴”面板

Step 09 选择“文件”|“保存”命令，在弹出的“另存为”对话框中，将文件保存到“源文件\Chapter 09\填充色变形”文件夹下，并为其命名为“填充色变形.fla”。

Step 10 按 Ctrl+Enter 组合键，输出并测试动画效果。

9.7 案例5——移动缩放文字

制作一个移动缩放的动画，效果如图 9.41 所示。

图 9.41 移动缩放文字

源文件	源文件\Chapter 09\移动缩放文字
视频文件	实例视频\Chapter 09\移动缩放文字.avi
知识要点	创建新文档\“文本工具”和“任意变形工具”的应用\创建影片剪辑元件\“绘图纸外观”功能的应用\创建运动补间动画

具体操作步骤如下。

1. 创建元件

Step 01 创建一个新文档，默认属性选项。

Step 02 选择“文本工具”，在“属性”面板中设置字体、字号和字色，拖动鼠标在文本框中输入文字 FLASH。

Step 03 选中文本，按 F8 键，弹出“转换为元件”对话框，创建一个名为“文字”的影片剪辑元件，如图 9.42（a）和（b）所示。

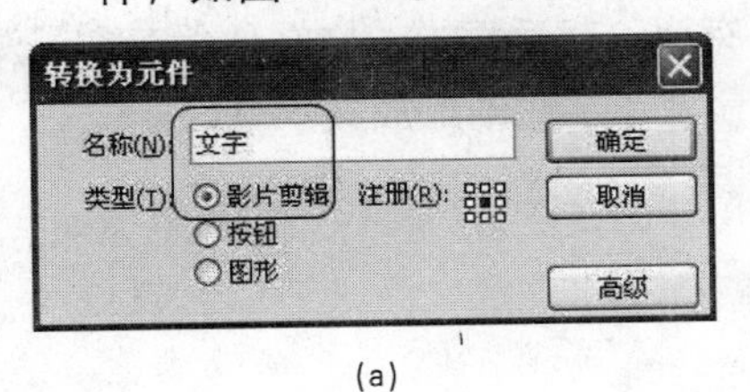

(a)

(b)

图 9.42 创建影片剪辑元件

Step 04 将实例选中并将其移动到舞台右侧（舞台外）。

2. 创建动画

Step 01 在第 10 帧处，按 F6 键插入一个关键帧，然后选中舞台中的文本，按住 Shift 键的同时将文本移到舞台左侧（舞台外）。

提示：按住 Shift 键可以保证对象只在水平、竖直或者对角线方向上移动。

Step 02 返回第 1 帧，在“属性”面板中的“补间”下拉列表中选择“动画”选项，创建运动补间动画。

提示：除了用“属性”面板中的选项创建动画之外，还可以右击两个关键帧中的任何一帧，在弹出的快捷菜单中选择“创建补间动画”命令。

Step 03 单击“绘图纸外观”按钮，打开“绘图纸”功能，再单击“修改绘图纸标记”按钮，在弹出的菜单中选择“绘制全部”命令，如图 9.43 所示。

Step 04 此时，舞台上显示出每一帧的内容，如图 9.44 所示。

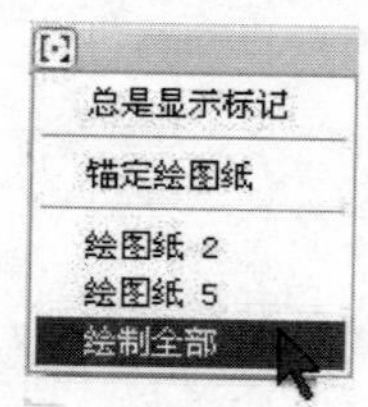

图 9.43 打开“绘图纸”功能

图 9.44 舞台显示

3. 缩放变形

Step 01 选中第 1 帧的实例，利用“任意变形工具”将文本尺寸放大。

Step 02 选中第 10 帧的实例，利用“任意变形工具”将文本缩小。

Step 03 此时，舞台中显示的文本如图 9.45 所示。

图 9.45 舞台中显示的文本

Step 04 选择“文件” |“保存”命令，在弹出的“另存为”对话框中，将文件保存到“源文件\Chapter 09\移动缩放文字”文件夹下，并为其命名为“移动缩放文字.fla”。

Step 05 按 Ctrl+Enter 组合键，输出并测试动画效果。

9.8 案例6——旋转补间动画

制作一个旋转补间动画，通过这个动画主要讲解如何让指针在钟面上旋转，如图 9.46 所示。

图 9.46 旋转补间动画

源文件	源文件\Chapter 09\旋转补间动画
视频文件	实例视频\Chapter 09\旋转补间动画.avi
知识要点	创建新文档\“库”面板和“对齐”面板的应用\“任意变形工具”的应用\“绘图纸外观”功能的应用\创建运动补间动画

具体操作步骤如下。

1. 调用元件

Step 01 创建一个新文档，选择“修改”|“文档”命令，在弹出的“文档属性”对话框中，修改舞台尺寸为 300px × 300px，默认其他属性选项。

Step 02 选择“文件”|“打开”命令，将弹出“导入”文件对话框，从“源文件\Chapter 09\旋转补间动画”文件夹中打开名为“钟表素材”的源文件。

Step 03 选择“窗口”|“库”命令，打开“库”面板，如图 9.47 所示，从“库”中将影片剪辑元件“钟面”拖放到舞台，然后选择“任意变形工具”，调整其大小。并利用“对齐”面板，使其相对于舞台居中对齐。

Step 04 双击“图层 1”的名称处，将其名称更改为“钟面”，按 Enter，再选中第 20 帧，按 F5 键插入延长帧。

Step 05 单击“插入图层”按钮，添加一个新图层，并将其命名为“指针”，然后选中第 1 帧，从“库”中将元件 needle 拖动到舞台，利用“任意变形工具”将其缩小，如图 9.48 所示。

2. 创建补间动画

Step 01 单击“钟面”图层的锁头按钮，将“钟面”图层锁定。然后选择“任意变形工具”，单击指针，将指针的中心点移动到指针的底端，如图 9.49 所示。

Step 02 在“指针”图层的第 20 帧处，按 F6 键插入关键帧。

Step 03 返回第 1 帧，在“属性”面板中选择“动画”补间，并且选择“顺时针”旋转 1 次，创建运动补间动画，如图 9.50 所示。

Step 04 单击“绘图纸外观”按钮，并且在“修改绘图纸表记”中选择“绘制全部选项，指针动画效果如图 9.51 所示。

图 9.47 打开“库”面板

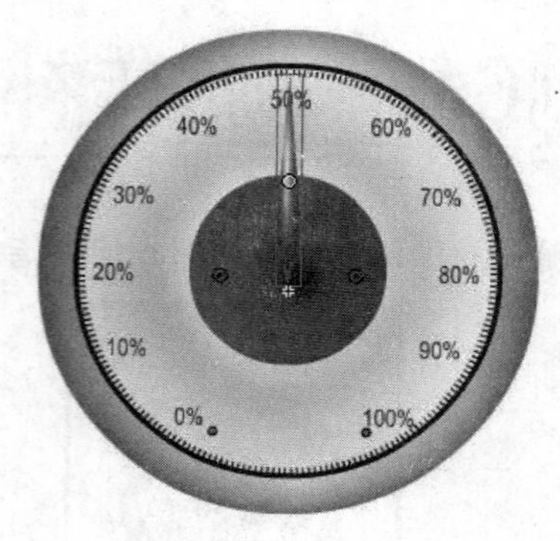

图 9.48 缩小指针后的图像

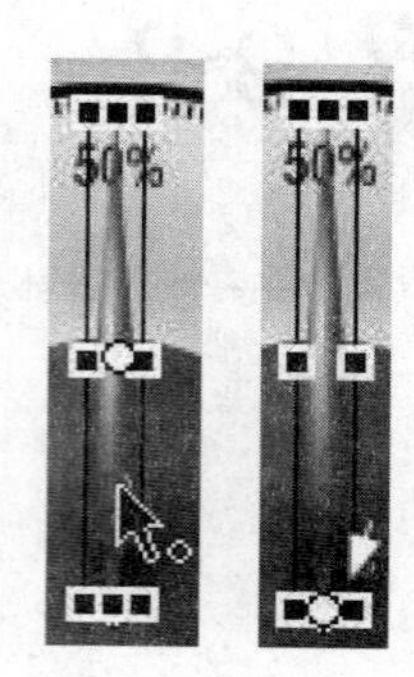

图 9.49 移动中心点

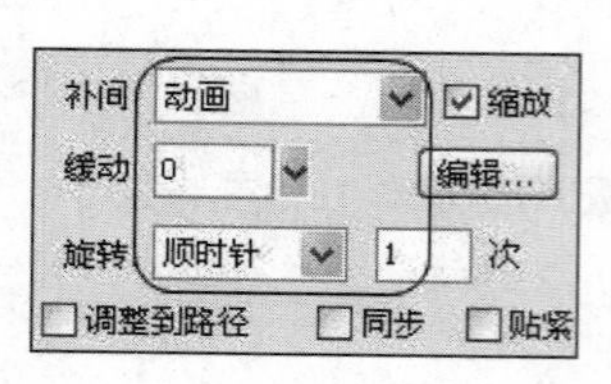

图 9.50 “属性”面板

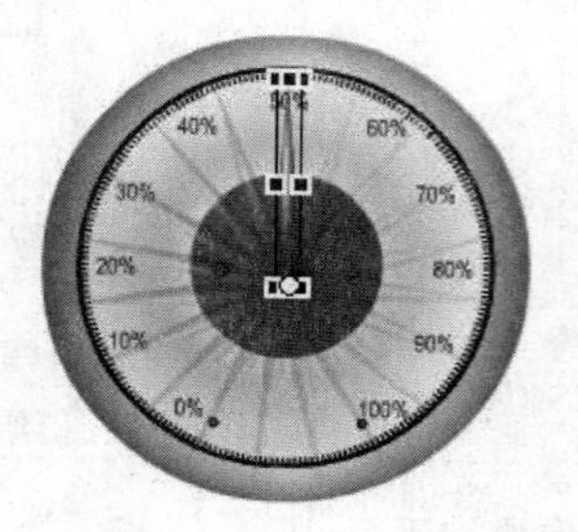

图 9.51 指针的动画效果

Step 05 制作完成后的“时间轴”面板如图 9.52 所示。

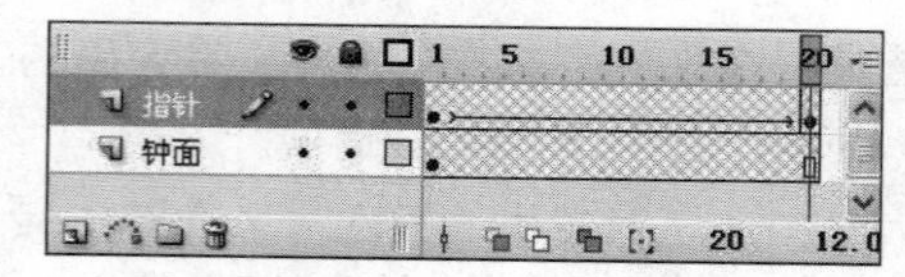

图 9.52 “时间轴”面板

Step 06 选择“文件”|“另存为”命令，在弹出的“另存为”对话框中，将文档保存到“源文件\Chapter 09\旋转补间动画”文件夹下，并为文档命名为“旋转补间动画.fla”。

Step 07 按 Ctrl+Enter 组合键，输出并测试动画效果。

9.9 案例7——运动衰减动画

本案例模拟是自由落体运动，其中的小球从上落下，然后再弹回去，如图 9.53 所示。

图 9.53 运动衰减动画

源文件	源文件\Chapter 09\运动衰减动画
视频文件	实例视频\Chapter 09\运动衰减动画.avi
知识要点	创建新文档\“椭圆工具”的应用\“颜色”面板的应用\“转换元件”命令的应用\创建运动补间动画

具体操作步骤如下。

1. 创建元件

Step 01 创建一个新文档，选择“修改”|“文档”命令，在弹出的“文档属性”对话框中，修改舞台尺寸为 400px × 300px，默认其他属性选项。

Step 02 选择“椭圆工具”，打开“颜色”面板，设置“类型”为“放射状”渐变，填充颜色从左到右为白色和红色，如图 9.54（a）所示，按住 Shift 键的同时，拖动鼠标在舞台中绘制一个没有边框的正圆，如图 9.54（b）所示。

Step 03 选中该正圆，按 F8 键，弹出“转换为元件”对话框，将该正圆转换为名为“球”的图形元件，如图 9.55 所示。

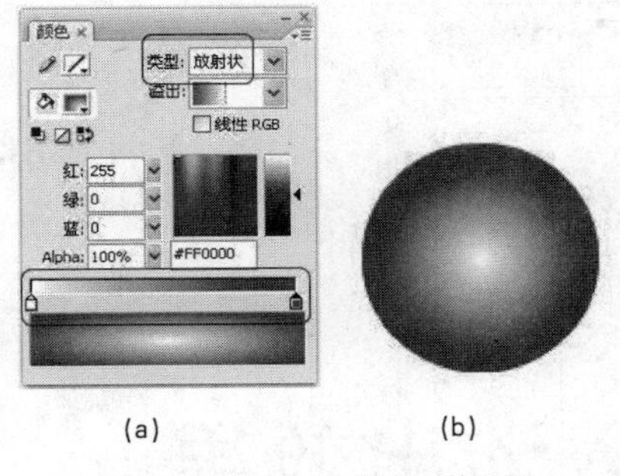

(a) (b)

图 9.54 绘制一个渐变色的正圆

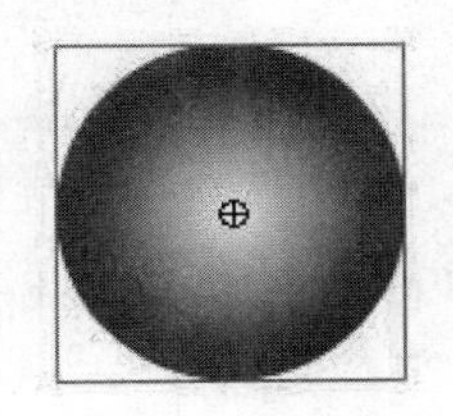

图 9.55 将正圆转换为元件

2. 创建运动补间动画

Step 01 将小球移动到舞台的顶部，如图 9.56（a）所示，选中第 10 帧和第 20 帧，按 F6 键插入关键帧。

Step 02 返回第 10 帧，按住 Shift 键的同时，按键盘上的下移键，将小球移到舞台的底部，如图 9.56（b）所示。

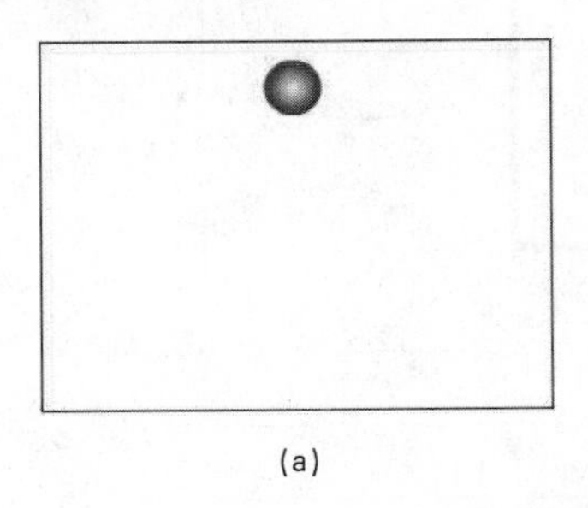

(a)

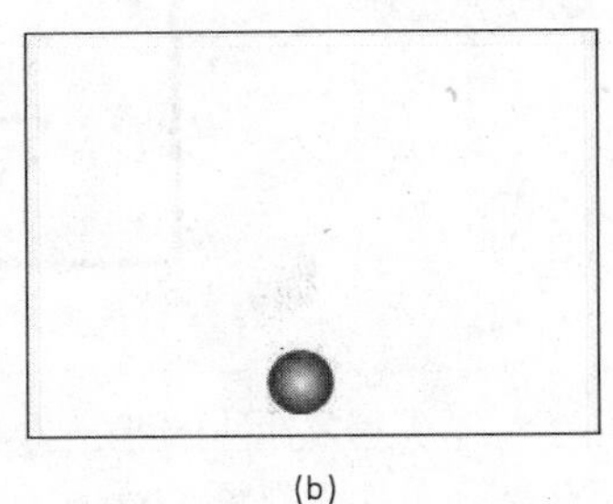

(b)

图 9.56 移动关键帧上的小球

Step 03 选中第 1 帧和第 10 帧，在“属性”面板中选择“动画”补间，创建运动补间动画。

Step 04 按Enter键，在舞台中预览动画，可以看到小球从上落下，然后又跳回原位。

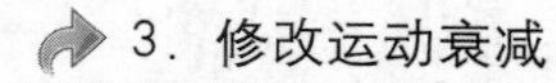

Step 01 选中第1帧，在“属性”面板中将“缓动”设置为-100，如图9.57（a）所示。

Step 02 选中第10帧，在“属性”面板中将“缓动”设置为100，如图9.57（b）所示。

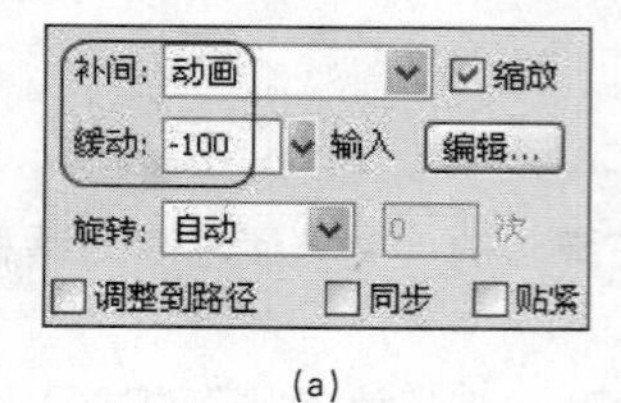

(a)

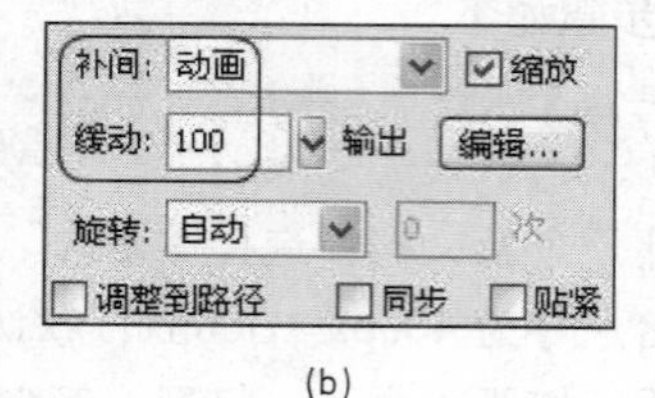

(b)

图9.57　设置缓动参数

Step 03 制作完成后的“时间轴”面板如图9.58所示。

Step 04 选择“文件”|“保存”命令，在弹出的“另存为”对话框中，将文档保存到“源文件\Chapter 09\运动衰减动画”文件夹下，并为文档命名为“运动衰减动画.fla”。

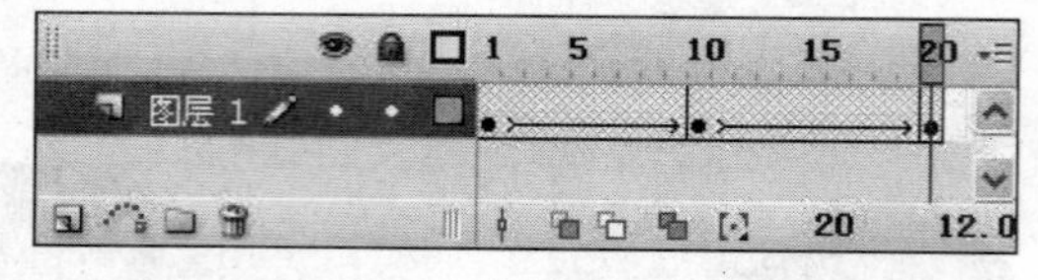

图9.58　“时间轴”面板

Step 05 按Ctrl+Enter组合键，输出并测试动画效果。

9.10　案例8——淡入淡出效果

本案例利用实例的透明变化产生动画效果，其中的文本透明度逐渐由低变高，然后又逐渐降低，这就产生了淡入淡出的效果，如图9.59所示。

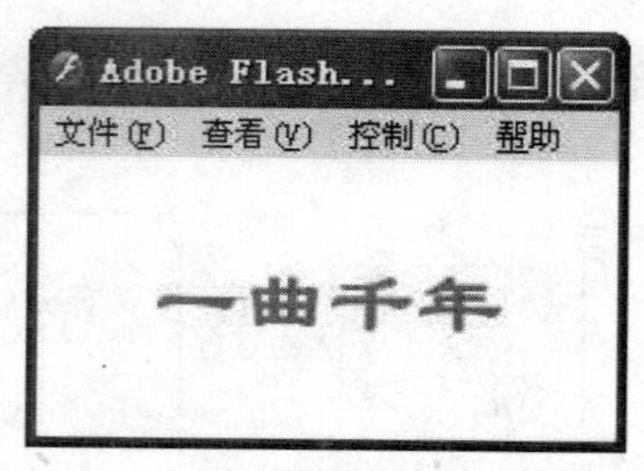

图9.59　淡入淡出的效果

源文件	源文件\Chapter 09\淡入淡出效果
视频文件	实例视频\Chapter 09\淡入淡出效果.avi
知识要点	创建新文档\“文本工具”的应用\“转换元件”命令的应用\元件实例的Alpha值设置\创建运动补间动画

具体操作步骤如下。

1. 创建元件

Step 01 创建一个新文档，选择“修改”|“文档”命令，在弹出的“文档属性”对话框中，修改舞台尺寸为300px×200px，默认其他属性。

Step 02 选择“文本工具”，拖动鼠标在文本框中输入文本“一曲千年”，利用“对齐”面板，使其相对于舞台居中对齐，两次选择“修改”|“分离”命令，将文字打散。

Step 03 选择“修改”|“转换为元件”，命令，将文本转换为名为“文字”的影片剪辑元件，如图9.60（a）和（b）所示。

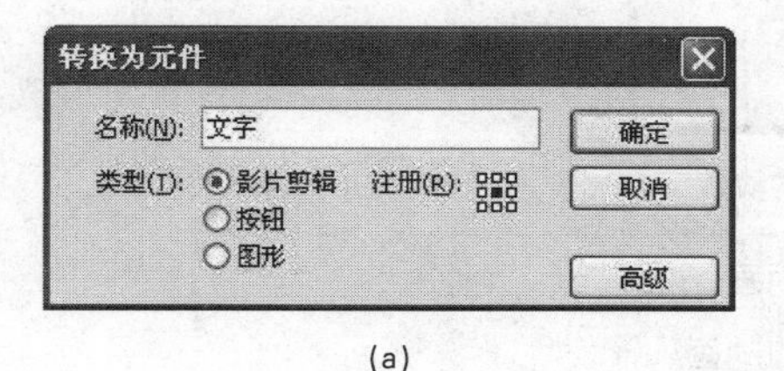

(a)

(b)

图9.60 将文本转换为影片剪辑元件

2. 创建动画

Step 01 选中文本实例，在“属性”面板的颜色下拉列表框中选择Alpha项，将Alpha设置为0%，如图9.61（a）所示，使文本变为透明，如图9.61（b）所示.。

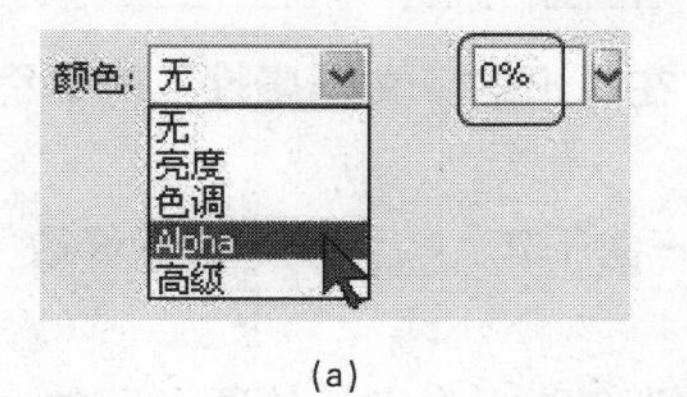

(a)

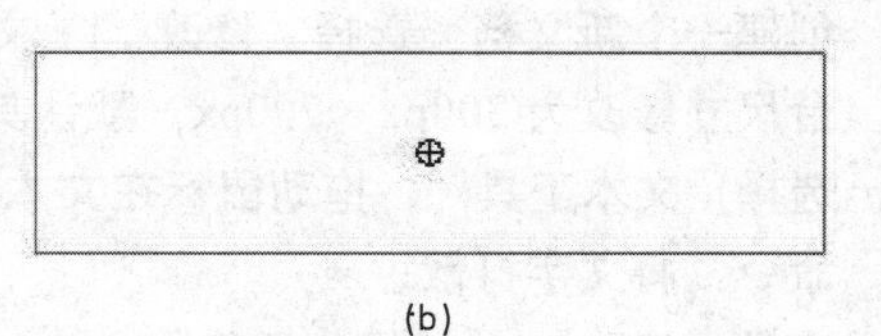

(b)

图9.61 设置Alpha值使文本实例变为透明

Step 02 选中第20帧，按F6键插入关键帧，再选中第10帧，按F6键插入一个关键帧，并将该帧上的元件实例的Alpha值修改为100%。

Step 03 分别选中第1帧和第10帧，在“属性”面板中选择“动画”补间，创建运动补间动画，此时，“时间轴”面板如图9.62所示。

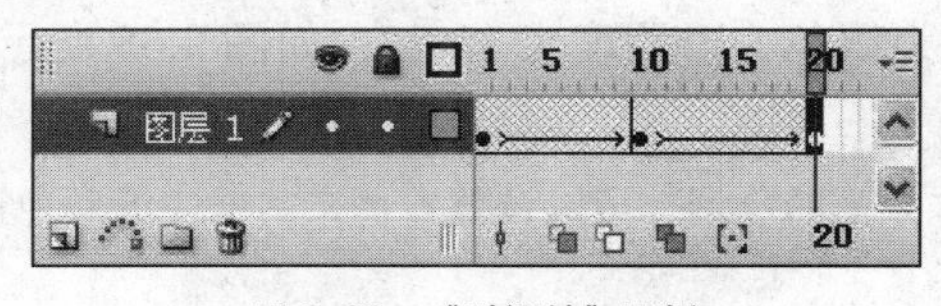

图9.62 “时间轴”面板

Step 04 选择“文件”|“另存为”命令，在弹出的“另存为”对话框中，将文档保存到“源文件\Chapter 09\淡入淡出效果”文件夹下，并为文档命名为“淡入淡出效果.fla”。

Step 05 按Ctrl+Enter组合键，输出并测试动画效果。

9.11 案例9——色调变化的动画

本案例主要利用实例的颜色变化产生动画效果，文本的颜色逐渐由红色变为绿色，再变为橙黄色，最后又逐渐变为蓝色，如图 9.63 所示。

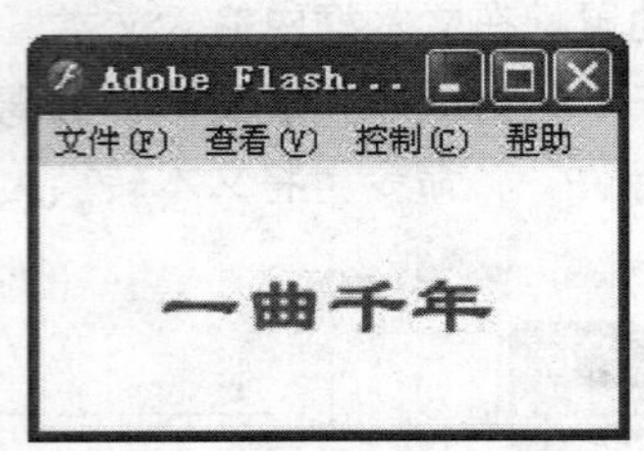

图 9.63 色调变化的动画

源文件	源文件\Chapter 09\色调变化的动画
视频文件	实例视频\Chapter 09\色调变化的动画.avi
知识要点	创建新文档\“文本工具”的应用\“分离”命令的应用\“转换元件”命令的应用\创建运动补间动画

具体操作步骤如下。

1. 创建元件

Step 01 创建一个新文档，选择“修改”|“文档”命令，在弹出的“文档属性”对话框中，将舞台尺寸修改为 300px×200px，默认其他选项。

Step 02 选择“文本工具”，拖动鼠标在文本框中输入“一曲千年”，两次选择“修改”|“分离”命令，将文字打散。

Step 03 选择“修改”|“转换为元件”命令，将文本转换为名为“文字”的图形元件，如图 9.64 所示。

Step 04 分别选中第 10 帧、第 20 帧和第 30 帧，按 F6 键插入关键帧。

2. 修改元件色调并创建补间动画

Step 01 选中第 10 帧上的文本实例，在“属性”面板的“颜色”下拉列表框中，选择“色调”选项，并将颜色修改为绿色，透明度为 100%，如图 9.65 所示。

提示： 如果要部分保留文本原来的色调，可以调整右侧文本框中的颜色透明度。数值越大，绿色越深，原来的红色越浅。

图 9.64 将文本转换为元件

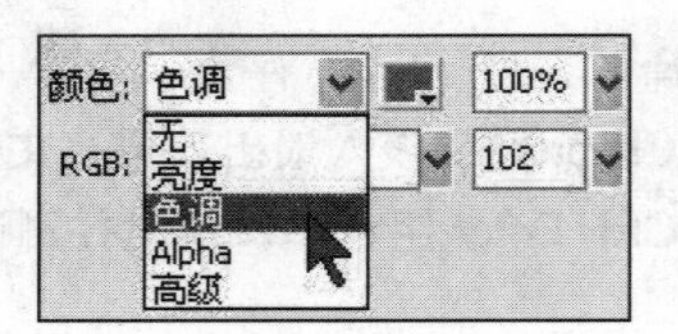

图 9.65 修改色调

Step 02 利用同样的方法修改第 20 帧的文本实例的色调为橙色，透明度为 100%，选中第 30 帧，将该帧的文本实例的色调修改为蓝色，透明度为 100%。

Step 03 分别选中第 1 帧、第 10 帧和第 20 帧，在“属性”面板中选择“动画”补间，创建运动补间动画，此时，“时间轴”面板如图 9.66 所示。

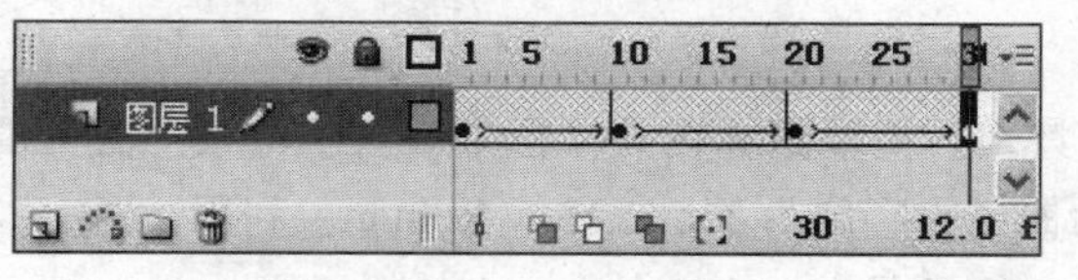

图 9.66 “时间轴”面板

Step 04 选择“文件”|“另存为”命令，在弹出的“另存为”对话框中，将文档保存到“源文件\Chapter 09\色调变化的动画”文件夹下，并为文档命名为“色调变化的动画.fla”。

Step 05 按 Ctrl+Enter 组合键，输出并测试动画效果。

提示：可以选择“属性”面板的“颜色”下拉列表框中的“亮度”选项，来制作亮度变化的动画。

9.12 案例10——风吹文本动画

制作一个风吹文本效果的动画。动画中的文本逐个一边翻转，一边移动，最后消失，就像被风吹走了的效果，如图 9.67 所示。

图 9.67 风吹文本动画

源文件	源文件\Chapter 09\风吹文本动画
视频文件	实例视频\Chapter 09\风吹文本动画.avi
知识要点	创建新文档\创建图形元件\“文本工具”的应用\“分离”和“翻转”命令的应用\“对齐”面板的应用\创建运动补间动画

具体操作步骤如下。

1. 制作图形元件

Step 01 创建一个新建文档，选择“修改”|“文档”命令，然后在弹出的“文档属性”对话框中，设置舞台尺寸为 400px × 100px，修改背景颜色为黑色，默认其他属性。

Step 02 选择“插入”|“新建元件”命令，在弹出的“创建新元件”对话框中，创建一个名为 a 的图形元件，如图 9.68 所示，单击“确定”按钮，进入元件编辑状态。

图 9.68 “创建新元件”对话框

Step 03 选择“文本工具”，拖动鼠标在文本框中输入字母 a，在“属性”面板中修改文本大小为 30，颜色为白色，字体为 Times New Roman，利用“对齐”面板，使其相对于舞台居中对齐，如图 9.69 所示。

Step 04 选中文本，选择“修改”|“分离”命令，将文字打散。用同样的方法创建名称为 b，c，……，g 的图形元件，并在其中输入对应的字母，打开“库”面板，可以看见创建的元件，如图 9.70 所示。

图 9.69 输入文本 a

图 9.70 创建出的元件

2. 制作动画

Step 01 按 Ctrl+E 组合键，返回主场景，从“库”面板中，将元件 a 拖动到舞台的左侧，如图 9.71（a）所示，选中第 20 帧，按 F6 键插入一个关键帧，

Step 02 选中第 20 帧的元件实例，选择“修改”|“变形”|“水平翻转”命令，将图形进行水平翻转，并将其移到舞台顶部，如图 9.71（b）所示。

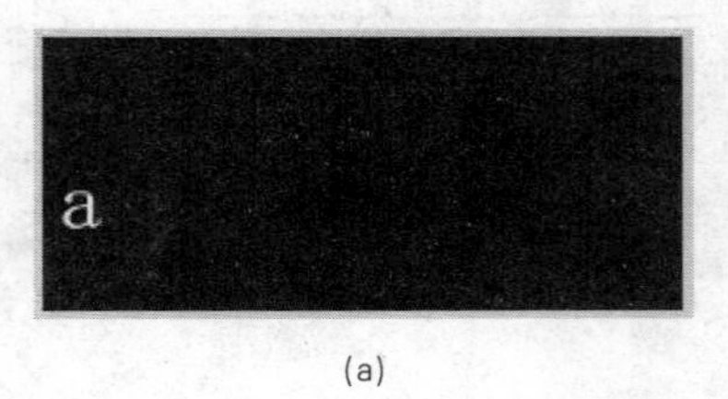

(a) (b)

图 9.71 设置实例 a 的位置

Step 03 保持选中状态，在“属性”面板中修改其 Alpha 的值为 0%，然后再返回第 1 帧，在“属性”面板中选择“动画”补间，创建运动补间动画。双击该图层的名称，将名称修改为 a。

Step 04 新建图层，并将其命名为 b，选中该图层的第 1 帧，打开“库”面板，从中将元件 b 拖动到舞台，放置在元件 a 的右侧，如图 9.72（a）所示。

Step 05 选中第 20 帧，按 F6 键插入关键帧，选中第 20 帧的元件实例，选择“修改”|“变形”|

“水平翻转”命令，将图形进行水平翻转，并将其移到舞台顶部，放置在实例 a 的右侧，如图 9.72（b）所示。

(a)

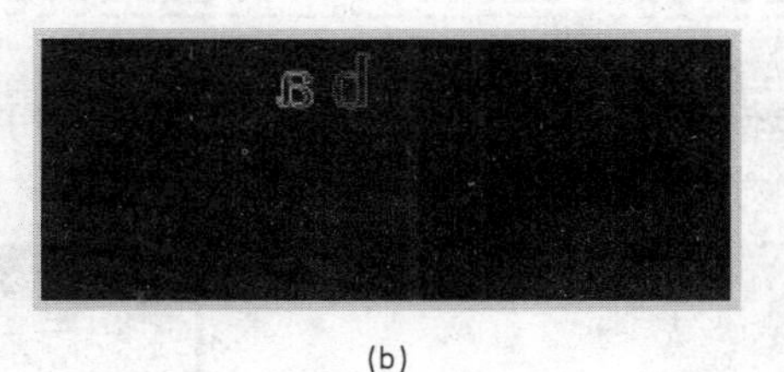

(b)

图 9.72 设置实例 b 的位置

提示：为了方便对齐对象，单击“图层”面板上的“显示所有图层的轮廓”按钮，舞台中的对象都用带有颜色的边框显示。

Step 06 保持选中状态，在“属性”面板上修改 Alpha 的值为 0%，然后返回第 1 帧，在“属性”面板中选择“动画”补间，创建运动补间动画。

Step 07 选中图层 b 的第 1 帧，按住 Shift 键的同时，单击最后一帧即可选中所有帧，拖动所有的帧向右移动，使得原来的第 1 帧对齐第 6 帧，此时的“时间轴”面板如图 9.73 所示，然后释放鼠标。

Step 08 右击第 6 帧，在快捷菜单中选择“复制帧”命令，然后选中第 1 帧，在快捷菜单中选择“粘贴帧”命令。在“属性”面板中将第 1 帧的“补间”设置为“无”，此时的时间轴如图 9.74 所示。

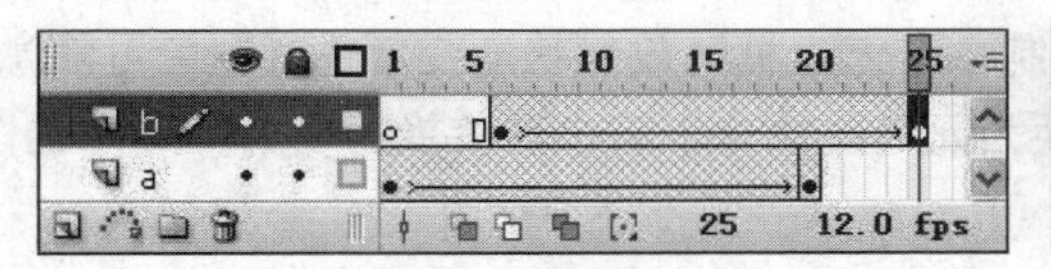

图 9.73 “时间轴”面板

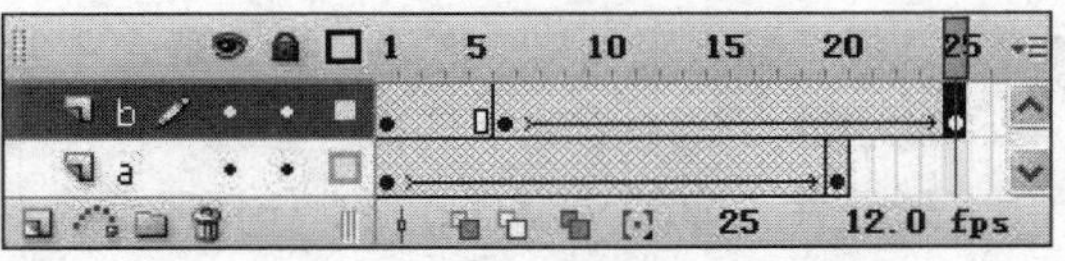

图 9.74 “时间轴”面板

Step 09 用同样的方法插入新图层、拖入图形元件、调整位置和透明度，依次创建其动画、移动帧等，最后的“时间轴”如图 9.75 所示。

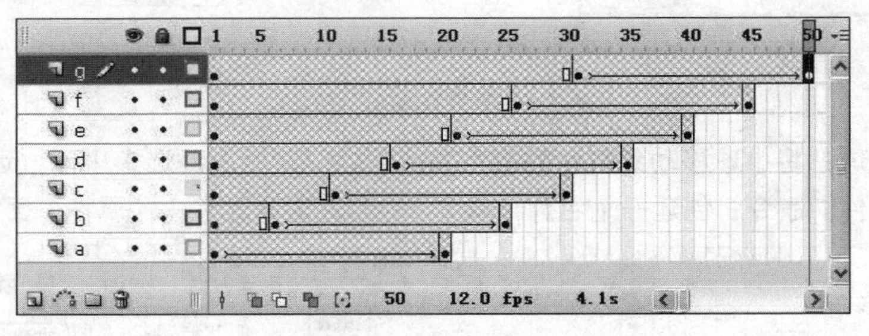

图 9.75 “时间轴”面板

Step 10 选择“文件”|“另存为”命令，在弹出的“另存为”对话框中，将文档保存到“源文件\Chapter 09\风吹文本动画”文件夹下，并为文档命名为“风吹文本动画.fla”。

Step 11 按 Ctrl+Enter 组合键，输出并测试动画效果。

9.13 案例11——跳动的小球

本案例通过制作该动画，重点讲解如何利用影片剪辑制作出一个复合运动的动画。动画中的小球沿水平方向移动的同时，也在垂直方向跳动，如图 9.76 所示。

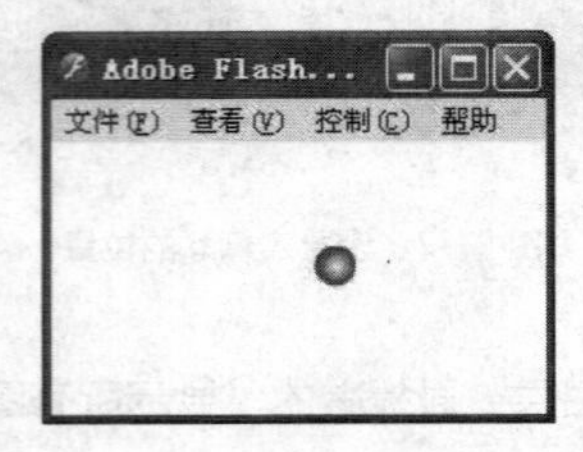

图 9.76 动画效果

源文件	源文件\Chapter 09\跳动的小球
视频文件	实例视频\Chapter 09\跳动的小球.avi
知识要点	创建新文档\"椭圆工具"的应用\"转换元件"命令的应用\创建运动补间动画

具体操作步骤如下。

1. 创建元件

Step 01 创建一个新文档，默认文档属性。

Step 02 选择"椭圆工具"，拖动鼠标在舞台中绘制一个无边框的放射状渐变紫色（颜色可任意）的小球。选中小球，选择"修改"|"转换为元件"命令，将小球转换为名为"球"的图形元件，如图 9.77（a）和（b）所示。

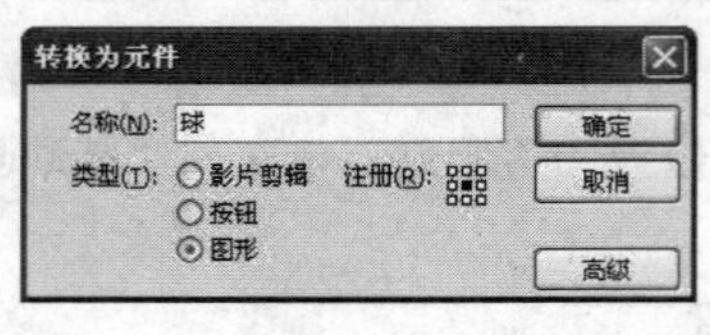

(a)

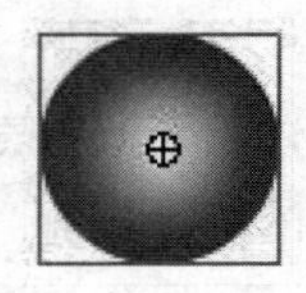

(b)

图 9.77 将圆转换为图形元件

Step 03 选择小球，将小球移动到舞台的右上角,如图 9.78 所示。选中小球，选择"修改"|"转换为元件"命令，创建一个名为"球 2"的影片剪辑元件，"属性"面板如图 9.79 所示。

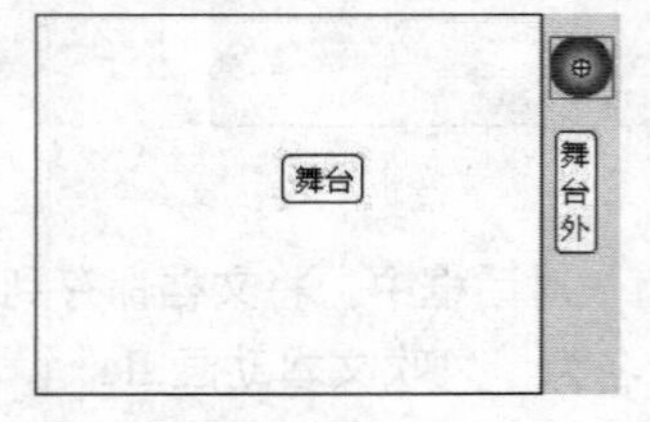

图 9.78 小球的位置

图 9.79 "属性"面板

2. 创建补间动画

Step 01 双击影片剪辑元件“球 2”，进入元件编辑状态，选中第 10 帧和第 20 帧，按 F6 键插入关键帧，然后再选中第 10 帧的小球，按住 Shift 键的同时，按下移键，将小球移到舞台的底部，如图 9.80（a）所示。

Step 02 返回第 1 帧，在“属性”面板中选择“动画”补间，创建运动补间动画。

Step 03 选中第 10 帧，在“属性”面板中选择“动画”补间，创建运动补间动画。

3. 编辑主场景

Step 01 按 Ctrl+E 键，返回主场景，选中第 60 帧，按 F6 键插入关键帧，然后再选中第 60 帧，按住 Shift 键，将小球移动到舞台的左侧，如图 9.80（b）所示。

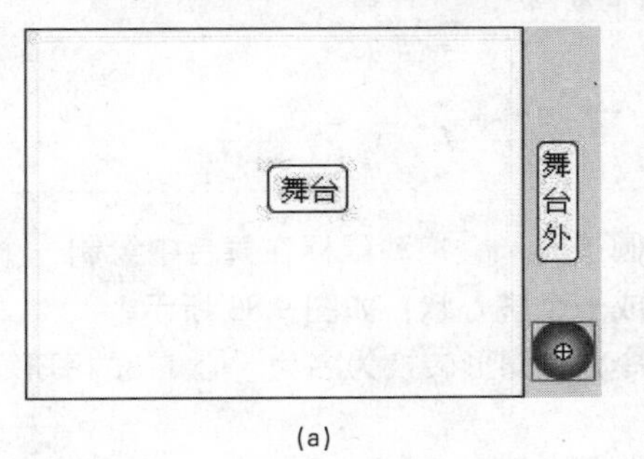

(a)

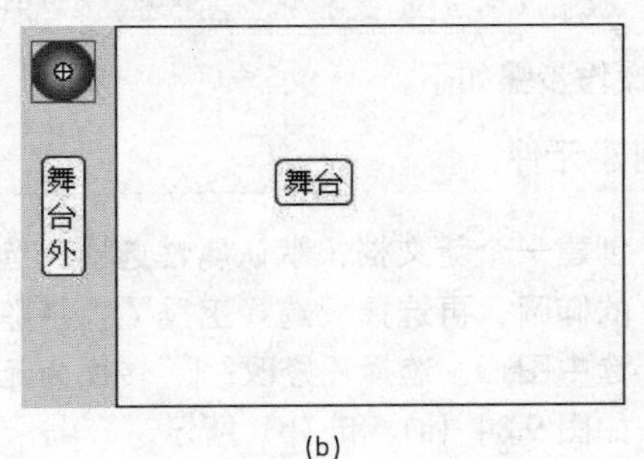

(b)

图 9.80 移动小球

Step 02 返回第 1 帧，在“属性”面板中选择“动画”补间，创建运动补间动画，此时，“时间轴”面板如图 9.81 所示。

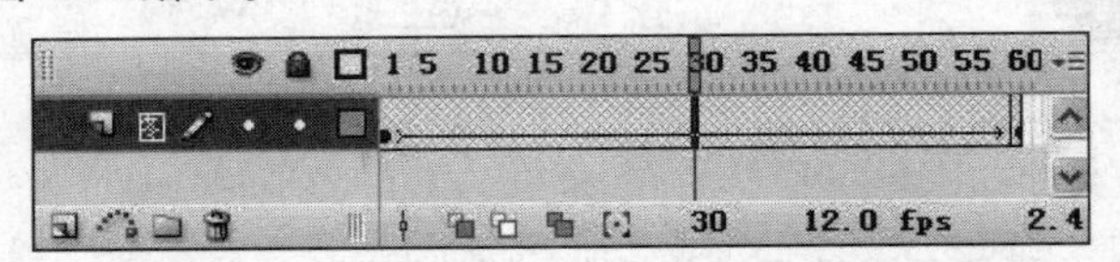

图 9.81 “时间轴”面板

Step 03 选择“文件”|“保存”命令，在弹出的“另存为”对话框中，将文件保存到“源文件\Chapter 09\跳动的小球”文件夹下，并为其命名为“跳动的小球.fla”。

Step 04 按 Ctrl+Enter 组合键，输出并测试动画效果。

9.14 案例12——我心动了

通过该动画的制作，重点讲解如何利用影片剪辑元件减少重复性的劳动。动画中有很多个心在同时跳动，如果每个心都单独制作的话，工作量很大，而且修改起来也很麻烦。但如果将动画放在影片剪辑中，就只需制作一次动画，然后将影片剪辑元件向场景中多拖动几次即可，动画效果如图 9.82 所示。

图 9.82 我心动了

源文件	源文件\Chapter 09\我心动了
视频文件	实例视频\Chapter 09\我心动了.avi
知识要点	创建新文档\“椭圆工具”的应用\“转换为元件”命令的应用\“变形”面板的应用\创建运动补间动画

具体操作步骤如下。

1．创建元件

Step 01 创建一个新文档，默认属性选项。选择“椭圆工具”，拖动鼠标在舞台中绘制一个红色的椭圆，再选择“选择工具”，将椭圆修改成一个桃心状，如图 9.83 所示。

Step 02 选中图形，选择“修改”|“转换为元件”命令，将图形转换为名为“心 1”的图形元件，如图 9.84（a）和（b）所示。

图 9.83 绘制图形

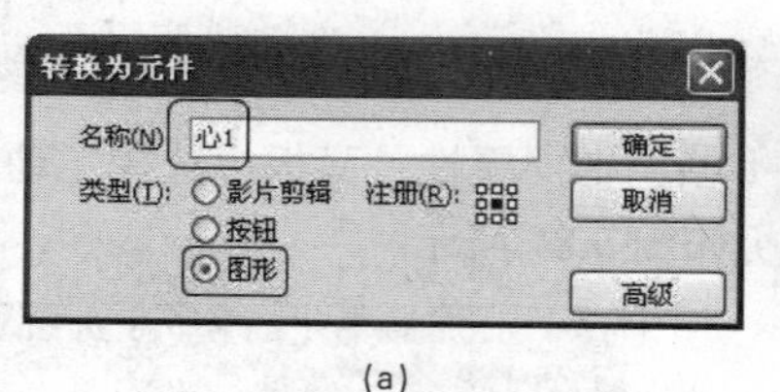

(a)

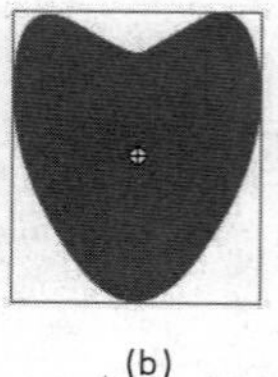

(b)

图 9.84 转换为图形元件

Step 03 选中舞台中的图形元件，选择“修改”|“转换为元件”命令，再将图形元件转换为名为“心 2”的影片剪辑元件。

2．创建补间动画

Step 01 双击舞台中的元件实例，进入元件编辑状态。分别选中第 5 帧和第 10 帧，按 F6 键插入关键在帧。

Step 02 选中第 5 帧，在舞台上选中元件，选择“窗口”|“变形”面板，在旋转度中输入 20°，如图 9.85（a）所示，按 Enter 键，再利用“任意变形工具”将心形图形放大一些，如图 9.85（b）所示。

Step 03 分别返回第 1 帧和第 10 帧，在“属性”面板中，选择“动画”补间选项，创建运动补间动画，此时，“时间轴”如图 9.86 所示。

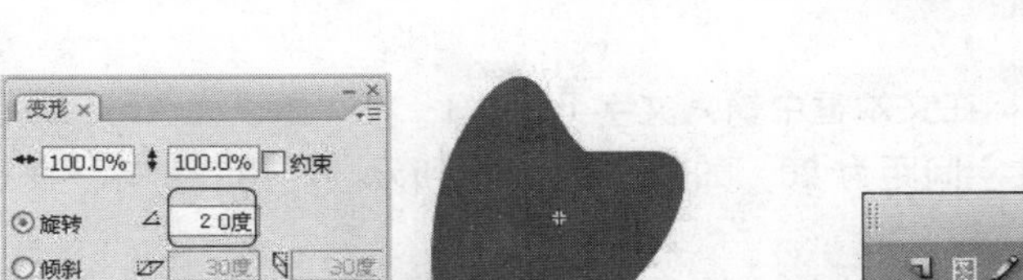

图 9.85　将心形图形旋转 20°

图 9.86　"时间轴"面板

3. 制作场景动画

Step 01 按 Ctrl+E 键返回主场景，选中舞台中的心形实例，按住 Alt 键的同时，拖动鼠标，复制出多个心形实例。

Step 02 选中复制出的心形实例，用变形工具调整它们的大小和倾斜角度，并在"属性"面板的"颜色"下拉列表框中调整实例的"色调"，使舞台中的心呈现各种颜色，如图 9.87 所示。

图 9.87　调整色调

Step 03 选择"文件"|"保存"命令，在弹出的"另存为"对话框中，将文件保存到"源文件\Chapter 09\我心动了"文件夹下，并为其命名为"我心动了.fla"。

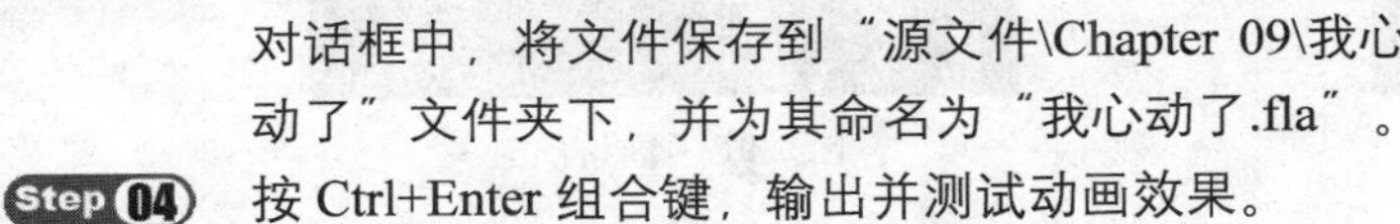

Step 04 按 Ctrl+Enter 组合键，输出并测试动画效果。

9.15　案例13——文字重影

通过该动画的制作，讲解如何实现一种文字重影的效果，动画中的文字一层层地出现，形成具有震撼效果的重影，如图 9.88 所示。

图 9.88　动画效果

源文件	源文件\Chapter 09\文字重影
视频文件	实例视频\Chapter 09\文字重影.avi
知识要点	创建新文档\"文本工具"的应用\"变形"命令的应用\"转换元件"命令的应用\创建运动补间动画

具体操作步骤如下。

1. 创建元件并创建补间动画

Step 01 创建一个新文档，选择"修改"|"文档"命令，在弹出的"文档属性"对话框中，修改背景颜色为黑色，修改舞台尺寸为 500px×200px，默认其他选项。

Step 02 选择“文本工具”，拖动鼠标在文本框中输入文字FLASH，将字体设为Arial Black，大小设为80，颜色为白色，文字间距为20，如图9.89（a）所示。利用“对齐”面板，使其相对于舞台居中对齐。

Step 03 选中文本，将其转换为名为flash的图形元件，如图9.89（b）所示。

FLASH

(a)

(b)

图9.89　输入文字并将其转换为元件

Step 04 选择文本，再将其转换为名为flash2的影片剪辑元件，双击flash2进入编辑状态，此时编辑区中的文本如图9.90所示。

Step 05 选中第20帧，按F6键插入关键帧，然后再选中第20帧处的元件，在“属性”面板中将其Alpha修改为0%，效果如图9.91所示。

图9.90　元件编辑状态下的舞台图

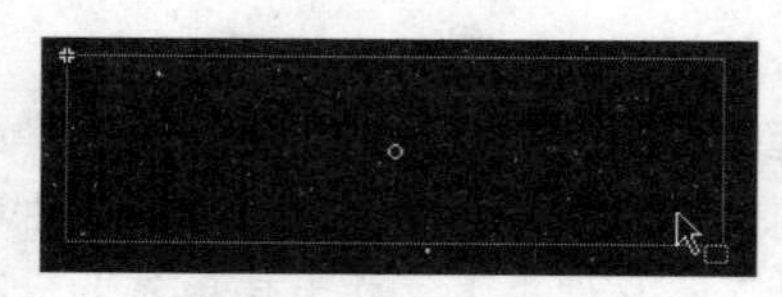

图9.91　透明的元件

Step 06 选中该元件，选择“修改”|“变形”|“缩放和旋转”命令，在弹出的对话框中修改缩放值为400%，如图9.92所示，单击“确定”按钮，原图将被放大到原来的4倍。

Step 07 返回第1帧，在“属性”面板中选择“动画”补间选项，创建运动补间动画，此时打开绘图纸功能，可以看到元件内动画的效果，如图9.93所示。

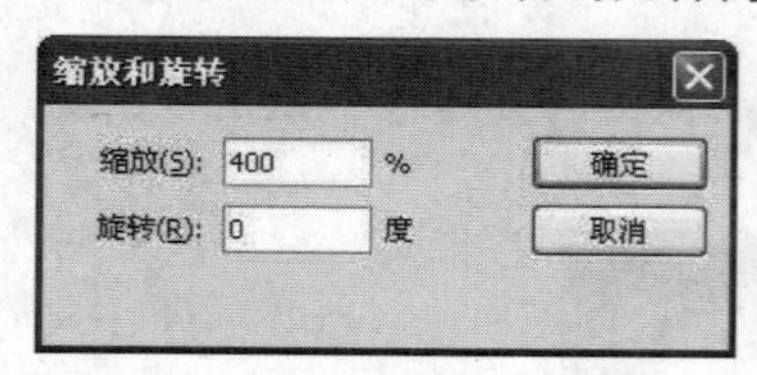

图9.92　“缩放和旋转”对话框

图9.93　元件内动画的效果

2．组织场景

Step 01 按Ctrl+E键返回主场景。将“图层1”命名为flash。单击“插入图层”按钮，创建4个新图层，分别将它们命名为flash2、flash-3、flash-4和flash-5。

Step 02 选中图层flash的第1帧，右击鼠标，从快捷菜单中选择“复制帧”命令。

Step 03 选中flash-2的第1帧，右击鼠标，从快捷菜单中选择“粘贴帧”命令。

Step 04 用同样的方法，将flash图层的第1帧粘贴到flash-3、flash-4和flash-5，“时间轴”面板如图9.94（a）所示。

Step 05 选中图层flash-2中的第1帧，然后按住鼠标向后拖动到第3帧的位置上，同样的方法，将图层flash-3的第1帧移到第5帧上，将图层flash-4的第1帧移到第7帧上，将图层flash-5的第1帧移到第9帧上，最后的“时间轴”面板如图9.94（b）所示。

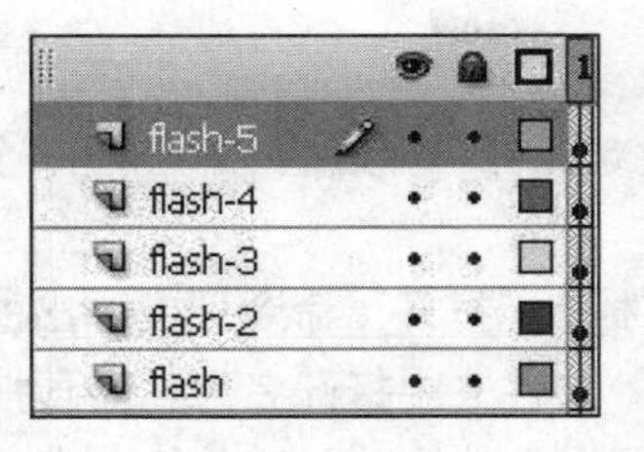

(a)

(b)

图 9.94 “时间轴”面板

Step 06 将每个图层都延长 20 帧，此时，“时间轴”面板如图 9.95 所示。

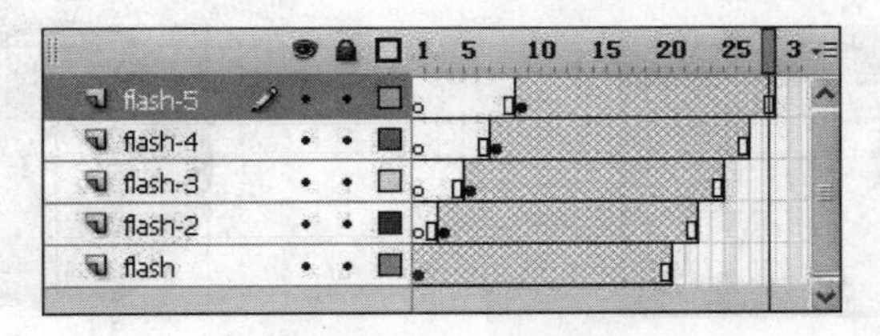

图 9.95 将各层延长 20 帧

Step 07 选择“文件”|“保存”命令，在弹出的“另存为”对话框中，将文件保存到“源文件\Chapter 09\文字重影”文件夹下，并为其命名为“文字重影.fla”。

Step 08 按 Ctrl+Enter 组合键，输出并测试动画效果，从预览中可看见文字一层层地展开并消失。

9.16 案例14——动画按钮

该动画为按钮加上了电影元件，以产生更加丰富的动画效果，如图 9.96 所示。

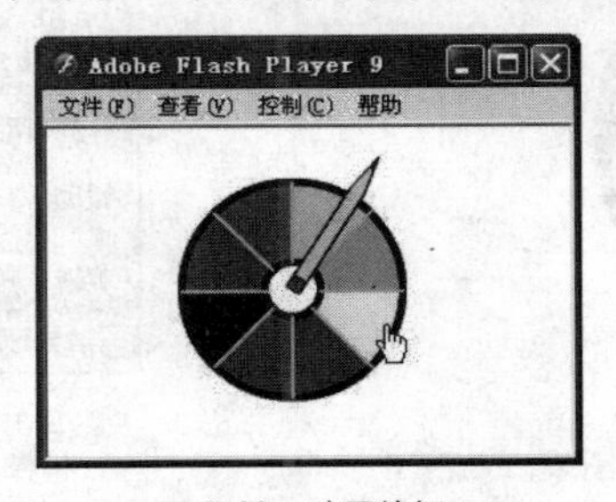

图 9.96 动画按钮

源文件	源文件\Chapter 09\动画按钮
视频文件	实例视频\Chapter 09\动画按钮.avi
知识要点	创建新文档\创建影片剪辑元件\“对齐”面板的应用\创建按钮元件\创建运动补间动画

具体操作步骤如下。

1. 创建影片剪辑元件

Step 01 创建一个新文档，选择“修改”|“文档”命令，在弹出的“文档属性”对话框中，修改

舞台尺寸为300px×300px，默认其他属性选项。

Step 02 选择“插入”|“新建元件”命令，在弹出的“创建新元件”对话框中，创建一个名为“光盘1”的影片剪辑元件，如图9.97所示。

Step 03 单击“确定”按钮进入元件编辑状态，选择“文件”|“打开”命令，在弹出的“打开”文件对话框中，从“源文件\Chapter 09\动画按钮”文件夹中打开名为“动画按钮素材”的源文件，从它的“库”面板中将名为“盘”的图形元件拖动到当前舞台中，然后再利用“对齐”面板，使其相对于舞台居中对齐，如图9.98所示，在第12帧处按F5键，插入延长帧。

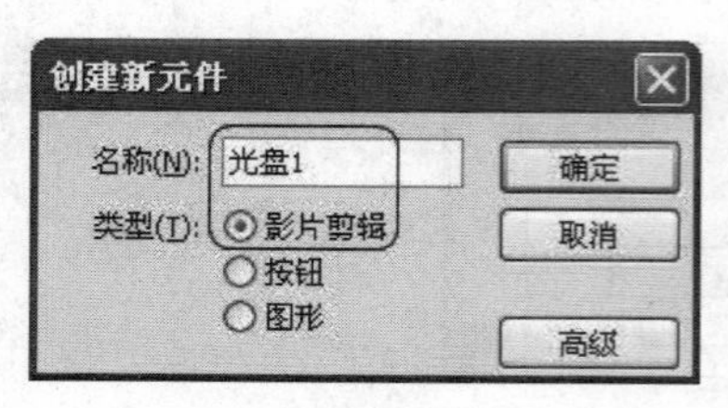

图9.97 “创建新元件”对话框

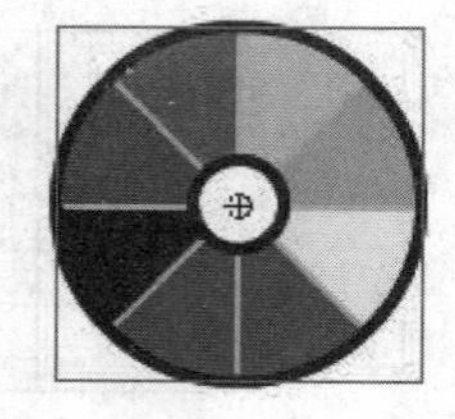

图9.98 将元件拖动到舞台

Step 04 单击“插入图层”按钮，添加一个新图层，然后选中第1帧，再从打开的源文件的“库”中，将元件“铅笔”拖动到舞台中，将铅笔的下端放置在光盘的中心，选择“任意变形工具”，选中铅笔，将其中心点调整到铅笔的下端（舞台的中心），如图9.99所示。

Step 05 选中第12帧，按F6键插入关键帧，返回第1帧，在“属性”面板中选择“动画”补间，并且选择“顺时针”旋转方向，旋转次数为1，创建运动补间动画，如图9.100所示。

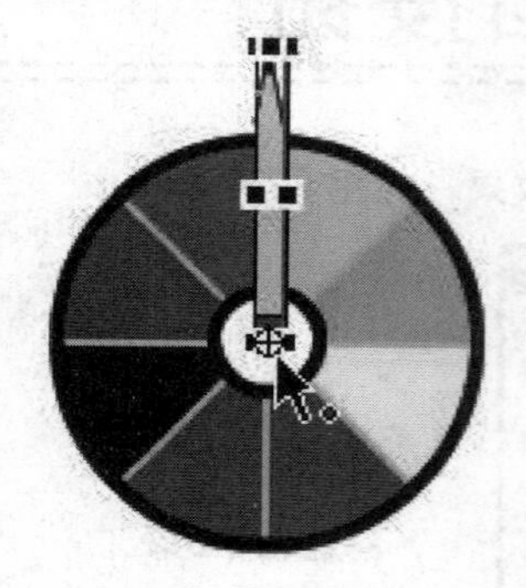

图9.99 调整铅笔的中心点

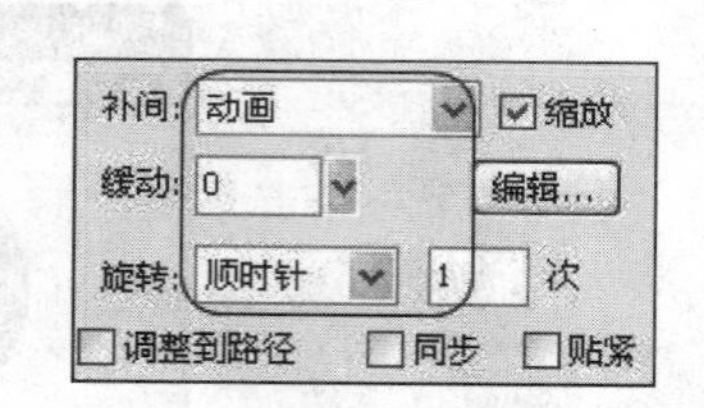

图9.100 创建运动补间动画

Step 06 此时的“时间轴”面板，如图9.101所示。

Step 07 选择“插入”|“新建元件”命令，在弹出的“创建新元件”对话框中，创建一个名为“光盘2”的影片剪辑元件，单击“确定”按钮，进入元件编辑状态。

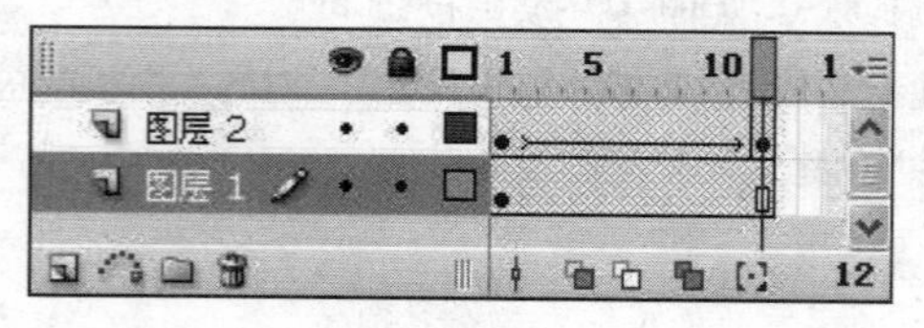

图9.101 “时间轴”面板

Step 08 选中第1帧，打开“库”面板，从中将元件“盘”拖动到舞台，然后利用“对齐”面板，使其相对于舞台居中对齐，之后再选中第 12 帧，按 F6 键插入关键帧，返回第 1 帧，在“属性”面板中选择“动画”补间，并设置顺时针旋转 1 次，创建运动补间动画。

Step 09 单击“插入图层”按钮，添加一个新图层，再从“库”中将元件“铅笔”拖动到舞台，使其下端对齐光盘的中心，如图 9.102 所示，此时，时间轴自动延长到第 12 帧，如图 9.103 所示。

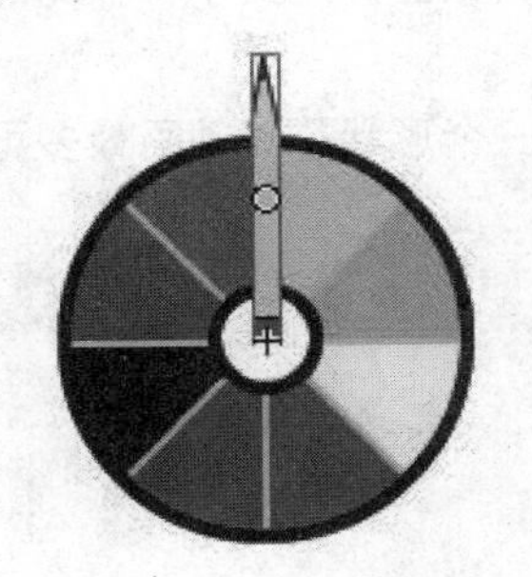

图 9.102　将元件拖动到舞台

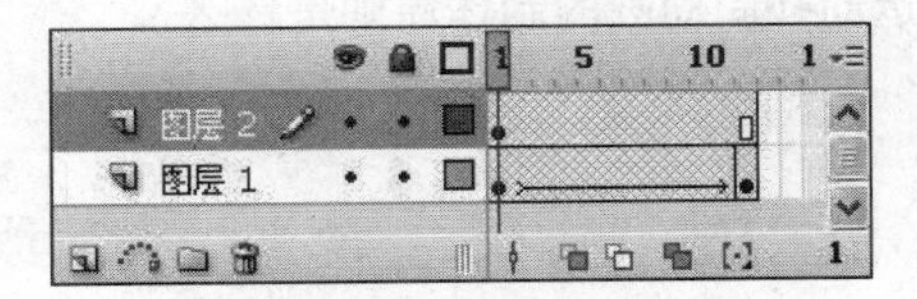

图 9.103　“时间轴”面板

2. 创建按钮元件

Step 01 选择“插入”|“新建元件”命令，在弹出的“创建新元件”对话框中，创建一个名为“动画按钮”的按钮元件，然后单击“确定”按钮，进入按钮元件编辑状态。

Step 02 选中“弹起”关键帧，从库中将元件“盘”拖动到编辑区，再利用“对齐”面板，使其相对于舞台居中对齐。

Step 03 选中“指针经过”帧，按 F7 键插入一个空白关键帧，从“库”面板中将影片剪辑元件“光盘 1”拖动到编辑区，再将元件的中心点对准舞台中央的十字标记。

Step 04 选中“按下”帧，按 F7 键插入空白关键帧，从“库”面板中将影片剪辑元件“光盘 2”拖动到编辑区，再将元件的中心点对准舞台中央的十字标记。

Step 05 选中“点击”帧，按 F5 键，插入普通帧，此时，“时间轴”面板如图 9.104 所示。

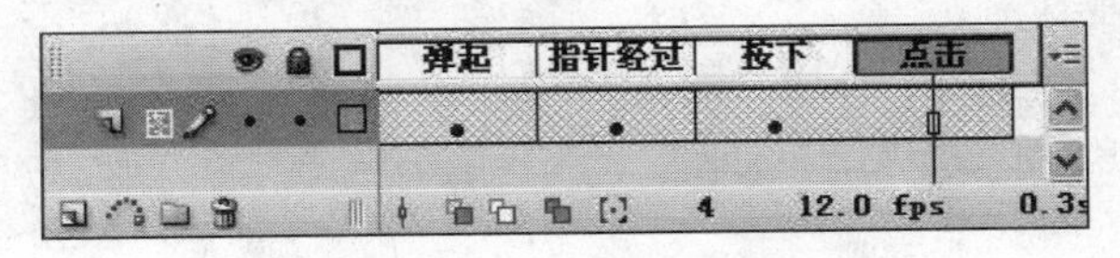

图 9.104　“时间轴”面板

3. 使用按钮

Step 01 按 Ctrl+E 键返回到主场景，打开“库”面板，将“动画按钮”元件拖动到舞台。

Step 02 选择“文件”|“保存”命令，在弹出的“另存为”对话框中，将新文档保存到“源文件\Chapter 09\动画按钮”文件夹下，并将文件命名为“动画按钮”.fla”。

Step 03 按 Ctrl+Enter 组合键，测试并浏览动画效果，当光标放到按钮上时可以看到，铅笔在旋转；同时，当按下鼠标时，彩色的圆盘在旋转。

9.17 练习题

1．补间动画分为哪两类动画？制作形状补间动画的原则是什么？

2．如果形状补间动画的首、末关键帧中的对象不是形状（如图片或文字），此时应该选择怎样的操作？

3．制作形状补间动画时，添加形状提示的目的是什么？一个形状补间动画最多可添加多少个形状提示？

4．运动补间动画的制作原则是什么？

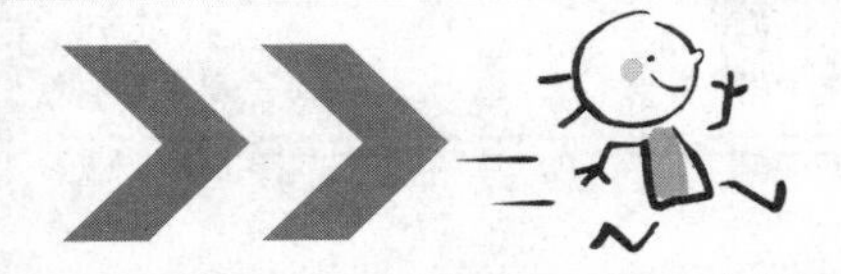

Chapter 10

特殊动画的制作

本章导读

特殊动画包括遮罩动画、引导动画、滤镜动画和时间轴特效动画 4 个部分以及对对象进行混合模式的操作。引导动画是指被引导对象沿着特定的路径运动的动画。遮罩动画则是由遮罩层和被遮罩层组成，遮罩层可以放置遮罩的形状，被遮罩层可以放置要显示的图像。滤镜动画是通过为创建的动画添加指定的滤镜，产生的一种特殊动画。时间轴特效动画是利用时间轴内置的帧处理功能，制作复杂的动画效果。

内容要点

- 引导动画
- 遮罩动画
- 滤镜
- 混合模式
- 时间轴特效动画
- 案例 1——月亮运动轨迹
- 案例 2——纸飞机
- 案例 3——沿路径写字
- 案例 4——原子模型
- 案例 5——水泡
- 案例 6——文字遮罩动画
- 案例 7——CCTV 图标
- 案例 8——探照灯效果
- 案例 9——百叶窗效果
- 案例 10——旋转的地球

10.1 引导动画

10.1.1 引导动画的概念

在制作动画的过程中，若需要对象沿着特定的方向运动，例如，让蝴蝶沿着指定的路线飞行，此时就要使用引导层来规范蝴蝶的运动方向。引导动画是由引导层和被引导层组成，引导层是用于放置对象运动的路径，而被引导层是用于放置运动对象的。制作引导动画的过程，实际就是对引导层和被引导层的编辑过程。

引导层是一种比较特殊的图层，它位于被引导层的上方，在该图层中绘制或添加各种图形和元件，但引导层中的对象只作为引导对象的路径，其内容是辅助性的，因此，引导层中所有内容都不会出现在发布后的动画中。

10.1.2 创建引导层

创建引导层有以下 3 种方法。

- 通过按钮创建引导层：单击图层控制区的“添加运动引导层”按钮，即可在当前图层之上创建一个空白的引导层，如图10.1（a）所示，新建的引导层与原层之间已建立了链接关系。
- 用菜单命令创建引导层：选中要创建引导层的图层，右击鼠标，在弹出的快捷菜单中选择“添加引导层”命令，如图10.1（b）所示，即可在该图层的上方创建一个空白的引导层，并与原图层建立链接关系。

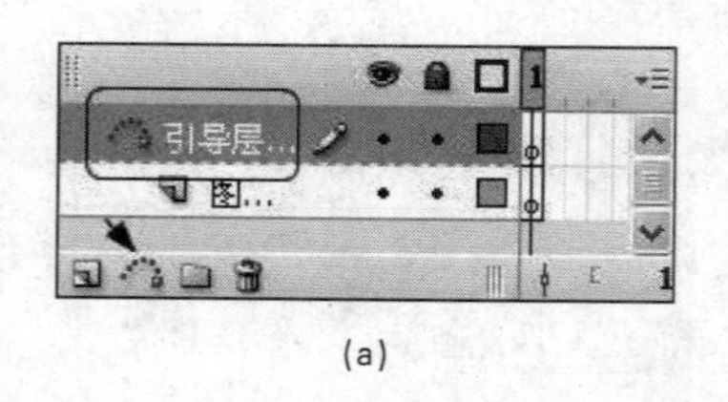

(a)

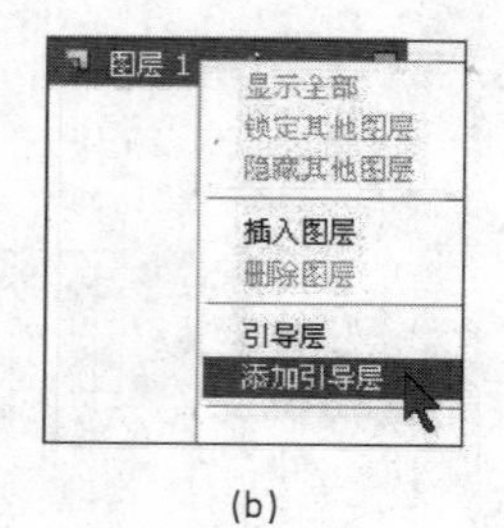

(b)

图 10.1　添加引导层

- 将已知图层转换为引导层：制作引导动画时，可以先创建空白引导层，然后在引导层中绘制引导路径，也可以在普通图层中绘制路径后再将该图层转换为引导层。

10.1.3 普通引导动画

普通引导层起到辅助静态对象定位的作用，它可以不使用被引导层而单独使用。创建普通引导层的操作步骤如下。

Step 01 选中要创建普通引导层的一般图层。

Step 02 在该图层上右击鼠标，在弹出的快捷菜单中选择“引导层”命令，如图 10.2（a）所示，即可将一般图层转换为普通引导层。

Step 03 转换为普通引导层后，在图层名的前边会出现一个图标，但图层的名称并不改变，如图 10.2（b）所示。反过来，普通引导层也可以通过快捷菜单命令转换为一般图层。

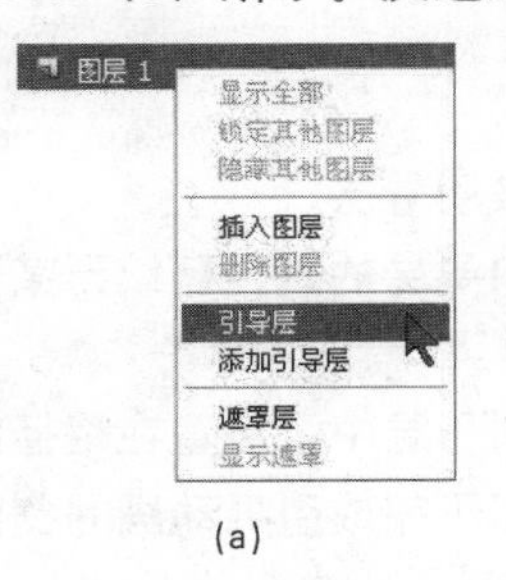

(a)

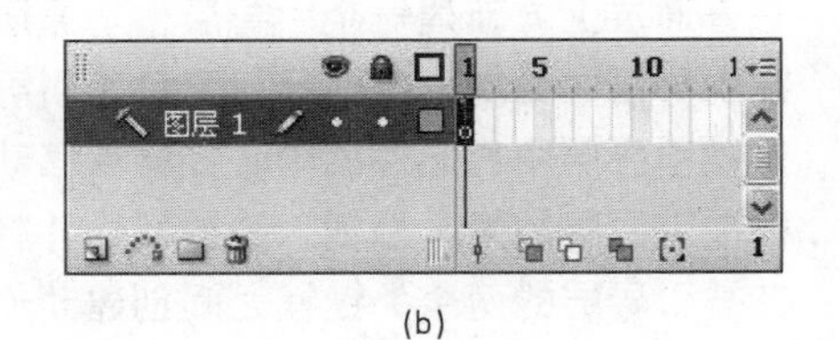

(b)

图 10.2 选择“引导层”命令并创建普通引导层

注意：对普通引导层的操作同一般图层，不同的是在复制引导层后，粘贴出来的是个一般图层，而不是普通引导层。

下面通过一个练习，加深理解普通引导层的概念，具体操作步骤如下。

源文件	源文件\Chapter 10\素材1

Step 01 创建一个新文档，默认属性选项。

Step 02 选择“视图”|“网格”|“显示网格”命令，调出网格线。

Step 03 单击“插入图层”按钮，添加一个名为“图层 2”的新图层。在“图层 2”上右击鼠标，在弹出的快捷菜单中选择“引导层”命令，将“图层 2”转换为普通引导层，然后将“图层 2”拖动到“图层 1”的下方。

Step 04 选择“椭圆工具”，在“图层 2”的第 1 帧处按住 Shift 键，绘制一个无填充色的正圆。选择“线条工具”，按住 Shift 键，绘制两条通过圆心的直线，如图 10.3 所示。

Step 05 选择“文件”|“导入”|“导入到库”命令，由“源文件\Chapter 10\素材 1”文件夹下，导入 5 张图片。

Step 06 选择“窗口”|“库”命令，打开“库”面板，在“图层 1”的第 1 帧处，分别将 5 张图片拖放到如图 10.4 所示的位置上。

Step 07 按 Ctrl+Enter 组合键，观察动画效果，在动画发布后，引导层的内容并没有显示在动画中，如图 10.5 所示。

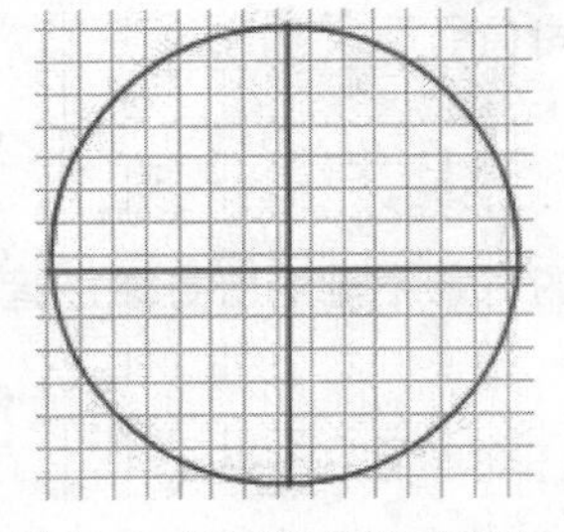

图 10.3 绘制通过圆心的直线

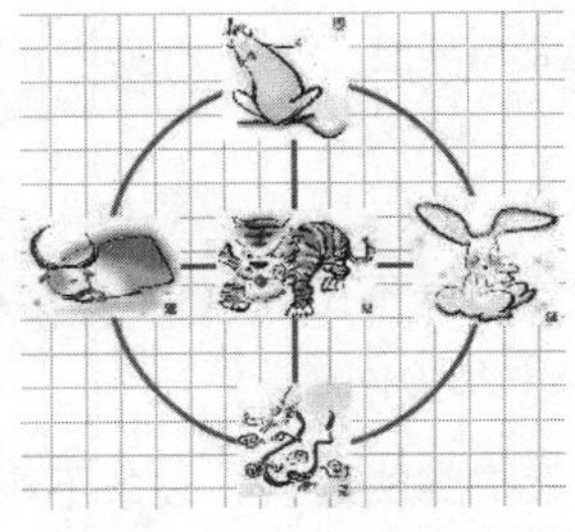

图 10.4 图片分布在引导线上

图 10.5 发布后的动画

10.1.4 运动引导动画

1．引导动画的制作方法

制作引导动画的方法如下。

Step 01 在普通层中创建一个元件。
Step 02 在普通层上方新建一个引导层，普通层自动变换为被引导层。
Step 03 在引导层中绘制一条路径（又称为引导线），并将引导层的路径延续到某一帧。
Step 04 在被引导层中将元件的中心控制点移动到路径的起点。
Step 05 在被引导层的某一帧插入关键帧，并将元件移动到引导层中，放置在路径的终点。
Step 06 在被引导层的两个关键帧之间创建动作补间动画，即可完成引导动画的创建。

2．创建运动引导层

在动画设计中，可以用运动引导层来描绘物体运动的轨迹，而运动轨迹又称为引导线。在制作以元件为对象并沿着特定路线运动的动画中，运用运动引导层是最好的方法。创建运动引导层的操作如下。

Step 01 单击“图层工具栏”中的“添加运动引导层”按钮，即可添加运动引导层，如图 10.6 所示，图层默认名称为“引导层：图层 2”，“图层 2”是被引导层。
Step 02 双击“引导层”名称，可以为引导层修改名称。
Step 03 选中引导层的某一帧，拖动鼠标在舞台中绘制一条路径，如一个椭圆或一条曲线，这条路径被称作引导线，如图 10.7 所示。

图 10.6 创建运动引导层

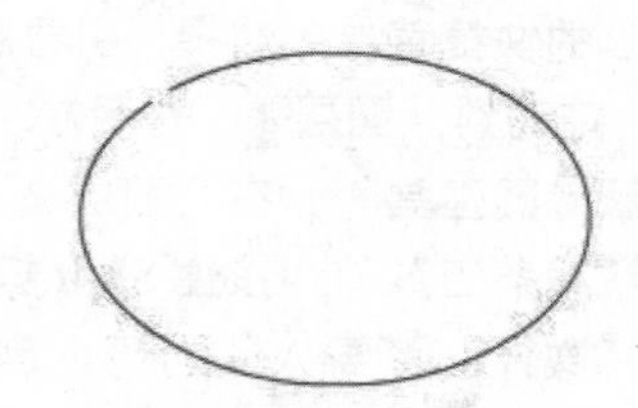
图 10.7 引导线

Step 04 在引导层的某一帧处，将运动对象拖动到引导线，然后将引导层的某一帧插入关键帧，将运动对象移动到引导线的终点。
Step 05 在引导层的两个关键帧之间创建运动补间动画，即可完成引导动画的制作。

提示：选择“插入”|“时间轴”|“运动引导层”命令，也可以创建运动引导层。

3．制作运动引导动画的注意事项

在制作引导动画的过程中，如果制作过程不正确，将会造成被引导的对象不能沿引导路径运动。因此，在制作引导动画时，应该注意以下几个问题。

Step 01 引导线应是一条从头到尾连续贯穿的线条，线条不能中断。
Step 02 引导线不能交叉和重叠。

Step 03　引导线的转折不宜过多，转折处也不能过急。

Step 04　被引导对象的中心点必须准确地吸附到引导线上，否则被引导对象将无法沿引导路径运动。

10.2　遮罩动画

10.2.1　遮罩动画的概念

遮罩动画由遮罩层和被遮罩层组成。遮罩动画的原理就是通过遮罩层来决定被遮罩层中的显示内容，以此出现动画效果。

遮罩层是一种比较特殊的图层，遮罩层内一般绘制一些简单的图形、文字或渐变图形等，这些都可以成为透明的区域，透过这个区域可以看见下边图层的内容，而这个区域的形状就是遮罩层中的对象形状。

利用遮罩层的这个特性，可以制作出一些特殊效果。在遮罩动画中，通常把用于遮罩的对象称为遮罩，而被遮罩的对象称为被遮罩对象。

10.2.2　创建遮罩层的方法

遮罩层不直接创建，只能通过普通图层转换为遮罩层，其方法有两种。

- 利用菜单命令转换：在图层区域中右击要作为遮罩层的图层，在弹出的快捷菜单中选择“遮罩层”命令，如图10.8（a）所示，即可将当前图层转换为遮罩层，此时该图层的图层图标变换为（表示为遮罩层），其下方图层的图层图标变换为（表示为被遮罩层），在两个图层之间建立链接关系，并将两个图层锁定，如图10.8（b）所示。如果要对图层进行编辑，则需先将图层解锁。
- 利用“图层属性”对话框转换：在图层区域中双击要转换为遮罩层的图层图标，即可打开“图层属性”对话框，在“类型”栏中选择“遮罩层”单选按钮，如图10.9所示，然后单击“确定”按钮，即可将图层转换为遮罩层。创建了遮罩层后，Flash CS3不会自动链接被遮罩层，此时，还需要选中遮罩层下方的图层图标，在打开的“图层属性”对话框中选择“遮罩层”单选按钮，单击“确定”按钮，即可将该图层转化为被遮罩层，并使该图层与遮罩层之间建立链接关系。

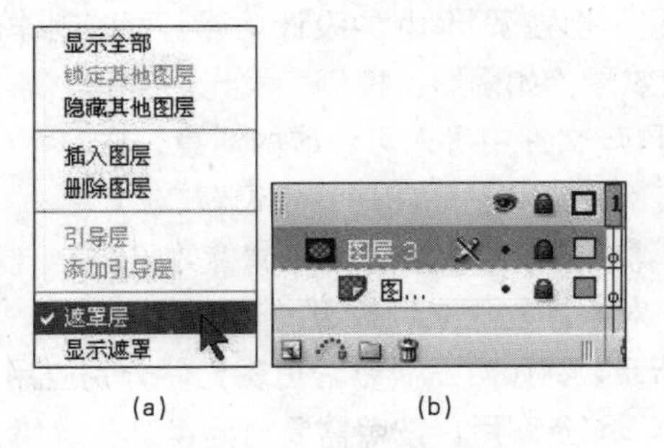

图 10.8　用命令转换遮罩层

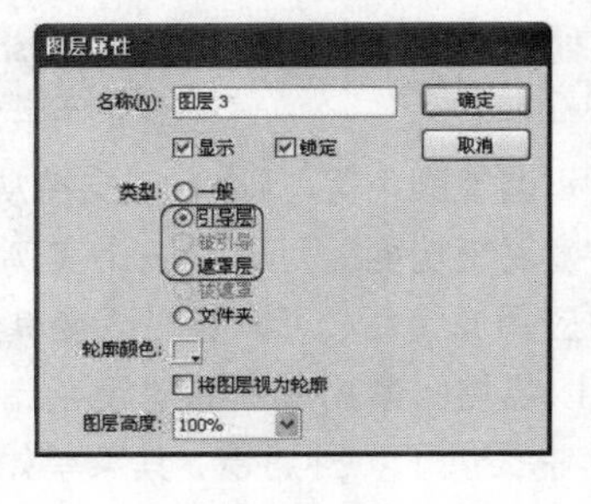

图 10.9　“图层属性”对话框

提示：如果要将建立的遮罩层重新转换为普通图层，可右击遮罩层，在弹出的快捷菜单中再次选择“遮罩层”命令，即可将遮罩层重新转换为普通图层。

10.2.3　创建遮罩动画的方法

创建一个遮罩动画的操作步骤如下。

Step 01　选择一个图层，在其中制作将在遮罩动画中显示的对象。

Step 02　选择该图层，在其上方创建一个新的图层，作为遮罩层。

Step 03　在作为遮罩用的图层上绘制遮罩用的对象。

Step 04　选择作为遮罩层用的图层，右击其名称处，在弹出的快捷菜单中选择“遮罩层”命令，如图 10.10 所示。

Step 05　在遮罩层和被遮罩层的名称旁边各出现一个绿色的图标，如图 10.11 所示。遮罩层和被遮罩层被自动锁定，输出动画时，即可显示遮罩效果。

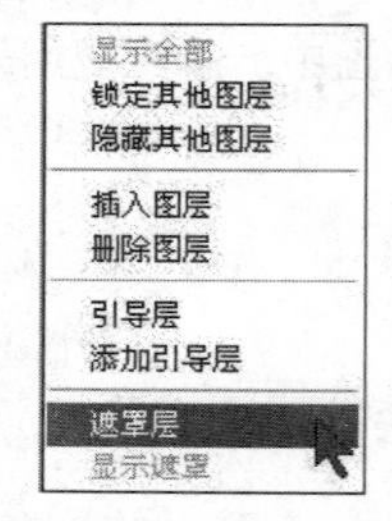

图 10.10　快捷菜单

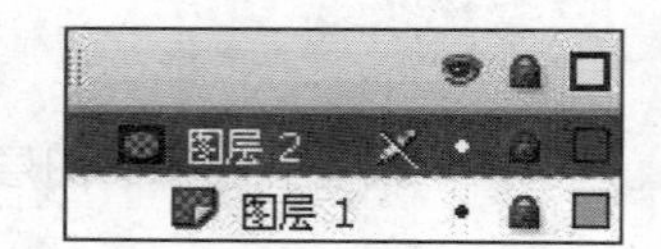

图 10.11　遮罩和被遮罩层

注意：在创建遮罩层后，Flash 会自动锁定遮罩层和被遮罩层，如果还需要编辑遮罩层，必须先解锁。遮罩层一旦被解锁，便不再显示遮罩效果，如果需要显示遮罩效果必须再次锁定该图层。

10.3　滤镜

10.3.1　滤镜的概念

“滤镜”就是具有图像处理能力的过滤器，通过滤镜对图像进行处理，可以生成新的图像。滤镜是扩展图像处理能力的主要功能，在 Flash 中应用滤镜，增强了 Flash 的设计功能，可以制作出许多以前只在 Photoshop 或 Fireworks 等软件中才能完成的效果，如阴影、模糊、发光、斜角、渐变发光、渐变斜角和调整颜色等。Flash 还支持从 Fireworks PHG 文件中导入可修改的滤镜。在 Flash CS3 中还增加了滤镜复制功能，可以从一个实例向另一个实例复制和粘贴图形滤镜设置。

在动画中应用滤镜后，可以随时改变其选项、调整滤镜的顺序以重新组合滤镜效果。在“滤镜”检查器中，可以启用、禁用或删除滤镜，删除滤镜后，对象恢复原来的效果。

Flash CS3 中提供了 7 种滤镜，其菜单如图 10.12 所示。例如对一个影片剪辑元件分别应用“斜角”和“投影”滤镜，则效果如图 10.13 所示。Flash CS3 允许用户按照需要对滤镜进行编辑，或删除不需要的滤镜。

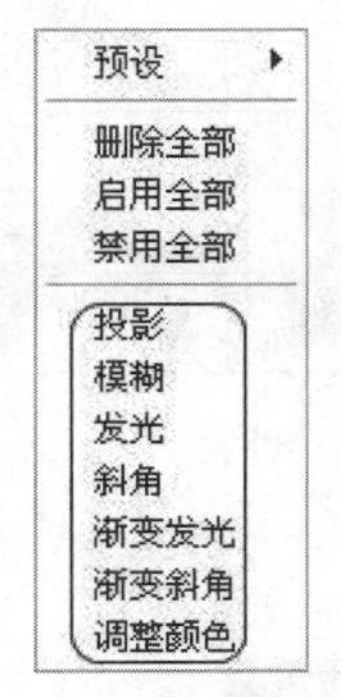

图 10.12 滤镜菜单

图 10.13 对对象应用滤镜效果

注意：在 Flash CS3 中，滤镜只适合用于文本、影片剪辑和按钮，当场景中的对象不适合应用滤镜效果时，"滤镜"面板中的加号按钮将处于灰色的不可用状态。

10.3.2 滤镜的基本操作

启动 Flash CS3 之后，和"属性"面板并排的是"滤镜"面板。"滤镜"面板是管理 Flash 滤镜的主要工具，增加、删除滤镜或改变滤镜的参数等操作，都要在此面板中完成。在为对象应用滤镜后，可以随时改变其参数设置，并且可以为同一个对象添加多个滤镜效果。

1. 在对象上应用滤镜

在需要使用滤镜处理对象时，可以直接从 Flash CS3 的"滤镜"面板中选择所需的滤镜，操作步骤如下。

Step 01 选择要应用滤镜的对象，该对象可以是文本、影片剪辑和按钮，此处，为文本添加滤镜效果，拖动鼠标在文本框中输入文字"一曲千年"，如图 10.14 所示。

Step 02 选中对象后，在"属性"面板中打开"滤镜"选项卡，即可打开"滤镜"面板。此时，面板中的加号按钮会变为可用状态，如图 10.15 所示。单击"加号"按钮，可打开滤镜管理菜单，菜单中显示出可应用的 7 种滤镜。

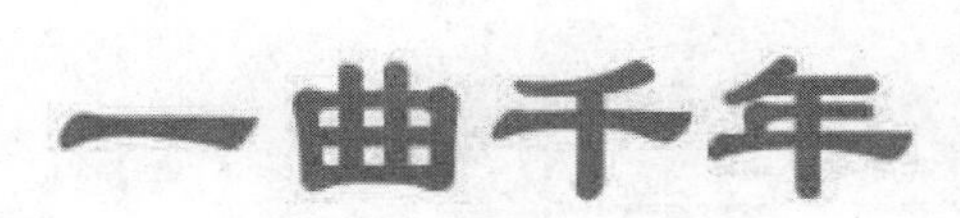

图 10.14 输入文字

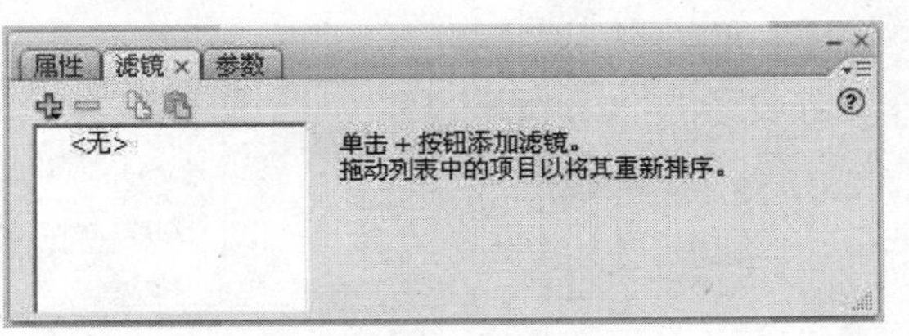

图 10.15 "滤镜"面板

Step 03 在滤镜管理菜单中选择"投影"选项，文字效果如图 10.16 所示。

Step 04 在选中"投影"滤镜的同时，在菜单中选择"模糊"选项，"滤镜"菜单如图 10.17（a）所示，舞台上

图 10.16 选择"投影"后的文字

的文字效果如图 10.17（b）所示。

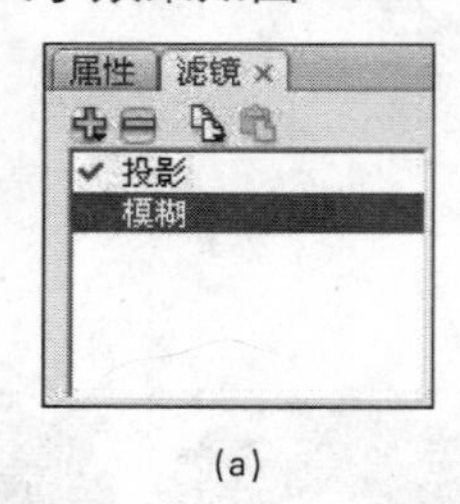

(a)

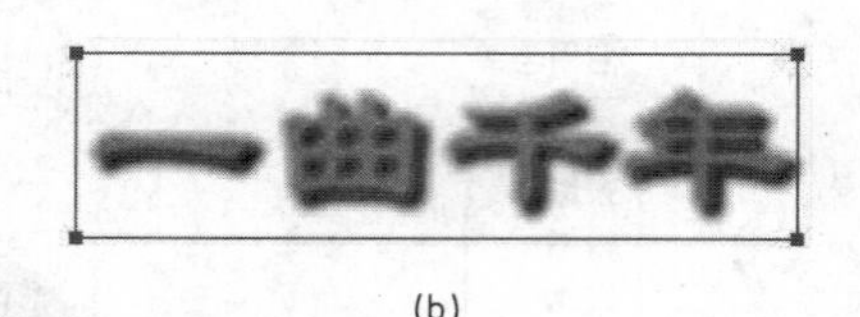

(b)

图 10.17　选择两种滤镜选项后的文字

注意：在 Flash CS3 中，可以通过添加不同的滤镜，实现多种效果作用重叠。

2．删除应用于对象的滤镜

删除应用于对象的滤镜的操作步骤如下。

Step 01　选中要删除滤镜的影片剪辑、按钮或文本。

Step 02　在滤镜菜单中选择要删除的滤镜名称。

Step 03　单击滤镜菜单上方的“减号”按钮。如果要从所选对象中删除全部滤镜，可在滤镜菜单中选择“删除全部”命令，删除全部滤镜后，还可以通过“撤销”命令恢复。

3．改变滤镜的应用顺序

在对对象应用多个滤镜时，对象上各滤镜的应用顺序不同，则将产生不同的效果。

通常，在对象上先应用可以改变对象内部外观的滤镜，如斜角滤镜，然后再应用改变对象外部外观的滤镜，如调整颜色、发光或投影滤镜等。

提示：一般菜单上部的滤镜比底部的滤镜先应用。

4．编辑单个滤镜

默认的大多数滤镜设置已经满足设计需要，但是如果希望对滤镜进行修改，例如，设置投影的深度或是斜角的宽度等，如图 10.18 所示，则可通过“滤镜”面板来实现。

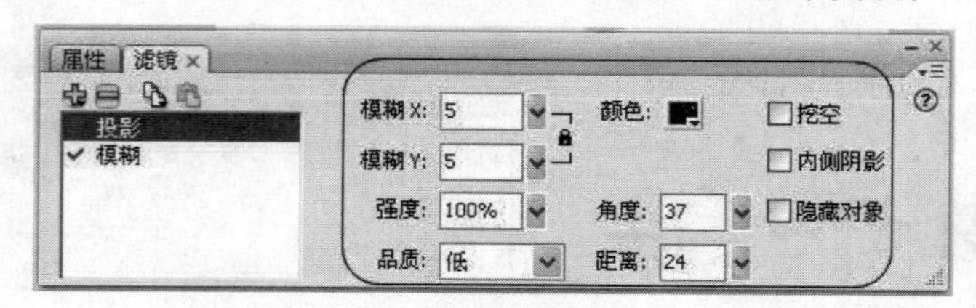

图 10.18　设置滤镜选项

5．禁止和恢复滤镜

如果在对象上应用了滤镜，修改对象时，系统会重新对滤镜进行重绘。当应用的滤镜较多较复杂时，重绘的过程就会占用很多的计算机时间，打开文件时也会很慢。

有经验的用户在设计图像时并不马上将滤镜应用到对象上，通常会对一个小的对象进行实验，查看滤镜效果，当效果满意后，将滤镜临时禁用，然后对对象进行各种修改，修改完毕后再重新激活滤镜。

临时禁用和恢复滤镜的操作如下。

Step 01 在滤镜菜单中单击要禁用的滤镜名称前的绿色“勾”✔，此时，滤镜名称前将显示为红色“叉”✖。

Step 02 如果要禁用应用于对象上的全部滤镜，可在菜单中选择“禁用全部”命令。

Step 03 单击红色的✖，可恢复滤镜。在滤镜菜单中选择“启用全部”命令，可恢复禁用的全部滤镜。

6．复制和粘贴滤镜

如果要将某个对象应用的滤镜应用到其他对象上，可以利用 Flash CS3 新增加的复制和粘贴滤镜功能，只要复制和粘贴即可对其他对象应用所需的滤镜设置。具体操作步骤如下。

Step 01 选择要复制滤镜的对象，然后打开“滤镜”面板。

Step 02 选择要复制的滤镜，然后单击滤镜面板上的“复制过滤器”按钮，从弹出的菜单中选择“复制所选”命令；如果要复制所有的应用滤镜，从弹出的菜单中选择“复制全部”命令即可。

Step 03 选中要应用滤镜的对象，然后单击“粘贴过滤器”按钮即可。

10.3.3 创建滤镜库

如果需将同一个滤镜或一组滤镜应用到其他多个对象上，可以创建滤镜库，将编辑好的滤镜或滤镜组保存到滤镜库中以便于以后的使用。

1．创建滤镜库

创建滤镜库的操作如下。

Step 01 单击滤镜面板中的“添加滤镜”按钮，打开滤镜菜单。

Step 02 选择“预设”|“另存为”命令，打开“将预设另存为”对话框。

Step 03 在“预设名称”文本框中输入预设滤镜的名称，如图 10.19 所示。

Step 04 单击“确定”按钮，预设子菜单中将出现该预设滤镜，如图 10.20 所示。以后在其他对象上使用该滤镜时，选择“滤镜”|“预设”菜单中相应的滤镜名称即可将滤镜应用到其他对象上。

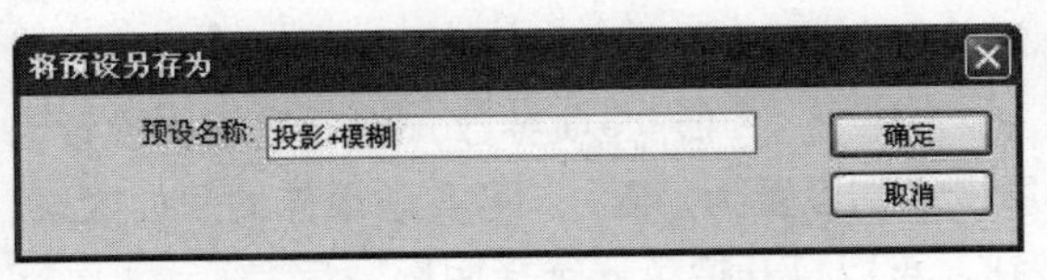

图 10.19 “将预设另存为”对话框

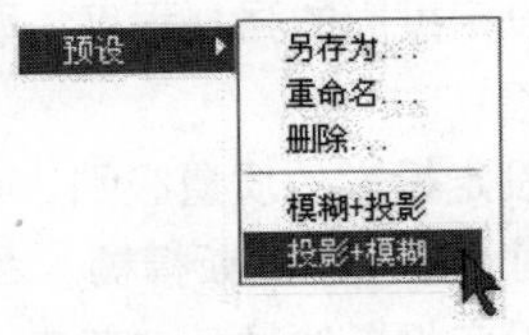

图 10.20 预设滤镜

2. 重命名和删除预设滤镜

用户不能重新命名或删除标准 Flash 滤镜，但是可以重新命名或删除预设的滤镜，具体操作步骤如下。

Step 01 在“滤镜”面板中，单击“添加”按钮，打开滤镜添加菜单，选择“预设”|“重命名”命令，即可打开“重命名预设”对话框，如图 10.21 所示。

Step 02 双击要修改的预设名称。

Step 03 在名称文本框中输入滤镜的新名称，单击“重命名”按钮即可。

Step 04 选择“预设”|“删除”命令，显示“删除预设”对话框，选择要删除的预设滤镜，如图 10.22 所示，单击“删除”按钮，可将预设的滤镜删除。

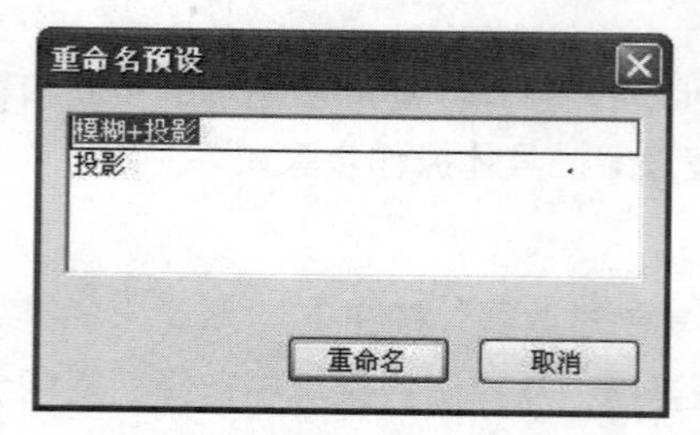

图 10.21　“重命名预设”对话框

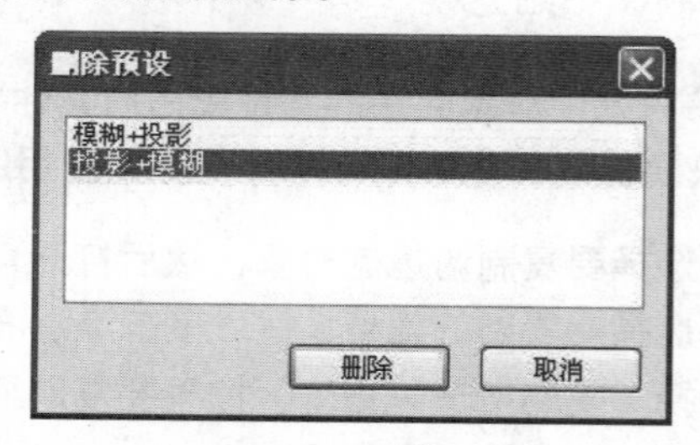

图 10.22　“删除预设”对话框

10.3.4　滤镜的使用

1.　“投影”滤镜

“投影”滤镜的效果类似于 Photoshop 中的投影效果，可控参数包含“模糊”、“强度”、“品质”、“颜色”、“角度”、“距离”、“挖空”、“内侧阴影”和“隐藏对象”等，“投影”滤镜面板如图 10.23 所示。

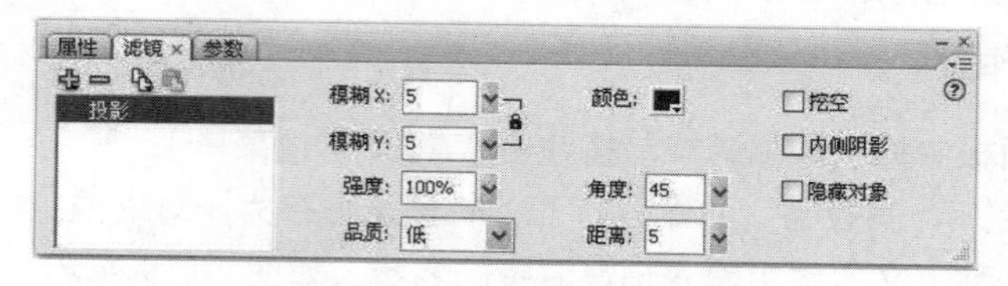

图 10.23　“投影”滤镜面板

- 模糊：可以指定投影的模糊程度，可分别对X轴和Y轴两个方向设定，取值范围为0～100。如果单击“模糊X”和“模糊Y”后的锁定按钮，可以解除X、Y方向的比例锁定。
- 强度：设定投影的强烈程度，取值范围为0%～1000%，数值越大，投影的显示越清晰、强烈（越暗）。
- 品质：设定投影的质量级别，包含“高”、“中”、“低”3项参数，将质量级别设置为“高”时，近似于高斯模糊。因此建议将质量级别设置为“低”，可实现最佳的回放效果。
- 颜色：设定投影的颜色。单击“颜色”按钮，可以打开拾色器选择阴影颜色。
- 角度：设定投影的角度，取值范围为0°～360°。
- 距离：设定阴影与对象之间的距离，取值范围为-32～32。

- 挖空：可从视觉上隐藏对象，并在挖空图像上只显示投影。将投影作为背景的基础上，挖空对象的显示，如图10.24（a）所示。

- 内侧阴影：可在对象边界内侧应用阴影，如图10.24（b）所示。

(a)

(b)

图 10.24 “挖空”和“内侧阴影”效果

- 隐藏对象：只显示投影而不显示原来的对象，如图10.25所示。

图 10.25 “隐藏对象”效果

2. “模糊”滤镜

“模糊”滤镜可以柔化对象的边缘和细节。将模糊应用于对象，可以造成一种错觉，看上去像是位于其他对象后面，或者使对象看起来像在运动。模糊滤镜的参数很少，只有“模糊”和“品质”两个选项。“模糊”滤镜面板如图 10.26（a）所示。其两个参数的含义分别同“投影”滤镜的相同选项。当设置 X=7，Y=7 的模糊值时，其效果如图 10.26（b）所示。

(a)

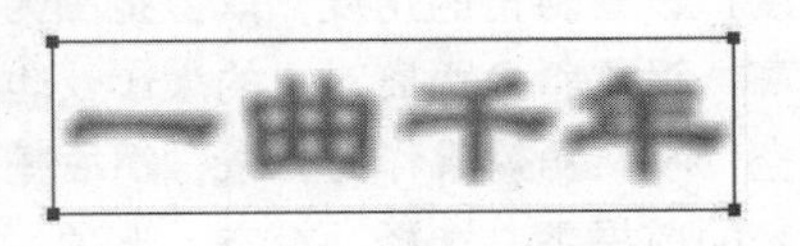

(b)

图 10.26 “模糊”滤镜面板和“模糊”效果

3. “发光”滤镜

“发光”滤镜的效果也类似于Photoshop中的发光效果，可控参数有“模糊”、“强度”、“品质”、“颜色”、“挖空”和“内侧发光”等，“发光”滤镜面板如图 10.27 所示。

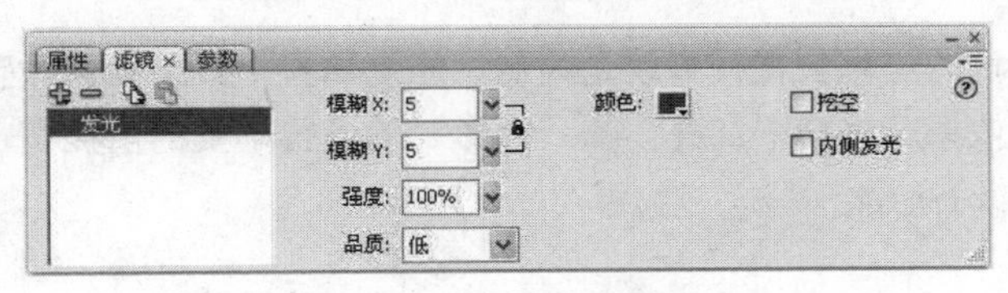

图 10.27 “发光”滤镜面板

- 模糊、强度、品质：分别同投影滤镜的该选项。
- 挖空：将发光效果作为背景，然后挖空对象的显示，如图10.28（a）所示。
- 内侧发光：在对象边界内应用发光滤镜，图10.28（b）所示为将强度调整到400%时的内侧发光效果。

(a)

(b)

图 10.28　文字的“挖空”和“内侧发光”效果

4.“斜角”滤镜

使用“斜角”滤镜可以制作出立体的浮雕效果，其控制参数主要有“模糊”、“强度”、“品质”、“阴影”、“加亮”、“角度”、“距离”、“挖空”和“类型”等，“斜角”滤镜面板如图 10.29 所示。

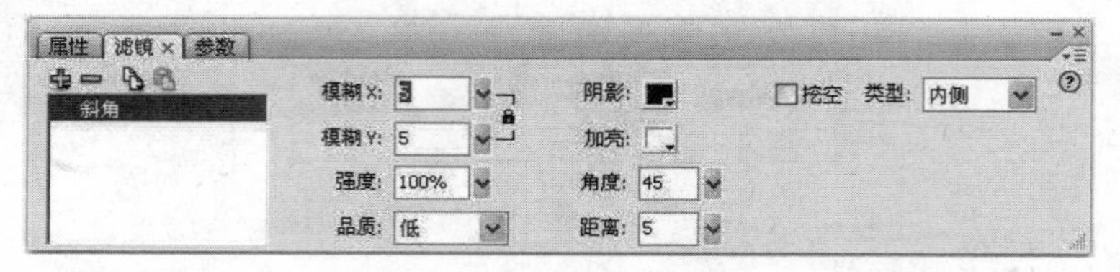

图 10.29　“斜角”滤镜面板

- 模糊、强度、品质：分别同投影滤镜的该选项。
- 阴影：设置斜角的阴影颜色。可在调色板中选择颜色。
- 加亮：设置斜角的高光加亮颜色，也可以在调色板中选择颜色，如图10.30（a）所示为设置斜角阴影颜色为黑色、加亮颜色为红色时的效果。
- 角度：设置斜角的角度，取值范围为0°～360°。
- 距离：设置斜角距离对象的大小，也就是定义斜角的宽度，取值范围为-32～32。
- 挖空：将斜角效果作为背景，然后挖空对象部分的显示，保持“加亮”和“阴影”的设置不变的前提下，选择“挖空”选项后的效果如图10.30（b）所示。

(a)

(b)

图 10.30　“加亮颜色”和“挖空”效果

- 类型：设置斜角的应用位置，可以是内侧、外侧和整个，如果选择整个，则在内侧和外侧同时应用斜角效果，保持“加亮”和“阴影”的设置不变的前提下，选择“整个”类型后的效果如图10.31所示。

图 10.31　选择“整个”类型后的效果

5. “渐变发光”滤镜

“渐变发光”滤镜的效果和发光滤镜的效果基本相同，应用“渐变发光”滤镜，可以在发光表面产生带渐变颜色的发光效果。渐变发光要求选择一种颜色作为渐变开始的颜色，该颜色的 Alpha 值为 0，用户无法移动此颜色的位置，但可以改变该颜色，“渐变发光”滤镜面板如图 10.32 所示。

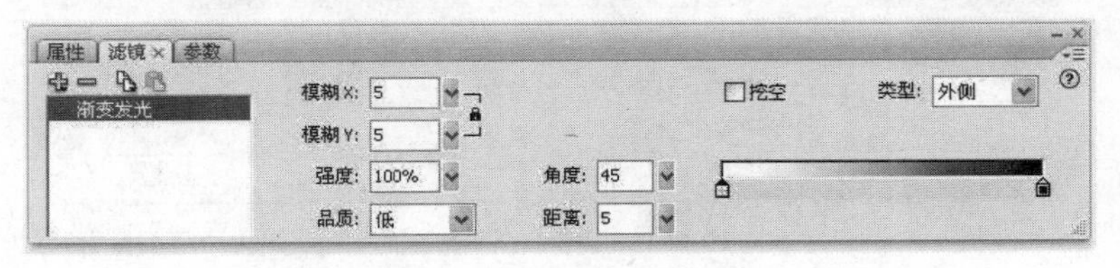

图 10.32　“渐变发光”滤镜面板

- 模糊、强度、品质：分别同投影滤镜的该选项。
- 挖空：将渐变发光效果作为背景，然后挖空对象的显示，如图10.33所示。
- 角度：设置渐变发光的角度，取值范围为0°～360°。
- 距离：设置渐变发光的距离大小，取值范围为-32～32。
- 类型：设置渐变发光的应用位置，可以设置为“内侧”、“外侧”或“强制齐行”。
- 渐变色：面板中的渐变色条是控制渐变颜色的工具，默认情况下为白色到黑色的渐变。将鼠标指针移动到色条上，如果出现了带加号的鼠标指针，则表示可以在此处增加新的色块，在保持“挖空”复选框被选中的前提下，从左到右色块分别为白色、粉色、蓝色、绿色和黑色，如图10.34所示。如果要删除某色块，只需拖动它到相邻的一个色块上，当两个色块重合时，就会删除被拖动的色块。单击某色块，弹出系统拾色器，可选择要改变的颜色。

图 10.33　“挖空”对象效果

图 10.34　渐变色条

6. “渐变斜角”滤镜

使用“渐变斜角”滤镜可以制作出比较逼真的立体浮雕效果，并且斜角表面有渐变颜色。渐变斜角要求渐变的中间有一个颜色，颜色的 Alpha 值为 0，该颜色的位置无法移动，“渐变斜角”滤镜面板如图 10.35 所示，这种滤镜的控制参数与“斜角”滤镜的参数相似（不再赘述），不同的是它能够更精确地控制斜角的渐变颜色。

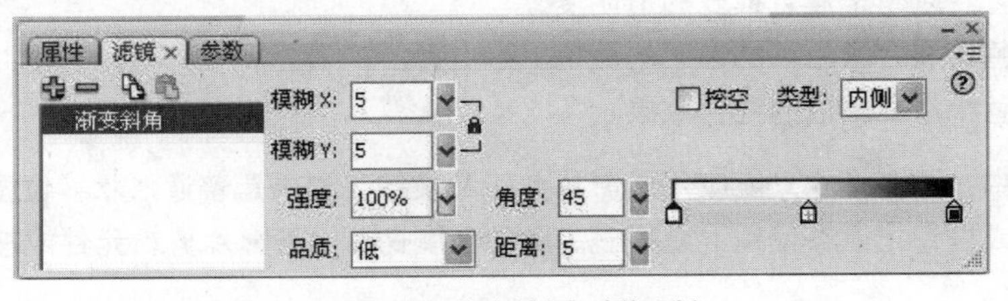

图 10.35　“渐变斜角”滤镜面板

7. “调整颜色”滤镜

“调整颜色”滤镜允许用户对影片剪辑、文本或按钮进行颜色调整，如亮度、对比度、饱和度和色相等，“调整颜色”滤镜面板如图 10.36 所示。

图 10.36　“调整颜色”滤镜面板

- 亮度：调整对象的亮度。向左拖动滑块可以降低对象的亮度，向右拖动滑块可以增强对象的亮度，取值范围为-100～100。
- 对比度：调整对象的对比度，取值范围为-100～100，向左拖动滑块可以降低对象的对比度，向右拖动滑块可以增强对象的对比度。
- 饱和度：设定色彩的饱和程度，取值范围为-100～100。
- 色相：调整对象中各个颜色的深浅，取值范围为-180～180。
- 重置：将所有的颜色调整重置为0，使对象恢复原来的状态。

提示： 如果只想对对象添加“亮度”效果，可以使用位于“属性”面板中的颜色控件。与应用滤镜相比，使用“属性”面板中的“亮度”选项性能更高。

10.4　混合模式

在 Flash CS3 中，使用混合模式，可以改变两个或两个以上重叠对象的透明度或颜色相互关系，可以混合重叠影片剪辑中的颜色，从而将普通图形对象变形为独特效果的复合图像。

1. 混合模式的元素和操作

混合模式取决于将混合应用于的对象的颜色和基础颜色，因此，必须试验不同的颜色以查看结果。混合模式包括以下 4 种元素。

- 混合颜色：应用于混合模式的颜色。
- 不透明度：应用于混合模式的透明度。
- 基准颜色：混合颜色下的像素的颜色。
- 结果颜色：基准颜色的混合效果。

在Flash CS3中，混合模式只能应用于影片剪辑和按钮，如果是普通形状、位图、文字等都要先转换为影片剪辑或按钮才能够使用混合模式。将混合模式应用于影片剪辑元件或按钮元件的操作步骤如下。

Step 01　选择要应用混合模式的影片剪辑实例或按钮实例。

Step 02 在“属性”面板中的“混合”菜单中，选择要应用于对象的混合模式。

Step 03 将带有该混合模式的影片剪辑定位到要修改外观的图形元件上。

提示：一般情况下，需要多次试验影片剪辑的颜色设置和透明度设置，才能获得理想的效果。

2. 混合模式的功能及作用

Flash CS3 中提供了 14 种混合模式，当选中舞台中的影片剪辑或按钮后，单击“属性”面板中的“混合”模式的下三角按钮，打开快捷菜单，如图 10.37 所示，各个混合模式的功能和作用如下。

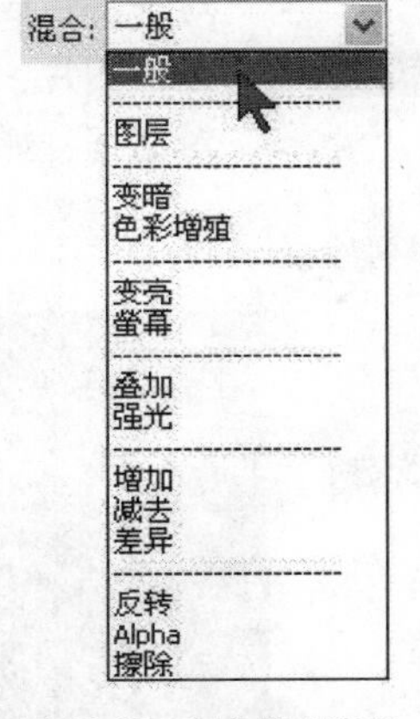

图 10.37　混合模式选项

- 一般：正常应用颜色，不与基准颜色有相互关系。
- 图层：层叠各个影片剪辑，而不影响其颜色。
- 变暗：只替换比混合颜色亮的区域，而比混合颜色暗的区域不变。
- 色彩增殖：将基准颜色复合以混合颜色，从而产生较暗的颜色。
- 变亮：只替换比混合颜色暗的像素，而比混合颜色亮的区域不变。
- 萤幕：用基准颜色复合以混合颜色的反色，从而产生漂白的效果。
- 叠加：进行色彩增值或滤色，具体情况取决于基准颜色。
- 强光：进行色彩增值或滤色，具体情况取决于混合模式颜色。该效果类似于用点光源照射对象。
- 差异：从基准颜色减去混合颜色，或者从混合颜色减去基准颜色，具体情况取决于哪个的亮度值较大，该效果类似于彩色底片。
- 反转：取基准颜色的反色。
- Alpha：应用Alpha遮罩层。该模式要求将图层混合模式应用于父级影片剪辑。不能将背景剪辑更改为Alpha并应用它，因为该对象将不可见。
- 擦除：删除所有基准颜色像素，包括背景图像中的基准颜色像素。该模式要求将图层混合模式应用于父级影片剪辑，不能将背景剪辑更改为“擦除”并应用它，因为该对象将不可见。

注意：一种混合模式可产生不同的效果，具体情况取决于基础图像的颜色和应用的混合模式的类型，因此，要调制出所需要的图像效果，必须实验不同的颜色和混合模式。

10.5　时间轴特效动画

利用 Flash 中的特效功能可以轻松地制作出复杂的动画效果。“时间轴”特效可以应用于动画中的文本、图形、位图和按钮，而“滤镜”特效可以应用于文本、影片剪辑和按钮。时间轴特效包括“变形”、“转换”、“复制到网络”、“分散式直接复制”、“模糊”、“展开”、“分离”和“投影”，下面分别运用这些特效功能制作动画。

源文件	源文件\Chapter 10\素材2

10.5.1 变形

利用“变形”时间轴特效可以产生淡入、淡出、放大和缩小等效果。

Step 01 选择“文件”|“新建”命令，创建一个新文档。默认属性选项。

Step 02 选择“文件”|“导入”|“导入到舞台”命令，由“源文件\Chapter 09\素材 2”文件夹下，导入一张名为“背景”的图片，调整图片为 300px × 225px，利用“对齐”面板，使其相对于舞台居中对齐，如图 10.38（a）所示。

Step 03 选中图片，选择“插入”|“时间轴特效”|“变形/转换”|“变形”命令，弹出“变形”对话框，如图 10.38（b）所示。

(a)

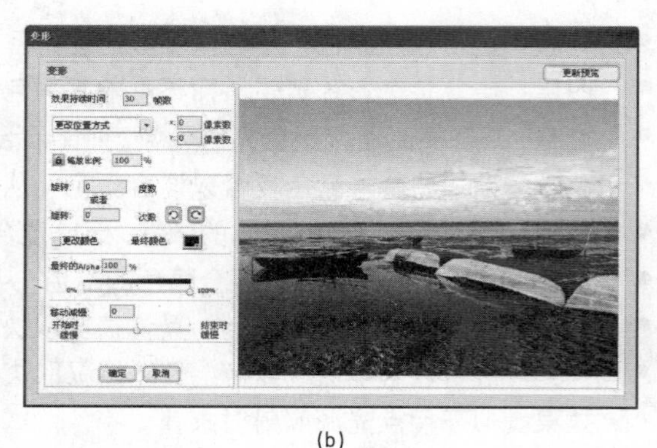

(b)

图 10.38 导入一张图片及“变形”对话框

Step 04 在对话框中设置相应的参数，各参数含义如下。

- 效果持续时间：设置变形特效持续的时间。
- 更改位置方式：设置X和Y方向的偏移量。
- 缩放比例：锁定时，X和Y轴使用相同的比例缩放；解锁时，可以分别设置X和Y轴的缩放比例。
- 旋转（度数）：设置对象的旋转角度。
- 旋转（次数）：设置对象的旋转次数。
- 更改颜色：选中此复选框，可改变对象的颜色，取消选中此复选框，则不改变对象的颜色。
- 最终颜色：单击此按钮，可以指定对象最后的颜色。
- 最终的Alpha：设置对象最后的Alpha百分比。可以在其右侧的文本框中直接输入百分比，也可以通过鼠标拖动其下面的滑块进行调整。
- 移动减慢：可以设置开始时慢速，然后逐渐变快，或反之。

Step 05 单击右上角的“更新预览”按钮，可预览效果，如图 10.39（a）所示，单击“确定”按钮即可完成特效设置。

Step 06 制作结束后的“时间轴”面板如图 10.39（b）所示，按 Ctrl+Enter 组合键，测试动画效果。

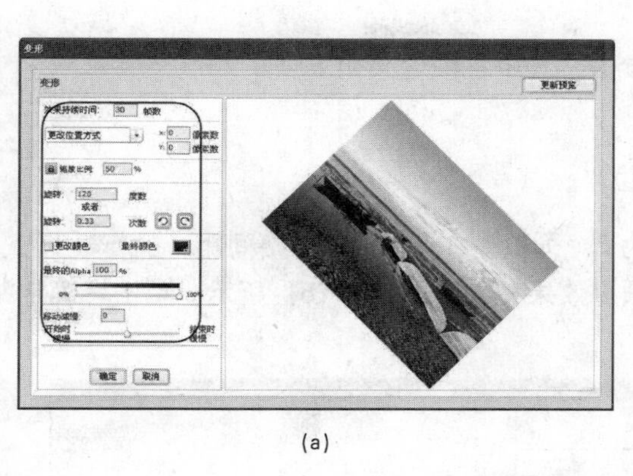

(a)

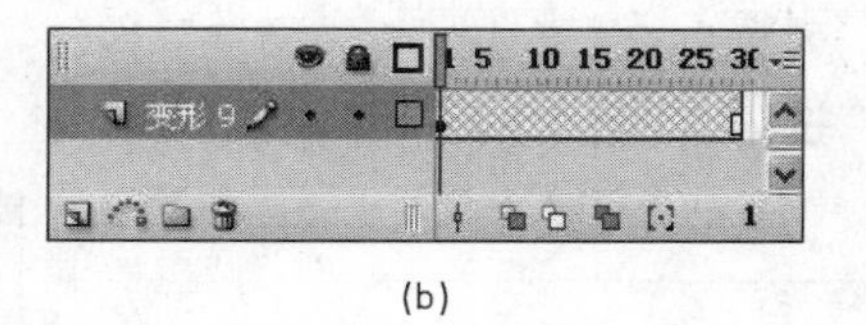

(b)

图 10.39 设置参数并预览效果及“时间轴”面板

10.5.2 转换

“转换”时间轴特效可以使用淡化、擦除或两种特效的组合向内擦除或向外擦除选定对象。

Step 01 新建文件，导入“背景”图片。

Step 02 调整图片尺寸与舞台相同，利用“对齐”面板，使其相对于舞台居中对齐。

Step 03 选中图片，选择“插入”|“时间轴特效”|“变形/转换”|“转换”命令，弹出“转换”对话框。

Step 04 在对话框中设置相应的参数，其中各项含义如下。

- 方向：可选择“入”或“出”，以及单击方向按钮，设置过渡特效的方向。
- 淡化：选中此复选框并选择“入”单选按钮，获得淡入效果；选中此复选框并选择“出”单选按钮，可获得淡出效果。
- 涂抹：选中此复选框并选择“入”单选按钮，获得“擦入”结果；选中此复选框并选择“出”单选按钮，获得“擦出”结果。
- 移动减慢：设置开始时慢速，然后逐渐变快；或开始快，然后逐渐减慢。

Step 05 单击右上角的“更新预览”按钮，可预览效果，如图 10.40 所示，单击“确定”按钮即可完成特效设置。

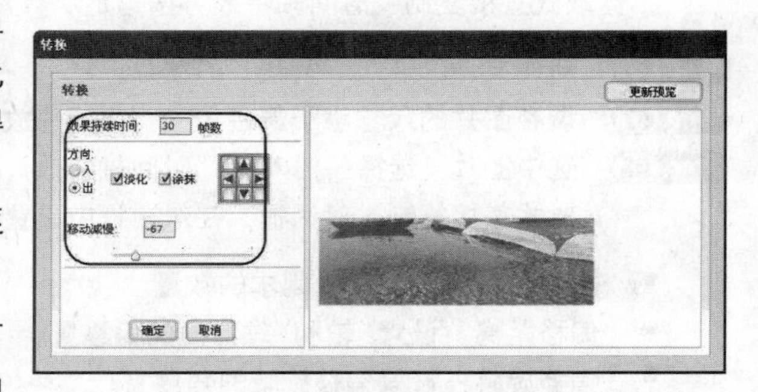

图 10.40 设置参数并预览效果

Step 06 制作结束后，按 Ctrl+Enter 组合键，测试动画效果。

10.5.3 复制到网格

“复制到网格”时间轴特效的作用是按列复制选定的对象，然后与行数相乘创建元素的网格。

Step 01 新建文件，导入“背景”图片，调整图片的大小及放置的位置，如图 10.41（a）所示。

Step 02 选中图片，选择“插入”|“时间轴特效”|“帮助”|“复制到网格”命令，弹出“复制到

网格”对话框。在对话框中设置相应的参数，其中各项含义如下。

- 网格尺寸：设置网格行数和列数。
- 网格间距：设置行和列间距（以像素为单位）。

Step 03 在该对话框中设置“网格尺寸”的行数为 2、列数为 3，设置“网格间距”的行数为 2、列数为 2，单击“更新预览”按钮，可预览效果，如图 10.41（b）所示，单击“确定”按钮。

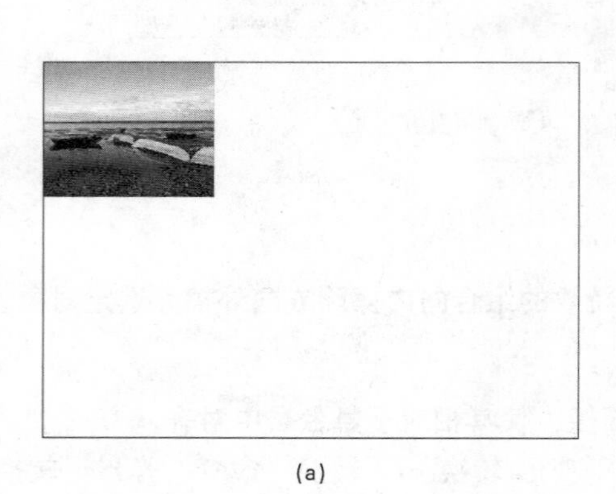

(a)

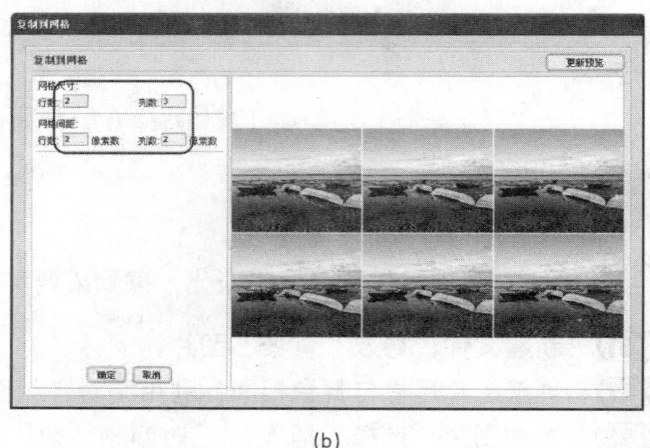

(b)

图 10.41　设置图片参数及效果

Step 04 制作结束后，按 Ctrl+Enter 组合键，测试动画效果。

10.5.4　分散式直接复制

“分散式直接复制”时间轴特效可按指定次数复制选定对象。

Step 01 新建文件，导入“背景”的图片。

Step 02 调整图片的尺寸小于舞台尺寸，将图片放置在舞台的左侧顶部，如图 10.42 所示。

Step 03 选中图片，选择“插入”|“时间轴特效”|“帮助”|“分散式直接复制”命令，弹出“分散式直接复制”对话框，在对话框中设置相应的参数，其中各项含义如下。

- 副本数量：设置产生副本的数量。
- 偏移距离：设置X轴和Y轴方向的偏移量。
- 偏移旋转：设置偏移旋转的角度。
- 偏移起始帧：设置偏移起始帧数量，以“帧”为单位。
- 缩放比例：设置缩放的方式和百分数。
- “指数缩放比例”和“线性缩放比例”：按百分数在 X 和 Y 轴方向同时缩放。
- 更改颜色：修改最终的颜色，动画是由自身的颜色渐变到修改后的最终颜色。
- 最终Alpha：设置动画的透明度，以百分比为单位。

Step 04 在对话框中设置相应的参数，单击右上角的“更新预览”按钮，可预览效果，如图 10.43 所示，单击“确定”按钮即可完成特效设置。

Step 05 制作结束后，按 Ctrl+Enter 组合键，测试动画效果。

图 10.42 导入图片并调整其位置

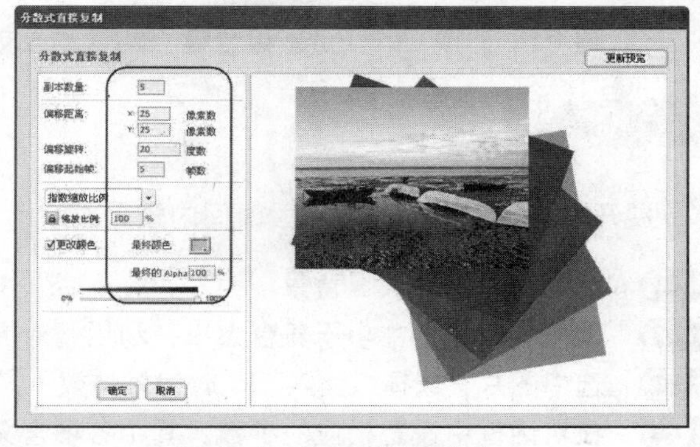

图 10.43 设置参数并预览效果

10.5.5 模糊

“模糊”时间轴特效可通过更改对象在一段时间内的 Alpha、位置或缩放比例来实现。

Step 01 新建文件，导入“背景”图片。

Step 02 调整图片的尺寸与舞台相同，利用“对齐”面板，使其相对于舞台居中对齐。

Step 03 选中图片，选择“插入”|“时间轴特效”|“效果”|“模糊”命令，弹出“模糊”对话框，在对话框中设置相应的参数，其中各项含义如下。

- 效果持续时间：设置分离特效持续时间，以“帧”为单位。
- 分辨率：设置图像的显示质量，用于衡量图像的精细程度。
- 缩放比例：设置“起始帧”的缩放比例。
- 允许水平模糊：选中此复选框，只设置水平方向模糊。
- 允许垂直模糊：选中此复选框，只设置垂直方向模糊。
- 移动方向：单击方向按钮，可设置移动模糊的方向。

Step 04 在对话框中设置相应的参数，单击右上角的“更新预览”按钮，可预览效果，如图 10.44 所示，单击“确定”按钮即可完成特效设置。

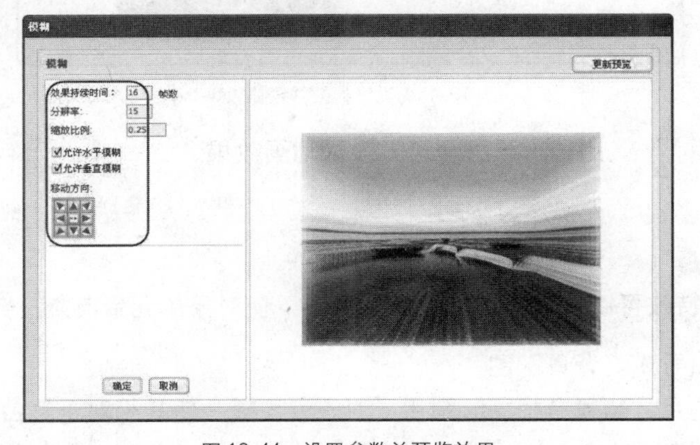

图 10.44 设置参数并预览效果

Step 05 制作结束后，将文件保存到“源文件\Chapter 10\素材 2”文件夹下，并将其命名为“模糊.fla”，按 Ctrl+Enter 组合键，测试动画效果。

10.5.6 展开

“展开”时间轴特效可在一段时间内放大或缩小对象。

Step 01 新建文件，导入“背景”图片。

Step 02 调整图片的尺寸小于舞台大小，利用“对齐”面板，使其相对于舞台居中对齐。

Step 03 选中图片，选择“插入”|“时间轴特效”|“效果”|“展开”命令，弹出“展开”对话框。

Step 04 在对话框中设置相应的参数，其中各项含义如下。

- 效果持续时间：设置扩展特效持续的时间，以“帧”为单位。
- 展开、压缩、两者皆是：设置特效的运动形式。
- 移动方向：单击此图标中的方向按钮，可设置扩展特效运动的方向。
- 组中心转换方式：设置运动在X和Y方向的偏移量，以像素为单位。
- 碎片偏移：设置碎片的偏移量。
- 碎片大小更改量：通过改变高度和宽度的值，来改变碎片的大小，以像素为单位。

Step 05 单击右上角的“更新预览”按钮，可预览效果，如图 10.45 所示，单击“确定”按钮即可完成特效设置。

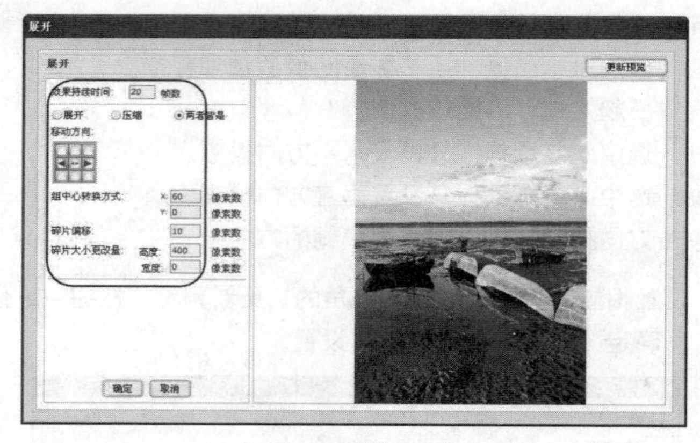

图 10.45　设置参数并预览效果

Step 06 制作结束后，按 Ctrl+Enter 组合键，测试动画效果。

10.5.7 分离

“分离”时间轴特效可以使对象产生爆炸的效果，使对象的元素自旋、分离、弯曲。

Step 01 新建文件，导入“背景”图片。

Step 02 调整图片的尺寸与舞台相同，利用“对齐”面板，使其相对于舞台居中对齐。

Step 03 选中图片，选择“插入”|“时间轴特效”|“效果”|“分离”命令，弹出“分离”对话框。

Step 04 在对话框中设置相应的参数，其中各项含义如下。

- 效果持续时间：设置分离特效持续的时间，以“帧”为单位。
- 分离方向：单击此图标中的方向按钮，可选择分离时元素运动的方向。
- 弧线大小：设置运动在X和Y方向的偏移量，以像素为单位。
- 碎片旋转量：设置碎片的旋转角度。
- 碎片大小更改量：改变碎片的大小，以像素为单位。
- 最终的Alpha：设置爆炸效果最后一帧的透明度，可以在其后边的文本框中直接输入数值，也可通过鼠标拖动其下方的滑块进行调整，以百分比为单位。

Step 05 单击右上角的“更新预览”按钮，可预览效果，如图 10.46 所示，单击“确定”按钮，即可完成特效设置。

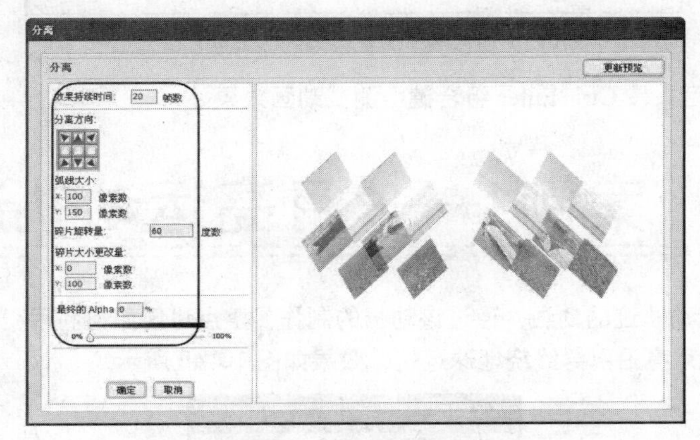

图 10.46 设置参数并预览效果

Step 06 制作结束后，按 Ctrl+Enter 组合键，测试动画效果。

10.5.8 投影

“投影”时间轴特效可以在对象旁边创建阴影效果。

Step 01 新建文件，导入“背景”图片。

Step 02 调整图片的尺寸为 350px×240px，利用“对齐”面板，使其相对于舞台居中对齐。

Step 03 选中图片，选择“插入”|“时间轴特效”|“效果”|“投影”命令，弹出“投影”对话框。

Step 04 在对话框中设置相应的参数，其中各项含义如下。

- 颜色：单击此按钮，可设置阴影的颜色，用RGB十六进制值表示。
- Alpha透明度：设置阴影的Alpha透明度百分比。可以在其后边的文本框中直接输入数值，也可通过鼠标拖动其下方的滑块进行调整。
- 阴影偏移：设置阴影在X和Y轴方向的偏移量，以像素为单位。

Step 05 单击右上角的“更新预览”按钮，可预览效果，如图 10.47 所示，单击“确定”按钮即可完成特效设置。

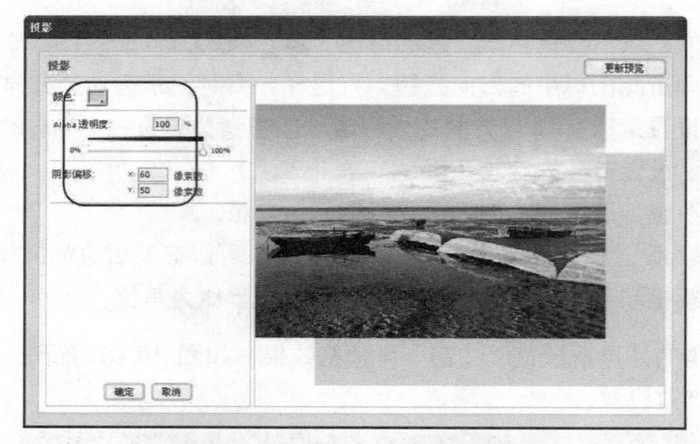

图 10.47　设置参数并预览效果

Step 06　制作结束后，按 Ctrl+Enter 组合键，测试动画效果。

10.6　案例1——月亮运动轨迹

制作一个月亮运动轨迹的动画，通过该动画的制作，重点讲解如何利用引导层实现路径动画。可以看到，动画中的月亮沿引导线绕地球运转，效果如图 10.48 所示。

图 10.48　月亮运动轨迹

源文件	源文件\Chapter 10\月亮运动轨迹
视频文件	实例视频\Chapter 10\月亮运动轨迹.avi
知识要点	创建新文档\创建运动引导层\“椭圆工具”和“橡皮擦工具”的应用\“转换为元件”命令的应用\创建运动补间动画

具体操作步骤如下。

Step 01　创建一个新文档。选择“修改”|“文档”命令，在弹出的“文档属性”对话框中，设置背景颜色为蓝色，默认其他属性。

Step 02　单击“添加运动引导层”按钮，创建一个运动引导层。

Step 03　在“引导层”的第 1 帧处，选择“椭圆工具”，绘制一个椭圆（作为月球的运动轨迹），利用“对齐”面板，使椭圆相对于舞台居中对齐。

Step 04　选择“橡皮擦工具”，在引导线的左边擦一个小口，如图 10.49（a）所示，在第 60 帧处按 F6 键，插入关键帧。

Step 05 选中“图层 1”的第 1 帧，选择“椭圆工具”，在舞台中绘制一个无边框的、填充色为灰白色线性渐变的小球，选择“修改”|“转换为元件”命令，将其转换为图形元件，如图 10.49（b）所示。

Step 06 将小球调整为合适大小，利用“选择工具”将其拖动到运动引导线缺口的右端点（起点），使小球的中心点与引导线的起点对齐，如图 10.50（a）所示。在第 60 帧处按 F6 键，插入关键帧，将小球移动到引导线缺口的左端点（终点），使小球的中心点与引导线的终点对齐，如图 10.50（b）所示。

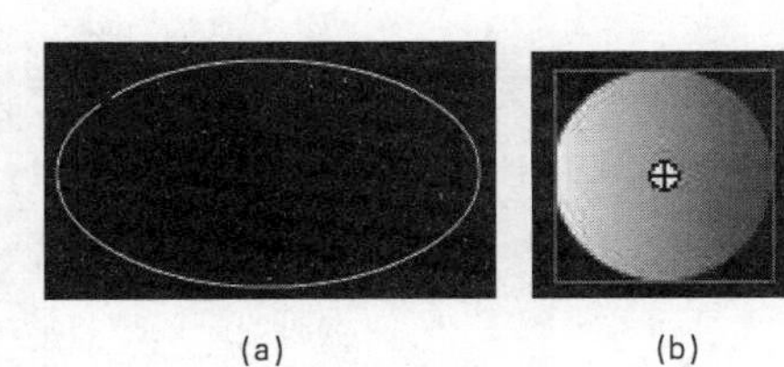

(a) (b)

图 10.49 引导线及绘制的小球

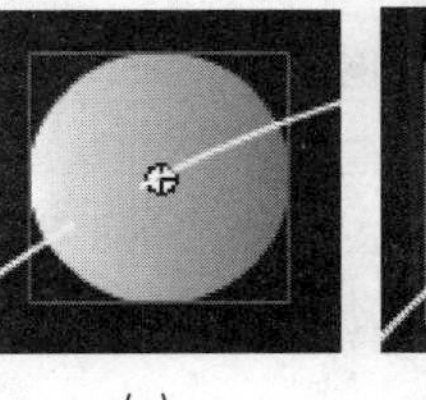

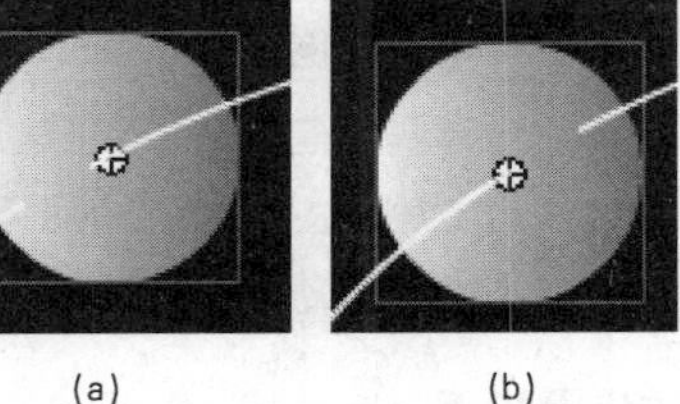

(a) (b)

图 10.50 小球中心点对齐引导线的起点和终点

注意：拖动小球之前，需要单击“贴紧至对象”按钮。

Step 07 返回“图层 1”的第 1 帧，在“属性”面板中，选择“动画”补间选项，创建运动补间动画。

Step 08 选中“图层 1”，单击“插入图层”按钮，添加一个新图层，系统默认为“图层 3”。选择“椭圆工具”，在“图层 3”的第 1 帧处绘制一个无边框、蓝色线性渐变的正圆，使其相对于舞台居中对齐，如图 10.51 所示。

Step 09 在“图层 3”的第 60 帧处按 F5 键，插入普通帧，然后将“图层 3”拖动到“图层 1”的下方。

Step 10 选择“文件”|“保存”命令，在弹出的“另存为”对话框中，将文档保存到“源文件\Chapter 10\月亮运动轨迹”文件夹下，并将文件命名为“月亮运动轨迹.fla”。

Step 11 制作完成，“时间轴”面板如图 10.52 所示。按 Ctrl+Enter 组合键，测试并浏览动画效果。

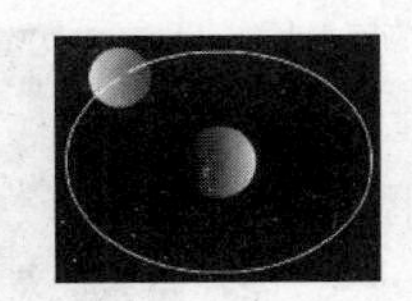

图 10.51 舞台中的图形

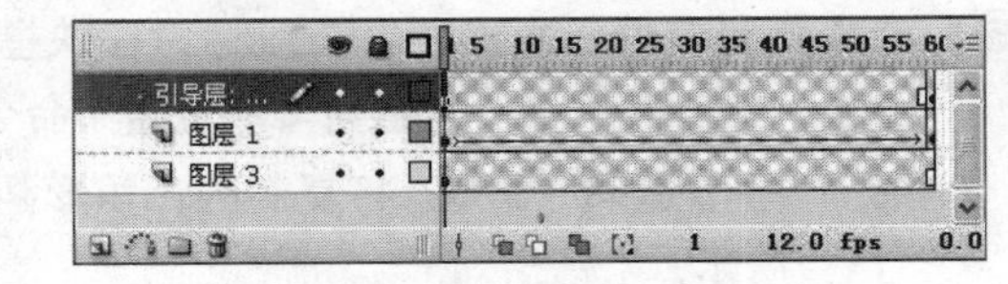

图 10.52 “时间轴”面板

10.7 案例2——纸飞机

通过该动画的制作，重点讲解如何利用引导层实现路径动画。可以看到动画中的纸飞机沿着椭圆移动，如图 10.53 所示。

图 10.53 纸飞机

源文件	源文件\Chapter 10\纸飞机
视频文件	实例视频\Chapter 10\纸飞机.avi
知识要点	创建新文档\创建运动引导层\“矩形工具”和“橡皮擦工具”的应用\“变形”和“组合”命令的应用\创建运动引导层\创建运动补间动画

具体操作步骤如下。

1. 绘制图形并转换为元件

Step 01 选择“文件”|“新建”命令，创建一个新文档。

Step 02 在“属性”面板中将背景颜色修改为蓝色，默认其他选项。

Step 03 选择“矩形工具”，拖动鼠标在舞台中绘制一个黑色边框、红色填充颜色的正方形，如图 10.54（a）所示。

Step 04 利用“选择工具”将红色矩形调整为三角形，如图 10.54（b）所示。选中三角形的底边，按 Delete 键将其删除，如图 10.54（c）所示。

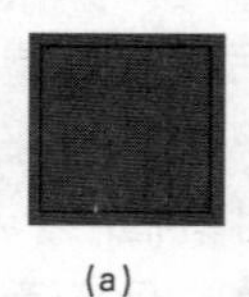
(a)

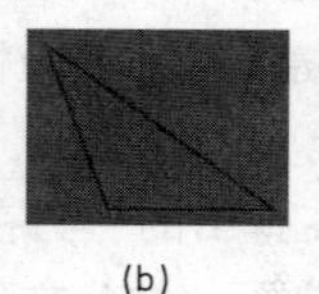
(b)

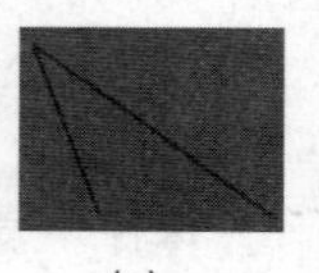
(c)

图 10.54 绘制并变形图形

Step 05 选中舞台中的三角形，右击鼠标，在快捷菜单中选择“复制”命令，然后再选择“粘贴到当前位置”命令。选择“修改”|“变形”|“垂直翻转”命令，将复制的三角形翻转 180°，如图 10.55（a）所示。

Step 06 选中复制的三角形，将其填充颜色更改为橙色，然后将两个三角形对接。选中所有图形，选择“修改”|“组合”命令，将其组合成一个图形，如图 10.55（b）所示。将图形移动到舞台外边待用。

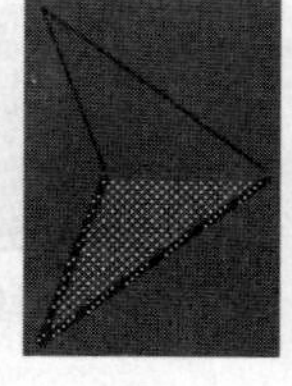
(a)

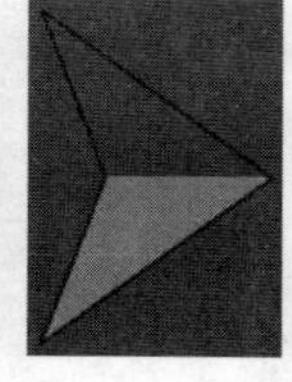
(b)

图 10.55 纸飞机

2. 绘制引导线并创建补间动画

Step 01 单击“图层”面板上的“添加运动引导层”按钮，在“图层 1”的上方添加引导层，如图 10.56（a）所示。

Step 02 选中引导层的第 1 帧，选择“椭圆工具”，拖动鼠标在舞台中绘制一个无填充色的椭圆，利用“选择工具”修改其形状，然后选择“橡皮擦工具”，在绘制的椭圆上擦出一个缺口，如图 10.56（b）所示。

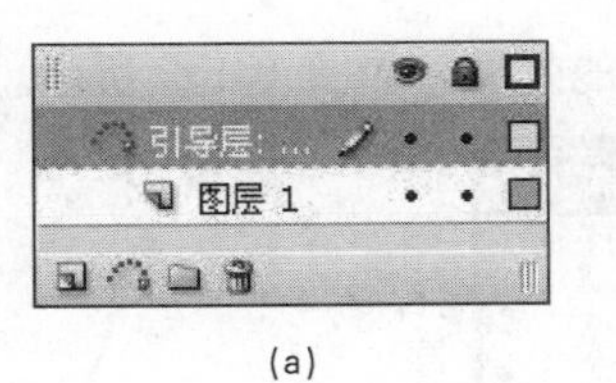

(a)

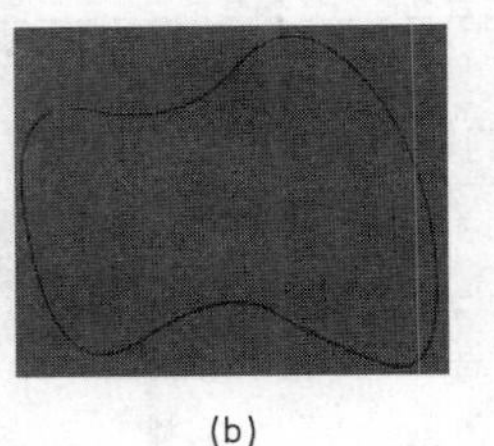

(b)

图 10.56 添加运动引导层并绘制引导线

Step 03 在引导层的第 40 帧处，按 F5 键插入延长帧。

Step 04 单击主菜单中的“贴紧至对象”按钮，在“图层 1”的第 1 帧处，单击“纸飞机”图形元件的中央外，并将其拖动到引导线的右端点，当元件中心点放大时，释放鼠标，如图 10.57（a）所示。

Step 05 在“图层 1”的第 40 帧处，按 F6 键插入关键帧，单击“纸飞机”图形元件的中央，将其拖动到引导线的左端点，当元件中心点放大时，释放鼠标，如图 10.57（b）所示。

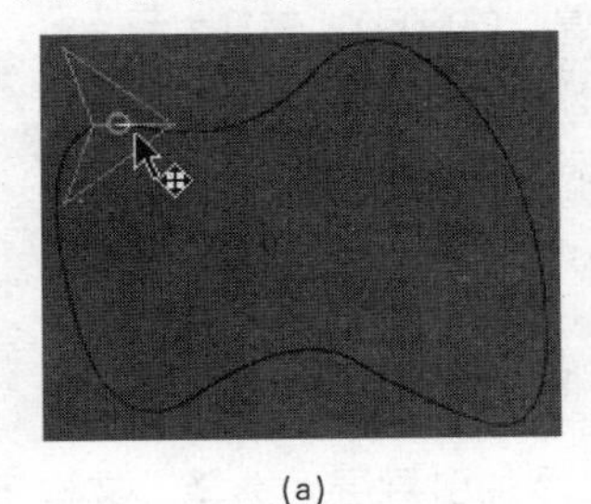

(a)

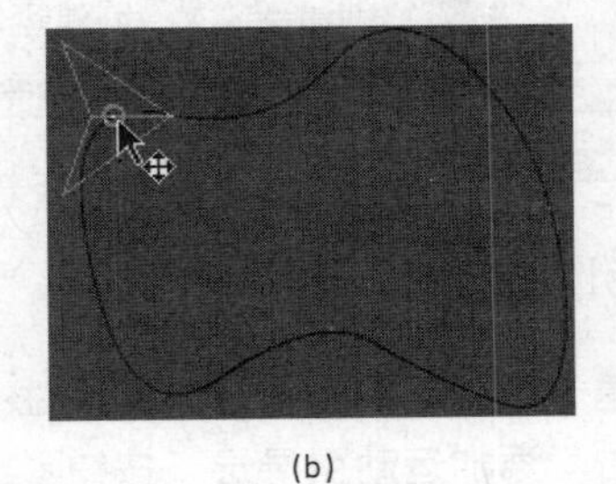

(b)

图 10.57 将纸飞机移动到引导线

Step 06 返回第 1 帧，在“属性”面板中选择“动画”补间，创建运动补间动画，并且选中“调整到路径”复选框，同时保证“同步”和“对齐”复选框也被选中。

Step 07 制作完毕，“时间轴”面板如图 10.58 所示。

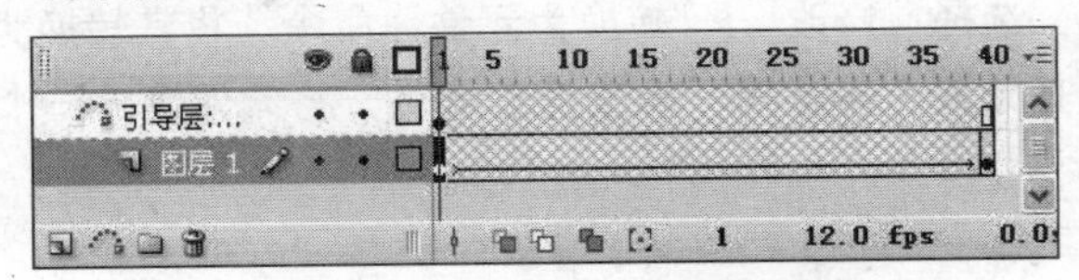

图 10.58 完成制作后的“时间轴”面板

Step 08 选择“文件”|“保存”命令，在弹出的“另存为”对话框中，将新文档保存到“源文件\Chapter 10\纸飞机”文件夹下，并将文件命名为“纸飞机.fla”。

Step 09 按 Ctrl+Enter 组合键，测试并浏览动画效果。

10.8 案例3——沿路径写字

通过该动画的制作，介绍如何制作一个用笔沿路径写字的效果，如图 10.59 所示。

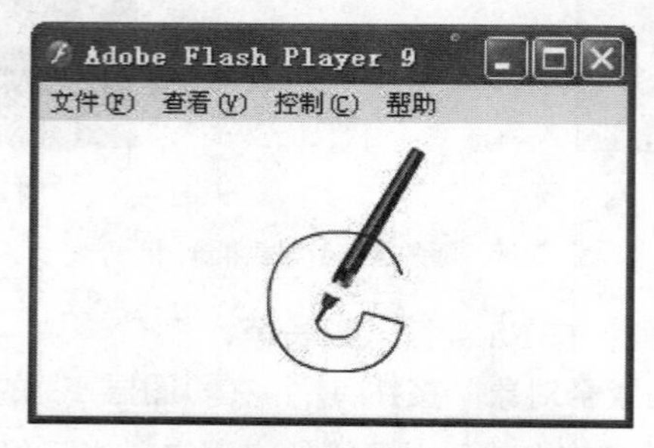

图 10.59　沿路径写字

源文件	源文件\Chapter 10\沿路径写字
视频文件	实例视频\Chapter 10\沿路径写字.avi
知识要点	创建新文档\创建运动引导层\“文本工具”的应用\“转换为元件”和“分离”命令的应用\创建运动补间动画

具体操作步骤如下。

1. 绘制引导线

Step 01 创建一个新文档，默认文档属性。

Step 02 单击“添加运动引导层”按钮，在“图层 1”上添加引导层，选择“文本工具”，在“属性”面板中设置字体、字号和颜色，拖动鼠标在文本框中输入字母 C，如图 10.60（a）所示。

Step 03 选中文字，选择“修改”|“分离”命令，将文字打散，选择“墨水瓶工具”，为文字添加宽度为 2 px 的黑色边框，选中填充区域，将其删除，删除填充色后的文字图形。

Step 04 选中文本图形，选择“修改”|“转换为元件”命令，将其转换为图形元件，然后再选中元件实例，将其分离，再选择“橡皮擦工具”，将元件擦出一个缺口，如图 10.60（b）所示。

提示： 转换为元件的目的是为了重复使用该路径，再将其分离的目的是要将其擦出缺口，作为引导路径。

2. 附着到路径上

Step 01 选中“图层 1”上的第 1 帧，选择“文件”|“打开”命令，将弹出“打开”文件对话框，从“源文件\Chapter 10\沿路径写字”文件夹中打开名为“沿路径写字素材”的源文件，从该文件的“库”中将名为 pen 的元件拖动到当前工作舞台。

Step 02 选择“任意变形工具”，并选中元件 pen，将其旋转一个角度，然后再将其中心点移动到钢笔尖上，如图 10.61 所示。

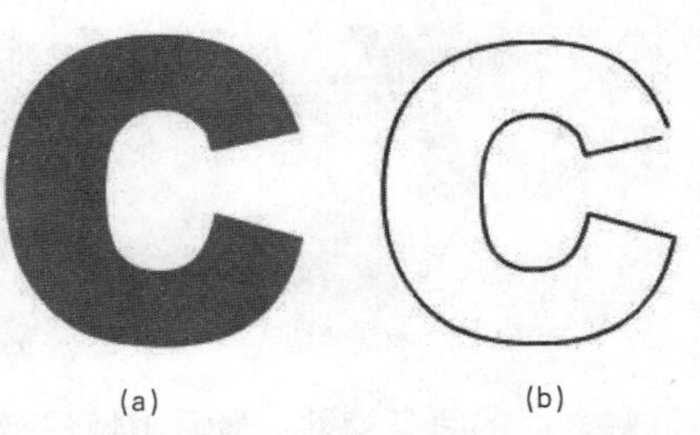

图 10.60 输入文字并删除填充区域

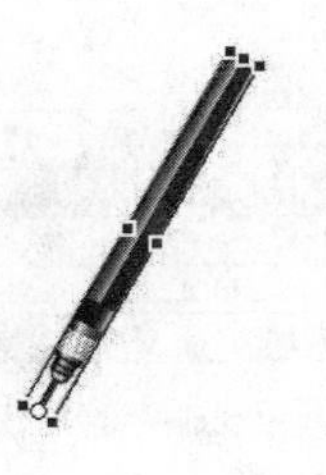

图 10.61 钢笔

Step 03 选中元件 pen，将其拖动到路径的右端缺口上，当钢笔中心小圆圈变大时释放鼠标，这时钢笔就附着在路径上，如图 10.62（a）所示。

提示： 拖动元件 pen 之前，需要单击“贴紧至对象”按钮。

3. 创建动画

Step 01 选中引导层的第 25 帧，按 F5 键插入延长帧。

Step 02 选中“图层 1”的第 25 帧，按 F6 键插入关键帧，选中钢笔元件，将其拖动到路径的左端缺口上，当钢笔中心小圆圈变大时释放鼠标，这时钢笔就附着在路径上，如图 10.62（b）所示。

Step 03 返回第 1 帧，在“属性”面板中，选择“动画”补间，创建运动补间动画，此时，“时间轴”面板如图 10.63 所示。按 Enter 键测试动画。

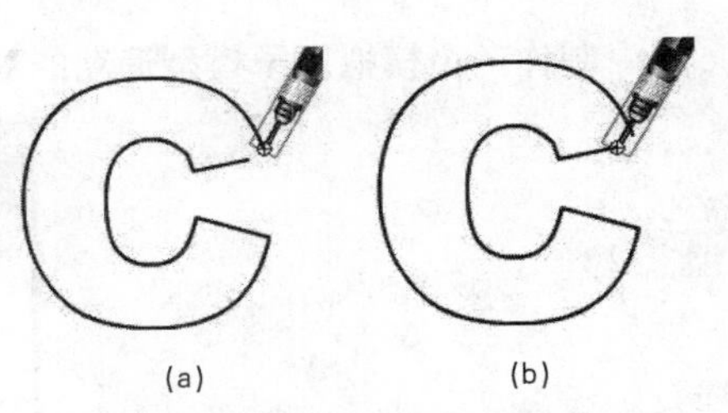

图 10.62 笔尖在元件上的位置

4. 创建逐帧动画

Step 01 选中引导层，单击“插入图层”按钮，添加一个新图层，将“图层 1”和“引导层”锁定。

Step 02 打开“库”面板，从中将元件 C 拖动到舞台，移动元件与引导层中的文字重合，如图 10.64 所示，然后将引导层隐藏。

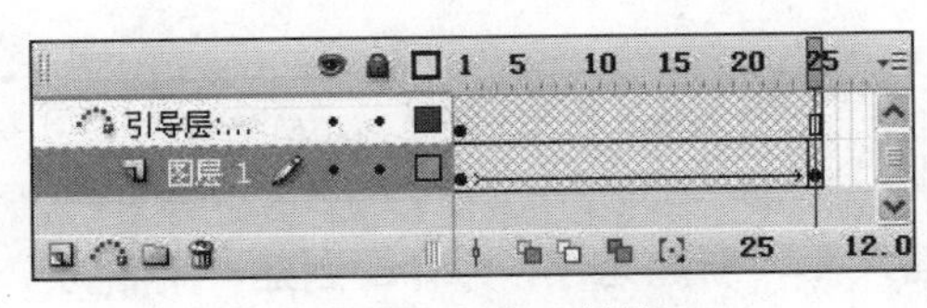

图 10.63 创建运动补间

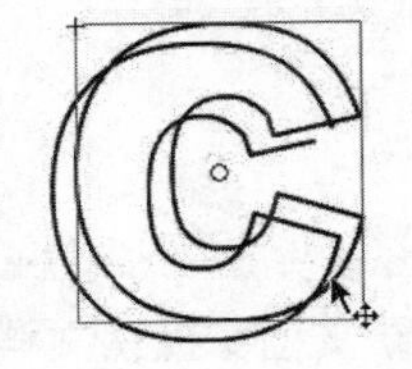

图 10.64 将元件拖入

Step 03 选中“图层 3”的元件实例，选择“修改”|“分离”命令，将实例打散，使字母框呈现麻点状。

Step 04 选中第 2 帧，连续按 F6 键，创建多个关键帧，如图 10.65 所示。

Step 05 返回第 1 帧，利用“橡皮擦工具”将该笔触之后的所有线条擦除，再选择第 2 帧，将该笔触之后的线条全部擦除，如图 10.66 所示。

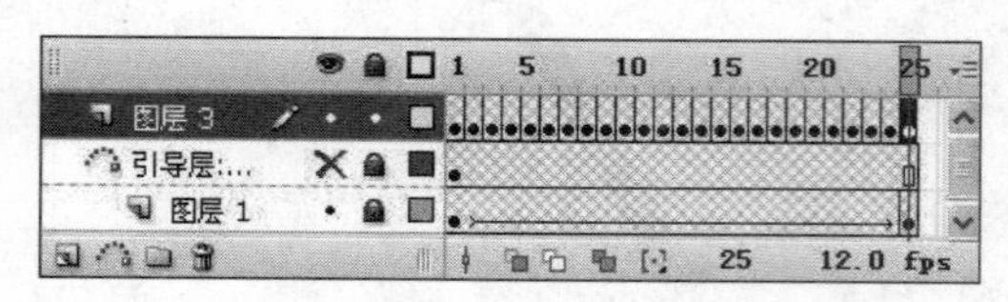

图 10.65 创建关键帧

图 10.66 擦除线条

Step 06 利用同样的方法，每选中一个关键帧，都将该笔触之后的线条擦除，最后 1 帧保持原样。

Step 07 选择“文件”|“保存”命令，在弹出的“另存为”对话框中，将新文档保存到“源文件\Chapter 10\沿路径写字”文件夹下，并将文件命名为“沿路径写字.fla”。

Step 08 按 Ctrl+Enter 组合键，测试并浏览动画效果。

10.9 案例4——原子模型

制作一个模拟原子模型运动的动画，其效果如图 10.67 所示。

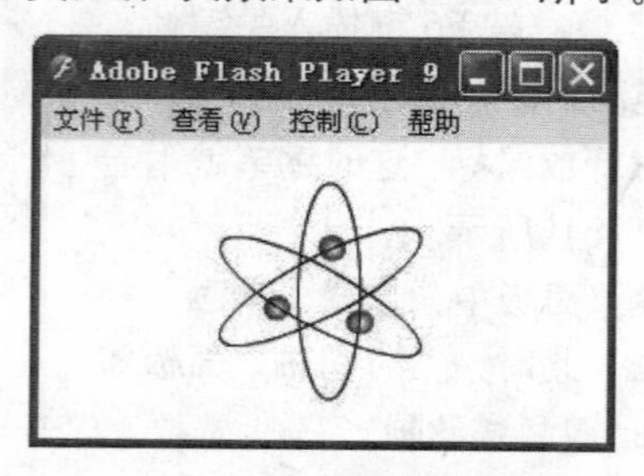

图 10.67 原子模型

源文件	源文件\Chapter 10\原子模型
视频文件	实例视频\Chapter 10\原子模型.avi
知识要点	创建新文档\创建影片剪辑元件\创建运动引导层\“转换为元件”和“分离”命令的应用\创建运动补间动画\“任意变形工具”的应用\“对齐”面板和“变形”面板的应用

具体操作步骤如下。

1. 创建元件

Step 01 创建一个新文档，默认文档属性。选择“插入”|“新建元件”命令，创建一个名为“球 1”的影片剪辑元件，单击“确定”按钮，进入元件编辑状态。

Step 02 单击“添加运动引导层”按钮，在“图层 1”之上添加引导层，选中引导层的第 1 帧，选择“椭圆工具”，拖动鼠标在舞台中绘制一个无填充色的椭圆边框，利用“对齐”面板，使其相对于舞台居中对齐。

Step 03 选中该椭圆边框，选择“修改”|“转换为元件”命令，将其转换为名为“引导线”的图形元件，再选择“修改”|“分离”命令，将图形打散。选择“橡皮擦工具”，在引导线上擦出一个小缺口，如图 10.68 所示。

Step 04　选中“图层 1”的第 1 帧，打开“颜色”面板，选择“放射状”填充类型，填充颜色从左到右为白色和紫红色，如图 10.69（a）所示，拖动鼠标在舞台中绘制一个无边框的小球。

Step 05　选中小球，选择“修改”|“转换为元件”命令，将其转换为名为“球”的图形元件，如图 10.69（b）所示（将其放置在引导线旁，以示大小）。

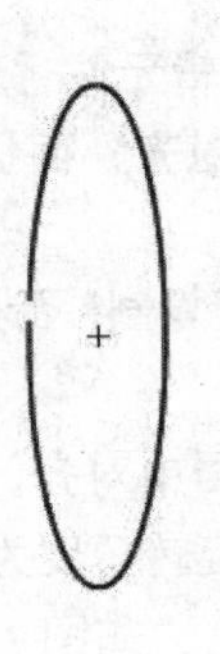

图 10.68　绘制椭圆框

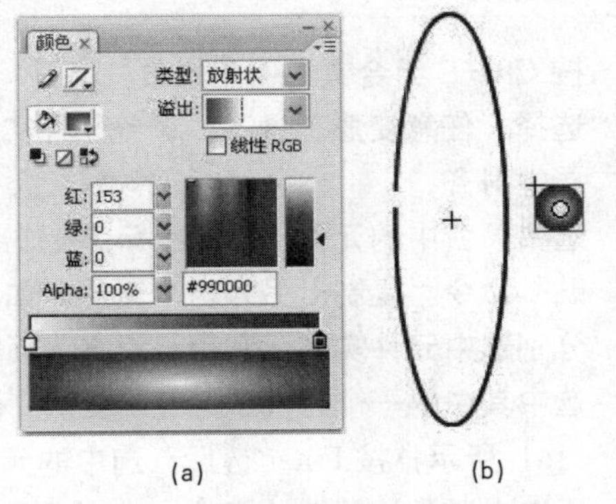

图 10.69　绘制小球并转换为图形元件

2．创建动画

Step 01　将小球拖动到引导线缺口的下端点，当小球中心的圆圈变大时，释放鼠标，小球即可吸附着在椭圆上，如图 10.70（a）所示。

Step 02　选中引导层的第 25 帧，按 F5 键插入延长帧。

Step 03　选中“图层 1”的第 25 帧，按 F6 键插入关键帧，选中该帧上的小球，将其拖动到引导线缺口的上端点处，当小球中心的圆圈变大时，释放鼠标，小球即可吸附着在椭圆上，如图 10.70（b）所示。

Step 04　返回第 1 帧，在“属性”面板中选择“动画”补间选项，创建运动补间动画。

Step 05　将“图层 1”和引导层锁定，选中引导层，单击“插入图层”按钮，添加一个新图层，打开“库”面板，将图形元件“引导线”拖动到编辑区，与引导层的引导线重合，如图 10.71 所示。

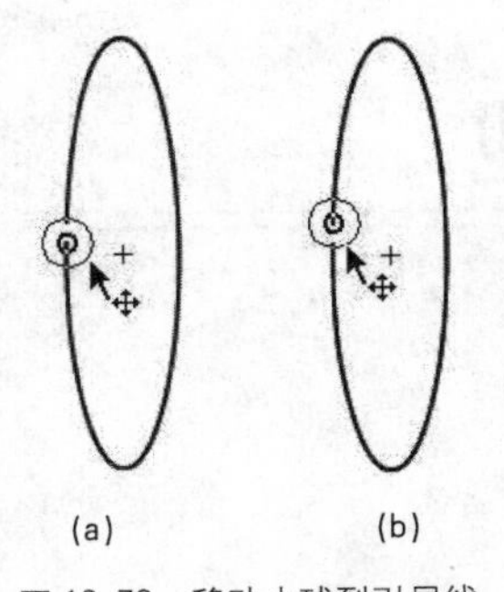

图 10.70　移动小球到引导线

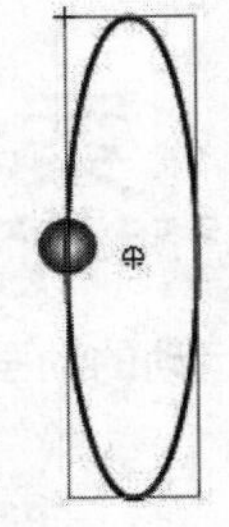

图 10.71　将“引导线”元件拖动到编辑区

Step 06　此时，“时间轴”面板如图 10.72 所示。

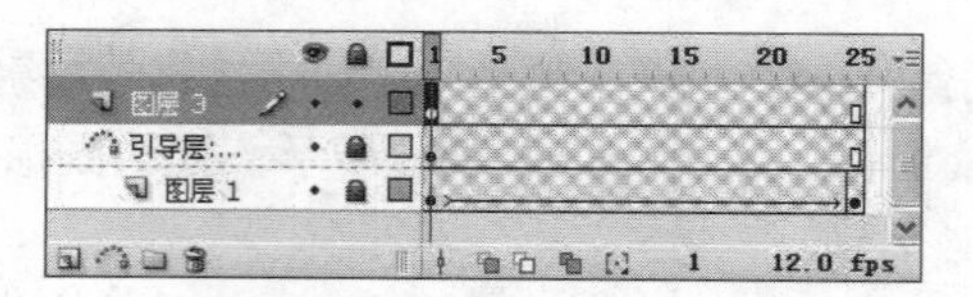

图 10.72 "时间轴"面板

3．组织场景

Step 01 按 Ctrl+E 组合键返回主场景，打开"库"面板，将影片剪辑元件"球 1"拖动到舞台，选择"任意变形工具"，调整元件实例的大小，再利用"对齐"面板，使其相对于舞台居中对齐。

Step 02 选中舞台中的元件，右击鼠标，在弹出的快捷菜单中选择"复制"命令，然后再选择"粘贴"命令，复制出另外两个元件，如图 10.73 所示。

Step 03 分别选中元件实例，利用"对齐"面板，使其相对于舞台居中对齐。

Step 04 选中其中的一个元件，打开"变形"面板，在面板中修改旋转角度为 120°，如图 10.74（a）所示，按 Enter 键后，选中的元件顺时针旋转了 120°，如图 10.74（b）所示。

Step 05 再选中重叠的第 2 个元件，在"变形"面板中修改旋转角度为–120°，按 Enter 键后，选中的元件顺时针旋转了-120°，如图 10.74（c）所示。

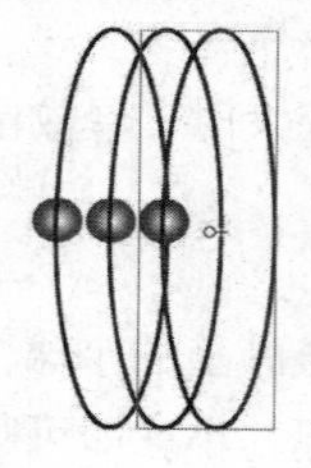

图 10.73 复制元件实例

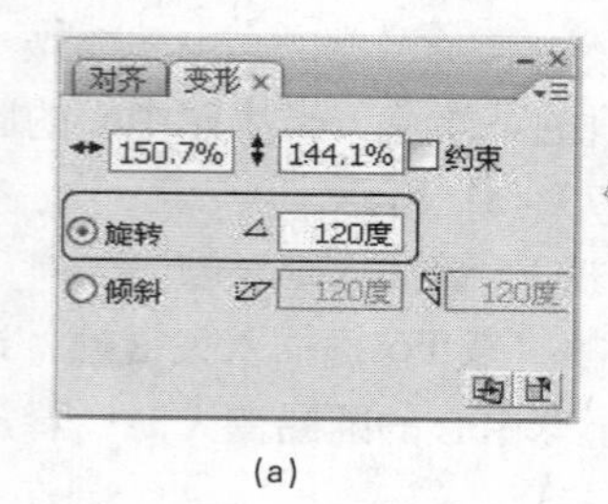

(a)

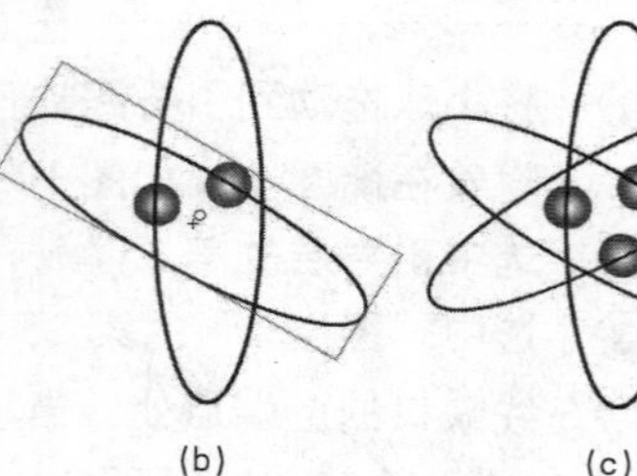

(b) (c)

图 10.74 旋转元件实例

Step 06 选择"文件"|"保存"命令，在弹出的"另存为"对话框中，将新文档保存到"源文件\Chapter 10\原子模型"文件夹下，并将文件命名为"原子模型.fla"。

Step 07 按 Ctrl+Enter 组合键，测试并浏览动画效果。

10.10 案例5——水泡

制作一个模拟水泡运动的动画，其效果如图 10.75 所示。

图 10.75 水泡

源文件	源文件\Chapter 10\水泡
视频文件	实例视频\Chapter 10\水泡.avi
知识要点	创建新文档\创建图形元件和影片剪辑元件\“椭圆工具”和“刷子工具”的应用\“线条工具”的应用\“对齐”面板的应用\创建运动引导层\创建运动补间动画

具体操作步骤如下。

1. 创建元件

Step 01 创建一个新文档，选择“修改”|“文档”命令，在弹出的“文档属性”对话框中，设置背景色为浅蓝色，舞台尺寸为400px×300px，默认其他属性选项。

Step 02 选择“插入”|“新建元件”命令，创建一个名为“水泡”的图形元件，单击“确定”按钮，进入元件编辑状态。

Step 03 选择“椭圆工具”，拖动鼠标在舞台中绘制一个无填充色、笔触颜色为白色、笔触高度为1.5px的正圆，如图10.76（上圆）所示，选中该图形，利用“对齐”面板，使其相对于舞台居中对齐。

Step 04 选择“刷子工具”，在圆中刷几下，如图10.76（下圆）所示。

Step 05 选择“插入”|“新建元件”命令，创建一个名为“运动水泡”的影片剪辑元件，单击“确定”按钮，进入元件编辑状态。

Step 06 单击“添加运动引导层”按钮，在“图层1”之上添加引导层，选中引导层的第1帧，选择“线条工具”，拖动鼠标在舞台中绘制一条垂直的直线，再利用“选择工具”将其调整为曲线，如图10.77所示。

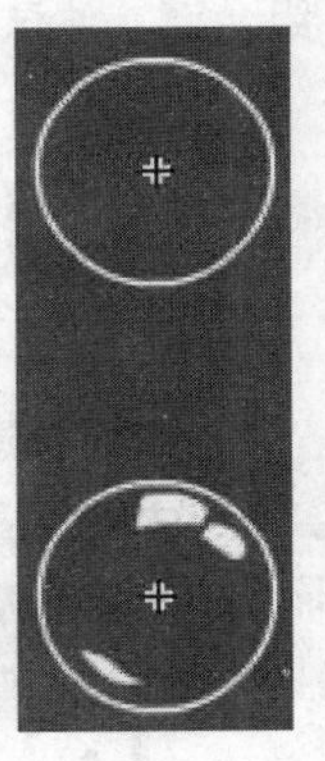

图10.76 绘制圆

图10.77 绘制一条曲线

2. 创建运动动画

Step 01 选中“图层1”的第1帧，打开“库”面板，从中将元件“水泡”拖动到舞台，选择“任意变形工具”，调整水泡的大小，然后将水泡拖动到曲线的下端点，当水泡的中心圆圈变大时，释放鼠标，水泡即可附着在曲线上，如图10.78（a）所示。

Step 02 选中引导层的第25帧，按F5键插入延长帧。选中“图层1”的第25帧，按F6键插入一个关键帧。

Step 03 移动水泡到引导线的上端点，如图10.78（b）所示，返回第1帧，在“属性”面板中，选择“动画”补间，创建运动补间动画。

Step 04 此时，“时间轴”面板如图10.79所示。

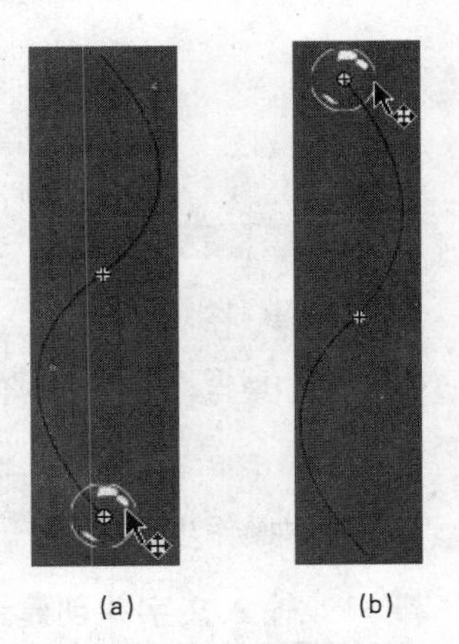

(a) (b)

图10.78 将水泡移动到引导线

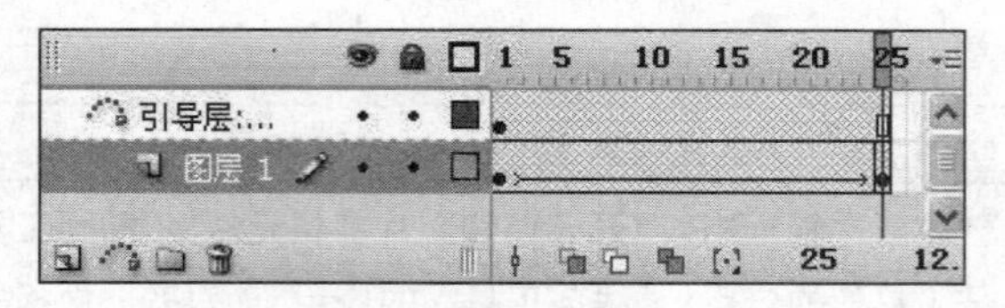

图 10.79 “时间轴”面板

3. 组织场景

Step 01 按 Ctrl+E 键，返回主场景。打开“库”面板，将影片剪辑元件“运动水泡”拖动到舞台，然后利用快捷键 Ctrl+D 复制出 4 个实例。

Step 02 调整元件实例的位置、大小和透明度，让其看起来显得更加自然。

Step 03 选中第 5 帧，按 F6 键插入关键帧，调整水泡的位置，并删除其中一个水泡。选中第 10 帧，按 F6 键插入关键帧，调整水泡的位置，再删除其中一个水泡。

Step 04 选中第 15 帧，按 F6 键插入关键帧，调整水泡的位置。

Step 05 选择“文件”|“保存”命令，在弹出的“另存为”对话框中，将新文档保存到“源文件\Chapter 10\水泡”文件夹下，并将文件命名为“水泡.fla”。

Step 06 按 Ctrl+Enter 组合键，测试并浏览动画效果。

10.11 案例6——文字遮罩动画

通过该动画的制作，介绍如何创建一个简单的遮罩动画。动画中的图像始终只在文字区域中移动，这是因为这里的文字是一个遮罩，只有在文字下出现的对象才能显示出来，如图 10.80 所示。

图 10.80 文字遮罩动画

源文件	源文件\Chapter 10\文字遮罩动画
视频文件	实例视频\Chapter 10\文字遮罩动画.avi
知识要点	创建新文档\“文本工具”的应用\创建遮罩层\“对齐”面板的应用\创建运动补间动画

具体操作步骤如下。

1. 输入文字并创建元件

Step 01 创建一个新文档，选择“修改”|“文档”命令，在弹出的“文档属性”对话框中，修改

舞台尺寸为 400px×200px，默认其他属性选项。

Step 02 选择“文本工具”，拖动鼠标在文本框中输入文字 Flash，将文字字体设为 Arial Black，大小设为 90，利用“对齐”面板，使其相对于舞台居中对齐，如图 10.81 所示。

Step 03 双击该图层的名称处，将该图层更名为“遮罩”。

Step 04 单击“插入图层”按钮，添加一个新图层，将其更名为“图片”，选中该图层将其拖动到“遮罩”图层的下方，如图 10.82 所示。

图 10.81 输入文字

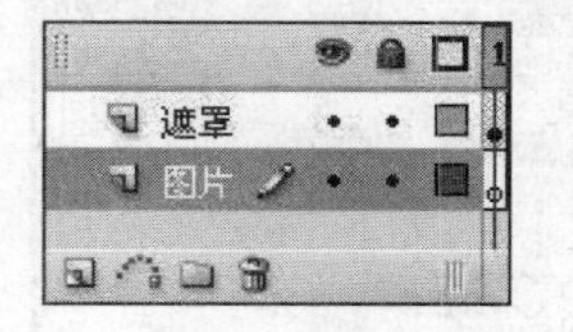

图 10.82 移动图层

Step 05 选中“图片”图层的第 1 帧，选择“文件”|“导入”|“导入到舞台”命令，将弹出“导入”文件对话框，从“源文件\Chapter 10\文字遮罩动画”文件夹中导入一张名为“背景”的图片，调整其尺寸为 1200px×200px，打开“对齐”面板，选择“左对齐”和“垂直居中分布”选项（图片的左端与舞台左端相对齐）。

Step 06 选中舞台中的背景图片，将其转换为名为“背景图片”的图形元件，如图 10.83 所示。

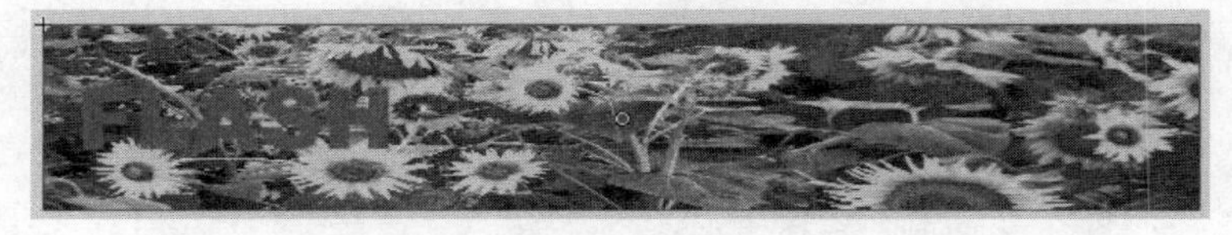

图 10.83 将背景图片转换为图形元件

2. 制作动画

Step 01 选中“遮罩”图层的第 40 帧，按 F5 键插入一个延长帧。

Step 02 选中“图片”图层的第 40 帧，按 F6 键插入关键帧，选中“背景图片”元件，在“对齐”面板中，单击“右对齐”选项，舞台中的图片如图 10.84 所示（图片的右端与舞台的右端对齐）。

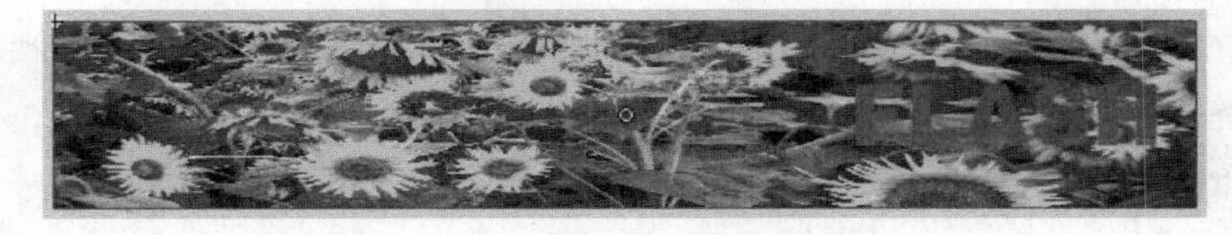

图 10.84 移动元件

Step 03 返回第 1 帧，在“属性”面板中选择“动画”补间，创建运动补间动画，“时间轴”面板如图 10.85 所示。

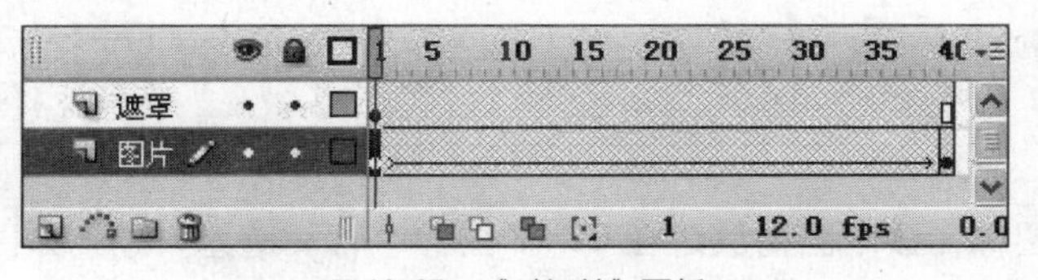

图 10.85 “时间轴”面板

3．创建遮罩层

Step 01 双击“遮罩”图层的图标，弹出“图层属性”对话框，在该对话框中选择“遮罩层”单选按钮，如图 10.86（a）所示，单击“确定”按钮，将所选中的层转换为遮罩层。

Step 02 双击“图片”图层的图标，弹出“图层属性”对话框，在该对话框中选择“被遮罩”单选按钮，如图 10.86（b）所示，单击“确定”按钮，即可将所选中的层转换为被遮罩层。

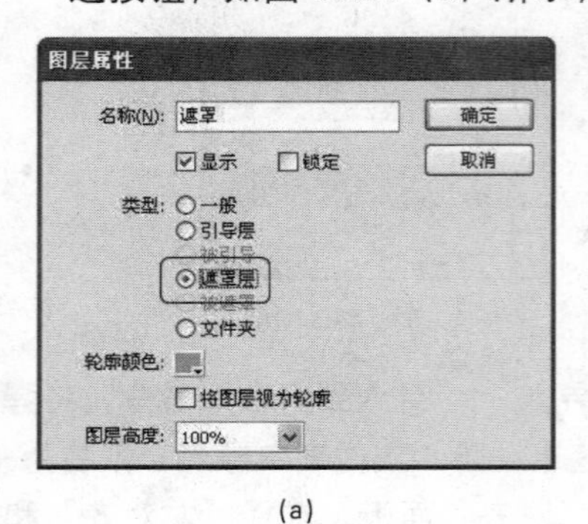

(a)

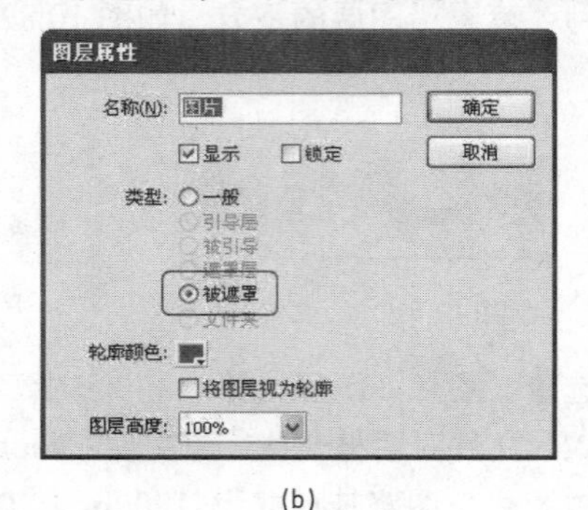

(b)

图 10.86 “图层属性”对话框

Step 03 单击图层上方的锁头按钮，将两个图层锁定，遮罩设置完毕。“时间轴”面板如图 10.87 所示。

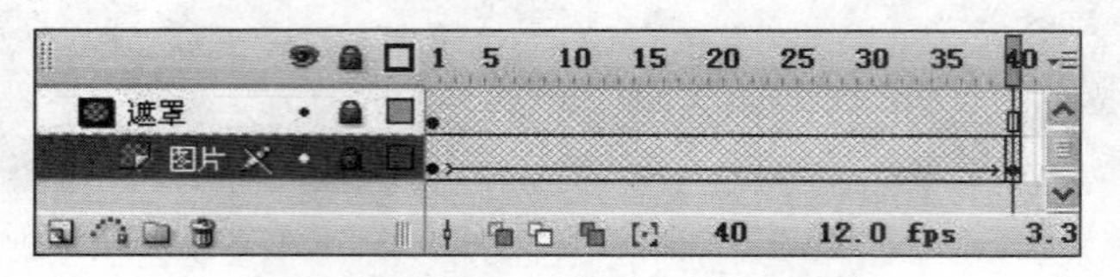

图 10.87 “时间轴”面板

提示：还有一种简便的方法，右击要设置为遮罩层的名称处，在弹出的快捷菜单中选择“遮罩层”命令，即可将其设为遮罩层，同时也将被遮罩层设置好，并且将两个图层都锁住。

注意：如果要修改图层内容，则必须解锁图层，一旦修改完毕，要锁定两个图层，遮罩才会有效。

Step 04 选择“文件”|“保存”命令，在弹出的“另存为”对话框中，将新文档保存到“源文件\Chapter 10\文字遮罩动画”文件夹下，并将文件命名为“文字遮罩动画.fla”。

Step 05 按 Ctrl+Enter 组合键，测试并浏览动画效果。

提示：如果不能输出动画，可将创建的文字彻底打散后，再将其组合即可。

10.12 案例7——CCTV图标

制作一个 CCTV 图标，该动画播放时在 CCTV 图标中有一道光扫过，如图 10.88 所示。

图 10.88 动画效果

源文件	源文件\Chapter 10\CCTV图标
视频文件	实例视频\Chapter 10\CCTV图标.avi
知识要点	创建新文档\“矩形工具”和“渐变变形工具”的应用\“墨水瓶工具”的应用\“颜色”面板的应用\“分离”命令的应用\创建遮罩层\创建运动补间动画

具体操作步骤如下。

1. 创建元件

Step 01 创建一个新文档，选择“修改”|“文档”命令，在弹出的“文档属性”对话框中，修改舞台尺寸为 500px×300px，修改背景颜色为黑色。默认其他属性选项。

Step 02 选择“矩形工具”，拖动鼠标在舞台中绘制一个无边框的矩形，调整其尺寸与舞台相同，并将舞台覆盖，如图 10.89 所示。

Step 03 选中矩形，打开“颜色”面板，选择“线性”渐变填充类型，填充颜色从左到右依次为红色、白色和红色，如图 10.90 所示。

图 10.89 矩形

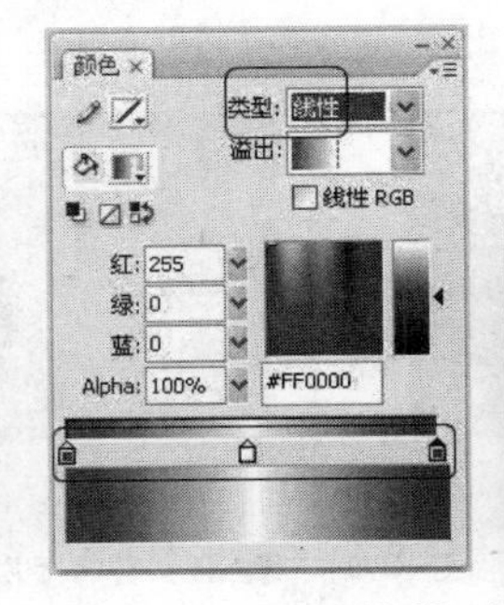

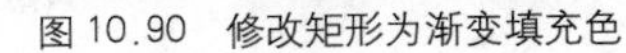

图 10.90 修改矩形为渐变填充色

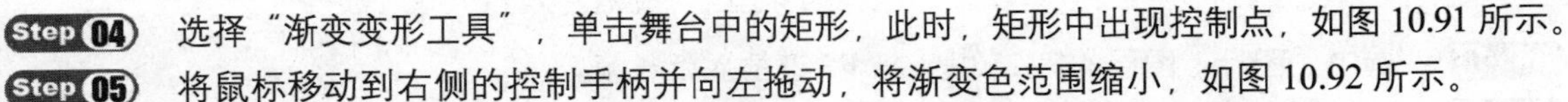

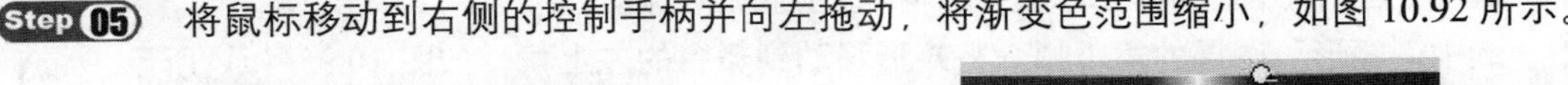

Step 04 选择“渐变变形工具”，单击舞台中的矩形，此时，矩形中出现控制点，如图 10.91 所示。

Step 05 将鼠标移动到右侧的控制手柄并向左拖动，将渐变色范围缩小，如图 10.92 所示。

图 10.91 出现控制中心点

图 10.92 渐变色范围将减小

Step 06 选中右上角的圆圈控制手柄并向右拖动，直到渐变色角度大约45°时，释放鼠标，如图10.93（a）所示。

Step 07 选中矩形，选择“修改”|“转换为元件”命令，将渐变矩形转换为名为“矩形”的图形元件，如图10.93（b）所示。

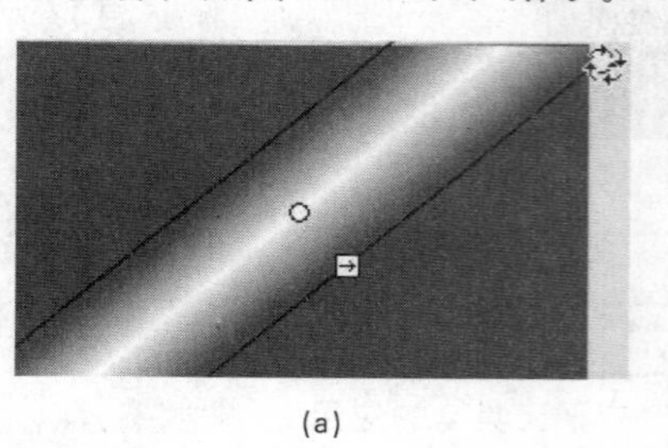

(a)

(b)

图 10.93　旋转后的渐变色并将其转换为元件

Step 08 双击“图层 1”的名称处，将图层更名为“矩形”。单击“插入图层”按钮，创建一个新图层，将该图层更名为“图标”。

2. 处理图像

Step 01 选中“图标”图层中的第1帧，选择“文件”|“打开”命令，将弹出“打开”文件对话框，从“源文件\Chapter 10\CCTV 图标”文件夹中打开名为“CCTV 图标素材”的源文件，并打开该文件的“库”面板，从中将“图标”图片拖入到当前文档中，如图10.94（a）所示（便于观察，将“矩形”图层隐藏）。

Step 02 选中导入的图片，选择“修改”|“分离”命令，将图片打散，如图10.94（b）所示。

Step 03 选中图标中的黑色区域，按Delete键，将图标内部和外部的黑色区域删除。如图10.94（c）所示。

(a)

(b)

(c)

图 10.94　导入图片并将图片的背景删除

3. 创建动画

Step 01 选中“图标”图层的第25帧，按F5键插入延长帧。

Step 02 选中“矩形”图层的第1帧，将矩形移动到舞台的左上角，如图10.95（a）所示。

Step 03 选中“矩形”图层的第25帧，按F6键插入一个关键帧，将矩形元件移动到舞台的右下角，如图10.95（b）所示。

(a)

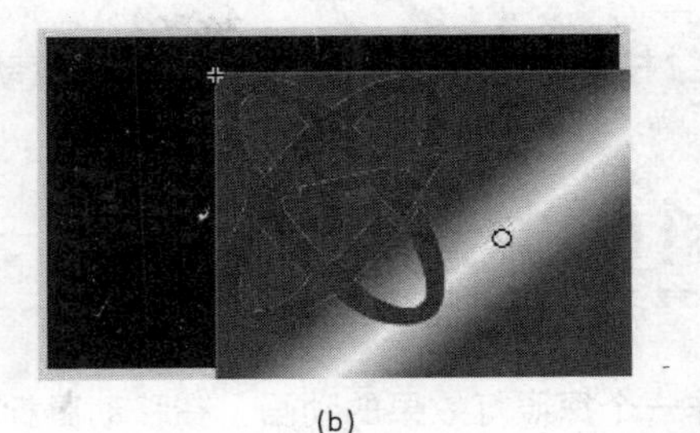

(b)

图 10.95 设置矩形元件的位置

Step 04 返回第 1 帧，在“属性”面板中选择“动画”补间选项，创建运动补间动画。

Step 05 右击“图标”图层的名称处，在弹出的快捷菜单中，选择“遮罩层”命令，并将其设置为遮罩，此时舞台中的图形效果如图 10.96 所示，“时间轴”面板如图 10.97 所示。

图 10.96 遮罩后的效果

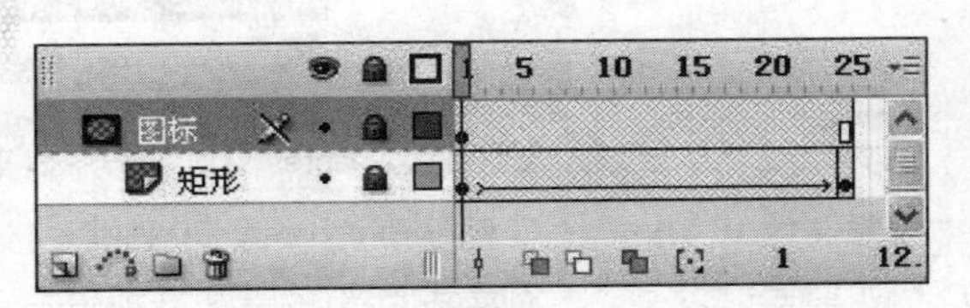

图 10.97 “时间轴”面板

4. 图标描边

Step 01 右击“图标”图层的第 1 帧，在快捷菜单中选择“复制帧”命令，单击“插入图层”按钮，添加一个新图层，并将其更名为“边框”。

Step 02 右击“边框”图层的第 1 帧，在快捷菜单中选择“粘贴帧”命令，将图标粘贴到“边框”图层中。

Step 03 此时的“边框”图层也变成遮罩层，如图 10.98（a）所示，双击“边框”图层的图标，在弹出的对话框中选择“一般”单选按钮，即可将遮罩层转换为正常图层，如图 10.98（b）所示。

Step 04 选择“墨水瓶工具”，在“属性”面板中设置笔触颜色为橙色，笔触高度为 3，拖动鼠标在图标的边框上单击，为图标添加边框，如图 10.99 所示。

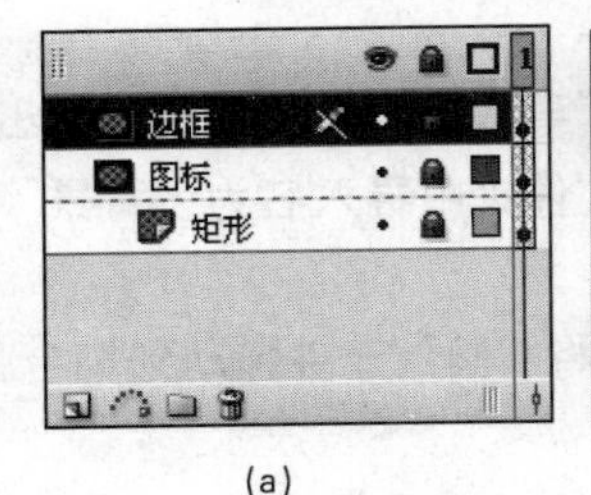

(a)

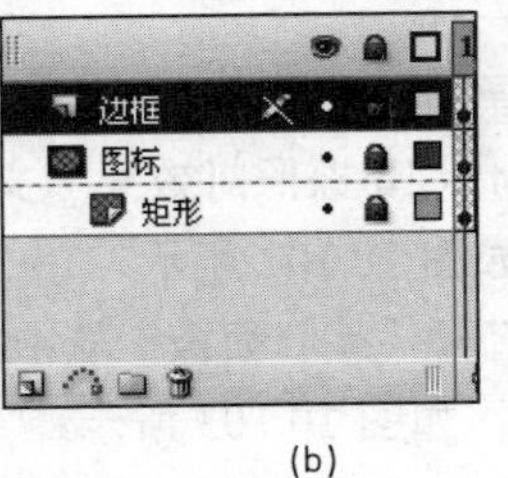

(b)

图 10.98 转换图层属性

图 10.99 为图标添加边框

Step 05 选中该图层的图标并将其删除，只保留边框。

Step 06 选择“文件”|“保存”命令，在弹出的“另存为”对话框中，将新文档保存到“源文件\Chapter 10\CCTV 图标”文件夹下，并将文件命名为“CCTV 图标.fla”。

Step 07 按 Ctrl+Enter 组合键，测试并浏览动画效果。

10.13 案例8——探照灯效果

制作一个探照灯效果的动画，在移动鼠标时，可以看见背景图片，效果如图 10.100 所示。

图 10.100 探照灯效果

源文件	源文件\Chapter 10\探照灯效果
视频文件	实例视频\Chapter 10\探照灯效果.avi
知识要点	创建新文档\创建影片剪辑元件\“椭圆工具”的应用\“对齐”面板的应用\创建遮罩层\添加简单的脚本语句

具体操作步骤如下。

1. 创建元件

Step 01 选择“文件”|“新建”命令，创建一个新文档。选择“修改”|“文档”命令，在弹出的“文档属性”对话框中，修改舞台背景颜色为淡蓝色，默认其他属性选项。

Step 02 选择“插入”|“新建元件”命令，创建一个名为“圆”的影片剪辑元件，单击“确定”按钮，进入元件编辑状态。

Step 03 选择“椭圆工具”，拖动鼠标在舞台中绘制一个任意大小、任意颜色的无边框正圆，利用“对齐”面板，使其相对于舞台居中对齐，如图 10.101 所示。

2. 创建元件并组织场景

Step 01 按 Ctrl+E 组合键，返回“场景 1”。选择“文件”|“导入”|“导入到舞台”命令，弹出“导入”文件对话框，从“源文件\Chapter 10\探照灯效果”文件夹中导入名为“背景”的图片，并使其相对于舞台居中对齐，如图 10.102 所示。

Step 02 单击“插入图层”按钮，添加新图层，打开“库”面板，从中将“圆”元件拖动到舞台，在“属性”面板中输入实例名称为 yuan，如图 10.103 所示。

Step 03 右击“图层 2”名称处，在快捷菜单中选择“遮罩层”命令，将“图层 2”设置为遮罩。

Step 04 单击“插入图层”按钮，添加“图层 3”，选中“图层 3”的第 1 帧，打开“动作”面板，输入以下脚本语句：startDrag("yuan",true);。

图 10.101　绘制正圆　　图 10.102　导入背景图片

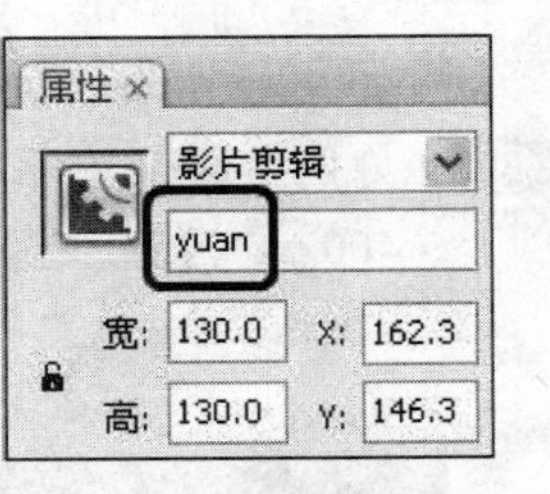

图 10.103　为元件实例命名

Step 05 选择“文件”|“保存”命令，在弹出的“另存为”对话框中，将文件保存到“源文件\Chapter 10\探照灯效果”文件夹下，并将其命名为“探照灯效果.fla”。

Step 06 按 Ctrl+Enter 组合键，输出文件并测试动画效果。

10.14　案例9——百叶窗效果

本案例运用遮罩原理制作百叶窗效果，如图 10.104 所示。

图 10.104　百叶窗效果

源文件	源文件\Chapter 10\百叶窗效果
视频文件	实例视频\Chapter 10\百叶窗效果.avi
知识要点	创建新文档\创建影片剪辑元件\“矩形工具”和“任意变形工具”的应用\创建形状补间动画\“分离”命令和“对齐”面板的应用\“椭圆工具”的应用\创建遮罩层

具体操作步骤如下。

1. 创建元件

Step 01 创建一个新文档，选择“修改”|“文档”命令，在弹出的“文档属性”对话框中，修改文档尺寸为 400px×400px，默认其他属性选项。

Step 02 选择“文件”|“导入”|“导入到库”命令，将弹出“导入”文件对话框，从“源文件\Chapter 10\百叶窗效果”文件夹中导入 5 张图片。

Step 03 选择“插入”|“新建元件”命令，创建一个名为“叶片 1”的影片剪辑元件，单击“确定”按钮，进入元件编辑状态。

Step 04 选择“矩形工具”，拖动鼠标在舞台中绘制一个无边框的矩形条，设置其尺寸为

400px×40px，如图 10.105（a）所示。

Step 05 分别在第 30 帧和第 60 帧处，按 F6 键插入关键帧，并在第 30 帧处修改矩形条的尺寸为 400 px×1 px，返回第 1 帧和第 30 帧，创建形状补间动画，如图 10.105（b）所示。

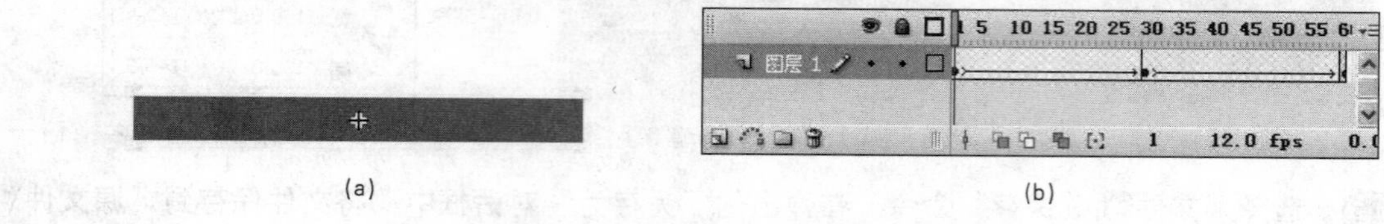

(a) (b)

图 10.105 创建矩形条及创建形状补间动画

Step 06 选择“插入”|“新建元件”命令，创建一个名为“叶片 2”的影片剪辑元件，单击“确定”按钮，进入元件编辑状态。

Step 07 选择“矩形工具”，拖动鼠标在舞台中绘制一个无边框的矩形条，设置其尺寸为 40px×400px，如图 10.106（a）所示。

Step 08 分别在第 30 帧和第 60 帧处，按 F6 键插入关键帧，并在第 30 帧处修改矩形条的尺寸为 1px×400px，返回第 1 帧和第 30 帧，创建形状补间动画，如图 10.106（b）所示。

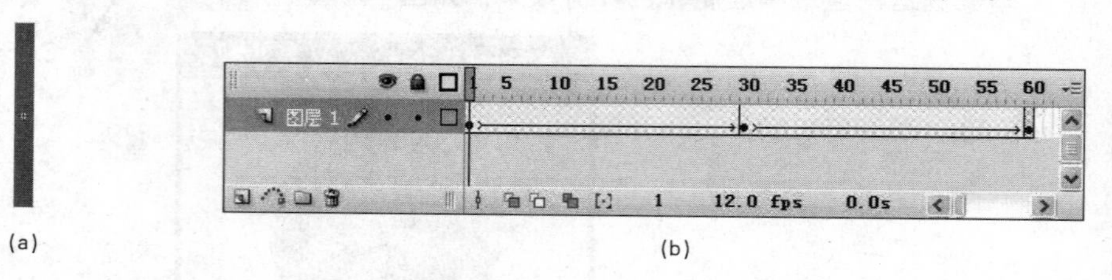

(a) (b)

图 10.106 创建矩形条及创建形状补间动画

Step 09 选择“插入”|“新建元件”命令，创建一个名为“叶片 3”的影片剪辑元件，单击“确定”按钮，进入元件编辑状态。

Step 10 选择“矩形工具”，拖动鼠标在舞台中绘制一个无边框的正方形，设置其尺寸为 40px×40px，分别在第 30 帧和第 60 帧处，按 F6 键插入关键帧，并在第 30 帧处修改矩形条的尺寸为 1px×40px，返回第 1 帧和第 30 帧，创建形状补间动画。

Step 11 选择“插入”|“新建元件”命令，创建一个名为“叶片 4”的影片剪辑元件，单击“确定”按钮，进入元件编辑状态。

Step 12 选择“矩形工具”，拖动鼠标在舞台中绘制一个无边框的正方形，设置其尺寸为 40px×40px，分别在第 30 帧和第 60 帧处，按 F6 键插入关键帧，并在第 30 帧处修改矩形条的尺寸为 40px×1px，返回第 1 帧和第 30 帧，创建形状补间动画。

Step 13 选择“插入”|“新建元件”命令，创建一个名为“叶片 5”的影片剪辑元件，单击“确定”按钮，进入元件编辑状态。

Step 14 选择“矩形工具”，拖动鼠标在舞台中绘制一个无边框的正方形，设置其尺寸为 40px×40px，利用“任意变形工具”，选中正方形，并将其旋转 45°，如图 10.107 所示，分别在第 30 帧和第 60 帧处，按 F6 键插入关键帧，并在第 30 帧处修改矩形条的尺寸为 1px×40px，返回第 1 帧和第 30 帧，创建形状补间动画。

2. 组织场景

Step 01 按 Ctrl+E 组合键返回主场景。单击“插入图层”按钮，添加“图层 2”。

Step 02 分别在“图层 1”和“图层 2”的第 60 帧、第 120 帧、第 180 帧和第 240 帧处，按 F7 键插入空白关键帧，在第 300 帧处，按 F5 键插入延长帧。

Step 03 打开“库”面板，从“库”中将 5 张图片按名称顺序 1、2、3、4、5 拖动到“图层 1”的 5 个空白关键帧上，设置其尺寸与舞台相同，然后再利用“对齐”面板，使其相对于舞台居中对齐。

Step 04 分别选中 5 张图片，选择“修改”|“分离”命令，将图片打散。选择“椭圆工具”，分别在 5 幅图片上绘制无填充颜色的椭圆（笔触颜色任意），在“属性”面板中，设置其尺寸为 380px × 350px，然后再利用“对齐”面板，使其相对于舞台居中对齐。

Step 05 选中椭圆以外的部分，如图 10.108 所示，按 Delete 键，将该部分删除，然后再删除所绘制的椭圆框。

Step 06 分别选中“图层 2”的 5 个空白关键帧，将 5 张图片按照 2、3、4、5 和 1 的顺序，拖动到空白关键帧上，设置其尺寸与舞台相同，然后再利用“对齐”面板，使其相对于舞台居中对齐。

Step 07 重复执行步骤 4。

Step 08 单击“插入图层”按钮，添加一个新图层，并将其更名为“遮罩”，然后在对应“图层 2”的关键帧处，插入空白关键帧。打开“库”面板，分别选中 5 个空白关键帧，将 5 个影片剪辑元件“叶片 1”、“叶片 2”、“叶片 3”、“叶片 4”和“叶片 5”拖动到舞台。

Step 09 将叶片元件拖动到舞台后，复制多个叶片元件，不留空隙地排列起来，如图 10.109 所示，直至将舞台覆盖为止。

图 10.107 旋转正方形 45°

图 10.108 处理图片

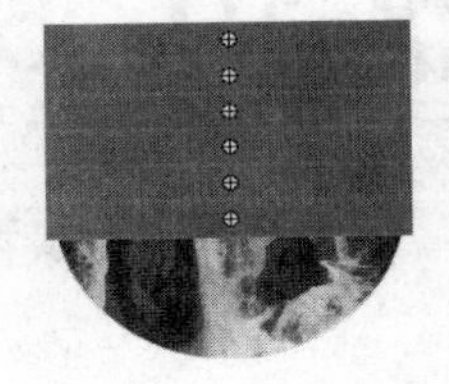

图 10.109 排列叶片

Step 10 选中每个关键帧，右击舞台中的对象，在快捷菜单中选择“转换为元件”命令，将其转换为名为“百叶窗 1”、“百叶窗 2”、“百叶窗 3”、“百叶窗 4”和“百叶窗 5”的 5 个影片剪辑元件，5 个影片剪辑元件如图 10.110 和图 10.111 所示。

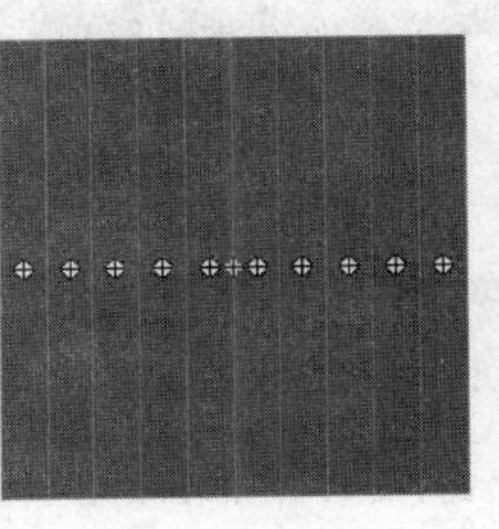

图 10.110 转换为元件 1

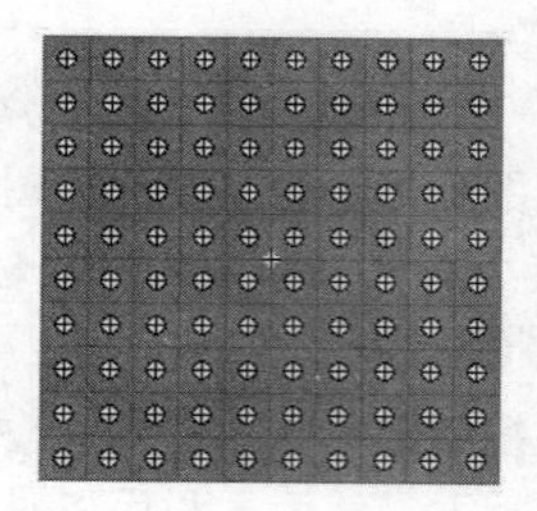
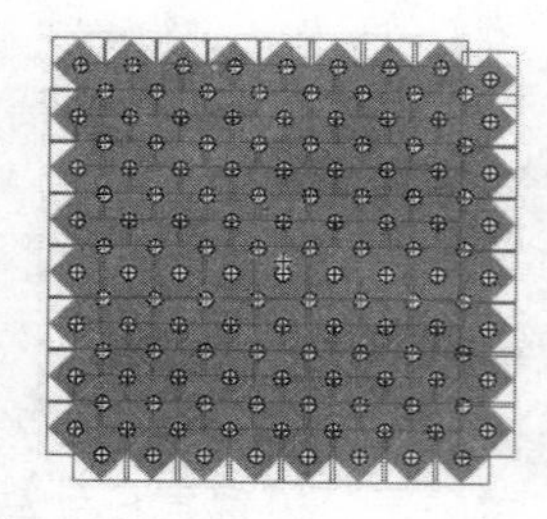

图 10.111　转换为元件 2

注意："百叶窗 3"和"百叶窗 4"在转换为影片剪辑元件前，要选中每个偶数行（偶数列），分别选择"修改"|"变形"|"水平翻转"（和"垂直翻转"）命令。

Step 11　选中"遮罩"图层，右击名称处，在快捷菜单中选择"遮罩层"命令，将该图层设置为遮罩层，"时间轴"（部分）如图 10.112 所示。

图 10.112　制作完成后的"时间轴"

Step 12　选择"文件"|"保存"命令，在弹出的"另存为"对话框中，将文件保存到"源文件\Chapter 10\百叶窗效果"文件夹下，并将其命名为"百叶窗效果.fla"。

Step 13　按 Ctrl+Enter 组合键，输出文件并测试动画效果。

10.15　案例10——旋转的地球

本实例制作地球在蓝色的苍穹中旋转的动画，效果如图 10.113 所示。

图 10.113　旋转的地球

源文件	源文件\Chapter 10\旋转的地球
视频文件	实例视频\Chapter 10\旋转的地球.avi
知识要点	创建新文档\创建图形元件\"套索工具"和"橡皮擦工具"的应用\"对齐"面板的应用\"分离"命令和"变形"命令的应用\创建运动补间动画

具体操作步骤如下。

1．创建元件

Step 01 创建一个新文档，选择“修改”|“文档”命令，在弹出的“文档属性”对话框中，修改舞台尺寸为 400px×400px，设置背景色为黑色，默认其他选项。

Step 02 选择“插入”|“新建元件”命令，创建一个名为“中国地图”的图形元件，单击“确定”按钮，进入元件编辑状态。

Step 03 选择“文件”|“导入”|“导入到舞台”命令，将弹出“导入”文件对话框，从“源文件\Chapter 10\旋转的地球”文件夹中导入一张名为“中国地图”的图片，如图 10.114（a）所示，选择“修改”|“分离”命令，将图片打散，利用“套索工具”和“橡皮擦工具”将图片背景删除，如图 10.114（b）所示。

Step 04 选择“插入”|“新建元件”命令，创建一个名为“地球图片”的图形元件，单击“确定”按钮，进入元件编辑状态。选择“文件”|“导入”|“导入到舞台”命令，弹出“导入”文件对话框，从“源文件\Chapter 10\旋转的地球”文件夹中导入一张名为“世界地图”的图片，如图 10.115 所示。

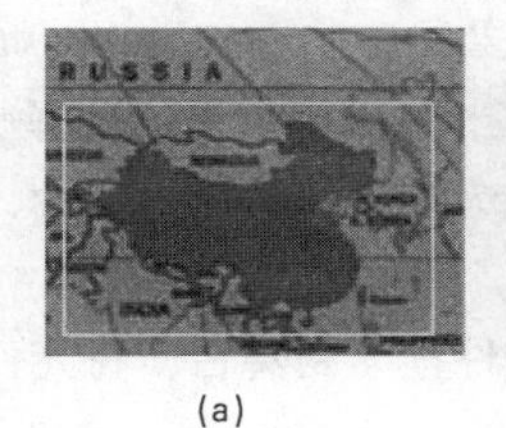

(a)

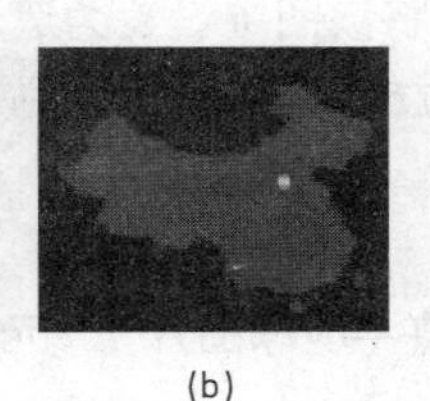

(b)

图 10.114　中国地图

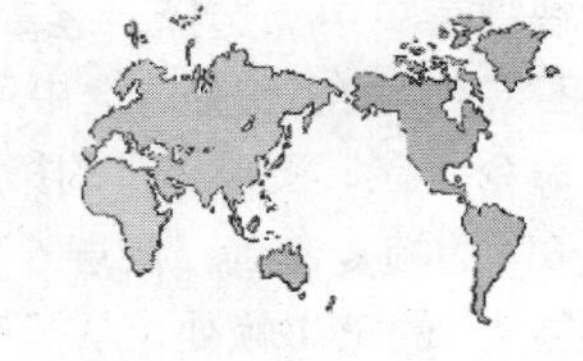

图 10.115　世界地图

Step 05 选择“修改”|“分离”命令，将图片打散，选择“套索工具”中的“魔术棒”选项，将图片的背景全部删除，再利用“橡皮擦工具”将图片边缘残留的背景部分擦除（该图片背景颜色为白色），如图 10.116 所示。

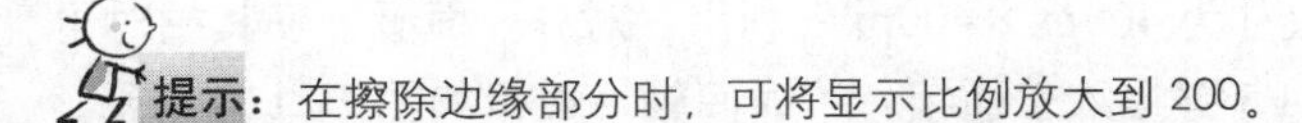

提示：在擦除边缘部分时，可将显示比例放大到 200。

Step 06 选中图片，将尺寸调整为 800px×400px，按 F11 键，打开“库”面板，从中将元件“中国地图”拖动到舞台，调整大小，将其放置在中国版图的位置处，如图 10.117 所示。

图 10.116　擦除背景后的图片

图 10.117　中国地图的位置

Step 07 选择“插入”|“新建元件”命令，创建一个名为“地球图片 1”的图形元件，单击“确定”按钮，进入元件编辑状态。从“库”面板中将“地球图片”元件拖动到舞台，打开

“对齐”面板，选择“右对齐”和“垂直中间分布”选项。

Step 08 再一次将“地球图片”元件拖动到舞台，在“对齐”面板中选择“左对齐”和“垂直居中分布”选项。

2. 组织场景

Step 01 按Ctrl+E组合键，返回“场景1”。单击“插入图层”按钮，添加4个新图层，分别为“图层2”、“图层3”、“图层4”和“图层5”。

Step 02 在“图层 2”的第 1 帧处，从“库”中将“地球图片 1”元件拖动到舞台，选择“修改”|“变形”|“水平翻转”命令，将图片翻转180°。将图片的中心点对齐舞台的右边缘，并打开“对齐”面板，单击面板中的“垂直居中分布”选项。选中元件，在“属性”面板中设置Alpha值为10%。在第60帧处按F6键，插入关键帧，图片的右边缘对齐舞台的右边缘。

Step 03 返回第1帧，在“属性”面板中，选择“动画”补间选项，创建运动补间动画。

Step 04 在“图层3”的第1帧处，选择“椭圆工具”，移动鼠标在舞台上绘制一个400px×400px的无边框的正圆，在第60帧处按F6键，插入关键帧。在“图层3”的名称处右击，在弹出的快捷菜单中，选择“遮罩层”命令，将该图层设置为遮罩层。

Step 05 单击“图层3”的名称处，选中所有的帧，右击任何一帧，在弹出的快捷菜单中选择“复制帧”命令，在“图层 5”的第 1 帧处右击，在快捷菜单中，选择“粘贴帧”命令，将“图层3”的帧复制到“图层5”。

Step 06 在“图层4”的第1帧处，从“库”面板中将“地球图片1”元件拖动到舞台，将元件实例的右边缘与舞台的右边缘对齐。

Step 07 在第60帧处按F6键，插入关键帧，将元件实例的中心点与舞台的右边缘对齐。

Step 08 返回第1帧，在“属性”面板中，选择“动画”补间选项，创建运动补间动画，右击“图层5”的名称处，在弹出的快捷菜单中选择“遮罩层”命令，将“图层5”设置为遮罩层。

Step 09 选中“图层 1”的第 1 帧，选择“椭圆工具”，移动鼠标在舞台中绘制一个由浅蓝到深蓝色放射状渐变的正圆，调整其尺寸为400px×400px，利用“对齐”面板，使其相对于舞台居中对齐。在第60帧处，按F5键插入普通帧，“时间轴”面板如图10.118所示。

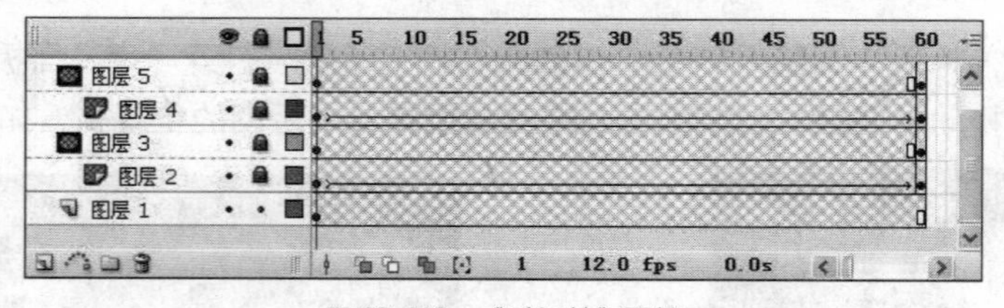

图10.118 “时间轴”面板

Step 10 选择“文件”|“保存”命令，在弹出的“另存为”对话框中，将新文档保存到“源文件\Chapter 10\旋转的地球”文件夹下，并为其命名为“转动的地球.fla”。

Step 11 按Ctrl+Enter组合键，浏览并测试动画效果。

10.16 练习题

1. 运动引导层的作用是什么？
2. 遮罩层的作用是什么？
3. 创建一个简单的运动引导线动画，使蝴蝶（用户自选图片）沿引导线飞行。
4. 创建一个文字遮罩动画。
5. 利用时间轴特效制作动画。
6. 简单介绍滤镜和混合模式。

Chapter 11

多媒体的应用

本章导读

在 Flash 制作过程中，由于有了声音的加入才使得动画更加绚丽多彩。在 Flash CS3 中除了可以置入声音外，还可以将视频导入到文档中。本章将详细介绍在 Flash CS3 中音频对象和视频对象的应用。

内容要点

- 音频文件
- 视频文件
- 案例 1——为按钮添加声音
- 案例 2——为按关键帧添加声音
- 案例 3——为动画添加声音

11.1 音频文件

在 Flash 中，可以使用多种方法为影片添加音频文件。这些音频文件的播放方式，可以独立于时间轴连续播放，也可以和影片保持同步。Flash CS3 支持的音频文件的格式主要是 WAV 和 MP3，在动画中主要用作背景音乐、配乐、事件声音等。

- WAV：WAV格式的音频文件直接保存对声音波形的采样数据，由于数据没有经过压缩，在保证上好音质的同时，其致命的缺点就是文件过大，占用磁盘空间很大。
- MP3：MP3是数字音频格式，它是一种破坏式的压缩格式，但由于其取样与编码技术优异，其音质可以和CD媲美。MP3的体积小，其存储容量只有WAV格式的1/10，并且其传输方便、拥有很好的声音质量，因此，目前计算机中的音乐大多是以MP3格式输出的，是Flash CS3中默认的音频输出格式。

11.1.1 音频文件的导入

音频文件是外部资源素材，只有导入到 Flash 动画文档中才能够使用。当音频文件导入到文档后，将与位图、元件等一起被保存在“库”面板中。导入音频文件的方法和导入图形文件方法完全相同。

1. 将音频文件导入到舞台

将音频文件导入舞台的操作步骤如下。

Step 01 选择“文件”|“导入”|“导入到舞台”命令，导入一段音乐素材。例如导入“渔舟唱晚”声音素材。

注意： 导入音频文件时，在“导入”对话框中可以选中多个音频文件，一次性导入。音频文件导入后，时间轴及舞台上并没有任何变化，因为导入音频文件时，无论是选择“导入舞台”命令还是选择“导入库”命令，都将会被直接存储在“库”面板中。

Step 02 打开“库”面板，在“库”中看到声波图，单击“库”面板的预览窗口的播放按钮，即可试听声音效果，如图 11.1 所示。

Step 03 创建一个新文档，在第 40 帧处，按 F5 键插入普通帧，选中第 1 帧，将音频文件拖动到舞台，音频文件将自动加入到时间轴的第 1 帧～第 40 帧之间，如图 11.2 所示。

Step 04 按住 Ctrl 键，将鼠标放置在第 40 帧处，当鼠标变成水平的双向箭头时，沿着“时间轴”向右拖动，即可将声波全部显示出来。

提示： 为文档添加音频文件时，一般要为其创建一个独立的图层。

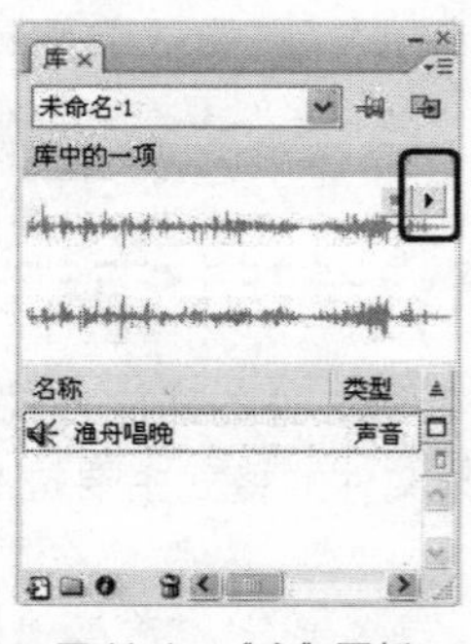

图 11.1 "库"面板

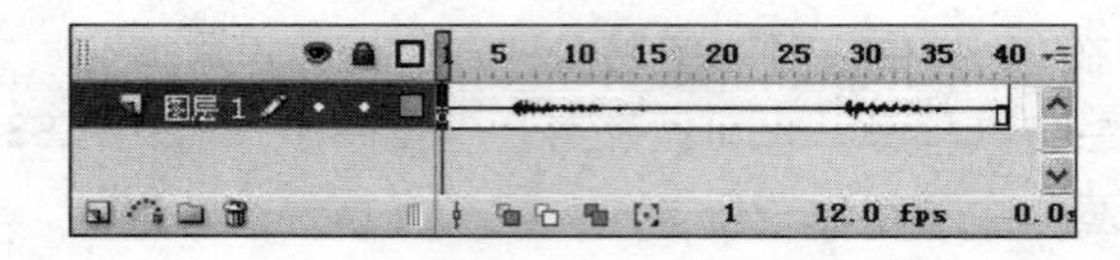

图 11.2 加入声音文件的"时间轴"面板

2. 设置属性的方法添加声音文件

用设置属性的方法也可以添加音频文件，操作步骤如下。

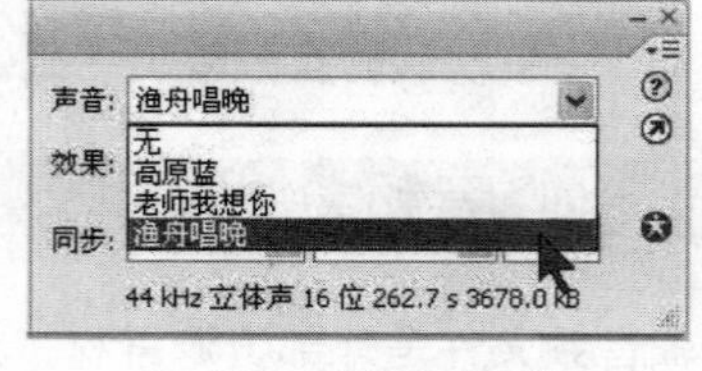

图 11.3 选择声音文件

Step 01 当将音频文件导入到"库"面板后，单击"属性"面板中的"声音"下拉列表框，可以发现"库"中所有的音频素材都已罗列在其中，在列表中选择需要的声音文件"渔舟唱晚"，如图 11.3 所示，即可将声音文件添加到时间轴。

Step 02 选中音频文件的任何一帧，选择"声音"下拉列表中的"无"选项，帧上的声波即可消失。

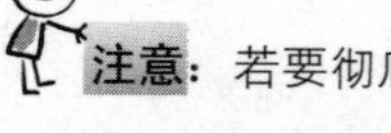

注意：若要彻底删除音频文件，必须在"库"面板中选中要删除的声音文件，按 Delete 键。

11.1.2 声音"属性"的设置

在 Flash CS3 中，不但可以使动画和音频文件同步播放，也可以使声音独立于时间轴连续播放。为了使播放的音频文件听起来更加自然，还可以制作出声音的淡入淡出效果。添加了音频文件后，在"属性"面板中，可以设置该文件的属性。

1. 设置声音的效果

通过对声音效果的设置，可将同一个声音做出多种效果，可以让声音发生变化、还可以让左右声道产生各种不同的变化。将声音添加到文档后，单击"属性"面板中的"效果"下拉列表，其中包含 8 个选项，如图 11.4 所示。

其中各选项含义如下。

- 无：不使用任何声音特效。选择此项也可以删除以前应用过的效果。
- 左声道：只在左声道播放声音。
- 右声道：只在右声道播放声音。
- 从左到右淡出：将声音从左声道转移到右声道，逐渐减小幅度。
- 从右到左淡出：将声音从右声道转移到左声道，逐渐减小幅度。
- 淡入：在声音播放过程中，音量由小逐渐变大，通常称为淡入效果。

- 淡出：在声音播放过程中，音量由大逐渐变小，通常称为淡出效果。
- 自定义：允许用户自定义声音效果，选择此项，可打开“编辑封套”对话框，在该对话框中可编辑声音。

2. 设置声音同步的方式

单击“属性”面板中的“同步”下拉列表框，其中包含4个选项，如图11.5所示。

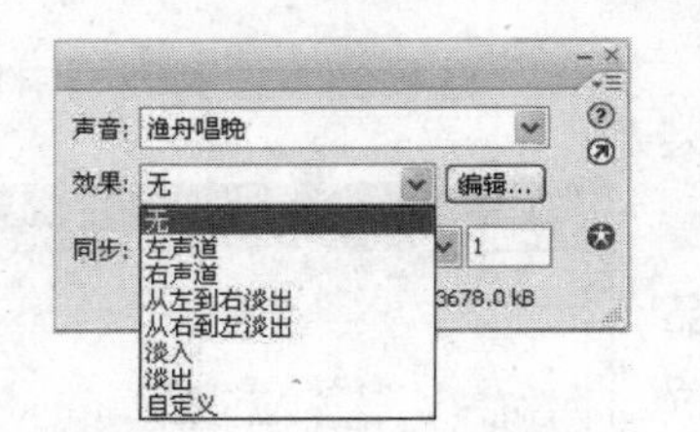

图 11.4　“效果”下拉列表

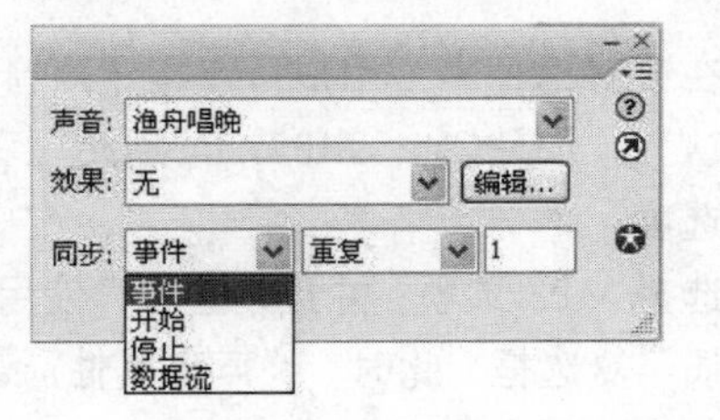

图 11.5　“同步”下拉列表

其中各选项含义如下。

- 事件：该选项为事件声音，事件声音将从加入该声音的关键帧开始，独立于时间轴进行播放。如果事件声音长于影片声音，即使影片播放完毕，也会继续播放。事件声音适用于背景音乐和其他不需要同步的声音。
- 开始：该选项类似于事件声音，如果声音已经开始播放，选择“开始”选项将重新开始播放。这个选项用于处理按钮实例较长的声音。
- 停止：该选项和“开始”选项类似，只是当激活的时候声音才停止播放。
- 数据流：数据流声音类似于传统视频编辑软件中的声音，其本质上是锁定到时间轴上，声音将保持和动画一致，这种声音将播放到包含数据流声音的最后一帧为止。

注意：在制作MTV时，一定要选择“同步”项中的“数据流”选项。

3. 设置声音的重复播放

在“声音”属性中的“声音循环”下拉列表可以控制声音的重复播放，其中包含两个选项，如图11.6所示。

- 重复：控制导入的声音文件的播放次数，在其右侧的数值框中可以输入重复播放的次数。
- 循环：可以让文件一直不停地循环播放。

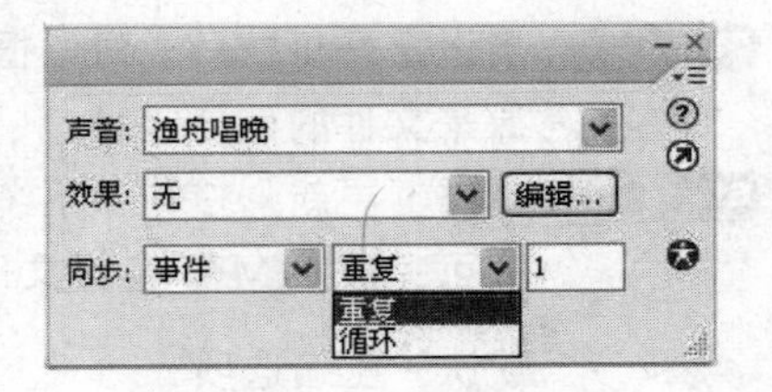

图 11.6　设置重复播放

11.1.3　声音的压缩

在动画中运用声音文件时，希望文件越小越好，这样生成的动画文件也将会小一些。但由于声音文件相对来讲都比较大，而Flash本身又不是一个声音编辑优化程序，因此需要在导出动画之前利用Flash的“声音属性”对话框，对声音进行压缩，以获得较小的动画文件。

1．MP3 声音的压缩

MP3 声音压缩的操作步骤如下。

Step 01 双击“库”面板中的声音文件图标，即可弹出“声音属性”对话框。

提示：在声音文件上右击鼠标，在弹出的快捷菜单中选择“属性”命令，弹出“声音属性”对话框。

Step 02 在该对话框中，用户可以指定声音的压缩选项。“压缩”选项的下拉列表框中包括“默认”、ADPCM、MP3、“原始”和“语音”5 个选项。

Step 03 选择 MP3 选项，并且不选中“使用导入的 MP3 品质”复选框，此时，“声音属性”对话框如图 11.7 所示。其中各项含义如下。

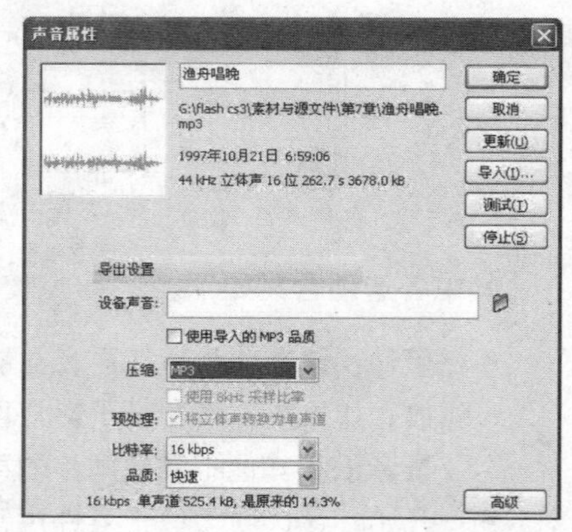

图 11.7　MP3“声音属性”对话框

- 预处理：由于MP3格式本身就规定了这种音频是单声道声音，因此，“预处理”中的“将立体声转换为单声道”选项是灰色的，而且默认情况下就会被选中。
- 比特率：该选项用来控制导出的声音文件中每秒播放的位数，Flash支持比特率的范围为8～160kbps。当导出音乐时，需要将比特率设为16kbps或更高，以获得最佳效果。

提示：一般来说，比特率为 16kbps 是最低的可接受标准。

- 品质：该选项用来确定压缩速度和声音品质。其中“快速”选项的压缩速度较快，但声音品质较低；“中”选项的压缩速度较慢，但声音品质较高；“最佳”选项的压缩速度最慢，声音品质最高。

Step 04 当设定好参数后，对话框底部显示出压缩后的文件信息，如压缩后的文件大小、文件是原来文件的百分比等。

Step 05 单击“更新”按钮，系统即可按照设置对音频文件进行更新，然后单击“确定”按钮，即可完成对 MP3 音频文件的压缩。

2．“默认”压缩选项

选择“默认”压缩方式，将使用发布设置对话框的默认声音压缩设置。

3．ADPCM 压缩选项

ADPCM 压缩适用于压缩诸如按钮音效、事件声音等比较简短的声音，选择该选项后，其“声音属性”对话框的下方显示出新的选项设置界面，如图 11.8 所示。其中各项含义如下。

- 预处理：如果选中“将立体声转换为单声道”复选框，便可以自动将混合立体声（非立体声）转化为单声道，文件大小减半。

- 采样率：可在该下拉列表中选择一个选项以控制声音的保真度和文件大小。较低的采样率可以减小文件大小，但同时也会降低声音品质。
  - 5kHz：对于语音而言，5kHz是最低的可接受标准。
  - 11kHz：对于音乐短片段，11kHz是最低的推荐声音品质，相当于标准CD音频比率的1/4。
  - 22kHz：该值是Web应用中的常用选择，相当于标准CD音频比率的1/2。
  - 44kHz：该值是标准的CD音频比率。

4．“原始”压缩选项

该压缩选项在导出声音时不进行压缩。其中的“预处理”和“采样率”的设置与ADPCM压缩时的设置相同，这里不再赘述。

5．“语音”压缩选项

当导出一个适合于语音压缩方式压缩的声音时，应使用该种方式。其中“采样率”的设置与ADPCM压缩时的设置相同，在此也不再赘述。

6．全局压缩设置

如果希望整个Flash文档中的声音全部使用相同的声音设置，用户可以在“发布设置”对话框中指定选项，操作步骤如下。

Step 01　选择“文件”|“发布设置”命令，弹出“发布设置”对话框。

Step 02　选中Flash选项卡，并选中“覆盖声音设置”复选框，覆盖在“声音属性”对话框中所指定的声音设置，如图11.9所示。

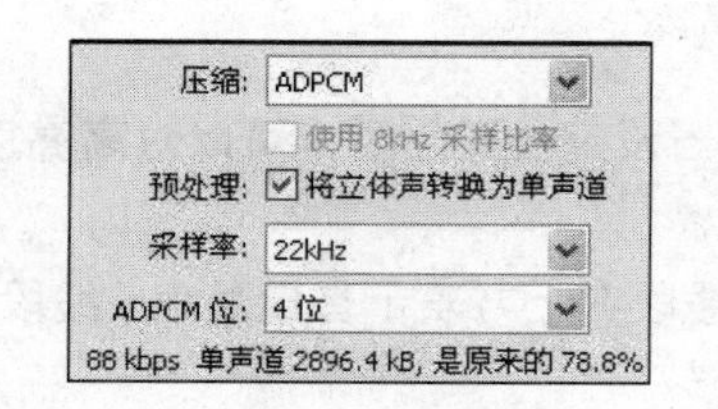

图11.8　ADPCM压缩选项

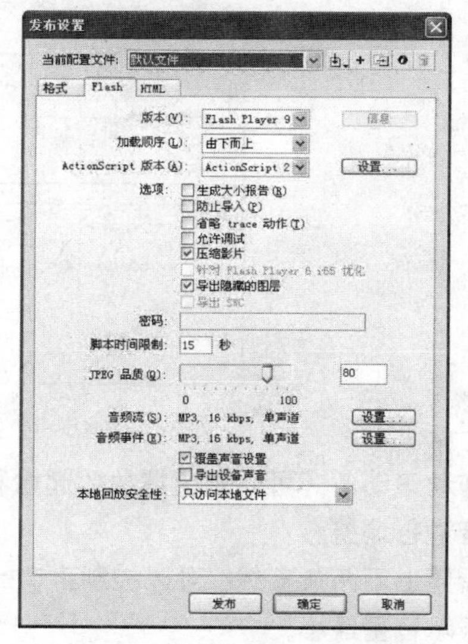

图11.9　“发布设置”对话框

Step 03　单击“确定”按钮，此时，所有的音频流都将使用该声音格式。

提示： 如果某个声音文件在"声音属性"对话框中指定的声音格式的质量比在"发布设置"对话框中设置的质量高，那么在导出时，该声音所用的设置是在"声音属性"对话框中指定的格式。

11.1.4 声音的编辑

声音被导入之后，可以对其进行编辑，例如，可以改变声音播放和停止的位置；删除不必要的部分，从而缩小文件等，编辑声音的操作步骤如下。

Step 01 选中需要编辑的声音文件，然后单击"属性"面板中的"编辑"按钮，弹出"编辑封套"对话框，如图 11.10 所示。

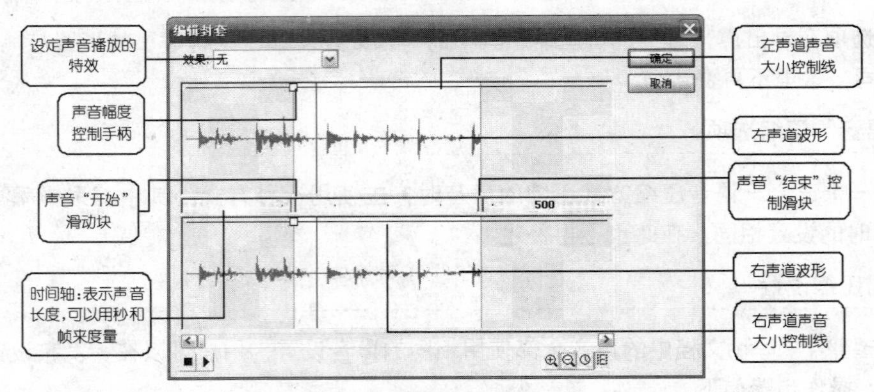

图 11.10 "编辑封套"对话框

Step 02 在对话框左上角的"效果"下拉列表框中，可以设定声音播放的特效，如图 11.11 所示，同"属性"面板中的"效果"相同，在此不再赘述。

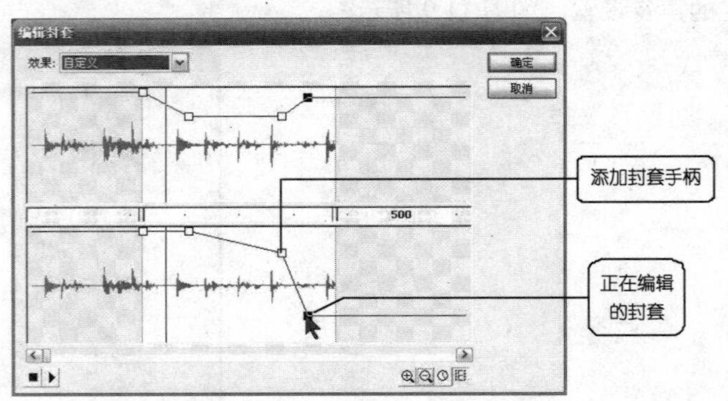

图 11.11 设定声音播放的起始点和封套手柄

Step 03 拖动滚动条，可以设定播放的起始和结束位置。当设定位置之后，可以对高亮度区的声音进行调整。

Step 04 调整上下两条直线，可以控制声音的播放音量，线段在上方表示音量最大，线段在下方，表示音量最小。

Step 05 在左右声道直线上单击，可添加封套手柄。

Step 06 其他按钮的作用如下。

- 停止和播放：控制编辑中的声音文件“停止”和“播放”。
- 放大和缩小：对预览窗口的内容进行“放大”和“缩小”显示。
- 以秒为单位：设定对话框中的声音以“秒”为单位。
- 以帧为单位：设定对话框中的声音以“帧”为单位。

11.2 视频文件

在 Flash CS3 中可以应用其他软件制作的矢量图形和位图，也可以将视频剪辑文件导入动画中加以应用。此时的视频文件便成为动画文件的一个元件，而插入文档的内容就是该元件的实例。将视频剪辑文件导入 Flash 动画时，可以在导入之前对视频剪辑文件进行编辑，也可以应用自定义进行设置。例如，对带宽、品质、颜色纠正、裁切等选项进行设置。

11.2.1 Flash支持的视频格式

如果在系统中安装了 QuickTime 4 以上版本或 Direct 7 以上版本，Flash CS3 就可以导入各种格式的视频剪辑文件。

- QuickTime影片文件：扩展名为.mov。
- Windows Media文件：扩展名为.asf和.wmv。
- Windows视频文件：扩展名为.avi。
- Macromedia Flash文件：扩展名为.fiv。
- MPEG文件：扩展名为.mpg和.mpeg。
- 数字视频文件：扩展名为.dv和.dvi。

11.2.2 视频的导入

导入视频对象的操作步骤如下。

Step 01 选择“文件”|“新建”命令，创建一个新文档。

Step 02 选择“文件”|“导入”|“导入视频”命令，弹出“选择视频”对话框，如图 11.12 所示。该对话框中有以下两个选项可供选择。

- 选择本地计算机上的文件，单击“浏览”按钮可以选择文件。
- 存在于网络服务器上的文件，可以直接输入文件的网址。

Step 03 选择“在您的计算机上：”单选按钮，并且在本地硬盘中找到要打开的视频文件，单击“下一个”按钮，打开“部署”对话框，如图 11.13 所示，在这里可以设置如何部署视频，共有以下 4 个选项可供用户选择。

- 从Web服务器渐进式下载。
- 以数据流的方式从Flash视频数据流服务传输。

Chapter 01 Chapter 02 Chapter 03 Chapter 04 Chapter 05 Chapter 06 Chapter 07 Chapter 08 Chapter 09 Chapter 10 Chapter 11 Chapter 12 Chapter 13

- 以数据流的方式从Flash Media Server传输。
- 在SWF中嵌入视频并在时间轴上播放。

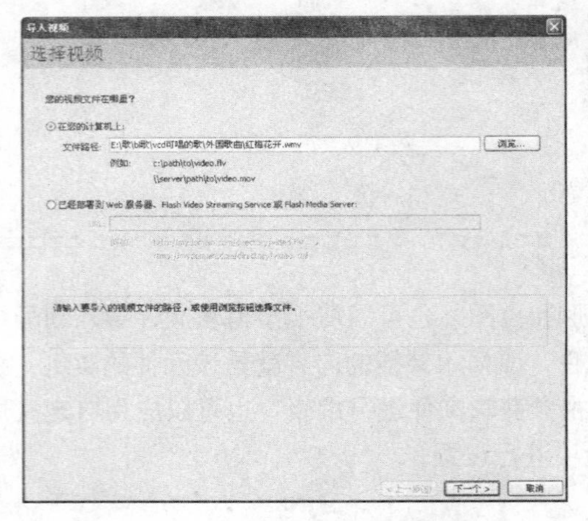

图 11.12 “选择视频”对话框

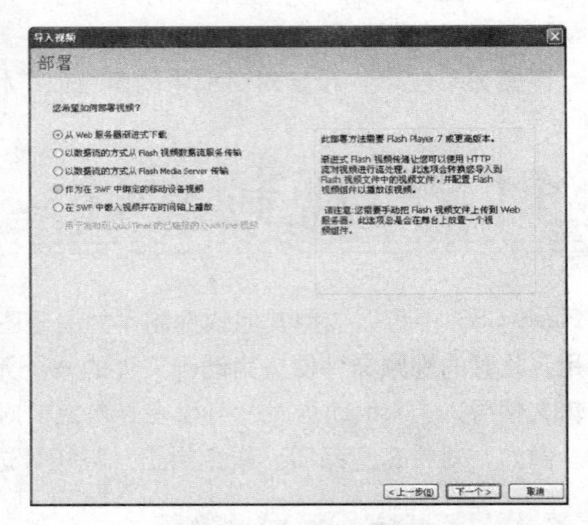

图 11.13 “部署”对话框

Step 04 选择“从 Web 服务器渐进式下载”单选按钮，然后单击“下一个”按钮，弹出“编码”对话框，如图 11.14 所示。

Step 05 在该对话框中，单击“编码配置文件”标签，切换到“编码配置文件”选项卡，在该选项卡中可以设置视频的编码，系统预设了 10 种编码配置文件，以适应不同的播放需求，如图 11.15 所示。

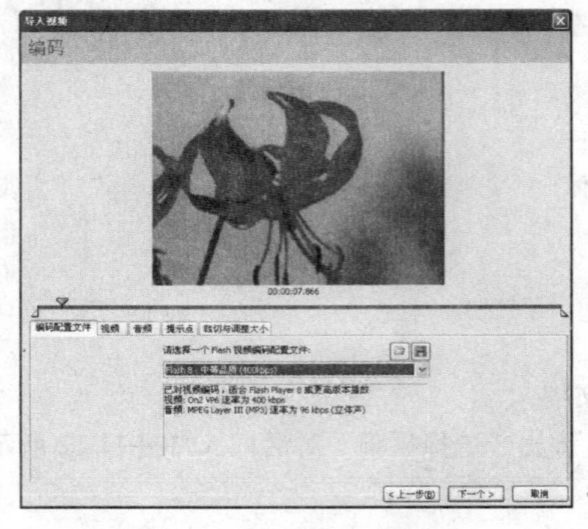

图 11.14 “编码”对话框

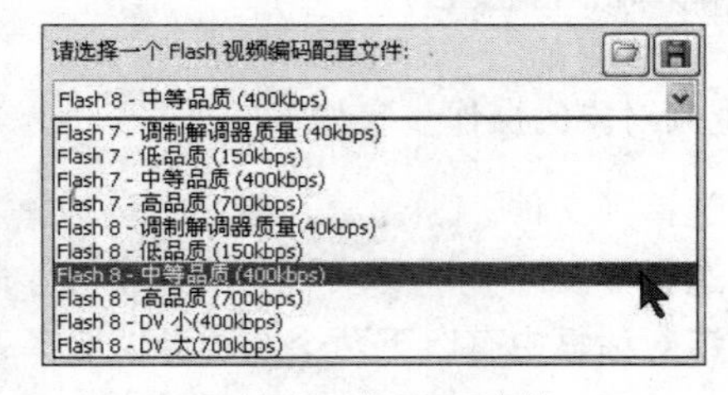

图 11.15 编码配置文件

Step 06 在“编码”对话框中单击“视频”标签，可以切换到“视频”选项卡，如图 11.16 所示。其中各项含义如下。

- 视频编解码器：包括On2 VP6和Sorenson Spark两种。
- 帧频：可以设置为“与源相同”，也可以选择其他预设的一些帧频数值。
- 关键帧放置：可以设置自动，也可以自定义关键帧之间的间隔为几帧。
- 品质：设置视频的“品质”，可以设置为“低”、“中”和“高”，也可以设置为“自定义”。

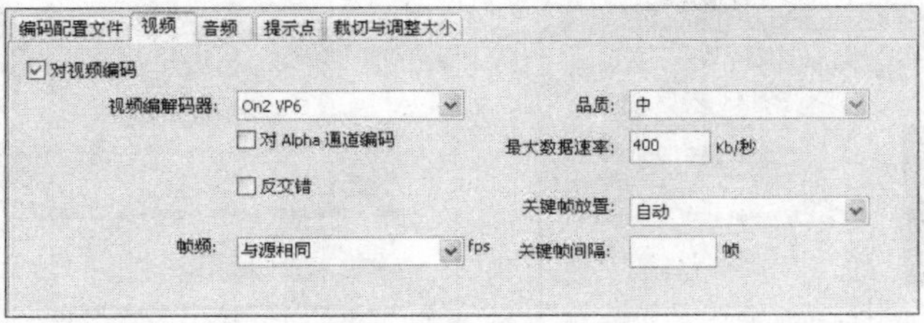

图 11.16 “视频”选项卡

Step 07 单击“音频”标签，可以切换到“音频”选项卡，如图 11.17 所示。在该选项卡中设置音频的编解码器和数据速率。

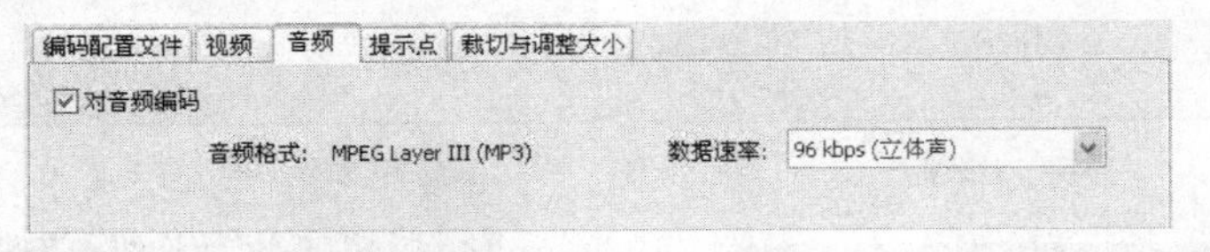

图 11.17 “音频”选项卡

Step 08 单击“提示点”标签，切换到“提示点”选项卡，在该选项卡中可以在某个时间处定义提示点，并设置其“名称”和“值”，便于更精确地控制视频的播放，如图 11.18 所示。

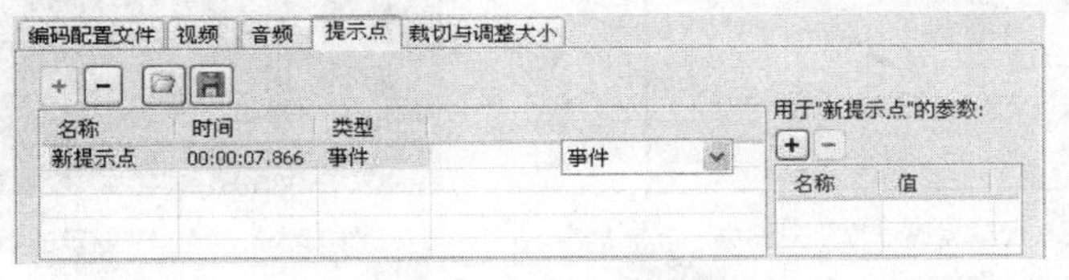

图 11.18 “提示点”选项卡

Step 09 单击“裁切与调整大小”标签，切换到“裁切与调整大小”选项卡，在该选项卡中可以设置视频文件的大小并进行修剪，如图 11.19 所示。

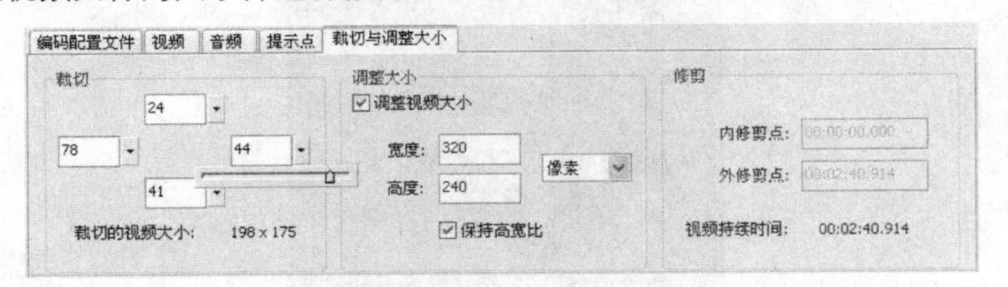

图 11.19 “裁切与调整大小”选项卡

Step 10 设置完成后，单击“下一个”按钮，弹出“外观”对话框，如图 11.20 所示，在这里可以选择播放器的外观。单击“下一个”按钮，弹出“完成视频导入”对话框，如图 11.21 所示。

Step 11 单击“完成”按钮，在弹出的保存路径对话框中选择保存路径，单击“保存”按钮，弹出“Flash 视频编码进度”对话框，进入编码状态，如图 11.22 所示。

Step 12 视频编码完成后，舞台中显示一个播放器，如图 11.23 所示。

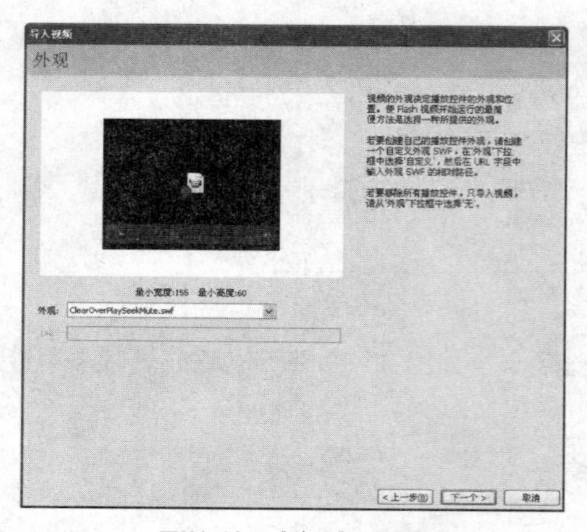

图 11.20 “外观”对话框

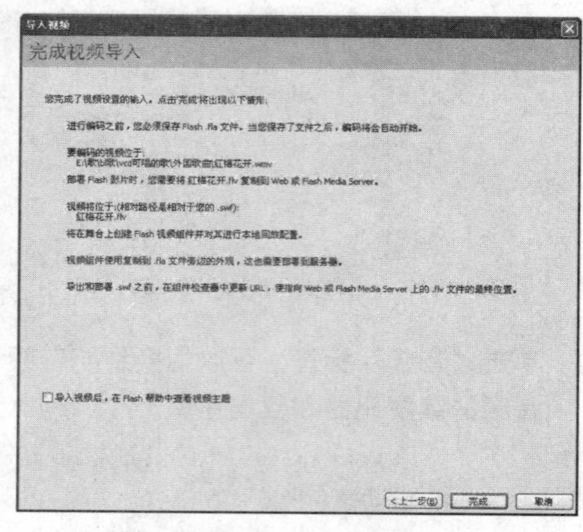

图 11.21 “完成视频导入”对话框

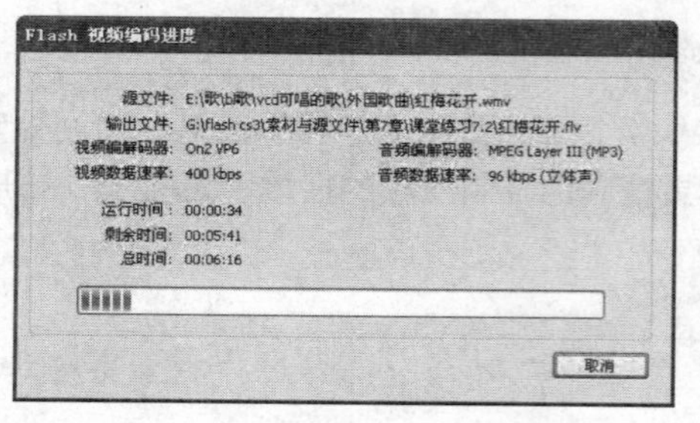

图 11.22 “Flash 视频编码进度”对话框

图 11.23 舞台中显示的播放器

Step 13 按 Ctrl+Enter 组合键，测试并浏览视频文件，如图 11.24 所示。

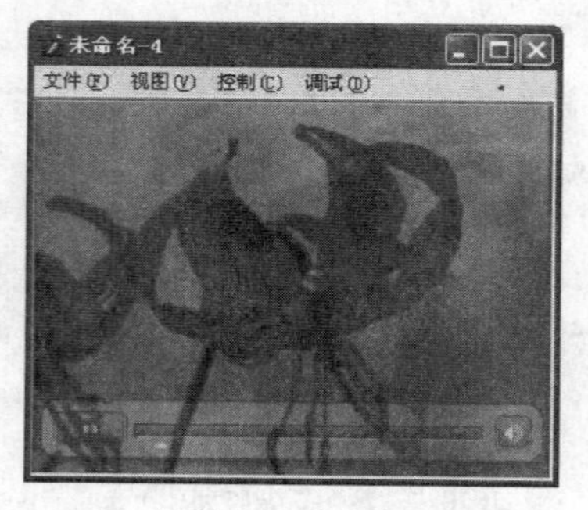

图 11.24 输出效果

11.3 案例1——为按钮添加声音

在 Flash 中经常为按钮的不同状态添加不同的声音，使得鼠标指针在对按钮进行操作时产生不同的声音效果，如图 11.25 所示。

图 11.25 为按钮添加声音

源文件	源文件\Chapter 11\为按钮添加声音
视频文件	实例视频\Chapter 11\为按钮添加声音.avi
知识要点	创建新文档\"文本工具"的应用\创建按钮元件\为按钮添加声音

具体操作步骤如下。

1．创建按钮元件

Step 01 选择"文件"|"新建"命令，创建一个新文档，修改舞台尺寸为200px×200px，默认其他属性选项。

Step 02 选择"矩形工具"，拖动鼠标在舞台中绘制一个圆角矩形，再选择"文本工具"在矩形内输入文字"播放"，如图 11.26 所示。

Step 03 单击第 1 帧，将图形及文字全部选中，选择"修改"|"转换为元件"命令，将其转换为名为"播放按钮"的按钮元件。

Step 04 双击该按钮实例，进入按钮元件编辑状态，在"时间轴"上的 4 个状态帧中只有"弹起"帧处创建了一个关键帧，如图 11.27 所示。

图 11.26 创建一个按钮

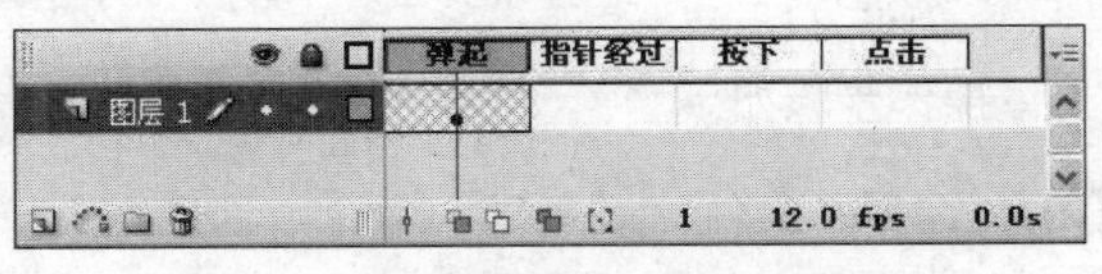

图 11.27 按钮元件的"时间轴"面板

Step 05 分别在其他 3 个帧处按 F6 键插入关键帧。

2．添加声音

Step 01 选择"文件"|"导入"|"导入到库"命令，将弹出"导入"文件对话框，从"源文件\Chapter 11\为按钮添加声音"文件夹中导入名为 S1 的声音文件。

Step 02 选择"按下"帧，然后在"属性"面板的"声音"列表中选择声音文件 S1，如图 11.28（a）所示，此时"按下"帧上出现声波图样，如图 11.28（b）所示。

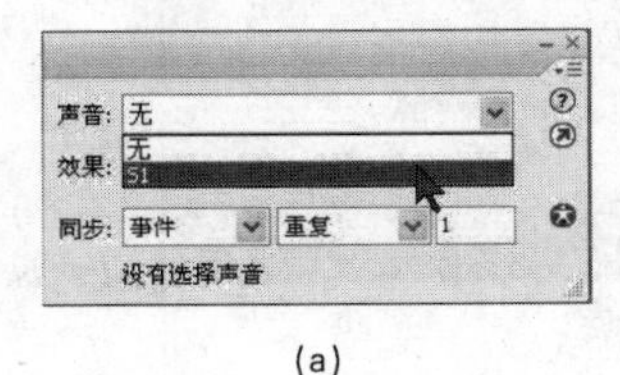

(a)

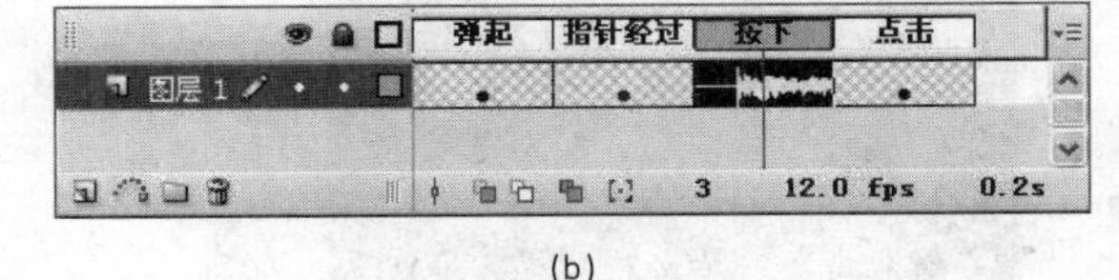

(b)

图 11.28 为"按下"帧添加声音文件

Step 03 制作完毕后，选择“文件”|“保存”命令，在弹出的“另存为”对话框中，将新文档保存到“源文件\Chapter 11\为按钮添加声音”文件夹下，并将文件命名为“为按钮添加声音.fla”。

Step 04 按 Ctrl+Enter 组合键，输出并测试动画，当单击按钮时，就可以听到按钮发出的声音。

提示： 对于按钮的其他帧，也可以按照同样的方法添加声音。

11.4　案例2——为关键帧添加声音

在 Flash 中经常为关键帧添加声音，使得播放动画时产生不同的声音效果，如图 11.29 所示。

图 11.29　为关键帧添加声音

源文件	源文件\Chapter 11\为关键帧添加声音
视频文件	实例视频\Chapter 11\为关键帧添加声音.avi
知识要点	创建新文档\“对齐”面板的应用\为关键帧添加声音

具体操作步骤如下。

Step 01 选择“文件”|“新建”命令，创建一个新文档。默认文档属性。

Step 02 选择“文件”|“导入”|“导入到舞台”命令，弹出“导入”文件对话框，从“源文件\Chapter 11\为关键帧添加声音”文件夹下，导入一张名为“背景”的图片，如图 11.30 所示。

Step 03 调整图片尺寸与舞台相同，并利用“对齐”面板，使其相对于舞台居中对齐。

Step 04 单击“插入图层”按钮，添加一个新图层，并将其更名为“声音”。

Step 05 选择“文件”|“导入”|“导入到舞台”命令，从“源文件\Chapter 11\为关键帧添加声音”文件夹下，导入名为 S2 的声音文件，声音文件被存放到“库”面板中，如图 11.31 所示。

图 11.30　导入背景

图 11.31　“库”面板

Step 06 选择“声音”图层，在第20帧处，按F6键插入关键帧，从“库”中将声音文件拖动到舞台。在“图层1”的第20帧处，按F5键插入普通帧，制作完成后的“时间轴”面板如图11.32所示。

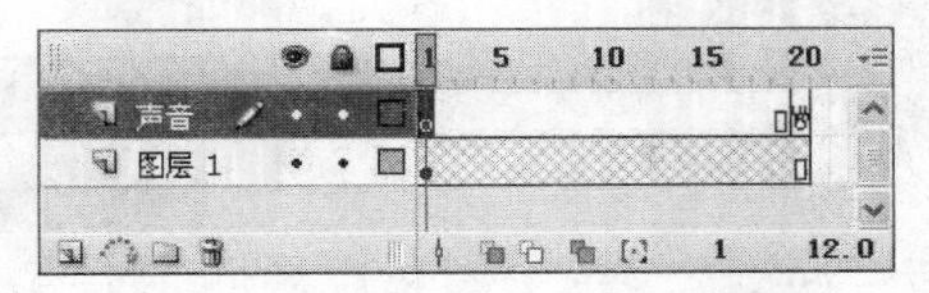

图11.32 制作完成后的“时间轴”面板

Step 07 选择“文件”|“保存”命令，在弹出的“另存为”对话框中，将新文档保存到“源文件\Chapter 11\为关键帧添加声音”文件夹下，并将文件命名为“为关键帧添加声音.fla”。

Step 08 按Ctrl+Enter组合键，测试声音效果。当动画运行到第20帧时，就可以听到声音。

提示：不同格式的声音文件大小是不同的，制作动画时，最好选择文件较小的声音文件作为素材。

11.5 案例3——为动画添加声音

在Flash中经常为动画添加声音，使得播放动画时产生声音效果，如图11.33所示。

图11.33 为动画添加声音

源文件	源文件\Chapter 11\为动画添加声音
视频文件	实例视频\Chapter 11\为动画添加声音.avi
知识要点	创建新文档\“对齐”面板的应用\为动画添加声音\创建运动补间动画\“任意变形工具”的应用

具体操作步骤如下。

Step 01 选择“文件”|“新建”命令，创建一个新文档。设置背景色为黑色，默认其他选项。

Step 02 将“图层1”改名为“背景”，选择“文件”|“导入”|“导入到舞台”命令，弹出“导入”文件对话框，从“源文件\Chapter 11\为动画添加声音”文件夹下，导入名为“背景”的图片，调整图片尺寸与舞台相同，利用“对齐”面板，使其相对于舞台居中对齐，如图11.34所示。

Step 03 选中该图层的第150帧，按F5键插入一个普通帧。

Step 04 单击“插入图层”按钮，插入两个新图层，将下方的图层更名为“声音”，上方图层更名为“图片”，如图 11.35 所示。

图 11.34　背景图片

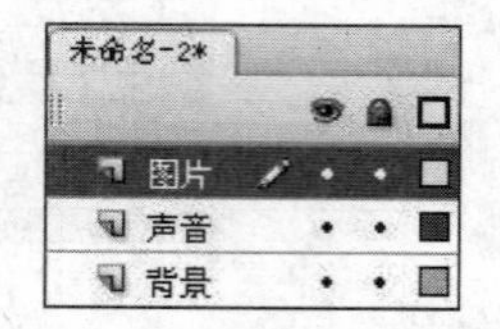

图 11.35　图层排列顺序

Step 05　选择“文件”|“导入”|“导入到库”命令，弹出“导入”文件对话框，从“源文件\Chapter 11\为动画添加声音”文件夹下，导入名为 S3 的声音文件。选中“声音”图层的第 1 帧，打开“库”面板，从“库”中将声音文件拖动到舞台，该图层的帧自动延续到第 150 帧。在“属性”面板中的“同步”项目下选择“数据流”选项。

Step 06　选中“图片”图层的第 1 帧，选择“文件”|“导入”|“导入到舞台”命令，弹出“导入”对话框，从“源文件\Chapter 11\为动画添加声音”文件夹中导入名为 02 的图片，将其放置在舞台左侧，如图 11.36 所示。在第 150 帧处，按 F6 键插入关键帧。

Step 07　在第 50 帧处，按 F6 键插入关键帧，将图片拖动到舞台的右下角，利用“任意变形工具”将图片缩小。返回第 1 帧，在“属性”面板中选择“动画”补间选项，创建运动补间动画，并且设置顺时针旋转两次，如图 11.37 所示。

图 11.36　图片放置的位置

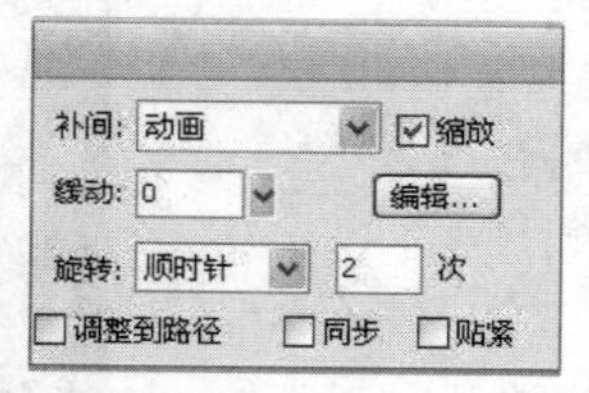

图 11.37　创建运动补间动画

Step 08　在第 100 帧处，按 F6 键插入关键帧，将图片拖动到舞台的中间部位，利用“任意变形工具”将图片放大，返回第 50 帧处，在“属性”面板中选择“动画”补间选项，创建运动补间动画。

Step 09　选中第 100 帧，在“属性”面板中选择“动画”补间选项，创建运动补间动画，并设置逆时针旋转 1 次。

Step 10　制作完毕，完成后的“时间轴”面板如图 11.38 所示。

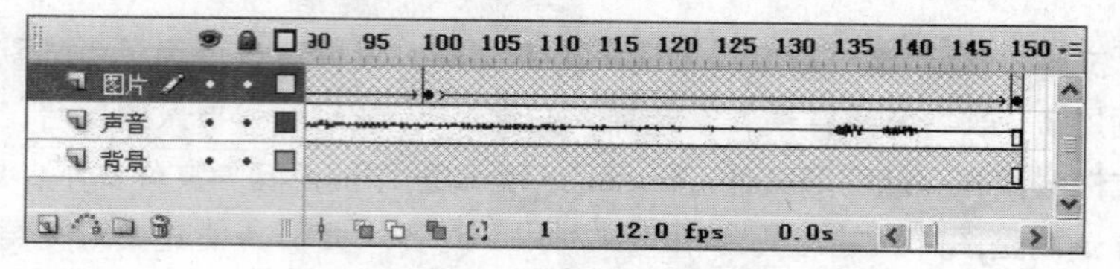

图 11.38　“时间轴”面板（部分）

Step 11　选择“文件”|“保存”命令，在弹出的“另存为”对话框中，将新文档保存到“源文件\Chapter 11\为动画添加声音”文件夹下，并将文件命名为“为动画添加声音.fla”。

Step 12 按 Ctrl+Enter 组合键，观察并测试动画效果。

提示： 在制作 MTV 时需要使用多张图片，要对每张图片进行压缩，以减少文件的容量。

11.6 练习题

1．Flash CS3 主要支持哪种音频格式？

2．简述将音频添加到文档中的方法。若要彻底删除声音，应当怎样操作？

3．“同步”选项中的“事件”和“数据流”有什么不同？“数据流”主要用于制作什么？

4．在音频中，“品质”选项的作用是什么？它的 3 个选项又分别表示什么？

5．制作一个简单按钮，为按钮的各帧添加声音文件（任意选择音频文件）。

Chapter 12

脚本动画基础

本章导读

ActionScript 是 Flash 中内嵌的一种脚本语言，它具有强大的交互功能。在 Flash 动画中可以据不同的要求添加相应的脚本语句，使得动画实现一些特殊功能，提高动画与用户之间的交互性。ActionScript 的应用极为广泛，例如，网络中的交互式网站、多媒体课件、Flash 游戏等也都使用了 ActionScript。

内容要点

- ActionScript 语句
- 认识动作面板
- ActionScript 的语法规则
- ActionScript 的主要命令
- 触发事件
- 案例 1——拖动鼠标显示文字
- 案例 2——按钮控制切换图片
- 案例 3——跳动的音符
- 案例 4——下雨效果

12.1 ActionScript语句

12.1.1 ActionScript介绍

ActionScript 语句是 Flash 提供的一种动作脚本语言，它具有强大的交互功能，通过在动画中添加相应的语句，使得Flash 能够实现一些特殊功能。Flash CS3 中的 ActionScript 具有和通用的 JavaScript 相似的结构，是以面向编程的思想为基础，采用 Flash CS3 中的事件对程序进行驱动，以动画中的关键帧、影片剪辑和按钮作为对象来对 ActionScript 进行定义和编写。因此，ActionScript 语句是 Flash 中交互功能的核心，是 Flash 中不可缺少的重要部分。

Flash CS3 的创作环境相比以前版本有了一些相关的改进，引入了最新且最具创新的 ActionScript 版本，即 ActionScript 3.0。ActionScript 3.0 在架构和概念上区别于早期的 ActionScript 版本，增加了核心语言等功能，这些新增的功能可以使用户轻松地使用 ActionScript 语言编写脚本。

12.1.2 选择ActionScript版本

尽管有了 ActionScript 3.0 版本，但是用户仍然可以使用 ActionScript 2.0 的语法，特别是当为传统的 Flash 工作时。如果针对旧版 Flash Player 创建的 SWF 文件时，则必须使用与之相兼容的 ActionScript 2.0 或 ActionScript 1.0 版本。

如果为 Flash Player 6、Flash Player 7 和 Flash Player 8 创建内容，应该使用 ActionScript 2.0。如果计划在 Flash 的未来版本中更新应用程序，则应使用 ActionScript 3.0 版本，这样可以很容易地更新和修改应用程序。

Flash CS3 允许用户输出与某个 Flash Player 版本兼容的 .swf 文件。设置一个 .swf 文件的版本的操作步骤如下。

Step 01 运行 Flash CS3，在软件的首页面中，选择“Flash 文件（ActionScript 2.0）”选项，如图 12.1（a）所示。

Step 02 进入工作环境后，选择“文件”|“发布设置”命令，打开“发布设置”对话框，在该对话框中选择 Flash 选项卡。

Step 03 打开“版本”下拉列表，从中选择 Flash Player 版本，如图 12.1（b）所示。

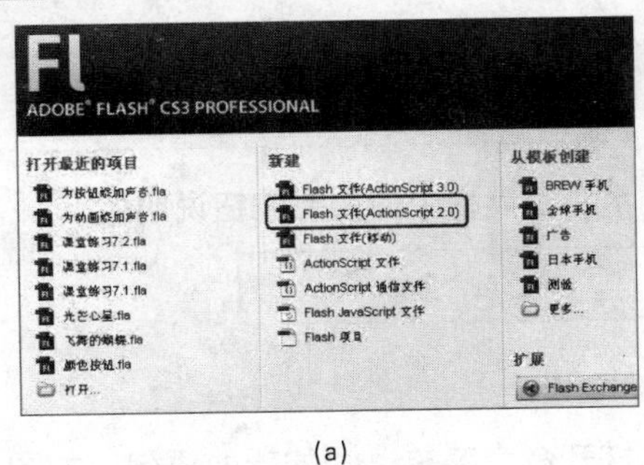

(a)

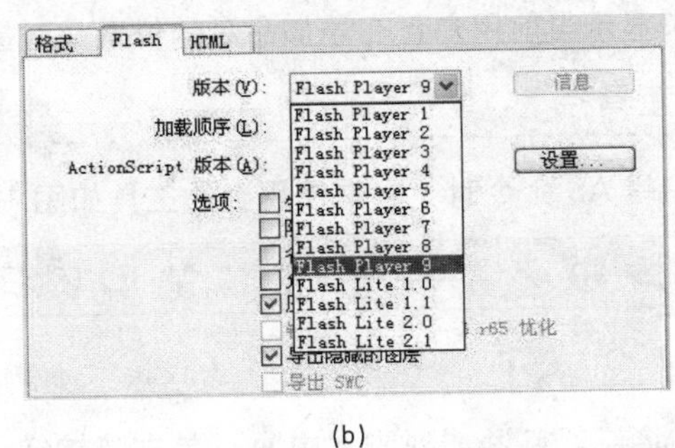

(b)

图 12.1 Flash CS3 首页面及选择 Flash Player 版本

注意：本教程主要讲述 ActionScript 2.0 的语法。

12.2 认识“动作”面板

Flash 提供了一个专门处理动作脚本的编辑环境，即“动作”面板。在默认状态下，“动作”面板位于工作区的正下方，平时处于关闭状态。“动作”面板可以分为以下 6 个部分，如图 12.2 所示。

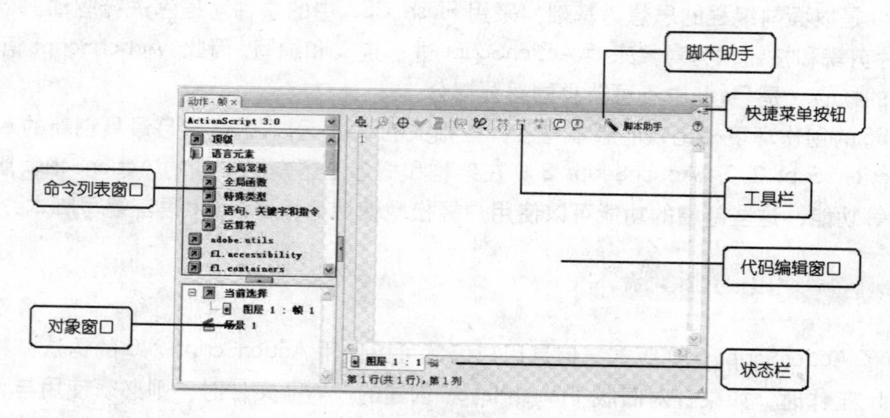

图 12.2 “动作”面板

1．命令列表窗口

该列表中包括了所有的 ActionScript（简称 AS）动作命令和相关语法。在列表中，单击文件夹图标，可打开该文件夹，文件夹中包含可使用的命令、语法或其他相关的命令，在操作时，只需双击其中的命令即可将命令添加到动作编辑栏中。

2．代码编辑窗口

该区域是用来编写 AS 语句的区域，针对当前对象的所有的脚本程序都会在该区域显示，并且在该区域对程序进行编辑。

3．对象窗口

用来显示当前用户正在添加命令的位置或对象，使用户在操作时一目了然。

4．工具栏

在编辑 AS 命令时，经常使用到的工具如图 12.3 所示，工具栏中的主要按钮说明如下。

图 12.3 “动作”面板中的工具栏

- 将新项目添加到脚本中：单击该按钮，可以打开命令菜单，添加新的语句，如图12.4

所示。

- 查找和替换：单击该按钮，在弹出的“查找和替换”对话框中输入要查找或替换的关键字，即可在脚本编辑区查找出匹配的关键字或在当前代码中查找并替换指定的关键字，如图12.5所示，其快捷键为Ctrl+F。

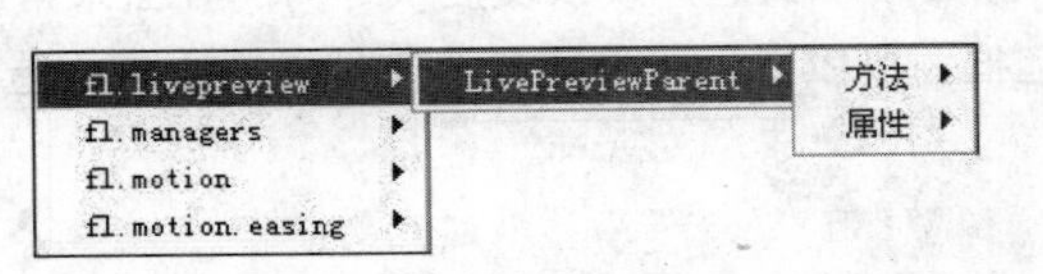

图 12.4 添加命令

图 12.5 “查找和替换”对话框

- 插入目标路径：单击该按钮，在弹出的“插入目标路径”对话框中输入要添加目标的路径，如图12.6所示。
- 语法检查：单击该按钮，系统将自动检查输入的语句是否有错误，其快捷键为Ctrl+T。
- 自动套用格式：单击该按钮，系统将对已完成的代码进行自动格式化，其快捷键为Ctrl+Shift+F。
- 显示代码提示：系统显示代码提示。
- 调试选项：单击该按钮，在弹出的菜单中，用户可以选择调试时是否“切换断点”或“删除所有断点”，如图12.7所示。
- 折叠成大括号：在代码的大括号间收缩。
- 折叠所选：在选择的代码间收缩。
- 展开全部：展开所有收缩的代码。

5. 快捷菜单按钮

单击快捷菜单按钮，可以打开快捷菜单，如图 12.8 所示，菜单中包括一些常用的命令，为制作动画提供了方便。

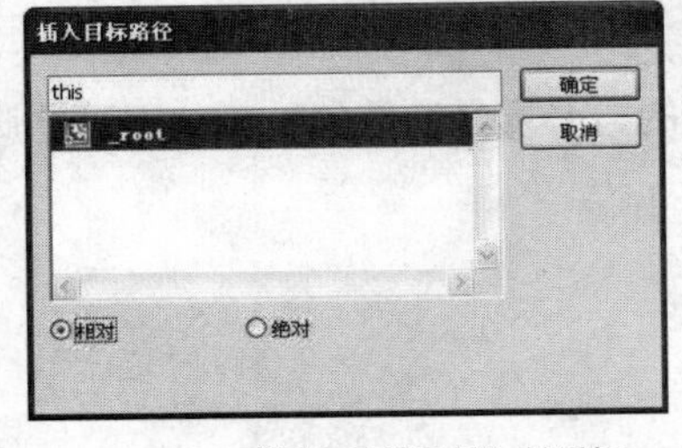

图 12.6 “插入目标路径”对话框

图 12.7 “调试选项”菜单

图 12.8 快捷菜单

6. 脚本助手

在 Flash MX 2004 版本中去掉了脚本编辑器的普通模式，这给许多想学习脚本的爱好者带来了不少的困难。Flash CS3 版本中的“脚本助手”就是 Flash MX 2004 版本经过改进后的编辑器，并比以前更加完善。

“脚本助手”通过从“动作”面板中的“动作”工具箱中的选择项以及提供专门的界面来帮助生成脚本。这个界面包含文本字段、单选按钮和复选框，可以提示正确变量及其他脚本语言构造，如图 12.9 所示。

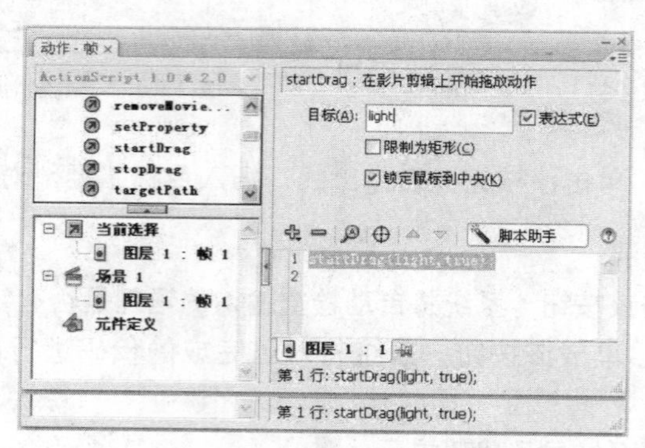

图 12.9 “脚本助手”面板

12.3 ActionScript的语法规则

Flash CS3 中的脚本像其他的脚本语言一样，也有变量、函数、操作符和保留关键字等语言元素，它有自己的一套语法规则，规定了一些字符的含义及使用的规则，在编写 ActionScript 脚本时，要熟悉它的语法规则。

1. 点

在 AS 中，点运算符被用来指明与某个对象或电影剪辑相关的属性和方法，也用于标识指向电影剪辑或变量的目标路径。用点运算符表达对象的属性，开始是对象或影片剪辑名，然后是一个点，最后是要指定的属性、方法或变量，例如：

```
this._x = this._x + ((Math.random() * this._xscale) / -10);
```

2. 大括号

AS 语句用大括号“{ }”分隔每段代码，大括号是成对出现的，必须是完整的，例如下面的脚本所示：

```
onClipEvent (load) {
timer = new Date();
}
```

3. 分号

AS 语句用分号结束，每条语句的结尾都应该加上分号，如果省略语句结尾的分号，AS 仍然能编译用户创建的脚本。例如，下面的语句以分号结束。

```
Hour = timer.getHours();
Minute = timer.getMinutes();
Second = timer.getSeconds();
```

4. 圆括号

圆括号具有运算符的最优先级别。它可以控制表达式中操作符的运行顺序，还可以将变量传递给圆括号外的函数作为函数的参数值。

定义一个函数时，要把参数放在圆括号中，例如：

```
function myFunction (name, age, reader) {
...
}
```

圆括号也可以用来改变AS的优先级，或使用户编写的AS语句更容易阅读，例如：

```
2 + (3 * (4 + 5) )
2 + (3 * 4) + 5
```

5. 字母的大小写

在 AS 语法中，字母的大小写并不严格要求，只有关键字区分大小写，对于其他的脚本代码，可以使用大写或小写字母，大小写字母是等价的。例如，下面的语句是等价的。

```
hat = true;
HAT = true;
```

6. 注释

注释在程序中起到很重要的作用，在 Flash 中，沿用了 C 语言的注释语法符号“//”，凡是在这个符号之后的语句都被视作注释，Flash 在执行的时候会自动跳过注释语句而运行下面的程序。

注意：在 AS 程序中，应该遵守一致的大小写规定，合理地将大小写字母混合起来使用。关键字的大小写必须正确，如果在书写关键字时没有使用正确的大小写，脚本将会出现错误。

12.4 ActionScript的主要命令

在 Flash CS3 中有两个编码器：一个是 ActionScript 1.0&2.0 编码器，另一个是 ActionScript 3.0 编码器，下面介绍 ActionScript 1.0&2.0 中主要使用的命令。

1. goto 命令

goto 命令是“无条件跳转”语句，它不受任何条件的约束，可以跳转到任意场景的任意一帧。在 Flash CS3 中，goto 命令有两种基本的跳转模式。

命令格式 1：gotoAndPlay（场景，帧）

命令格式 2：gotoAndStop（场景，帧）

作用：跳转到指定场景的指定帧并开始播放（或跳转到指定场景的指定帧停止播放）。如果没有指定场景，则将跳转到当前场景的指定帧。

2．nextFrame 和 nextScene 命令

命令格式 1：nextFrame()

命令格式 2：nextScene()

作用：跳到下一帧（场景）并停止播放。

例如，单击按钮，跳到下一帧并停止播放，语句如下：

```
on (release) {
  nextFrame();
}
```

3．prveFrame 和 prevScene 命令

命令格式 1：prveFrame()

命令格式 2：prevScene()

作用：跳到前一帧（场景）并停止播放。

4．play 和 stop 命令

命令格式 1：play()

命令格式 2：stop()

作用：使影片从当前帧开始（停止）播放。

如果需要某个影片剪辑在播放完毕后停止而不是循环播放，则可以在影片剪辑的最后一帧添加 stop 命令。

注意：如果没有特殊指定，在影片播放时，都是从第 1 帧开始播放。如果影片在播放的过程中被 stop 语句停止或者被 goto 语句跳转，则必须使用 play 语句使影片重新播放。

5．stopAllSounds 命令

stopAllSounds 命令停止动画中所有声音的播放，只对正在播放的声音有效，该命令没有参数。

命令格式：stopAllSounds()

作用：停止播放当前的所有声音，但是不停止播放动画。

6．on 命令

命令格式：on()

作用：按钮脚本命令，是事件处理函数，当特定事件发生时要执行的代码。

例如，单击鼠标后放开事件，语句如下：

```
on (release) {
}
```

7. startDrag 命令

命令格式：startDrag()

作用：规定在相应的事件发生时，将指定的影片剪辑跟随鼠标一起移动。

12.5 触发事件

12.5.1 触发事件的概念

在制作的动画中，拖动鼠标、播放动画到达某一帧、单击按钮元件或影片剪辑实例、按下键盘等操作，都会引起一个事件的发生。因此，Flash 中的交互由两部分组成，一是行为，二是行为的结果，二者是因果关系。使用 Flash CS3 制作交互动画时，可以通过两种方式触发事件，例如单击鼠标和按下键盘某键，被称为“用户触发事件”；而当动画播放到某一帧时，自动触发事件，则被称为“帧事件”。

12.5.2 触发事件的类型

1. 按钮触发事件

当鼠标在按钮上单击、滑过、滑出、拖动的时候都会触发相应的事件。设置触发事件的操作步骤如下。

图 12.10　on 命令菜单

Step 01 选择“窗口”|“公用库”|“按钮”命令，打开“按钮库”，从中拖动一个按钮到舞台，并选中该按钮。

Step 02 打开“动作”面板，选择“全局函数”|“影片剪辑控制”|on 命令，弹出命令菜单，如图 12.10 所示，在菜单中选择要加入的按钮命令即可。

Step 03 按钮可以触发的事件包括以下 8 种。

- press：鼠标单击按钮。
- release：鼠标单击按钮后放开。
- releaseOutside：鼠标左键在按钮上按下后在按钮外部放开。
- rollOver：鼠标滑过按钮。
- rollOut：鼠标滑出按钮。
- dragOver：鼠标拖动滑过按钮。
- dragOut：鼠标拖动滑出按钮。
- keyPress：单击键盘上指定的“键名”时，即可触发指定的动作。keyPress命令后边总是跟着键盘上的某个键的名称，如Left、Right或Home等。

2. 影片剪辑元件触发事件

当影片剪辑被载入或被播放到某一帧的时候会触发事件。设置触发事件的操作步骤如下。

Step 01 将一个影片剪辑元件拖动到舞台中，并选中该实例。

Step 02 打开“动作”面板，选择“全局函数”|“影片剪辑控制”| onClipEvent 命令，弹出命令菜单，如图 12.11 所示，在该菜单中选择要加入的命令即可。

Step 03 影片剪辑元件可以触发的事件包括以下 9 种。

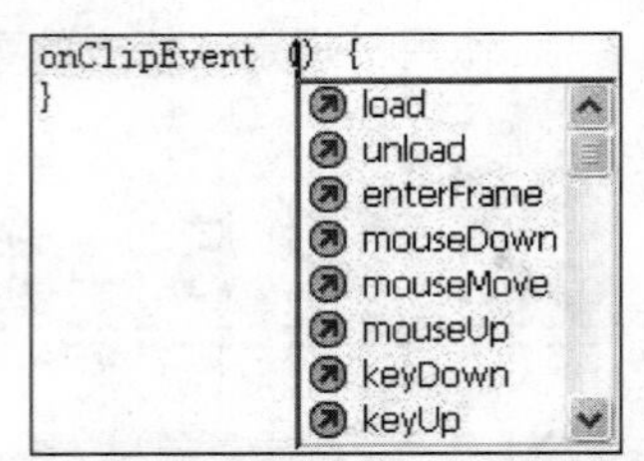

图 12.11 onClipEvent 命令菜单

- load：当载入影片剪辑元件到场景时触发事件。
- unload：当卸载影片剪辑元件时触发事件。
- enterFrame：当加入帧时触发事件。
- mouseDown：当按下鼠标左键时触发事件。
- mouseMove：当移动鼠标时触发事件。
- mouseUp：当放开鼠标左键时触发事件。
- keyDown：当按下键盘上某个键时触发事件。
- keyUp：当放开键盘上某个键时触发事件。
- data：当数据接收到和数据传输完时触发事件。

3. 帧触发事件

定义帧触发事件就是给某个特定的帧指定一个动作，当影片播放到该帧的时候，就会响应事件并执行指定的动作。当需要影片在进行到某一关键帧时执行特定的动作，就要在这一帧添加代码。

例如，当需要控制一个包含两个场景的动画，当“场景 1”播放到第 10 帧的时候，开始播放“场景 2”，然后在“场景 2”结束后继续从“场景 1”的第 11 帧开始播放，在“场景 1”播放完成后结束动画，设置的方法如下。

Step 01 选中“场景 1”的第 10 帧，在代码编辑窗口中输入如下语句：

```
gotoAndPlay ("场景 2",1) ;
```

Step 02 选中“场景 2”的最后一帧，在代码编辑窗口中输入如下语句：

```
gotoAndPlay ("场景 1",11) ;
```

Step 03 选中“场景 1”的最后一帧，在代码编辑窗口中输入如下语句：

```
Stop();
```

12.6 案例1——拖动鼠标显示文字

制作一个拖动鼠标显示文字的动画，通过该实例，介绍在动画中添加简单的脚本语句即可实现对鼠标的控制，如图 12.12 所示。

图 12.12　拖动鼠标显示文字

源文件	源文件\Chapter 12\拖动鼠标显示文字
视频文件	实例视频\Chapter 12\拖动鼠标显示文字.avi
知识要点	创建新文档\创建影片剪辑元件\"椭圆工具"和"文本工具"的应用\"颜色"面板和"对齐"面板的应用\创建遮罩层\添加脚本语句

具体操作步骤如下。

Step 01 选择"文件"|"新建"命令，创建一个新文档，选择"修改"|"文档"命令，在弹出的"文档属性"对话框中，设置背景色为蓝色，默认其他选项。

Step 02 选择"插入"|"新建元件"命令，创建一个名为 light 的影片剪辑元件，单击"确定"按钮，进入元件编辑状态。

Step 03 选择"椭圆工具"，打开"颜色"面板，设置为"放射状"填充类型样式，填充颜色从左到右依次为白色、粉色、黄色和绿色（颜色可以任意设置）。

Step 04 拖动鼠标在舞台上绘制一个正圆，设置宽和高为 150px×150px，利用"对齐"面板，使其相对于舞台居中对齐，如图 12.13（a）所示。

Step 05 选择"插入"|"新建元件"命令，创建一个名为"文字"的影片剪辑元件，单击"确定"按钮，进入元件编辑状态。

Step 06 选择"文本工具"，拖动鼠标在文本框中输入文字"同一个梦想"，颜色任意，利用"对齐"工具，使其相对于舞台居中对齐，如图 12.13（b）所示。

(a)　(b)

图 12.13　创建放射状正圆和创建文字

Step 07 按 Ctrl+E 组合键，返回主场景，选中第 1 帧，打开"库"面板，如图 12.14（a）所示，从中将 light 影片剪辑元件拖动到舞台，将其相对于舞台居中对齐，此时，"属性"面板如图 12.14（b）所示。

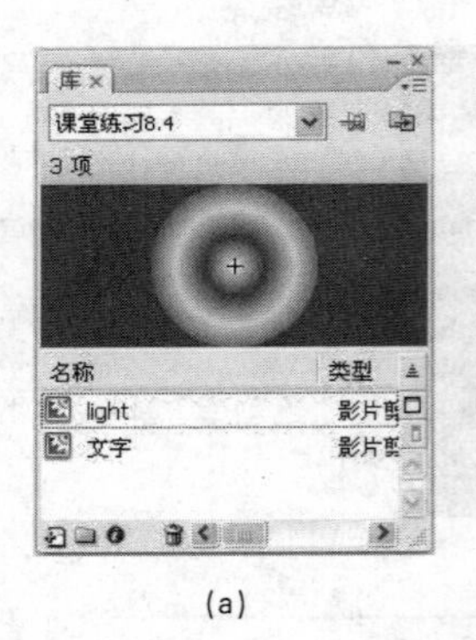

(a)

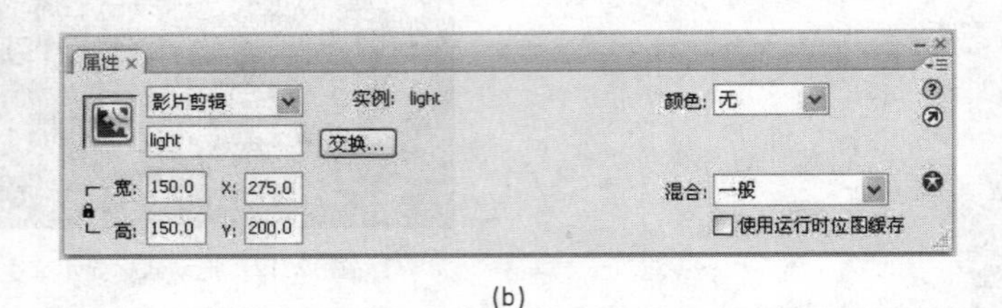

(b)

图 12.14 “库”面板和“属性”面板

Step 08 在名称文本框中输入元件名称 light。

Step 09 选中第 1 帧，打开“动作”面板，选择“全局函数”|“影片剪辑控制”| startDrag 命令，在帧的位置上加入代码 startDrag(light,true);，如图 12.15 所示。

提示：语句 startDrag(light, true)是用来指定拖动的影片剪辑对象的语句。

Step 10 选中“图层 1”，单击“插入图层”按钮，插入一个新图层，在“图层 2”的第 1 帧将影片剪辑元件“文字”拖动到舞台，调整其大小，并利用“对齐”面板，使其相对于舞台居中对齐。

Step 11 在“图层 2”的名称处右击，在弹出的快捷菜单中选择“遮罩层”命令，如图 12.16 所示，“时间轴”面板如图 12.17 所示。

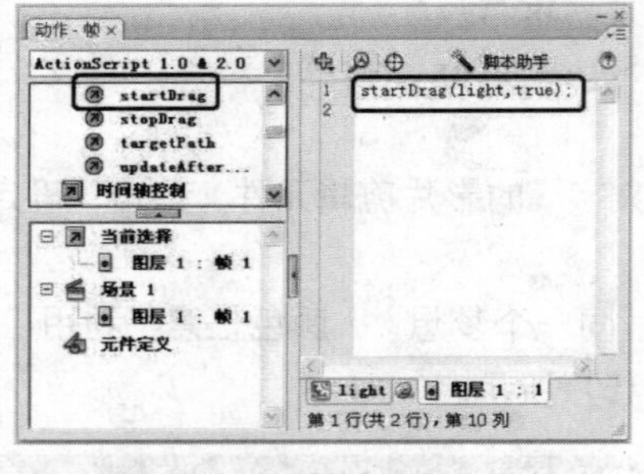

图 12.15 为“帧”添加代码

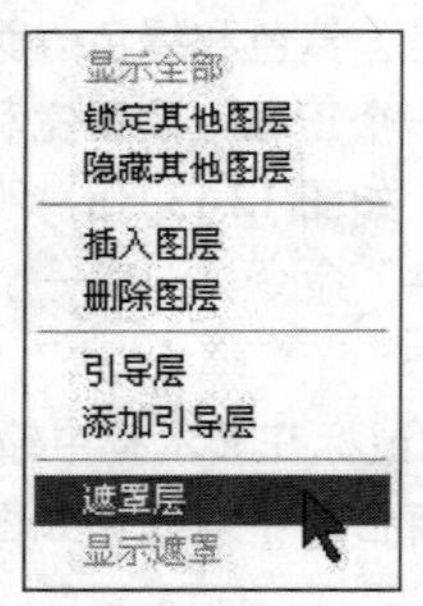

图 12.16 选择命令

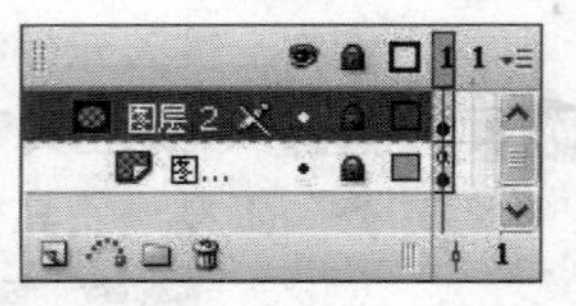

图 12.17 “时间轴”面板

Step 12 选择“文件”|“保存”命令，在弹出的“另存为”对话框中，将文件保存到“源文件\Chapter 12\拖动鼠标显示文字”文件夹下，并将文件命名为“拖动鼠标显示文字.fla”。

Step 13 按 Ctrl+Enter 组合键，输出动画，拖动鼠标可以显示文字效果。

12.7 案例2——按钮控制切换图片

制作一个按钮控制切换图片的动画，通过该实例，介绍在动画中添加脚本语句即可实现按钮对对象的控制，如图 12.18 所示。

图 12.18 按钮控制切换图片

源文件	源文件\Chapter 12\按钮控制切换图片
视频文件	实例视频\Chapter 12\按钮控制切换图片.avi
知识要点	创建新文档\创建影片剪辑元件\"对齐"面板的应用\"文本工具"应用\"分离"命令的应用\添加脚本语句

具体操作步骤如下。

1. 创建新文档和元件

Step 01 选择"文件"|"新建"命令，创建一个新文档。选择"修改"|"文档"命令，在弹出的"文档属性"对话框中，修改背景色为蓝色，默认其他选项。

Step 02 选择"插入"|"新建元件"命令，创建一个名为"图片"的影片剪辑元件，单击"确定"按钮，进入元件编辑状态。

Step 03 选择"文件"|"导入"|"导入到库"命令，弹出"导入"文件对话框，从"源文件\Chapter 12\按钮控制切换图片"文件夹下，导入 6 张风景图片。将 6 张图片拖动到第 1 帧至第 6 帧上，利用"对齐"面板，使图片相对于舞台居中对齐。

提示： 在第 1～6 帧处分别插入空白关键帧，然后将图片拖动到舞台。

Step 04 单击第 1 帧，打开"动作"面板，选择"全局函数"|"时间轴控制"| stop 命令语句，如图 12.19 所示。

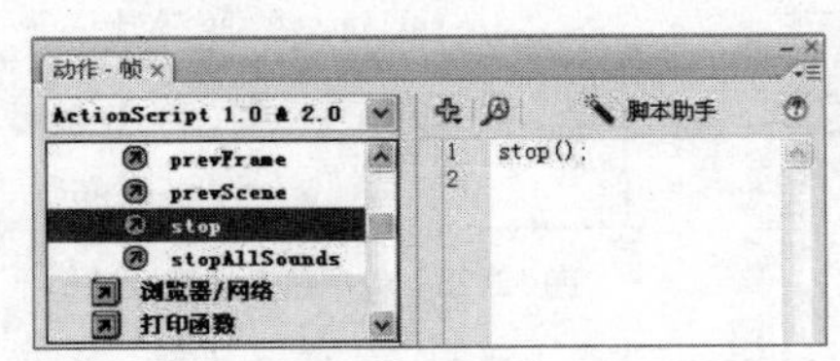

图 12.19 添加 stop 命令

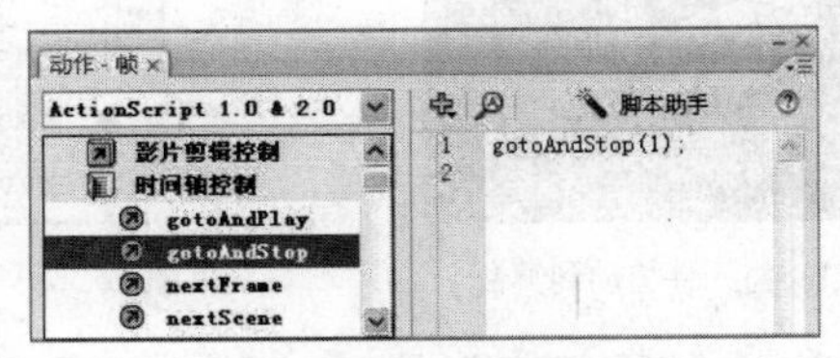

图 12.20 添加 gotoAndStop 命令

提示： Stop 语句表示让图片在每次切换后都停止播放。

Step 05 重复第 4 步的操作，分别在第 2 帧、第 3 帧、第 4 帧和第 5 帧中加入 stop 命令语句。

Step 06 单击第 6 帧，在"动作"面板中选择"全局函数"|"时间轴控制"| gotoAndStop 命令语

句，在编辑文本框中输入 1，如图 12.20 所示。

提示：gotoAndStop 语句表示播放完一组图片的最后一帧后必须回到第 1 帧。

2. 组织场景并输入脚本语句

Step 01 按 Ctrl+E 快捷键，返回“场景 1”。

Step 02 选择“窗口”|“公用库”|“按钮”命令，从“库”面板中拖动出一个按钮放置到舞台合适的位置。

Step 03 单击“插入图层”按钮，添加“图层 2”。选择“窗口”|“库”命令，打开“库”面板，将“图片”影片剪辑元件从“库”中拖动到舞台合适的位置处，并修改元件实例的尺寸，如图 12.21 所示。

Step 04 选中“图片”元件，在“属性”面板中输入元件实例的名称 pc，如图 12.22 所示。

Step 05 选中舞台上的按钮，选择“全局函数”|“影片剪辑控制”| on 命令语句，在弹出的菜单中选择 press 命令，此时，命令编辑窗口的脚本语句如下：

```
on (press) {
}
```

Step 06 选择“否决的”|“动作”| tellTarget 命令，在右边的文本框中输入实例名称“pc”，此时，命令编辑窗口的脚本如下：

```
on (press) {
    tellTarget ("pc") {
}
}
```

Step 07 选择“全局函数”|“时间轴控制”| nextFrame 命令，如图 12.23 所示，至此，脚本语句添加完毕。

```
on (press) {
tellTarget ("pc") {
nextFrame();
}
}
```

图 12.21 将元件拖动到舞台

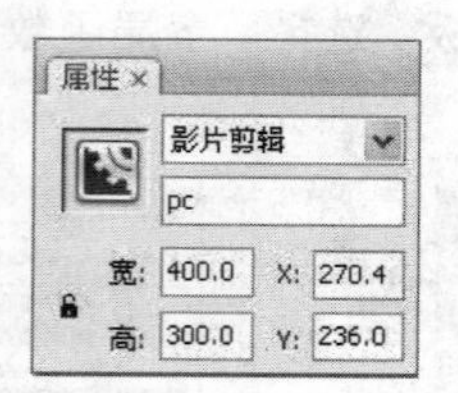

图 12.22 为实例命名

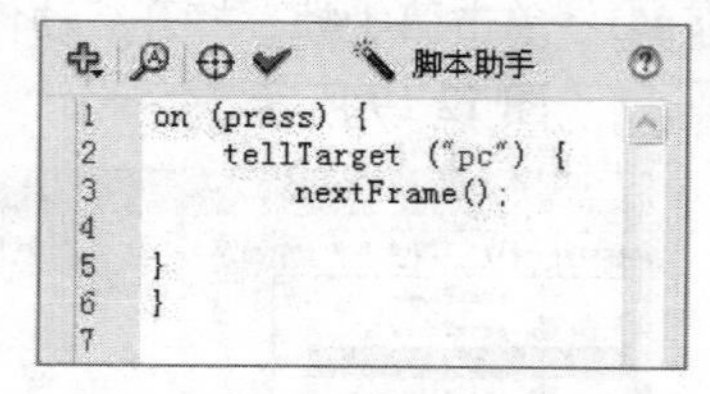

图 12.23 为按钮添加脚本语句

Step 08 单击“插入图层”按钮，添加“图层 3”，选择“文本工具”，在舞台上方输入标题“华山风光”，选中文本（如果动画不能输出，则选择“修改”|“分离”命令，将文字打散，再选择“组合”命令，将其组合为一个整体即可）。

Step 09 制作完毕，选择“文件”|“保存”命令，在弹出的“另存为”对话框中，将文件保存到“源文件\Chapter 12\按钮控制切换图片”文件夹下，并将文件命名为“按钮控制切换图片.fla”。

Step 10 按 Ctrl+Enter 组合键，输出动画，单击按钮即可切换图片。

12.8 案例3——跳动的音符

制作一个音符跳动的动画，通过该动画的制作，介绍在动画中添加脚本语句即可实现对动画的控制的功能，如图 12.24 所示。

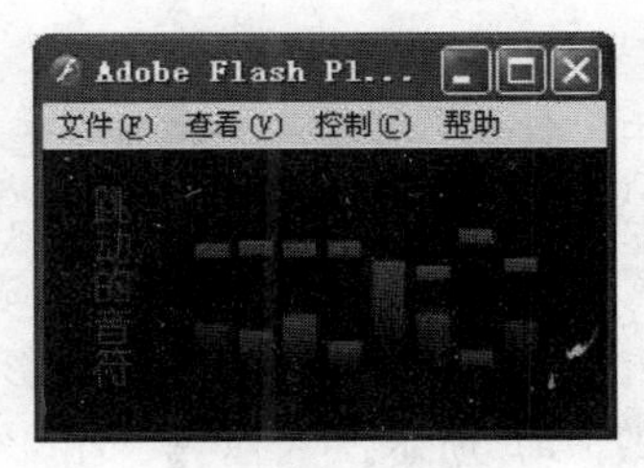

图 12.24 跳动的音符

源文件	源文件\Chapter 12\跳动的音符
视频文件	实例视频\Chapter 12\跳动的音符.avi
知识要点	创建新文档\创建影片剪辑元件\“矩形工具”和“渐变变形工具”的应用\“对齐”面板的应用\添加脚本语句

具体操作步骤如下。

1. 创建元件

Step 01 选择“文件”|“新建”命令，创建一个新文档。选择“修改”|“文档”命令，在弹出的“文档属性”对话框中，修改舞台尺寸为 400 px×200 px，设置背景颜色为黑色，默认其他选项。

Step 02 选择“插入”|“新建元件”命令，创建一个名为“光柱 1”的影片剪辑元件，单击“确定”按钮，进入元件编辑状态。

Step 03 选择“矩形工具”，拖动鼠标在舞台中绘制一个绿色的无边框长条矩形，选中长条矩形，设置其尺寸为 20px×100px，然后打开“对齐”面板，选择“水平中齐”和“底部分布”选项，如图 12.25（a）所示。

Step 04 选中长条矩形，打开“颜色”面板，选择“线性”填充样式，填充颜色从左到右为绿色和黑色，如图 12.25（b）所示，填充后的长条矩形如图 12.25（c）所示。

Step 05 选择“渐变变形工具”，选中长条矩形，拖动“旋转渐变控制点”句柄（白色空心圆圈）到水平位置，如图 12.26（a）所示，然后再拖动“移动渐变控制点”句柄（白色空心方块）到长条矩形的下端，如图 12.26（b）所示。

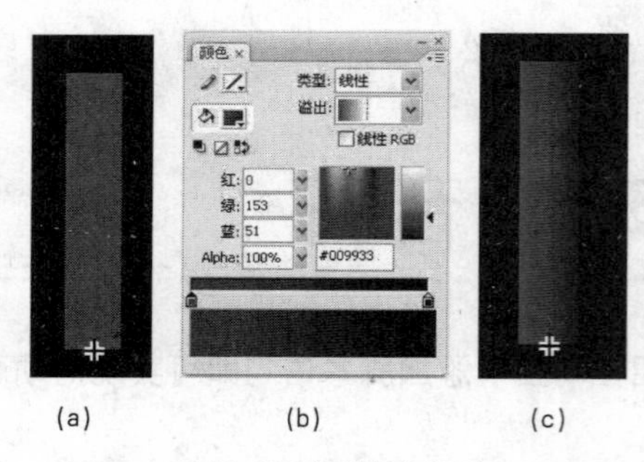

(a)　(b)　(c)

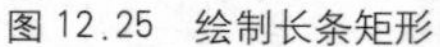
图 12.25　绘制长条矩形

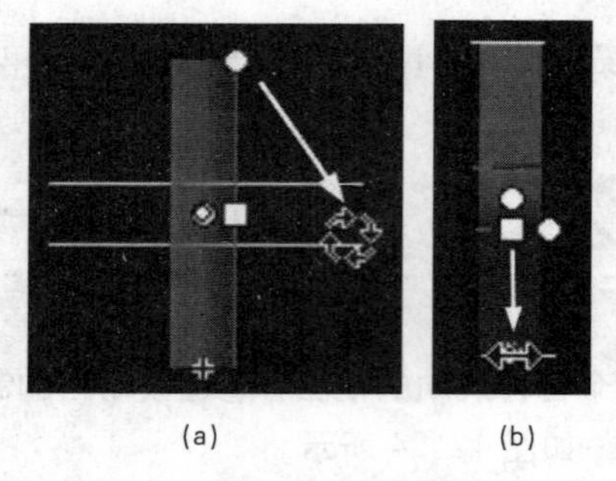

(a)　(b)

图 12.26　渐变变形矩形

Step 06 选择“插入”|“新建元件”命令，创建一个名为“光柱 2”的影片剪辑元件，单击“确定”按钮，进入元件编辑状态。制作方法同“光柱 1”，设置其尺寸为 20px×10px。

Step 07 选择“插入”|“新建元件”命令，创建一个名为“光谱”的影片剪辑元件，单击“确定”按钮，进入元件编辑状态。打开“库”面板，从中将影片剪辑元件“光柱 1”和“光柱 2”拖动到编辑区，如图 12.27（a）所示。

Step 08 选中影片剪辑元件“光柱 1”，打开“动作”面板，输入如下脚本语句：

```
onClipEvent (enterFrame) {
_alpha=Math.random()*60+40;
_yscale=Math.random()*90+10;
}
```

Step 09 选中影片剪辑元件“光柱 2”，打开“动作”面板，输入如下脚本语句：

```
onClipEvent (enterFrame) {
    _y=-Math.random()*30-60;
}
```

Step 10 选中两个元件，右击鼠标，在弹出的快捷菜单中选择“复制”命令，然后在编辑区右击鼠标，选择“粘贴”命令，复制多个元件，将其排列，如图 12.27（b）所示。

(a)　(b)

图 12.27　元件在编辑区的排列

2. 组织场景

Step 01 按 Ctrl+E 组合键返回“场景 1”，打开“库”面板，从中将影片剪辑元件“光谱”拖动到舞台，放置在合适的位置。

Step 02 单击“插入图层”按钮，添加新图层，选择“文本工具”，设置属性，在文本框中输入“跳动的音符”（如果动画不能输出，则选中文本，选择“修改”|“分离”命令，将文字打散，再选择“组合”命令，将其组合为一个整体即可）。

Step 03 选择“文件”|“保存”命令，在弹出的“另存为”对话框中，将文件保存到“源文件\

Chapter 12\跳动的音符"文件夹下，并将其命名为"跳动的音符.fla"。

Step 04 按Ctrl+Enter组合键，输出动画并测试动画效果。

12.9 案例4——下雨效果

制作一个下雨效果的动画，通过该实例，介绍在动画中添加脚本语句即可实现对动画的控制，如图12.28所示。

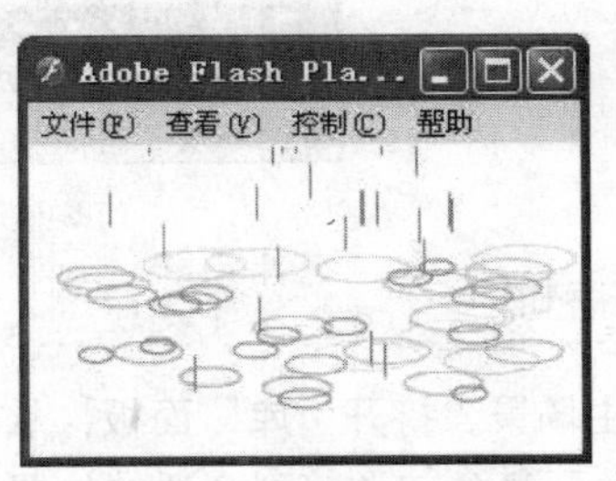

图12.28 下雨效果

源文件	源文件\Chapter 12\下雨效果
视频文件	实例视频\Chapter 12\下雨效果.avi
知识要点	创建新文档\创建影片剪辑元件\"矩形工具"和"线条工具"的应用\"对齐"面板的应用\创建形状补间动画\添加脚本语句\为实例命名

具体操作步骤如下。

1. 创建元件

Step 01 创建一个新文档，默认文档属性。

Step 02 选择"插入"|"新建元件"命令，创建一个名为"下雨"的影片剪辑元件，单击"确定"按钮，进入元件编辑状态。

Step 03 单击"插入图层"按钮，插入两个新图层，在"图层3"的第1帧处，选择"矩形工具"，在舞台中绘制一个无填充色的矩形框，调整尺寸与舞台相同，利用"对齐"面板使其相对于舞台居中对齐，并在第15帧处插入普通帧。

Step 04 在"图层1"的第1帧处，选择"线条工具"，设置"笔触颜色"为灰色，"笔触高度"为1pts，拖动鼠标在舞台中绘制一条垂直的直线（雨线），将该直线移动到矩形框的上边框附近。

Step 05 在第15帧处插入关键帧，将直线向下移动到矩形框下半部，返回第1帧，在"属性"面板中，选择"形状"补间，创建形状补间动画。

Step 06 在第16帧和第36帧处，按F7键插入空白关键帧，在第36帧处，打开"动作"面板，输入以下脚本语句：

```
stop();
```

Step 07 锁定“图层 1”，单击“绘图纸外观”按钮，在“图层 2”的第 16 帧处，按 F7 键插入空白关键帧，选择“椭圆工具”，拖动鼠标在舞台中绘制一个无填充色、笔触颜色为灰色的椭圆（涟漪），调整其尺寸，并将其放置在雨线的下方，如图 12.29 所示。

Step 08 在第 35 帧处插入关键帧，将椭圆放大，并在“属性”面板中设置其 Alpha 值为 10%，返回第 16 帧，在“属性”面板中，创建形状补间动画。

Step 09 删除“图层 3”，完成元件创建后的“时间轴”面板如图 12.30 所示。

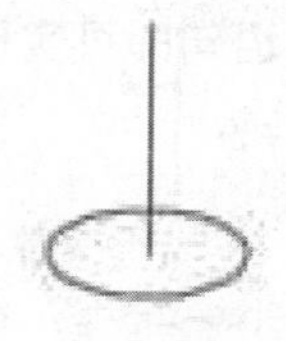

图 12.29 雨和涟漪

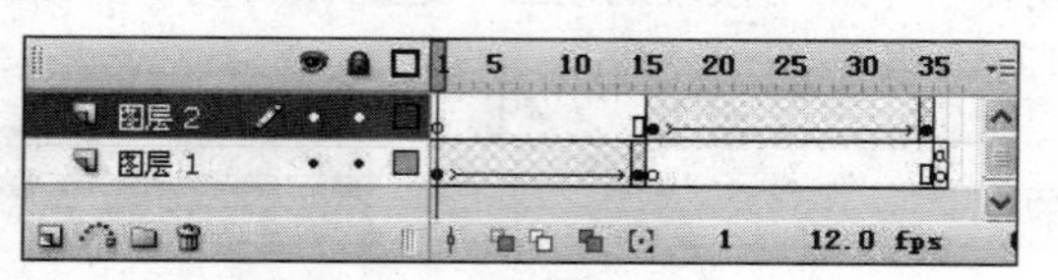

图 12.30 “时间轴”面板

2. 组织场景并为帧添加脚本语句

Step 01 按 Ctrl+E 组合键，返回主场景。打开“库”面板，从中将影片剪辑“下雨”元件拖动到舞台，调整到合适的位置，在第 170 帧处插入关键帧。

Step 02 选中元件实例，在“属性”面板中，输入实例名称为 mc，如图 12.31 所示。

图 12.31 为元件实例命名

Step 03 单击“插入图层”按钮，添加“图层 2”，选中第 1 帧，打开“动作”面板，输入以下脚本代码：

```
c=1;
```

Step 04 在第 2 帧处，按 F7 键插入空白关键帧，在“动作”面板中，输入以下脚本代码：

```
function ee(){
duplicateMovieClip("mc",c,c);
setProperty(c, _x,random(550));
setProperty(c, _y,random(200));
updateAfterEvent();
c++;
if (c>300) {
clearInterval(kk);
}
}
kk=setInterval(ee,120);
```

Step 05 选择“文件”|“保存”命令，在弹出的“另存为”对话框中，将文件保存到“源文件\Chapter 12\下雨效果”文件夹下，并将其命名为“下雨效果.fla”。

Step 06 按 Ctrl+Enter 组合键，输出动画并测试动画效果。

12.10 练习题

1. “动作”面板由哪几部分组成？简述其作用。

2．脚本语句的语法规则有哪些？简述脚本语句的主要命令。

3．事件和动作的区别是什么？触发事件有哪两种方法？

4．在 ActionScript 语法中一般是不区分大小写的，但如果关键字没有使用正确的大小写，则会出现什么情况？

5．按钮触发事件中，press 和 release 命令分别表示什么？

6．根据本章中的“按钮控制图片切换”的操作过程，发挥自己的想象和创意，设计制作一个按钮触发事件的动画。

Chapter 13

组件的应用与动画输出

本章导读

组件是带有参数的影片剪辑元件，这些参数可以修改组件的外观和行为，使用组件可以制作各种用户控制界面，只需将它们拖动到舞台即可使用。当动画完成后，要将动画作为文件导出，以供其他应用程序使用，或将动画发布供用户观看，在输出动画之前，要对动画进行测试和优化。

内容要点

- 组件简介
- 常用组件
- 动画的优化和测试
- 动画的发布
- 动画的导出
- 案例 1——制作万年历
- 案例 2——Loading 的制作

13.1　组件简介

13.1.1　组件的概念

在 Flash CS3 中，如果要使动画具备某种特定的交互功能，除了为动画中的帧、按钮或影片剪辑添加 Action 脚本的方法以外，还可以利用 Flash CS3 中提供的各种组件来实现。

组件是 Flash 中重要的组成部分，它是一种已经定义了参数的影片剪辑元件，通过设置参数可以修改组件的外观和行为。同时，组件具有一定的脚本，允许设置和修改其选项。使用组件，可以构建复杂的 Flash 应用程序，使用户不必自定义按钮、组合框、列表等。

选择“窗口”|“组件”命令，可打开“组件”面板，该面板中包含了多种内置的组件。

13.1.2　组件的类型

在 Flash CS3 中，组件共分为 User Interface 组件（UI 组件）和 Video 组件两种，其功能和含义如下。

- User Interface组件：该组件用于设置用户界面，并通过界面使用户与应用程序进行交互操作，在Flash中大多数交互操作都是通过该组件实现的。在User Interface组件中，主要包括Button（按钮）组件、CheckBox（复选框）组件、ComboBox（组合框）组件、Loader（容器）组件、ScrollPane（滚动窗口）组件和Label（标签）组件等，如图13.1所示。
- Video组件：该组件是设置多媒体组件，并通过这些组件与各种多媒体制作与播放软件进行交互操作。在Video组件中主要包括BackButton、PlayButton、PauseButton和VolumeBar等，如图13.2所示。

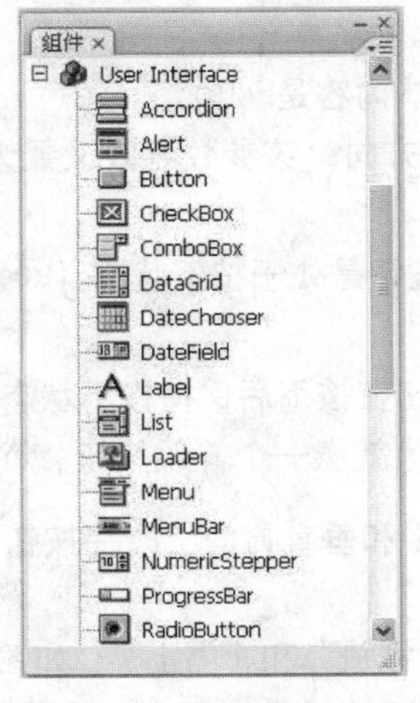

图 13.1　“User Interface 组件”列表框

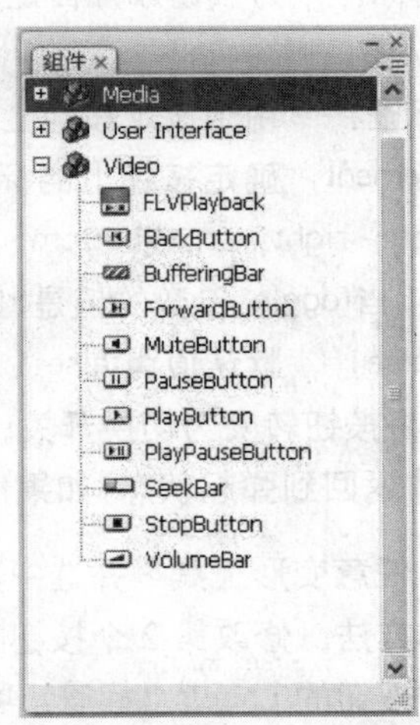

图 13.2　“Video 组件”列表框

13.2 常用组件

User Interface组件是应用最广、最常用的组件，下面对其常用组件的使用和参数设置作一些简单的介绍。

13.2.1 Button组件

源文件	源文件\Chapter 13\素材

Button（按钮）组件是一组比较简单的组件，该组件可以为Flash影片中添加按钮，应用Button组件的操作步骤如下。

Step 01 创建一个新文档，选择“窗口”|“组件”命令，打开“组件”面板。

Step 02 从“组件”面板中将两个 Button 组件拖动到舞台，如图 10.3（a）所示，选中舞台中的组件实例，其“属性”面板如图 13.3（b）所示。

(a) (b)

图 13.3 创建Button组件及其“参数”面板

Step 03 Button 组件包含的参数如下。

- icon（图标）：为按钮添加自定义图标。该值是库中影片剪辑或图形元件的链接标识符，没有默认值。
- label（标签）：用来设定按钮上显示的文字内容，默认内容是Button。
- labelPlacement：确定按钮上的标签文本相对于图标的方向。该参数可以设置为以下4个值之一，left、right、top或bottom，默认值是right。
- selected：当toggle 参数的值是true时，则该参数指定按钮是处于按下状态（true）还是释放状态（false），默认值为false。
- toggle：将按钮转变为切换开关。如果值为true，则按钮在按下后保持按下状态，直到再次按下时才返回到弹起状态；如果值为false，则按钮的行为就像一个普通按钮，默认值为false。

Step 04 选择“任意变形工具”并选中其中一个按钮，在水平和垂直方向上改变按钮的形状。用同样的方法，修改第 2 个按钮的形状。

Step 05 在两个按钮的 Labels（标签）项后的文本框中输入“播放”和“停止”，如图 13.4 所示。

Step 06 为按钮添加图标。选择“文件”|“导入”|“导入到库”命令，从“源文件\Chapter 13\素材”文件夹下，导入名为“图标 1”和“图标 2”的图片。

Step 07 打开“库”面板，将两张图片拖动到舞台，分别选中两张图片，选择“修改”|“转换为元件”命令，将两张图片转换为名为 icon1 和 icon2 的影片剪辑元件，然后删除舞台中的两张图片。

Step 08 按 Ctrl+L 快捷键，打开“库”面板，可以看见两个影片剪辑元件存放在库中。在“库”面板中选中 icon1 元件，右击鼠标，在快捷菜单中选择“链接”命令，弹出“链接属性”对话框，选中“为 ActionScript 导出”复选框，如图 13.5 所示，单击“确定”按钮。对 icon2 元件进行同样的操作。

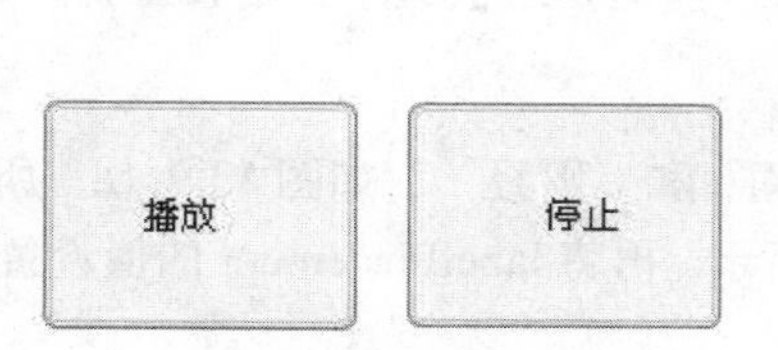

图 13.4 设置标签

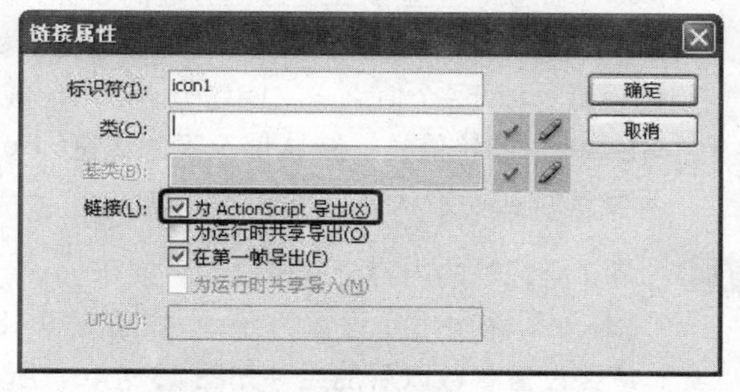

图 13.5 “链接属性”对话框

Step 09 选中舞台中的“播放”按钮，在“属性”面板的“参数”选项卡的 icon（图标）选项后的文本框中输入 icon1，在 labelPlacement 选项中选择 left，此时，在“播放”按钮文字的右边出现了一个灰色小矩形。

Step 10 同样，为舞台中的“停止”按钮设置参数，在 icon 文本框中输入 icon2，在 labelPlacement 选项中选择 right，如图 13.6（a）所示。

Step 11 制作完毕，按 Ctrl+Enter 组合键测试按钮效果，效果如图 13.6（b）所示。

(a) (b)

图 13.6 为按钮添加图标

提示： 还可以通过“组件检查器”查看或设置参数，选择“窗口”|“组件检查器”命令，即可打开“组件检查器”面板，在面板中查看参数。

13.2.2 CheckBox组件

利用 CheckBox（复选框）组件可以同时选取多个项目，并为其设置相应的参数。应用 CheckBox 组件的操作步骤如下。

Step 01 创建一个新文档，从“组件”面板中拖出 3 个复选框组件到舞台，默认显示的名称为 CheckBox，如图 13.7 所示。

Step 02 选中舞台中的复选框组件实例，其“参数”面板如图 13.8 所示。

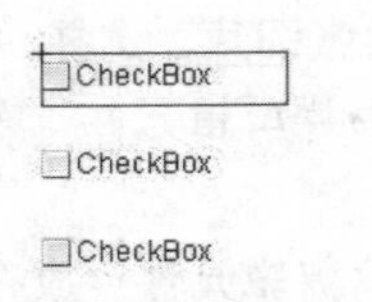

图 13.7　创建 CheckBox 组件

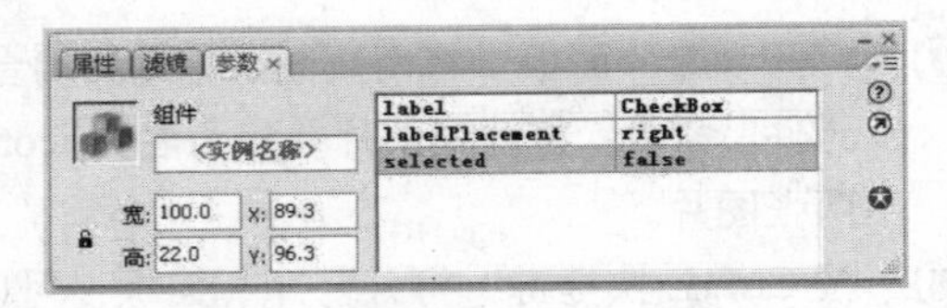

图 13.8　“参数”面板

Step 03　CheckBox 组件的各参数含义如下。

- label（标签）：显示在复选框旁边的名称。
- labelPlacement（标签位置）：确定复选框上标签文本出现在复选框的哪个位置。该参数可以设置为以下4个值之一，left、right、top 或 bottom，默认值是right。
- selected（初始值）：默认情况下此值是false，表示复选框未被选中；若设置为true，则表示复选框在初始状态下是被选中的。

Step 04　将 3 个标签的内容分别修改为“娱乐”、“新闻”和“财经”，如图 13.9（a）所示，将 selected（初始值）设置为 true，如图 13.9（b）所示，再将 labelPlacement 的值设置为 left，最终设置参数以后的组件如图 13.9（c）所示。

Step 05　制作完毕，按 Ctrl+Enter 快捷键测试结果，当同时选中了“娱乐”和“财经”两个复选框时的效果如图 13.10 所示。

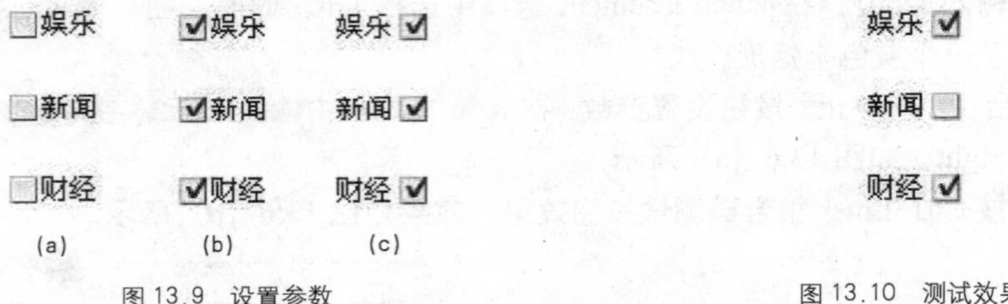

图 13.9　设置参数

图 13.10　测试效果

13.2.3　ComboBox组件

ComboBox（组合框）组件是常见的界面元素，在下拉列表框中可以提供多种选项供用户选择。应用 ComboBox 组件的操作步骤如下。

Step 01　创建一个新文档，从“组件”面板中将 ComboBox 组件拖动到舞台，如图 13.11 所示。

Step 02　选中舞台上的组件实例，其“参数”面板如图 13.12 所示。

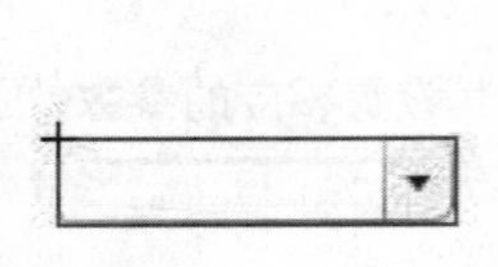

图 13.11　创建 ComboBox 组件

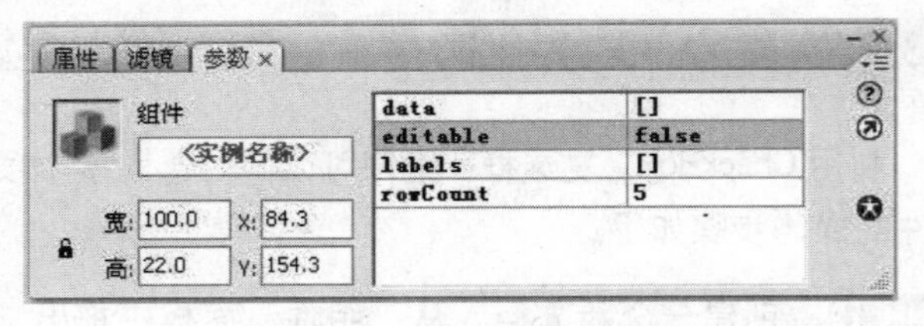

图 13.12　组件的“参数”面板

Step 03　ComboBox 组件的各参数含义如下。

- data（数据）：用来设置与标签内容相对应的数据内容。单击此参数，弹出“值”对话框，如图13.13所示，在该对话框中可以增加或删除选项，并可以对选项进行排序。

- editable（可编辑）：确定组合框内容在影片中是否可以编辑。默认设置为false，表示在影片中不可以修改该项内容；若设置为true，则表示可以修改该项内容。
- labels（标签）：设置备选条目，双击此参数，也将弹出“值”对话框。
- rowCount（行数）：设定下拉列表同时显示的行数，当选项的数目大于行数时，下拉列表自动出现滚动条，默认的行数为5。

注意：data 与 labels 中的选项数目要对应。

Step 04 将组件参数 editable（可编辑）设置为 true，并在单击 labels（标签）项打开的“值”对话框中单击添加按钮，输入“广州”、“上海”、“福州”、“南京”、“黄山”、“北京”和“连云港”，如图 13.14（a）所示。并在单击 data（数据）项打开的“值”对话框中输入 d1、d2、d3、d4、d5、d6 和 d7，如图 13.14（b）所示。

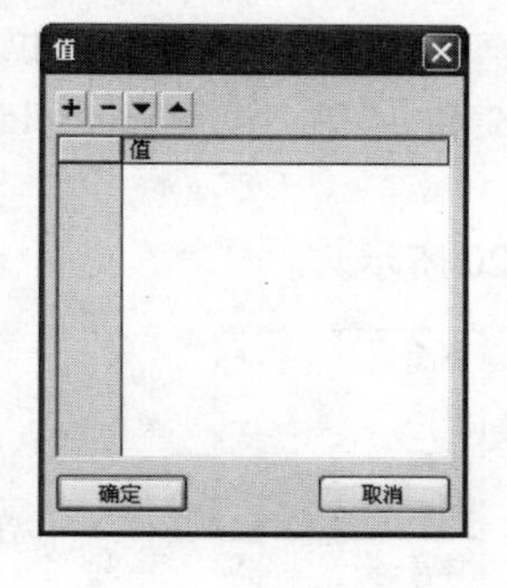

图 13.13 “值”对话框

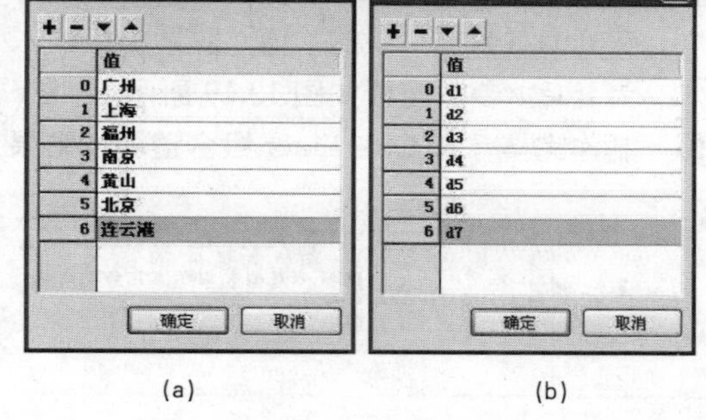

(a) (b)

图 13.14 输入标签和数据项

Step 05 单击“确定”按钮后，“参数”面板如图 13.15 所示。按 Ctrl+Enter 快捷键测试结果，如图 13.16 所示。

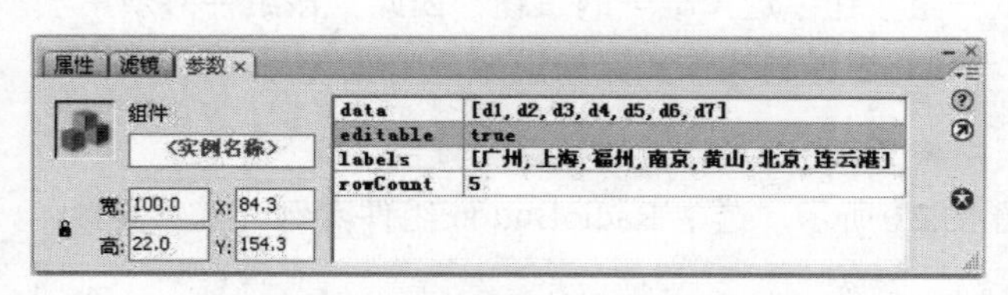

图 13.15 设置完成后的“参数”面板

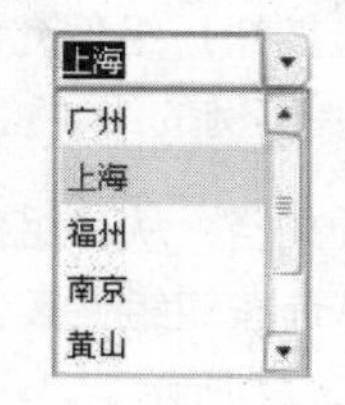

图 13.16 滚动条显示

13.2.4 List组件

List（列表框）组件用来在 Flash 影片中添加带滚动条的列表菜单，它允许从一个可滚动的列表中选择一个或多个选项，它与 ComboBox（组合框）组件有相似的功能和用法。应用 List 组件的操作步骤如下。

Step 01 创建一个新文档，从“组件”面板中将 List 组件拖动到舞台，如图 13.17 所示。

Step 02 选中舞台中的组件实例，其“参数”面板如图 13.18 所示。

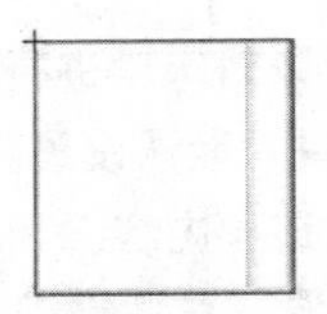

图 13.17　创建 List 组件

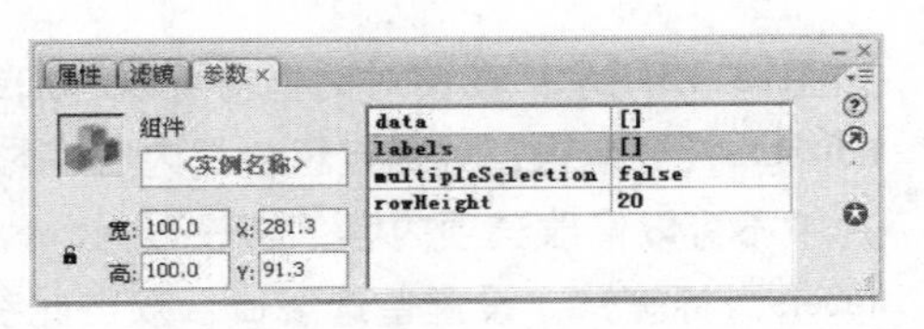

图 13.18　“参数”面板

Step 03　List 组件的各参数含义如下（data 和 labels 项的含义与 ComboBox 组件的相同，不再赘述）。

- multipleSelection：是布尔型选项，只有true和false两种状态，它是用来设定是否可以在列表框中选择多个选项。false表示不允许，true则表示允许多重选择，如果设置为true，则在使用中按下Ctrl键配合鼠标操作就能选择多个选项。
- rowHeight：指明每行的高度，以“像素”为单位，默认值是20。设置字体不会更改行的高度。

Step 04　在 labels（标签）项的“值”对话框中输入“财经”、“新闻”、“娱乐”和“信箱”等，在 data（数据）项的“值”对话框中输入 d1、d2、d3 和 d4 等，设置 multipleSelection 项为 true，参数面板如图 13.19 所示。

Step 05　制作完毕，按 Ctrl+Enter 组合键测试结果，如图 13.20 所示。

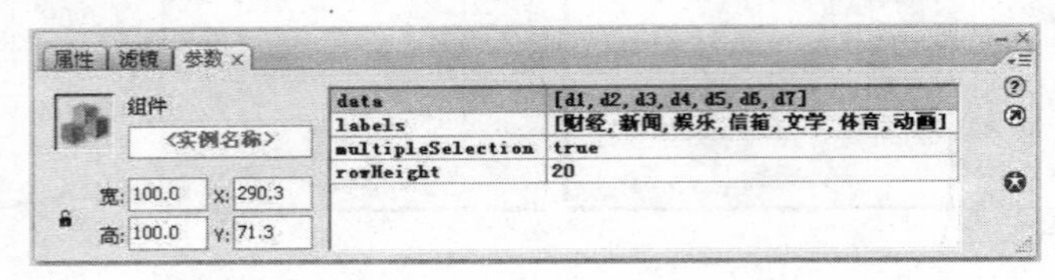

图 13.19　设置参数

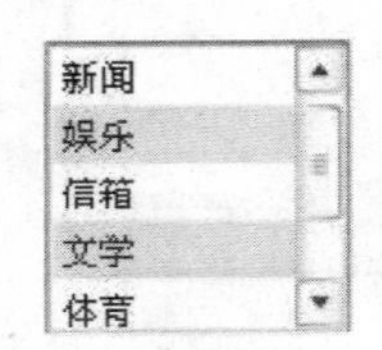

图 13.20　显示效果

13.2.5　RadioButton组件

RadioButton（单选按钮）组件允许用户从一组按钮中选择唯一的按钮，因此，该组件必须用于至少有两个 RadioButton 实例的组。应用 RadioButton 组件的操作步骤如下。

Step 01　创建一个新文档，从“组件”面板中将 RadioButton 组件拖动到舞台。

Step 02　复制 3 个单选按钮组件实例，如图 13.21 所示。选中 RadioButton 组件实例，其“参数”面板如图 13.22 所示。

图 13.21　复制组件

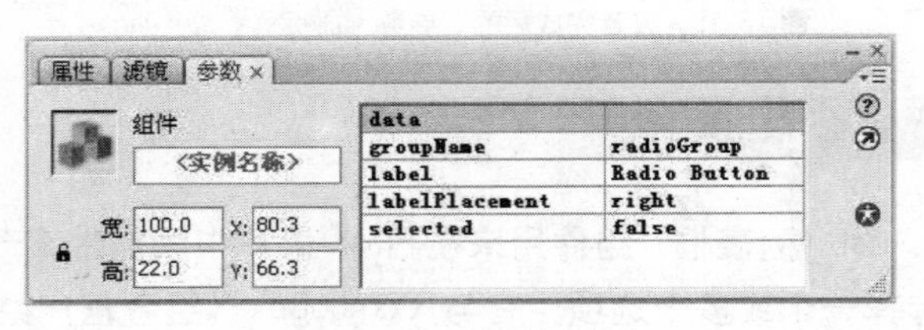

图 13.22　“参数”面板

提示： 选中 RadioButton 组件，按住 Ctrl 键拖动鼠标便可实现复制。

Step 03　RadioButton 组件的各参数含义如下。

- data（数据）：用来设置与标签内容相对应的数据内容，没有默认值。
- groupName（组名）：用来设置多个单选按钮所属的组，当有多个同类单选按钮时，可以归在一个组中，这样同一组的单选按钮同时只能有一个按钮被选中。
- label（标签）：设定单选按钮旁边显示的标签内容，默认值是Radio Button。
- labelPlacement（标签位置）：用来设定标签出现在按钮的哪个位置，该参数可以设置为以下4个值之一，left、right、top 或 bottom，默认值是 right。
- selected（初始值）：用来定义在初始状态下该单选按钮是否被选中（true）或没有被选中（false），被选中的单选按钮会显示一个圆点。具有同一组名的单选按钮，在初始状态下只能有一个被选中。如果同组的单选按钮的初始状态都是true，那么最后一个单选按钮呈现选中状态。默认状态下，初始值被设置为false。

Step 04 选择第 1 个单选按钮，设置 label（标签）为负，groupName（组名）为 ss，data（数据）为-1，使用默认的 labelPlacement 值，selected（初始值）为 false，如图 13.23 所示。

Step 05 使用相同的方法设置另外两个单选按钮的标签为“零”和“正”，数据为 0 和 1，组名同样为 ss。

Step 06 制作完毕，按 Ctrl+Enter 快捷键测试结果，如图 13.24 所示。

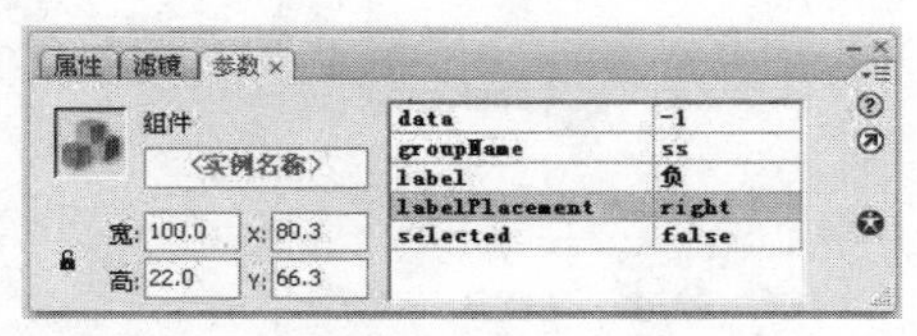

图 13.23 设置完成后的“参数”面板

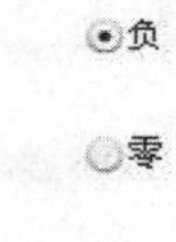

图 13.24 单选按钮测试结果

13.2.6 Label组件

Label（标签）组件只是一行文本，Label 组件没有边框，在“参数”面板中可以输入文本。

Step 01 创建一个新文档。从“组件”面板中拖出 3 个 Label 组件放入舞台，如图 13.25（a）所示。选中组件实例，可以在“属性”面板中设置参数，如图 13.25（b）所示。

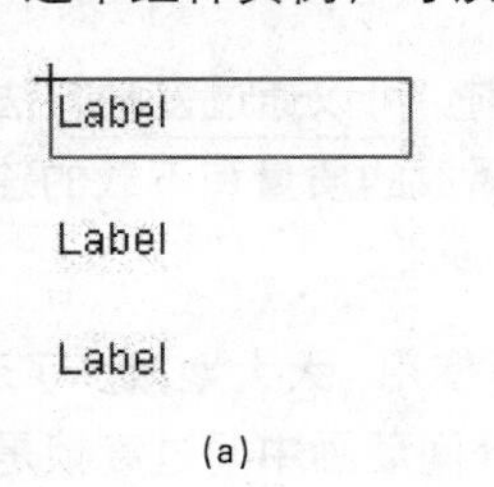

(a)

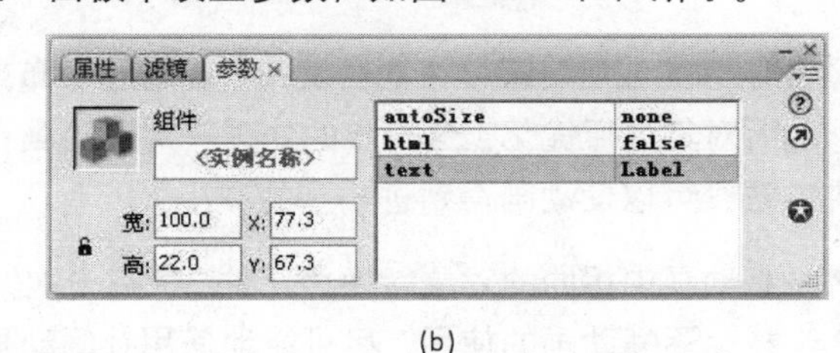

(b)

图 13.25 创建组件及该组件的“参数”面板

Step 02 Label 组件的各参数含义如下。

- autoSize：指明标签的大小和对齐方式应如何适应文本。默认值为none。参数可设置为以下4个值之一。
  - none：标签不会调整大小或对齐方式来适应文本。

- ➢ left：标签的右边和底部可以调整大小以适应文本，左边和上边不会进行调整。
- ➢ center：标签的底部会调整大小以适应文本，标签的水平中心锚定在它原始的水平中心位置。
- ➢ right：标签的左边和底部会调整大小以适应文本，右边和上边不会进行调整。

- html：指明标签是否采用HTML格式。如果将html参数设置为true，就不能用样式来设定Label的格式。默认值为false。
- text：指明标签的文本，默认值是Label。

Step 03 分别设置 3 个组件实例的参数，如图 13.26、图 13.27 和图 13.28 所示。

Step 04 制作完毕，按 Ctrl+Enter 组合键测试结果，如图 13.29 所示。

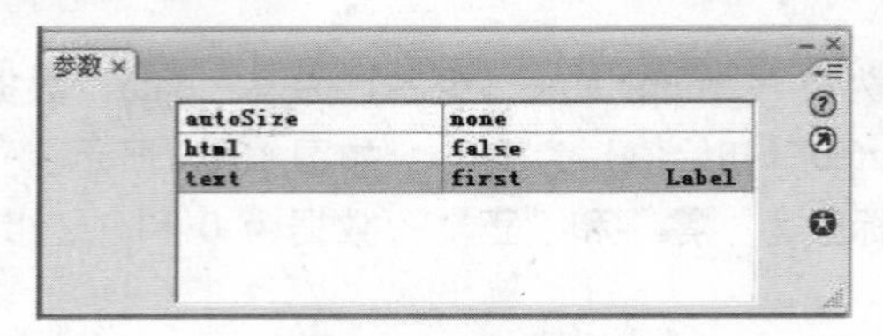

图 13.26　设置第 1 个组件实例参数

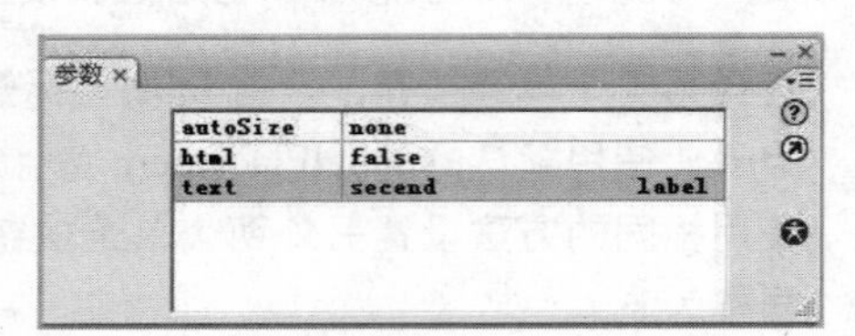

图 13.27　设置第 2 个组件实例参数

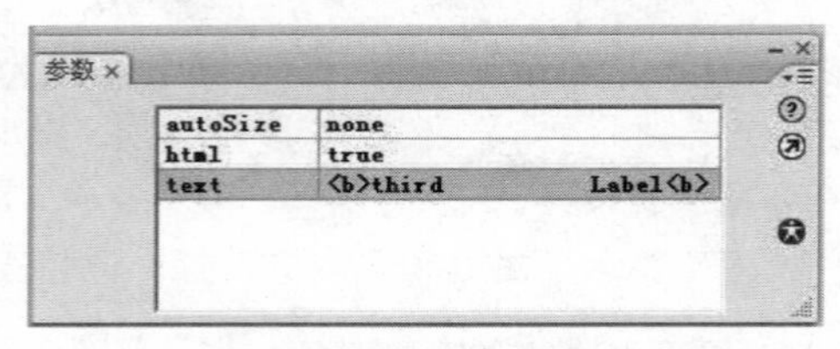

图 13.28　设置第 3 个组件实例参数

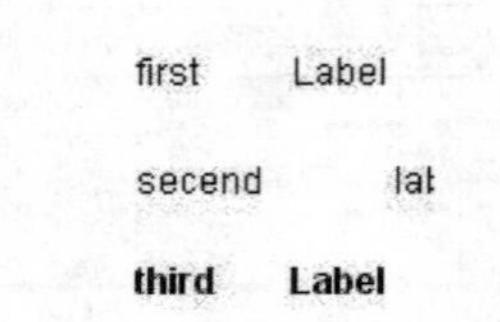

图 13.29　标签显示结果

13.3　动画的优化和测试

13.3.1　动画的优化

动画制作完成后，即可将动画发布。在动画发布或导出之前，可以通过多种方法来减小文件的体积，从而对其进行优化，这一步的处理决定了动画在网络中播放的质量和下载的速度。采取下面的几种方法，可以使动画得到进一步的减小。

- 将动画中相同的对象转换为元件，保存一次，可以重复使用，大大地减少了动画的数据量。
- 减少逐帧动画的使用，尽可能地使用补间动画，因为补间动画中间过渡帧是由系统计算生成的。
- 限制使用一些特殊的线条类型，如虚线、点线等，实线所占用的资源少，而且使用“铅笔工具”绘制的线条占用的内存要比使用“刷子工具”绘制的线条占用的少。
- 由于位图比矢量图的体积大很多，因此在调用素材时最好使用矢量图，尽量减少使用位图或不用位图。
- 如果应用音频，尽量使用压缩效果最好的MP3文件格式。

- 尽量使用组合元素，使用层来组织不同时间、不同元素的对象。
- 使用文本时最好不要运用太多种类的字体和样式，因为使用过多的字体和样式也会增加动画的体积。
- 减少使用渐变色和Alpha透明度。

13.3.2 动画的测试

在正式发布和输出动画之前，需要对动画进行测试，通过测试可以发现动画效果与设计思路之间的差别，可以查看动画是否有明显的错误，对动画中添加的 Action 语句是否正确等。下面就以测试“飞舞的蝴蝶.fla”为例，演示动画测试的操作步骤。

源文件	源文件\Chapter 13\素材

Step 01 选择“文件”|“打开”命令，由“源文件\Chapter 13\素材”文件夹下打开名为“飞舞的蝴蝶”源文件，选择“控制”|“测试影片”命令，打开测试界面。

Step 02 选择“视图”|“带宽设置”命令，打开如图 13.30 所示的测试窗口，测试窗口包括两个部分，上面为模拟带宽监视模式的显示区，下面为动画播放区。

Step 03 模拟带宽监视模式的显示区分为两个部分，其中这两部分分别如下。

- 左侧为带宽的数字化显示栏，给出了动画播放的相关参数，其中包括画布大小、动画大小、帧频、持续时间、预载时间以及所设置的带宽和播放速度等。
- 右侧为带宽图形示意栏，给出了每帧大小的柱状图，显示了播放动画中的每帧所需传输的数据量，数据量大的帧自然要较多的时间才能下载。

Step 04 在带框图形示意栏中，红色水平线的位置由传输条件决定，当柱状图方框高于红色水平线，表明动画下载的速度慢于播放速度，动画将在其对应帧的位置上产生停顿。选择“视图”|“下载设置”命令，在弹出的菜单中选择不同的下载速度，如图 13.31 所示。

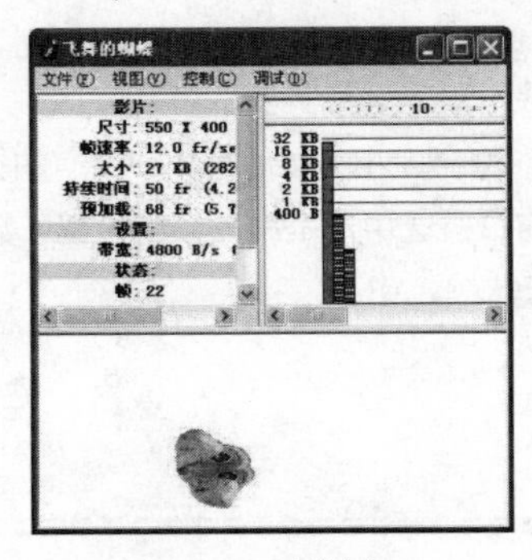

图 13.30 测试窗口

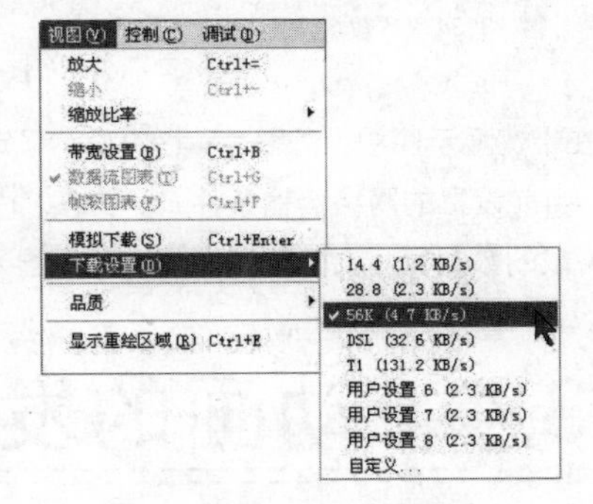

图 13.31 选择下载速度

Step 05 选择不同的下载速度，可看到红色水平线位置的变化（最下面的直线），当选择下载速度为 56KB 时，其带宽图形示意图如图 13.32（a）所示，当选择下载速度为 14.4KB 时，其带宽图形示意图如图 13.32（b）所示。

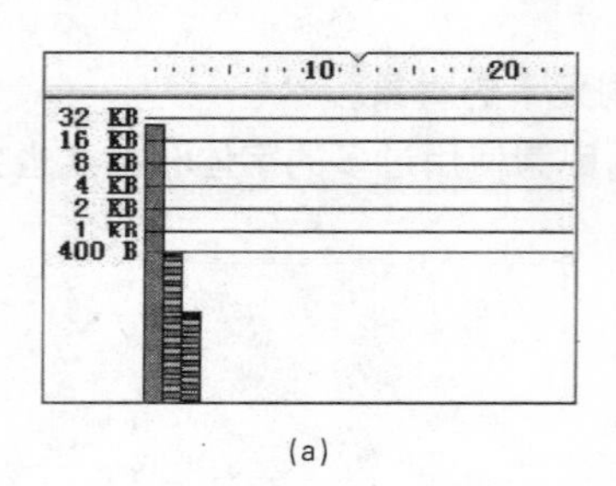

(a)

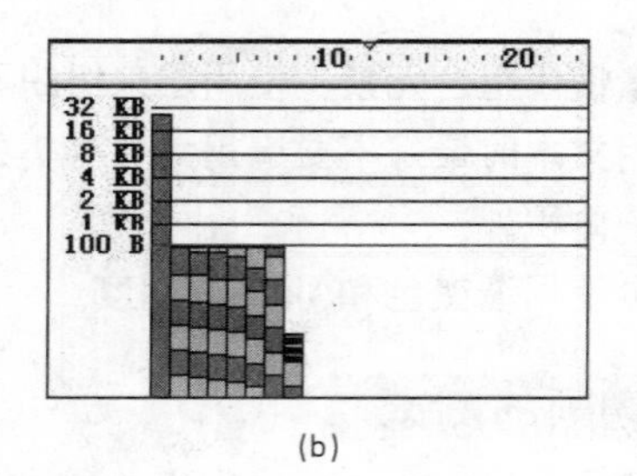

(b)

图 13.32　选择不同的下载速度的带宽示意图

提示：如果要自定义一个下载速度，可选择"自定义"命令，在"自定义下载设置"对话框中进行设置，如图 13.33 所示。

Step 06　在带宽示意图中单击时间轴上的帧，动画将停止在该帧处，左侧栏中将显示该帧的下载性能。

Step 07　选择"视图"|"数据流图表"命令，可将图表上的各帧连接在一起显示，便于查看动画下载时将在哪一帧发生停止，如图 13.34 所示。

Step 08　选择"查看"|"帧数图表"命令，可将帧单独显示，便于查看每个帧的数据大小，如图 13.35 所示。

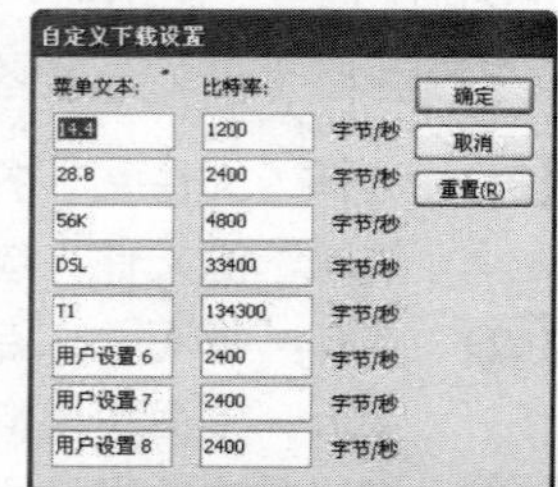

图 13.33　"自定义下载设置"对话框

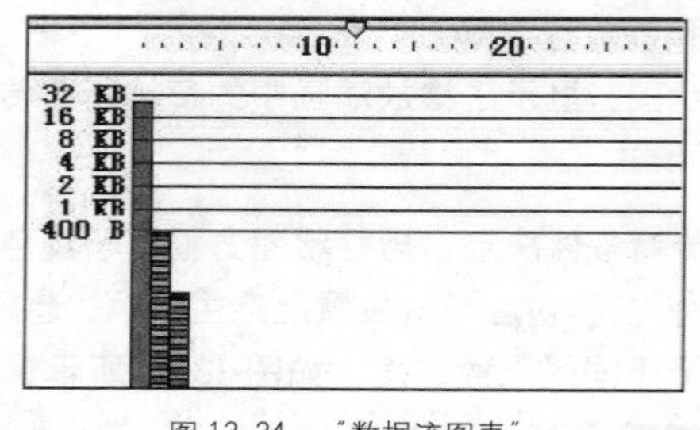

图 13.34　"数据流图表"

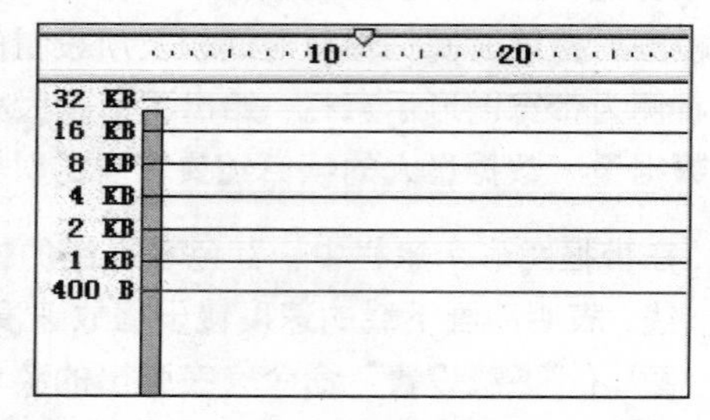

图 13.35　"帧数图表"

注意：在带宽显示图中，"影片"栏中显示了动画的播放速度、舞台大小、文件大小和所有的帧数，"设置"栏中显示当前设置的网络传输条件，"状态"栏显示当前右侧窗口被选中动画某一帧的位置、数据量及整个动画已经下载的数据量，右侧栏的数据表用于显示动作帧的数据量。

13.4　动画的发布

Flash 动画有大量的导出格式，SWF 格式只是 Flash 动画导出格式的一种，这种格式的动画可以用 Dreamweaver 或者 FrontPage 等工具插入到网页中。因此，学习 Flash 动画作品发布等相关知识是十分必要的。

13.4.1 发布动画的设置

制作好动画后，按 Ctrl+Enter 组合键，动画即可播放。如果打开保存文件的目标地址，就会发现文件夹中多出了一个 .swf 文件。该文件就是 Flash 的输出文件，双击该文件即可利用 Flash Player 播放器进行动画播放。

注意： SWF 文件格式是 Flash 默认的发布格式，可以完全展示 Flash 动画中创建的全部效果。

1. Flash 文件的发布设置

对于 Flash 动画的发布，通常是通过选择“文件”菜单下的“发布设置”、“发布预览”或“发布”等命令进行的。具体操作方法如下。

源文件	源文件\Chapter 13\素材

Step 01 选择“文件”|“打开”命令，从“源文件\Chapter 13\素材”文件夹下打开名为“散花”的源文件。

Step 02 选择“文件”|“发布设置”命令，弹出“发布设置”对话框，如图 13.36 所示。

Step 03 选择“格式”选项卡，在列出的选项中选中 Flash 复选框，再打开 Flash 选项卡，如图 13.37 所示。

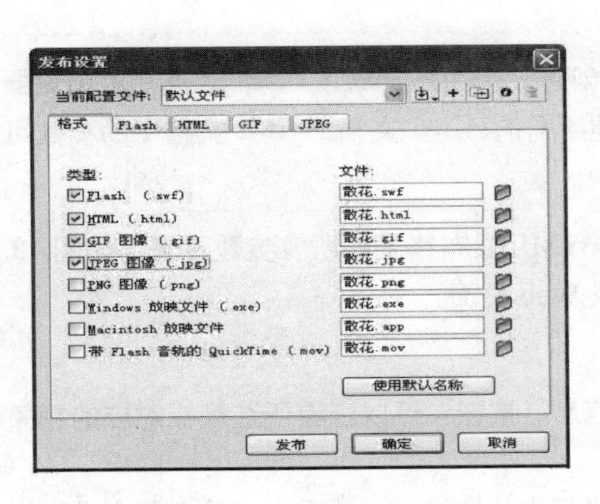

图 13.36 “发布设置”对话框

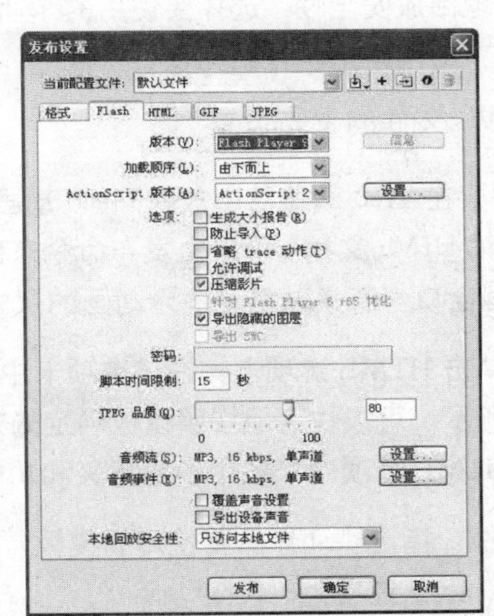

图 13.37 Flash 选项卡

对话框中各个参数设置的具体内容如下。

- 版本：打开该选项的下拉列表，可设置Flash作品的版本，从Flash Player 1.0～Flash Player 9.0各个不同的版本。高版本的文件不能用于低版本的应用程序中。
- 加载顺序：选择Flash作品的载入顺序，包括“由下而上”和“由上而下”两种方式，默认选项为“由下而上”。
- ActionScript版本：打开该下拉列表框，设置脚本的版本，可以选择ActionScript 1.0、ActionScript 2.0或ActionScript 3.0。当选择ActionScript 2.0或ActionScript 3.0时，其后的

“设置”按钮转换为可用状态，单击该按钮，弹出ActionScript类文件设置对话框，在其中可以“添加”、“删除”、“浏览”类的路径。

- 选项：关于输出设置的选项，包括“生成大小报告”、“防止导入”、“省略trace动作”、“允许调试”、“压缩影片”和“导出隐藏的图层”等，默认选项为“压缩影片”和“导出隐藏的图层”。
- 密码：保护输出的Flash作品不被解密，与“防止导入”和“允许调试”相关联，默认状态为无效。
- JPEG品质：图像压缩控制，此数字越大，图像质量越好，但文件就越大，通常设置为70%～80%，这样可以使得图像质量和文件容量具有较好的匹配。
- 音频流：声音压缩控制，通常采用“MP3格式/16kbps/单声道”，将声音对动画容量增大的影响降为最低。注意，只有在选中“覆盖声音设置”复选框时，才能忽略在“库”面板中对声音进行的设置。
- 音频事件：设置音频事件的声音压缩方案，对该项的设置操作与“音频流”相同，默认为“MP3格式/16kbps/单声道”。
- 覆盖声音设置：忽略在Flash作品中设定的声音压缩方案，而全部套用在“音频流”和“音频事件”中设定的声音压缩方案。
- 导出设备条件：导出适合于设备的声音，从而代替原始的库文件中的声音。
- 本地回放安全性：选择要使用的Flash安全模型。即授予已发布的SWF文件本地安全性访问权，或网络安全性访问权。

2. HTML 文件的发布设置

如果需要在 Web 浏览器中放映 Flash 动画，必须创建一个用来启动该 Flash 动画并对浏览器进行有关设置的 HTML 文档。可以由发布命令来自动创建所需的 HTML 文档。HTML 文档中的参数可确定 Flash 动画窗口、背景颜色和演示动画的尺寸等。

Step 01 单击 HTML 选项卡，在该选项卡中显示出 HTML 发布格式的所有参数设置，如图 13.38 所示，可以快速地按照模板确定的方式生成 Web 页面。

Step 02 HTML 选项中卡各个参数意义和功能如下。

- 模板：指定Flash作品要使用的模板，单击“信息”按钮，可以查看所选模板对应的相关信息。默认选项为“仅限Flash”。
- 检测Flash版本：对文档进行配置，以检测用户拥有的Flash Player版本，并在用户没有指定播放器时向用户发送替代HTML页。该选项只在选择的“模板”不是“图像映射”或QuickTime时，并且在Flash选项卡中已将“版本”设置为Flash Playre 4或更高版本时，才可选择。
- 尺寸：设置Flash作品的幅面大小，通常情况下默认为“匹配影片”，其含义是设定的尺寸与影片的尺寸大小相同；“像素”的含义是允许在下方文本框内输入以像素为单位的宽度和高度值；“百分比”的含义是允许在下方文本框中输入相对于浏览器窗口的宽度和高度的百分比。
- 回放：动画一开始就处于暂停状态，当浏览Web页面时在动画区域内单击，或右击并选择弹出菜单中的“播放”命令开始播放。

- 品质：动画播放质量，分别为“高”、“中”、“低”等选项。默认为“高”品质。
- 窗口模式：调整Flash动画在Web页面中的透明度及定位，但只有安装Flash ActiveX控件的IE浏览器才可以看到相应效果。默认为“窗口”模式。
- HTML对齐：可以确定Flash动画在Web页面中的定位方式，分别为“默认”、“左对齐”、“右对齐”、“顶部”和“底部”。
- 缩放：动画的缩放比例控制，通常采用“默认（显示全部）”。
- Flash对齐：动画对齐方式，分为“水平”和“垂直”两部分。

3. GIF 文件的发布设置

动画 GIF 文件提供了一种输出短动画的简便方式，标准的 GIF 文件就是经压缩的位图文件。在 Flash 中对 GIF 文件进行优化，并只保存为逐帧变化的动画。

Step 01 单击 GIF 选项卡，在该选项卡中显示 GIF 发布格式的所有参数设置，如图 13.39 所示。

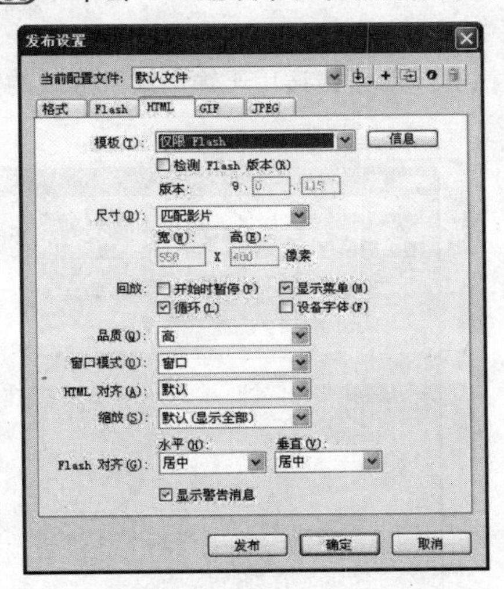

图 13.38 HTML 选项卡

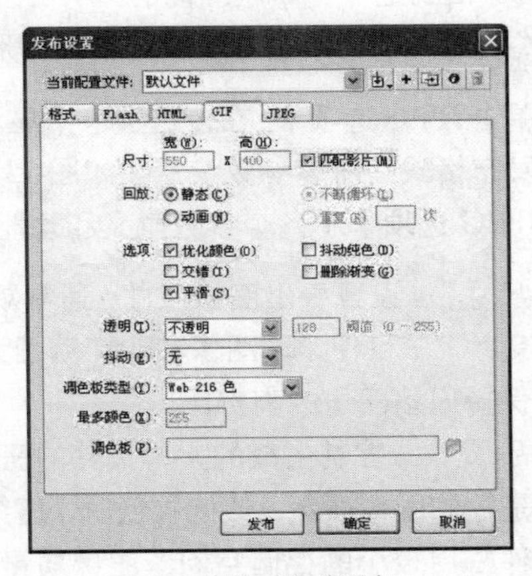

图 13.39 GIF 选项卡

Step 02 GIF 选项卡中各个参数意义和功能如下。

- 尺寸：调整画面尺寸，通常默认为“匹配影片”。
- 回放：GIF类型控制，确定发布为GIF图像是动态的还是静态的。当选为GIF图像为动态时，还可以设置为不断循环或重复几次。
- 选项：有关输出的GIF文件外观的设定，它有5个子选项。
  - ➢ 优化颜色：选择该项就是将GIF文件颜色表中不使用的颜色予以删除，可以在不损失图像质量的情况下，使GIF图像相对减小1～1.5KB，但是可能占用一定的内存。
  - ➢ 交错：图像交错显示，使得GIF图像在浏览器中下载的同时显示已下载的部分。通常GIF图像在完全下载前可以观看到基本的图像内容。
  - ➢ 平滑：平滑效果处理，该效果可以消除图像边界的锯齿，从而产生高质量的位图图像。
  - ➢ 抖动纯色：抖动处理既应用于单色，也应用于渐变填充。当GIF图像调色板中颜色不足时，多余的颜色就相应由调色板中的颜色模拟生成。

> 删除渐变：将GIF图像中渐变填充转换为单色，所使用的单色就是渐变填充中的第一个颜色。

- 透明：GIF格式支持透明效果。当选择“不透明”时，则图像背景不透明；当选择 “透明”时，则图像背景完全透明；而选择Alpha时，可以设置透明值，介于透明与不透明之间。
- 抖动：当选择“无”时，关闭抖动功能；当选择“有序”时，在尽量不增加文件容量的前提下，提供具有较高图像质量的抖动处理；当选择“扩散”时，提供最佳的抖动处理，但是会增加文件的容量，而且需要较长的处理时间。
- 调色板类型：指定图像用到的调色板类型，通常默认为Web 216色。
- 最多颜色：设置在GIF图像中用到的颜色数，当该设置的数字较小时，生成的文件所占空间也较小，但有可能丢失颜色，使图像的颜色失真。该选项只有在“接近Web最适合”调色板选中时有效。

4．JPEG 文件的发布设置

JPEG 图像格式是一种高压缩比的、24 位色彩的位图格式。GIF 格式适用于输出线条形成的图形，而 JPEG 格式则适用于输出包含渐变色或位图形成的图形。

Step 01 单击 JPEG 选项卡，在该选项卡中显示出 JPEG 发布格式的所有参数设置，如图 13.40 所示。

Step 02 JPEG 选项卡中各个参数意义和功能如下。

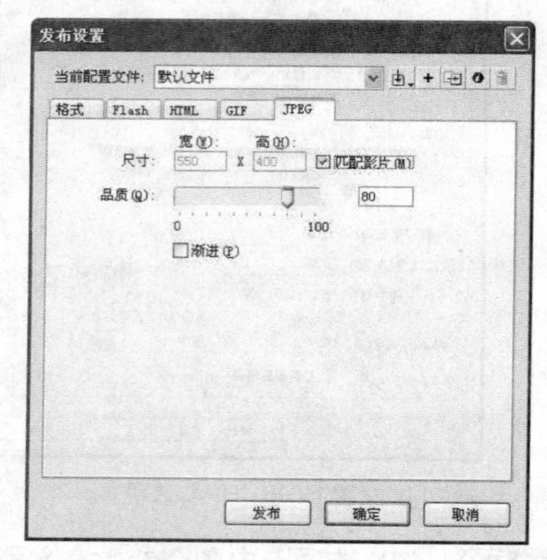

图 13.40　JPEG 选项卡

- “尺寸”：设置导出图像尺寸，通常默认为“匹配影片”，可使JPEG图像和Flash动画大小相同，并保持原始图像的高宽比。
- “品质”：控制生成的JPEG文件的压缩比，也就是控制图像质量，该值较低时，压缩比越大，文件占用较小的存储空间，图像质量差；该值较高时，图像质量较好，占用较大的存储空间，通常取值范围在70%～80%之间。
- “渐进”：选中该复选框，可在浏览器中逐渐显示JPEG图像，对于网速较慢的用户而言，可以提前看到JPEG图像的部分内容，类似于GIF的“交错”显示。

注意：压缩时，JPEG 是在保持图像颜色不损失的情况下采用高压缩比，而 GIF 图像是通过减少图像中的颜色数目进行压缩的，因此，JPEG 图像更适用于 Web 页面中色彩丰富的照片图像。

5．PNG 文件的发布设置

PNG 格式是唯一的一种可跨越平台支持透明度的图像格式，这也是 Adobe Fireworks 自带的输出格式。

Step 01 单击 PNG 选项卡，在该选项卡中显示出 PNG 发布格式的所有参数设置，如图 13.41

所示。

Step 02 PNG 选项卡中各个参数意义和功能如下。

- 尺寸：用于设置导出图像尺寸，以"像素"为单位，在宽度和高度文本框中设置输出图形的尺寸。通常默认为"匹配影片"，可使PNG图像和Flash动画大小相同，并保持原始图像的高宽比。
- 位深度：设定创建图像时每个像素点所占的位数，定义了图像所用颜色的数量。其中包括3个选项，对于256色的图像，选择"8位"；对于上万的颜色，选择"24位"；对于带有透明色的上万的颜色，选择"24 Alpha"。位值越高，生成的文件就越大。
- 过滤器选项：设定PNG图像的过滤方式。PNG图像是进行逐行过渡的，使得图像易于压缩。

提示： "选项"、"抖动"、"调色板类型"与 GIF 中的参数一致，在此不再赘述。

6．QuickTime 文件的发布设置

以 QuickTime 格式输出时，将创建 QuickTime 4 格式的视频文件，它不再是 Flash CS3 动画作品，但是在 QuickTime 4 视频文件中的 Flash 动画内容将继续保持其交互性。

Step 01 单击 QuickTime 选项卡，在该选项卡中，显示了 QuickTime 发布格式的所有参数设置，如图 13.42 所示。

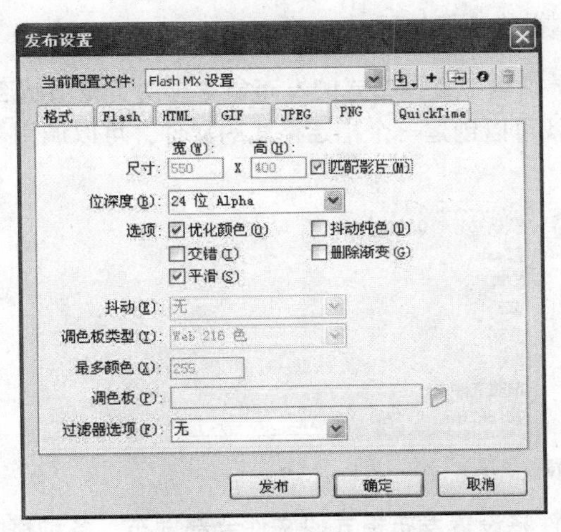

图 13.41 PNG 选项卡

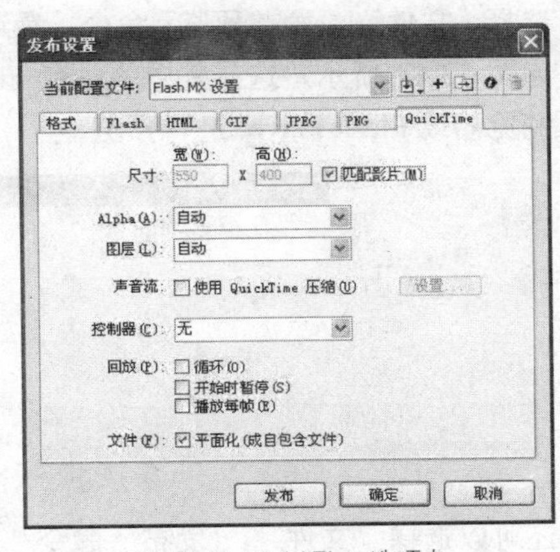

图 13.42 QuickTime 选项卡

Step 02 QuickTime 选项卡中各个参数意义和功能如下。

- 尺寸：用于设置导出视频文件的尺寸，以"像素"为单位，在宽度和高度文本框中设置输出图像的尺寸。如果选中"匹配影片"复选框，则将按照动画尺寸输出图像。输出图像改变时，Flash将会保持动画输出图像的长宽比例。
- Alpha：该选项设定QuickTime文件中Flash轨道的透明模式，但并不影响Flash动画本身的Alpha设置。该项中包括了3个选项。
  - 自动：如果在Flash动画中视物体前面还有Flash，则将该Flash动画置于最顶层；否则

放在最底层。

- ➢ Alpha透明度：该设置使QuickTime文件中的Flash动画是透明的。
- ➢ 复制：该设置使QuickTime文件中的Flash动画的不透明的。

- 图层：确定Flash动画播放的层面，包括3个选项。
  - ➢ 自动：如果在Flash动画中视物体前面还有Flash，则将该Flash动画置于最顶层；否则放在最底层。
  - ➢ 顶部：将Flash动画放在最上层。
  - ➢ 底部：将Flash动画放在最底层。
- 声音流：将Flash动画中的所有音频都输出到QuickTime文件的音频轨道上。
- 控制器：设定QuickTime对Flash输出动画的播放控制。包括3个选项，“无”、“标准”和QuickTime VR。
- 回放：设定QuickTime的播放选项。包括3个选项，“循环”、“开始时暂停”和“播放每帧”。
- 文件平面化：将Flash动画与导入的视频合并到新的QuickTime动画中。

13.4.2 发布动画的步骤

设置好动画发布属性后，就可以发布动画，具体操作步骤如下。

Step 01 选择“文件”|“发布预览”命令，看到其子菜单中各种格式的发布命令都处于激活状态，如图 13.43 所示。选择其中的命令 Flash 就可以创建一个指定格式的文件，可以调用 IE 浏览器或 Flash Player 进行预览。

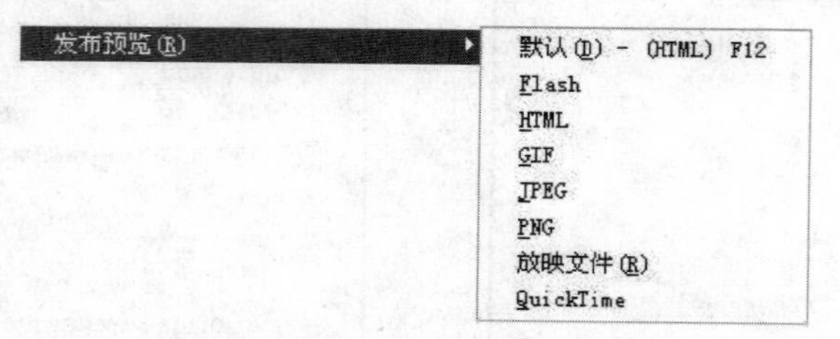

图 13.43 “发布预览”子菜单

Step 02 还可以选择“文件”|“发布”命令，一次性将设置发布格式的文件全部发布，各种格式的文件都保存在与源文件相同的目录里。

13.5 动画的导出

13.5.1 导出影片

动画的导出与发布基本相似，两者之间的区别在于：动画导出只是将 Flash 动画针对某种格式进行导出，一次操作只能导出一种格式；而动画发布可以将 Flash 动画同时发布为多种格式。因此，动画导出与动画发布时的参数设置相同。

动画的导出通常分为两种方式：导出影片和导出图像。导出影片就是将整个 Flash 动画的所有帧中的对象全部导出，具体操作步骤如下。

Step 01 选择“文件”|“打开”命令，从“源文件\Chapter 13\素材”文件夹下打开名为“散花”的源文件，再选择“文件”|“导出”|“导出影片”命令，弹出“导出影片”对话框，如图 13.44 所示。

Step 02 选择保存类型为“JPEG 序列文件（*.jpg）”，选好保存位置后，单击“保存”按钮，弹出“导出 JPEG”对话框，如图 13.45 所示。

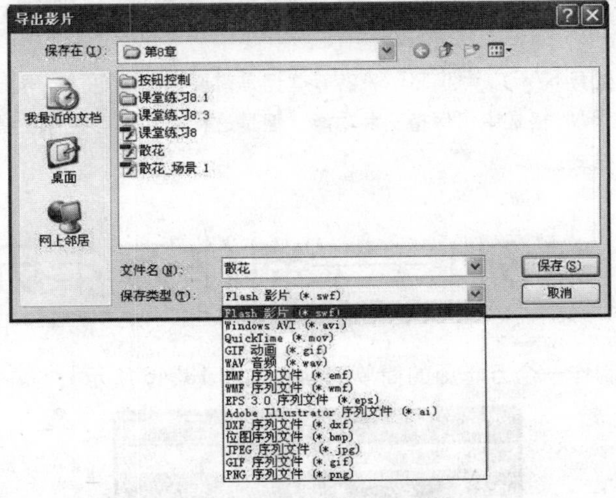

图 13.44 “导出影片”对话框

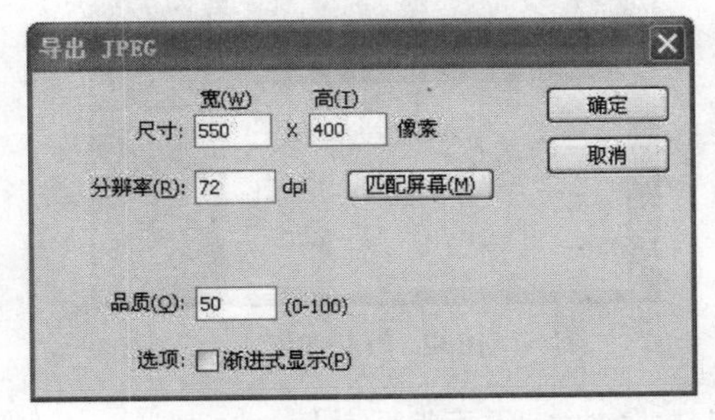

图 13.45 “导出 JPEG”对话框

Step 03 在对话框中设置“分辨率”和“品质”选项，单击“确定”按钮，即可进行动画导出。

Step 04 完成导出动画操作后，打开保存目标文件夹，可以发现在其中保存了一系列 JPEG 文件。

注意：导出影片的格式主要有 SWF、GIF、JPG、AVI 等，SWF 格式是 Flash 动画默认的导出格式，AVI 是 Windows 操作系统的视频格式，GIF 格式也具有 GIF 动画，JPG 格式完全是静态图像。

提示：在使用“导出影片”命令导出静态图像 JPG、GIF、PNG 等格式时，就是将 Flash 动画的所有帧中的图形分别导出，同时将这些图像按照 Flash 动画中帧的序数进行依次命名。

Chapter 01 Chapter 02 Chapter 03 Chapter 04 Chapter 05 Chapter 06 Chapter 07 Chapter 08 Chapter 09 Chapter 10 Chapter 11 Chapter 12 Chapter 13

13.5.2 导出图像

导出图像就是将 Flash 动画中播放头所在帧的对象进行导出。其操作基本与导出影片相似，具体操作步骤如下。

Step 01 选择“文件”|“导出”|“导出图像”命令，弹出“导出图像”对话框。

Step 02 在“导出图像”对话框中选择要保存图像的格式，如果选择保存格式为“JPEG 图像”，确定保存位置和文件名称后，单击“保存”按钮，弹出“导出 JPEG”对话框。

Step 03 单击“确定”按钮，即可将图像的导出。完成导出图像操作后，打开保存目的文件夹，可以发现其中保存了一个 JPEG 文件，该文件就是当前帧的图像。

注意： 导出的文件类型有 SWF、GIF、JPG、AVI 等，但是需要指出的是，当导出 SWF 格式时，如果该帧中具有 Flash 的交互，则在 SWF 格式中仍保持交互功能；但是这种交互有可能存在错误，因为只是将 Flash 动画中的某一帧存储为 SWF 格式。

13.6 案例1——制作万年历

该案例是利用组件制作一个万年历的简单动画，如图 13.46 所示。

图 13.46 万年历

源文件	源文件\Chapter 13\万年历
视频文件	实例视频\Chapter 13\万年历.avi
知识要点	创建新文档\“对齐”面板的应用\“文本工具”的应用\添加组件并设置组件参数

具体操作步骤如下。

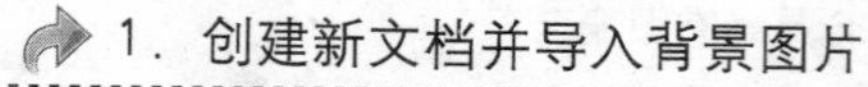

1. 创建新文档并导入背景图片

Step 01 选择“文件”|“新建”命令，创建一个新文档，默认属性选项。

Step 02 选择“文件”|“导入”|“导入到舞台”命令，弹出“导入”文件对话框，从“源文件\

Chapter 13\万年历”文件夹下导入名为“背景”的图片。选中该图片，设置尺寸与舞台相同，并且利用“对齐”面板，使其相对于舞台居中对齐，如图 13.47 所示。

Step 03 单击“插入图层”按钮，添加“图层 2”，选择“文本工具”，在“属性”面板中设置字体、颜色和字号，移动鼠标在文本框中输入文字“万年历”（可以为文字添加效果），如图 13.48 所示（如果不能导出动画，需将文字打散，然后再组合即可）。

图 13.47　背景图片

图 13.48　输入文字

2．应用组件

Step 01 单击“插入图层”按钮，添加“图层 3”，选中第 1 帧，选择“窗口”|“组件”命令，打开“组件”面板，从中将 DateChooser 组件拖动到舞台，在“属性”面板中修改其尺寸，如图 13.49 所示。

April 2008

S	M	T	W	T	F	S
		1	2	3	4	5
6	7	8	9	10	11	12
13	14	15	16	17	18	19
20	21	22	23	24	25	26
27	28	29	30			

图 13.49　DateChooser 组件

Step 02 选中舞台中的组件实例，打开“参数”面板，默认状态下的参数显示为英文，如图 13.50 所示，现将其修改为中文。

属性 | 滤镜 | 参数

组件　〈实例名称〉

宽: 400.0　X: 22.9

高: 214.0　Y: 180.0

dayNames	[S,M,T,W,T,F,S]
disabledDays	[]
firstDayOfWeek	0
monthNames	[January,February,March,April,May,June,Jul...
showToday	true

图 13.50　“参数”面板

Step 03 单击“参数”面板中的 dayNames 的选项，在弹出的“值”对话框中，将“星期”的英文表示修改为中文表示，如图 13.51 所示。

Step 04 单击“参数”面板中的 monthNames 的选项，在弹出的“值”对话框中，将“月份”的英文表示修改为中文表示，如图 13.52 所示。

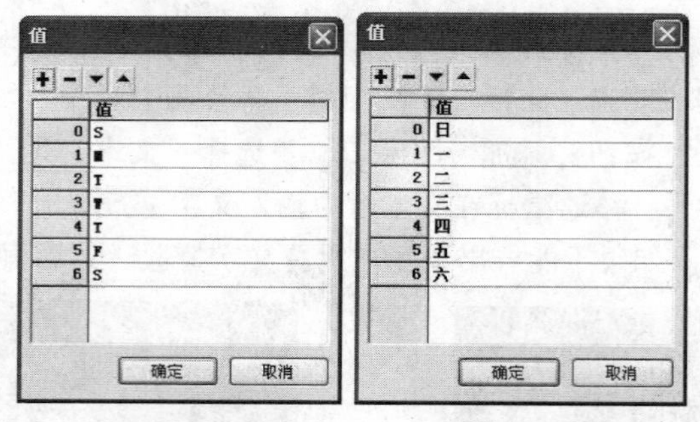

图 13.51 将“星期”修改为中文

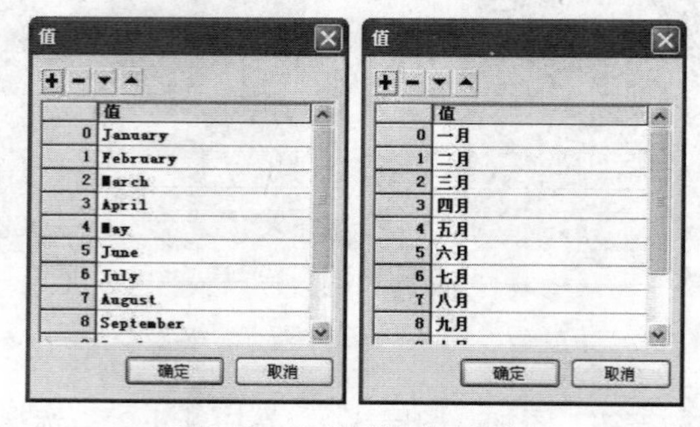

图 13.52 将“月份”修改为中文

Step 05 选择“文件”|“保存”命令，在弹出的“另存为”对话框中，将新文档保存到“源文件\Chapter 13\制作万年历”文件夹下，并将文件命名为“制作万年历.fla”。

Step 06 按 Ctrl+Enter 组合键，输出动画并测试动画效果。

13.7 案例2——Loading的制作

该案例是利用组件制作一个简易 Loading 的动画，如图 13.53 所示。

图 13.53 Loading 的制作

源文件	源文件\Chapter 13\Loading的制作
视频文件	实例视频\Chapter 13\Loading的制作.avi
知识要点	创建新文档\“发布设置”对话框的应用\添加组件并设置参数\为实例命名

具体操作步骤如下。

Step 01 选择“文件”|“新建”命令，创建一个新文档，默认其属性选项。

Step 02 为了测试 Loading 下载文件的速度，在本地硬盘的某个文件夹中存放一张.jpg 图片（用户可在任意的文件夹下存放），并将其命名为 1.jpg。选择“文件”|“发布设置”命令，打开“发布设置”对话框，在 Flash 选项中的保存文件路径中选中该文件夹中的.swf 文件，如图 13.54 所示。

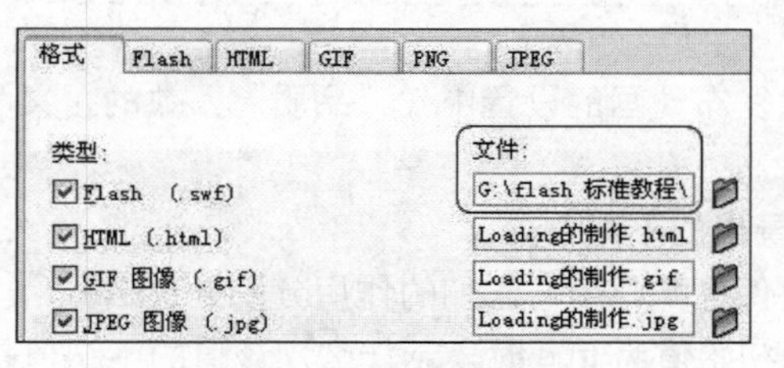

图 13.54　设置存放图片的路径

Step 03 打开“组件”面板，从中将组件 ProgressBar 和组件 Loader 拖动到舞台，调整两个组件的大小，并将它们对齐放置，如图 13.55 所示。

图 13.55　拖动两个组件到舞台

Step 04 选中 ProgressBar 组件，在“属性”面板中，将实例命名为 b，打开“参数”面板，在 Source 选项后的文本框中输入 a，如图 13.56 所示（默认其他选项）。

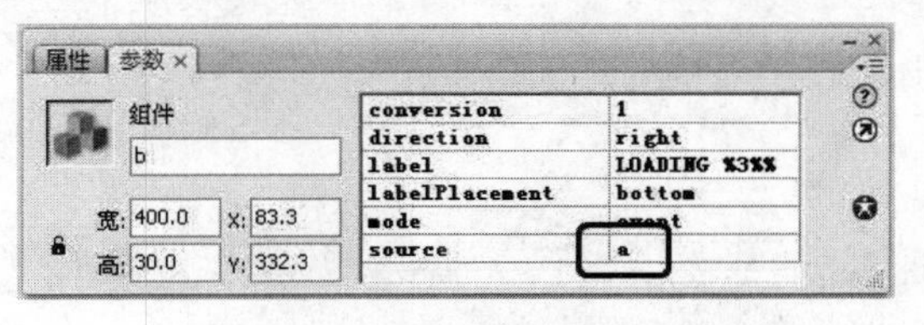

图 13.56　为 ProgressBar 组件设置参数

Step 05 选中 Loader 组件，在“属性”面板中为实例命名为 a，打开“参数”面板，在 ContentPath 选项后的文本框中输入 1.jpg，如图 13.57 所示（默认其他选项）。

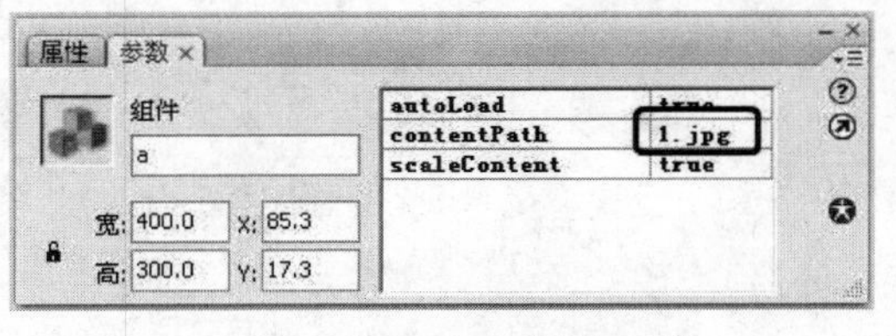

图 13.57　为 Loader 组件设置参数

Step 06 选择“文件”|“保存”命令，在弹出的“另存为”对话框中，将文件保存到“源文件\Chapter 13\Loading 的制作”文件夹下，并将其命名为“Loading 的制作.fla”。

Step 07 按 Ctrl+Enter 组合键输出动画，并测试 Loading 效果。

13.8 练习题

1．简述在以 JPEG 格式发布动画的设置中，“品质”因数的含义和以 GIF 格式发布动画时“透明度”的含义。

2．叙述动画的发布和导出的不同之处。

3．Flash CS3 中常用组件是哪几个？它们的作用分别是什么？

4．当 CheckBox 组件的初始值为 true 时表示什么？该值的默认值是什么？

5．当 ComboBox 组件的 Editable 为 false 时表示什么？

6．同一组 RadioButton 组件的名称如何定义？如果同组的单选按钮的初始状态都是 true，那么哪个单选按钮呈现选中状态？

7．动画导出有哪两种方式？

8．分别用“导出影片”、“导出图像”命令将 Flash 动画源文件进行发布和导出，注意两者在动画导出时的区别。

9．将自己制作的动画源文件以 PNG 格式、GIF 格式和 JPEG 格式进行发布，观察所生成的结果。